PREFACE 머리말

전기는 오늘날 모든 분야에서 경제 발달의 원동력이 되고 있습니다. 특히 컴퓨터와 반도체 기술 등의 발전과 함께 전기를 이용하는 기술이 진보함에 따라 사회가 정보화, 고도산업화되면서 전기는 인류문화를 창조해 나가는 주역으로 그 중요성을 더해가고 있습니다.

전기는 우리의 일상생활에서 쓰이지 않는 곳을 찾아보기 힘들 정도로 생활과 밀접한 관련이 있으며, 국민의 생명과 재산을 보호하는 데에도 중요한 역할을 하고 있습니다. 한마디로 현대사회에 있어 전기는 이미 우리 생활 속 의·식·주에 필수적인 존재가 되었고, 앞으로 더욱 다양한 쓰임새로 활용될 것이 확실합니다.

이러한 시대의 흐름과 더불어 전기분야에 대한 관심은 매우 높아졌지만, 전문적이고 익숙하지 않은 내용에 대한 부담 때문에 쉽게 입문하는 것에 대한 두려움이 있습니다. 초보자나 비전공자에게 전기라는 학문은 이해하기 어려운 분야이기 때문입니다. 본 교재는 전기기능사를 준비하는 수험생들이 이러한 두려움을 극복하고 쉽고 빠르게 전기에 대한 지식을 쌓고 그것을 바탕으로 자격증 취득에 성공할 수 있도록 기획하였습니다.

제1과목 전기이론, 제2과목 전기기기, 제3과목 전기설비에 대한 사전 지식이 없더라도 체계적으로 혼자 공부할 수 있도록 핵심만을 선별하여 정리하였습니다. 그리고 2018년부터 2025년까지 매년 4회씩 시행되는 CBT 시험을 복원하여 수록하였고 이에 대한 간단하고 명료한 해설까지 첨부하여 실전 출제경향을 완벽하게 파악하고 시험에 대비할 수 있도록 구성하였습니다.

본 교재로 시험을 준비하는 수험생들 모두가 전기기능사 자격시험에서 합격의 기쁨을 누릴 수 있기를 바라며, 전기계열의 종사자로 굳건히 자리매김하고 이 사회의 훌륭한 전기인이 되기를 기원합니다.

정용걸 편저

GUIDE 전기기능사 시험정보

전기기능사 취득방법

구분		내용
시험과목	필기	1. 전기이론 2. 전기기기 3. 전기설비
	실기	전기설비작업
검정방법	필기	객관식 4지 택일형, 60문항(60분)
	실기	작업형(4시간 30분 정도, 전기설비작업)
합격기준	필기	100점을 만점으로 하여 60점 이상
	실기	100점을 만점으로 하여 60점 이상

전기기능사 합격률

필기

연도	응시	합격	합격률
2024	61,127명	22,133명	36.2%
2023	60,239명	21,017명	34.9%
2022	48,440명	16,212명	33.5%
2021	57,148명	19,587명	34.3%
2020	49,176명	18,313명	37.2%

실기

연도	응시	합격	합격률
2024	32,762명	23,769명	72.6%
2023	30,545명	22,655명	74.2%
2022	27,498명	20,053명	72.9%
2021	32,755명	23,473명	71.7%
2020	31,921명	21,432명	67.1%

GUIDE 전기기능사 필기 출제기준

직무분야	전기·전자	중직무분야	전기	자격종목	전기기능사	적용기간	2024.01.01.~2026.12.31.
필기검정방법	객관식	문제수	60			시험시간	1시간

필기과목명	주요항목	세부항목
전기이론, 전기기기, 전기설비	1. 전기의 성질과 전하에 의한 전기장	1. 전기의 본질 / 2. 정전기의 성질 및 특수현상 / 3. 콘덴서(커패시터) / 4. 전기장과 전위
	2. 자기의 성질과 전류에 의한 자기장	1. 자석에 의한 자기현상 / 2. 전류에 의한 자기현상 / 3. 자기회로
	3. 전자력과 전자유도	1. 전자력 / 2. 전자유도
	4. 직류회로	1. 전압과 전류 / 2. 전기저항
	5. 교류회로	1. 정현파 교류회로 / 2. 3상 교류회로 / 3. 비정현파 교류회로
	6. 전류의 열작용과 화학작용	1. 전류의 열작용 / 2. 전류의 화학작용
	7. 변압기	1. 변압기의 구조와 원리 / 2. 변압기 이론 및 특성 / 3. 변압기 결선 / 4. 변압기 병렬운전 5. 변압기 시험 및 보수
	8. 직류기	1. 직류기의 원리와 구조 / 2. 직류발전기의 종류 및 특성 / 3. 직류전동기의 종류 및 특성 4. 직류전동기의 이론 및 용도 / 5. 직류기의 시험법
	9. 유도전동기	1. 유도전동기의 원리와 구조 / 2. 유도전동기의 속도제어 및 용도
	10. 동기기	1. 동기기의 원리와 구조 / 2. 동기발전기의 이론 및 특성 / 3. 동기발전기의 병렬운전 4. 동기전동기의 운전
	11. 정류기 및 제어기기	1. 정류용 반도체 소자 / 2. 정류회로의 특성 / 3. 제어 정류기 / 4. 사이리스터의 응용회로 5. 제어기 및 제어장치
	12. 보호계전기	1. 보호계전기의 종류 및 특성
	13. 배선재료 및 공구	1. 전선 및 케이블 / 2. 배선재료 / 3. 전기설비에 관련된 공구
	14. 전선접속	1. 전선의 피복 벗기기 / 2. 전선의 각종 접속방법 / 3. 전선과 기구단자와의 접속
	15. 배선설비공사 및 전선허용전류 계산	1. 전선관시스템 / 2. 케이블트렁킹시스템 / 3. 케이블덕팅시스템 4. 케이블트레이시스템 / 5. 케이블공사 / 6. 저압 옥내배선 공사 7. 특고압 옥내배선 공사 / 8. 전선 허용전류
	16. 전선 및 기계기구의 보안공사	1. 전선 및 전선로의 보안 / 2. 과전류 차단기 설치공사 3. 각종 전기기기 설치 및 보안공사 / 4. 접지공사 / 5. 피뢰설비 설치공사
	17. 가공인입선 및 배전선 공사	1. 가공인입선 공사 / 2. 배전선로용 재료와 기구 3. 장주, 건주(전주세움) 및 가선(전선설치) / 4. 주상기기의 설치
	18. 고압 및 저압 배전반 공사	1. 배전반 공사 / 2. 분전반 공사
	19. 특수장소 공사	1. 먼지가 많은 장소의 공사 / 2. 위험물이 있는 곳의 공사 3. 가연성 가스가 있는 곳의 공사 / 4. 부식성 가스가 있는 곳의 공사 5. 흥행장, 광산, 기타 위험 장소의 공사
	20. 전기응용시설 공사	1. 조명배선 / 2. 동력배선 / 3. 제어배선 / 4. 신호배선 / 5. 전기응용기기 설치공사

GUIDE 구성과 특징

✅ 합격비법 손글씨 핵심요약

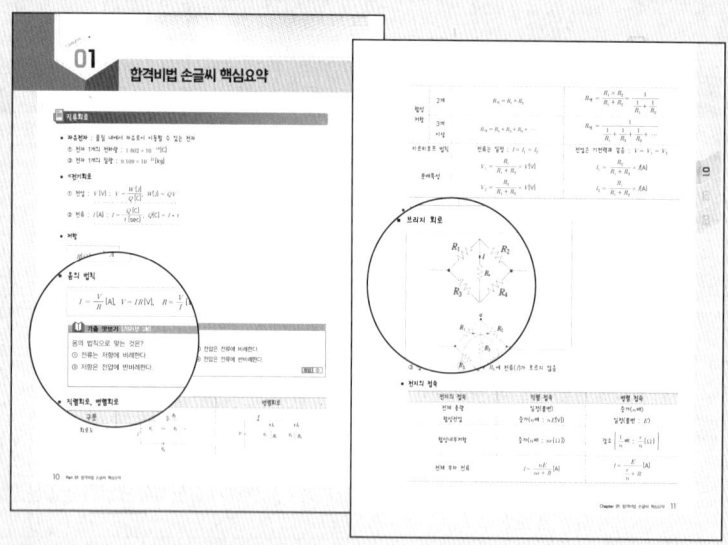

Point 1
꼭 알아야 할 중요한 핵심이론만 눈이 편한 손글씨로 정리

Point 2
기출 맛보기 문제를 통해 기출문제 유형 파악 및 대비 가능

✅ 7개년 CBT 기출복원문제(2018년 ~ 2024년)

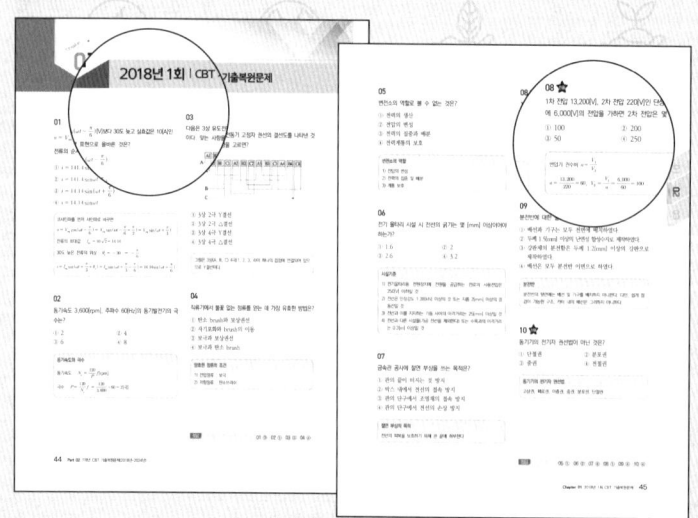

Point 1
7개년 CBT 기출복원문제로 기출 경향을 파악하고 빈출표시를 통해 문제적응력 향상

Point 2
문제 해결을 위한 포인트만 콕 집어 쉽고 명확한 해설로 문제 해결 스킬 향상

✅ 최신 CBT 기출복원문제(2025년 1회·2회·3회)

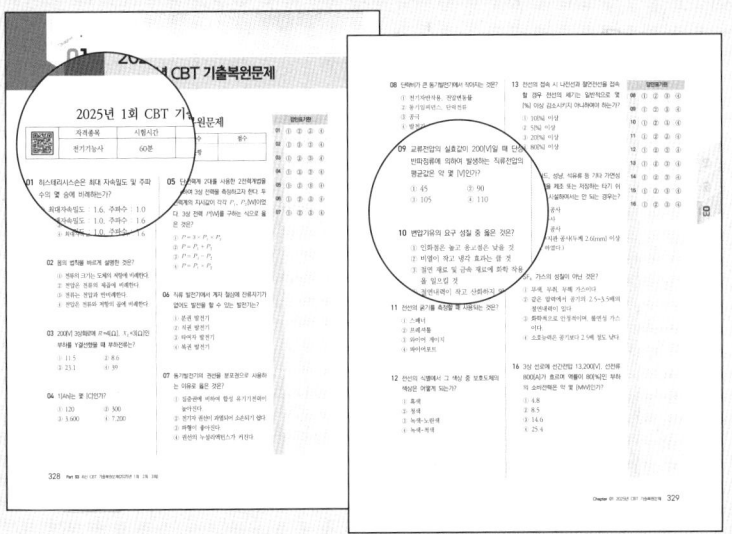

Point 1
2025년 1회·2회·3회 CBT 기출 복원문제 풀이로 최신 출제경향 파악

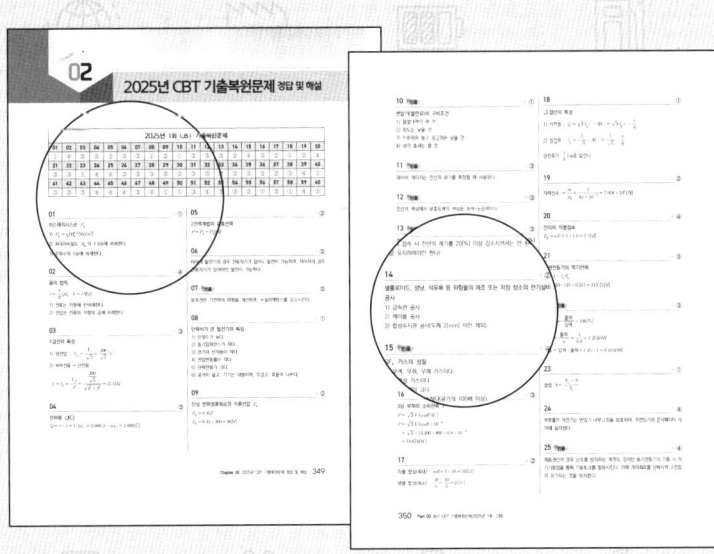

Point 2
핵심만 콕콕 찍어주는 해설로 문제 해결력 향상

※ 2025년 4회 기출복원문제는 홈페이지에서 제공할 예정입니다.

GUIDE 개정 용어 정리표

전기설비기술기준, KEC 용어표준화 및 국문순화 <대상 용어 : 177개>

대상 용어	표준어	대상 용어	표준어
이도(弛度)	처짐정도	차륜(車輪)	차바퀴
연가	전선^위치^바꿈	결선(結線)	전선연결
장간애자(長幹碍子)	긴 애자	법면	비탈면
금구, 금구류	금속^부속품	도괴	넘어지거나 무너짐
수평횡하중 / 수평 횡하중	수평^가로^하중	첨가(添架)설치	전선^첨가^설치
연접(連接)	이웃^연결	이격거리	간격
섬락 / 역섬락	불꽃^방전 / 역방향^불꽃^방전	감안	고려
재폐로	재연결	덤웨이터	소형물품^운반용^승강기
수밀형	수분^침투^방지형	스테인레스	스테인리스
장방형	직사각형	지주, 지지주	지지기둥
리드선	연결선	공차 / 허용차	허용오차
개거(開渠)	개방^수로	블레이드	날개
가선(架線)	전선^설치	염해	염분^피해
개로(開路)	열린^회로	채터링	접점진동
폐로(閉路)	닫힌^회로	난조(hunting)	난조
경간(徑間)	지지물 간 거리	곡률반경	곡선^반지름
쇄정장치	잠금장치	조속기	속도조절기
수트리(tree)	수분^침투^균열	필렛 용접	필렛용접
커버 / 카버	덮개	위치마커	위치표지
내성	견디는 성질	잔여	나머지
흑색	검은색	동(Cu)	구리
동선	구리선	가우스메터(gaussmeter)	가우스미터
병가	병행^설치	국부적	부분적
조상기	무효^전력^보상^장치	룩스, lx	럭스
압착	눌러^붙임	차압(차압설계)	차압
적색	빨간색	배기 / 배기구	공기배출 / 공기배출구
말단 / 끝단	끝부분	노내 / 노	연소실 내부
천정	천장	교점	교차점
굴곡부(屈曲部) / 굴곡반지름	굽은^부분 / 굽은^부분 반지름	응동	따라 움직임
분진	먼지	내경(內徑)	안지름
직매용(直埋用)	직접매설	외경(外徑)	바깥지름
나충전부(裸充電部)	노출충전부	내벽	안쪽^벽
인류	잡아^당김	실측치	실측값
동(銅)전선 / 동전선	구리선	탈황	황산화물제거
사양	규격	탈질	질소산화물제거
조사	빛쬠	배연	연기^배출
유희용	놀이용	배연탈황설비	배연황산화물제거설비
수저(水底)	물밑	배연탈질설비	배연질소산화물제거설비
제진장치	먼지제거장치	성상	성질·상태
방폭	폭발방지	원추형	원뿔형
방청(防錆)	녹방지	만곡 / 만곡부 / 만곡하중	굽힘 / 굽힘구간 / 굽힘하중
황색	노란색	파랑방지벽	파도방지벽
우수	빗물	오일	기름
근가(根架)	전주^버팀대	유수	흐르는 물
지선	지지선	입도(粒度)	입자^크기

충격섬락전압(衝擊閃絡電壓)	충격^불꽃^방전^전압	충수(充水배관)	물을 채움
교량	다리	자중	자체중량
커넥터	접속기	명기	명확히^기록
변대주	변압기^전주	구배	기울기
공작물	인공구조물	로울러	롤러
종방향	세로방향	터블렛	태블릿
트라프 / 트로프(troughs)	트로프	트리프렉스	3묶음
계통연락	계통연계	쿼드랍프렉스	4묶음
점퍼선	연결선	연료유면(燃料油面)	연료유면
소구경관(小口徑管)	소구경관	중계선륜(中繼線輪)	중계선륜
전식	전기부식	자복성(自復性)	자동복구성
메시	그물망	노치오프(notchoff)	속도^조절기^차단
분말	가루	절·성토면	절토·성토한 면
비자동	수동	표점장치	고장위치^표시장치
조가용선 / 조가하여	조가선 / 조가하여	치환	바꿔놓음
말구(末口)	위쪽끝	만(滿)충전	완전^충전
반기(搬器)	운반기	용손(溶損)	녹아서 손상
키	스위치	조속장치	속도조절기
자소성(自燒性)	자기소화성	직관	직선관
그로미트	그로밋	곡관	곡선관
분진방폭형(粉塵防爆型)	분진방폭형	템퍼링(tempering)	뜨임
콜렉터	컬렉터	여유고	여유^높이
장식(stud)단자	스터드^단자	샌드세퍼레이터	모래분리장치
좌금	와셔	메크로시험	매크로시험
설부좌금(舌付座金)	풀림방지와셔	커브	곡선형
할핀(割핀)	분할핀	심(shim)	끼움쇠
라비린스	래버린스	DAC 곡선 / DAC / 거리 진폭 교정곡선(DAC)	거리진폭교정(DAC)곡선
비단락보증 절연변압기	비단락 보증 절연변압기	싸이클	주기
몰날	모르타르	비원형(obround)	장원형
피빙전선(被氷電線)	빙설이 부착된 전선	혼란상태(upselling condition)	혼란상태
문형구조(門型構造)	문 형태의 구조	삽입식(slip-on) 플랜지 / 슬립 온(slip-on) 플랜지	삽입식^플랜지
외주(外周)	바깥둘레	트러스트(thrust) 베어링/트러스트 베어링	스러스트^베어링
직하	바로^아래	히트분석(Heat analysis)	용강분석
표면직하	표면^바로^아래	유하	흘려보냄
망상장치(網狀裝置)	그물형^장치	디워터링	수면압하
강대(鋼帶)	강대	실드가스	보호가스
황동대(黃銅帶)	황동대	시뮬레이션	모의실험
원통상(圓筒狀)	원통^모양	노멀라이징	풀림
판면	철판면	전용교	전용다리
압유(壓油)	압유	하안(河岸)	강기슭
최종단(最終段)	맨 끝	필댐	필 댐
방식조치(防蝕措置)	부식방지조치	청색	파란색
부대(浮臺)	부유식^구조물	백색	흰색
배류(排流)	배류		

※ 사선을 사용해 두 가지로 제시한 경우는, 두 가지 용어 중 하나를 맥락에 맞게 선택하여 사용할 수 있음
※ 용어의 띄어쓰기('^')는 필요시 의미 단위별로 붙여 쓸 수 있음

CONTENTS 목차

Study check 표 활용법
스스로 학습 계획을 세워서 체크하는 과정을 통해 학습자의 학습능률을 향상시키기 위해 구성하였습니다.
각 단원의 학습을 완료할 때마다 날짜를 기입하고 체크하여, 자신만의 3회독 플래너를 완성시켜보세요.

PART 01 합격비법 손글씨 핵심요약

		Study Day		
		1st	2nd	3rd
합격비법 손글씨 핵심요약	10			

PART 02 7개년 CBT 기출복원문제(2018년~2024년)

			Study Day						Study Day		
			1st	2nd	3rd				1st	2nd	3rd
01	2018년 1회 CBT 기출복원문제	44				15	2021년 3회 CBT 기출복원문제	182			
02	2018년 2회 CBT 기출복원문제	53				16	2021년 4회 CBT 기출복원문제	192			
03	2018년 3회 CBT 기출복원문제	62				17	2022년 1회 CBT 기출복원문제	202			
04	2018년 4회 CBT 기출복원문제	72				18	2022년 2회 CBT 기출복원문제	212			
05	2019년 1회 CBT 기출복원문제	82				19	2022년 3회 CBT 기출복원문제	223			
06	2019년 2회 CBT 기출복원문제	92				20	2022년 4회 CBT 기출복원문제	233			
07	2019년 3회 CBT 기출복원문제	102				21	2023년 1회 CBT 기출복원문제	244			
08	2019년 4회 CBT 기출복원문제	111				22	2023년 2회 CBT 기출복원문제	254			
09	2020년 1회 CBT 기출복원문제	121				23	2023년 3회 CBT 기출복원문제	265			
10	2020년 2회 CBT 기출복원문제	131				24	2023년 4회 CBT 기출복원문제	275			
11	2020년 3회 CBT 기출복원문제	141				25	2024년 1회 CBT 기출복원문제	285			
12	2020년 4회 CBT 기출복원문제	151				26	2024년 2회 CBT 기출복원문제	295			
13	2021년 1회 CBT 기출복원문제	161				27	2024년 3회 CBT 기출복원문제	305			
14	2021년 2회 CBT 기출복원문제	172				28	2024년 4회 CBT 기출복원문제	315			

PART 03 최신 CBT 기출복원문제(2025년 1회·2회·3회)

			Study Day		
			1st	2nd	3rd
01	2025년 CBT 기출복원문제	328			
02	2025년 CBT 기출복원문제 정답 및 해설	349			

PART 01

합격비법 손글씨 핵심요약

합격비법 손글씨 핵심요약

직류회로

- **자유전자** : 물질 내에서 자유로이 이동할 수 있는 전자
  ① 전자 1개의 전하량 : 1.602×10^{-19}[C]
  ② 전자 1개의 질량 : 9.109×10^{-31}[kg]

- **※전기회로**
  ① 전압 : V[V] : $V = \dfrac{W[J]}{Q[C]}$, $W[J] = QV$
  ② 전류 : I[A] : $I = \dfrac{Q[C]}{t[\text{sec}]}$, $Q[C] = I \cdot t$

- **저항**

$$R[\Omega] = \rho \dfrac{l}{A}$$

- **옴의 법칙**

$$I = \dfrac{V}{R}[A], \quad V = IR[V], \quad R = \dfrac{V}{I}[\Omega]$$

> **기출 맛보기** [2021년 3회]
>
> 옴의 법칙으로 맞는 것은?
> ① 전류는 저항에 비례한다.   ② 전압은 전류에 비례한다.
> ③ 저항은 전압에 반비례한다.   ④ 전압은 전류에 반비례한다.
>
> 정답 ②

- **직렬회로, 병렬회로**

구분	직렬회로	병렬회로
회로도	(회로도: $I_1, R_1, I_2, R_2, V_1, V_2, V$)	(회로도: $I, I_1, I_2, V, V_1, R_1, V_2, R_2$)

합성 저항	2개	$R_직 = R_1 + R_2$	$R_병 = \dfrac{R_1 \times R_2}{R_1 + R_2} = \dfrac{1}{\dfrac{1}{R_1} + \dfrac{1}{R_2}}$
	3개 이상	$R_직 = R_1 + R_2 + R_3 + \cdots$	$R_병 = \dfrac{1}{\dfrac{1}{R_1} + \dfrac{1}{R_2} + \dfrac{1}{R_3} + \cdots}$
키르히호프 법칙		전류는 일정 : $I = I_1 = I_2$	전압은 기전력과 같음 : $V = V_1 = V_2$
분배특성		$V_1 = \dfrac{R_1}{R_1 + R_2} \times V[\text{V}]$ $V_2 = \dfrac{R_2}{R_1 + R_2} \times V[\text{V}]$	$I_1 = \dfrac{R_2}{R_1 + R_2} \times I[\text{A}]$ $I_2 = \dfrac{R_1}{R_1 + R_2} \times I[\text{A}]$

■ 브리지 회로

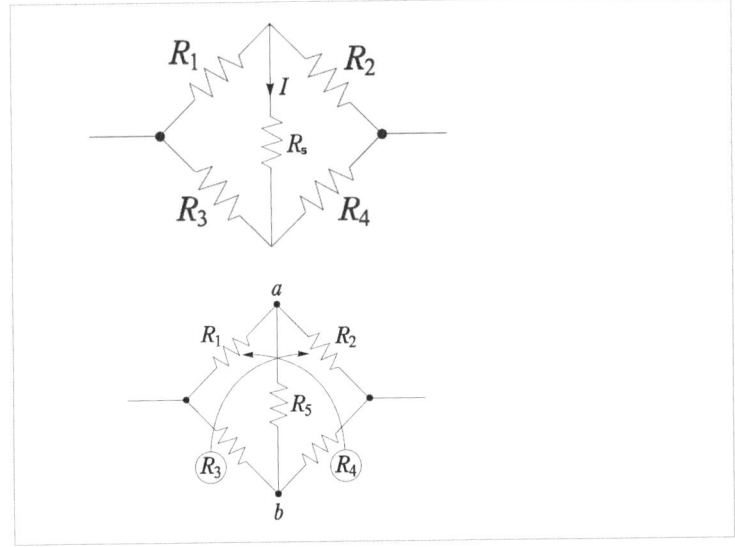

① 평형 조건 : $R_1 R_4 = R_2 R_3$
② 점 a와 점 b의 전위가 같아 R_5에 전류(I)가 흐르지 않음

■ 전지의 접속

전지의 접속	직렬 접속	병렬 접속
전체 용량	일정(불변)	증가(n배)
합성전압	증가(n배 : $nE[\text{V}]$)	일정(불변 : E)
합성내부저항	증가(n배 : $nr[\Omega]$)	감소$\left(\dfrac{1}{n}배 : \dfrac{r}{n}[\Omega]\right)$
전체 부하 전류	$I = \dfrac{nE}{nr + R}[\text{A}]$	$I = \dfrac{E}{\dfrac{r}{n} + R}[\text{A}]$

> **기출 맛보기** [2024년 4회]
>
> 같은 전구를 직렬로 접속했을 때와 병렬로 접속했을 때 어느 것이 더 밝겠는가?
> ① 직렬이 2배 더 밝다.   ② 직렬이 더 밝다.
> ③ 병렬이 더 밝다.   ④ 밝기가 같다.
>
> 정답 ③

- **배율기와 분류기**
  ① 배율기 : 전압계의 측정 범위를 확대(직렬로 접속)
  ② 분류기 : 전류계의 측정 범위를 확대(병렬로 접속)

- **※전력, 전력량, 마력**

전력(P[W])	$P = \dfrac{W}{t} = VI = I^2R = \dfrac{V^2}{R}$
전력량(W[J])	$W = Pt$[W·sec] $= VIt = I^2Rt = \dfrac{V^2}{R}t$
마력	1[HP] = 746[W]

- **열량(H[cal])**

$$1[\text{cal}] = 4.2[\text{J}],\ 1[\text{J}] = 0.24[\text{cal}]$$

  ① $H = 0.24W = 0.24Pt = 0.24I^2Rt$[cal] ($t$: 시간[sec])
  ② $H = 860P_kT$[kcal] (P_k : 전력[KW], T : 시간[h])

- **※열전 효과**

구분	현상
제어백 효과	온도차를 주면 기전력이 발생하는 현상(열전온도계, 열전쌍, 열전대)
펠티어 효과(전기 냉장고)	서로 다른 금속을 접합하여 접속점에 전류를 흘리면 열을 발생, 열을 흡수하는 현상
톰슨 효과	동일 금속을 접합하여 접속점에 전류를 흘리면 열을 발생, 열을 흡수하는 현상

- **※전기분해(패러데이 법칙)**
  ① 전하량과 석출량은 비례

$$W = KQ = KIt[\text{g}]\ (W : 석출량[\text{g}],\ K : 화학당량[\text{g/C}],\ Q : 전기량[\text{C}])$$

  ② 전해액 : 황산구리수용액($CuSO_4 + H_2O$)
  ③ 석출물 : 음극에서 순수한 구리 석출(Cu)

> **기출 맛보기** [2024년 4회]
>
> "같은 전기량에 의해서 여러 가지 화합물이 전해될 때 석출되는 물질의 양은 그 물질의 화학당량에 비례한다." 이 법칙은?
> ① 렌츠의 법칙 ② 패러데이의 법칙
> ③ 앙페르의 법칙 ④ 줄의 법칙
>
> 정답 ②

- **납(연) 축전지**
  ① 전해액 : 묽은 황산(H_2SO_4) 용액(비중 약 $1.2 \sim 1.3$)
  ② 양극 : 이산화납(PbO_2), 음극 : 납(Pb)
  ③ 방전전압 : 약 2[V] (방전 시 양극에서 수소기체 발생)

정전계

- **정전계의 기초용어**
  ① 마찰전기 : 두 종류의 물체를 마찰시키면 자유전자가 이동
  ② 대전 : 자유전자의 이동에 따라 물체가 전기(전하)를 띠는 현상

- **정전기력의 세기(쿨롱의 법칙) : F[N]**
  ① 정전기력(정전력) : 다른 부호 전하끼리는 흡인력, 같은 부호 전하끼리는 반발력
  ② $F = \dfrac{Q_1 Q_2}{4\pi \epsilon_0 r^2}$[N] $= 9 \times 10^9 \times \dfrac{Q_1 Q_2}{r^2}$[N]

- **★전장(전기장, 전계)**

구분	관계
정전기력과 전장의 관계 : E[N/C]	F[N] $= QE \rightarrow E = \dfrac{F[N]}{Q[C]}$
진공 시 점전하와 전장의 관계 : E[V/m]	$E = \dfrac{Q}{4\pi\epsilon_0 r^2} = 9 \times 10^9 \times \dfrac{Q}{r^2}$[V/m]

- 전위 : V[V]

$$V = Er = \frac{Q}{4\pi\epsilon_0 r} = 9 \times 10^9 \times \frac{Q}{r}$$

- ✱전기력선의 성질
  ① 양전하에서 시작하여 음전하에서 끝남($\oplus \rightarrow \ominus$)
  ② 전기력선의 밀도는 전기장의 세기와 같음
  ③ 전기력선은 불연속
  ④ 전기력선은 전위가 높은 곳에서 낮은 곳으로 향함
  ⑤ 대전, 평형 시 전하는 표면에만 분포
  ⑥ 전기력선은 도체 표면에 수직
  ⑦ 전하는 뾰족한 부분일수록 많이 모이려는 성질이 있음

  > **기출 맛보기** [2020년 3회]
  > 다음은 전기력선의 설명이다. 틀린 것은?
  > ① 전기력선의 접선방향이 전기장의 방향이다.
  > ② 전기력선은 높은 곳에서 낮은 곳으로 향한다.
  > ③ 전기력선은 등전위면과 수직으로 교차한다.
  > ④ 전기력선은 대전된 도체 표면에서 내부로 향한다.
  >
  > 정답 ④

- 전속밀도

$$D = \epsilon E = \frac{Q}{4\pi r^2} [C/m^2]$$

- 전기력선 수와 유전속선 수

구분	진공(공기 중)	유전체
전기력선 수	$N_0 = \dfrac{Q}{\epsilon_0}$	$N = \dfrac{Q}{\epsilon} = \dfrac{Q}{\epsilon_s \epsilon_0}$
유전속선 수	$N = Q$	$N = Q$

- 정전용량(C[F])
  ① 단위전위당 축적된 전하량

  축적된 전하량 $Q[C] = CV$, 정전용량 $C[F] = \dfrac{Q[C]}{V[V]}$

② 평행판 콘덴서의 정전용량

구분	진공(공기 중)	유전체
평행판 콘덴서의 정전용량	$C = \dfrac{\epsilon_0 S}{d}$	$C = \dfrac{\epsilon S}{d} = \dfrac{\epsilon_s \epsilon_0 S}{d}$

> **기출 맛보기** [2023년 2회]
>
> 콘덴서 C[F]이란?
>
> ① 전기량 × 전위차
> ② $\dfrac{전위차}{전기량}$
> ③ $\dfrac{전기량}{전위차}$
> ④ 전기량 × 전위차^2
>
> 정답 ③

■ 콘덴서의 접속

콘덴서의 접속		직렬 접속	병렬 접속
☆합성 정전용량	2개	$C_0 = \dfrac{C_1 \times C_2}{C_1 + C_2} = \dfrac{1}{\dfrac{1}{C_1} + \dfrac{1}{C_2}}$ [F]	$C_0 = C_1 + C_2$ [F]
	3개 이상	$C_0 = \dfrac{1}{\dfrac{1}{C_1} + \dfrac{1}{C_2} + \dfrac{1}{C_3} + \cdots}$	$C_0 = C_1 + C_2 + C_3 + \cdots$
콘덴서의 분배		$V_1 = \dfrac{C_2}{C_1 + C_2} \times V$, $V_2 = \dfrac{C_1}{C_1 + C_2} \times V$	$Q_1 = \dfrac{C_1}{C_1 + C_2} \times Q$, $Q_2 = \dfrac{C_2}{C_1 + C_2} \times Q$

■ 전하의 이동중 에너지(일)

$$W[J] = QV = CV^2$$

■ 정전 에너지

구분	공식
축적된 에너지	$W[J] = \dfrac{1}{2}QV = \dfrac{1}{2}CV^2 = \dfrac{Q^2}{2C}$
단위체적당 축적된 에너지	$W'[J/m^3] = \dfrac{1}{2}ED = \dfrac{1}{2}\epsilon E^2 = \dfrac{D^2}{2\epsilon}$
평행판 사이의 정전력	$f[N/m^2] = \dfrac{1}{2}\epsilon E^2 = \dfrac{D^2}{2\epsilon} = \dfrac{1}{2}ED$

정자계

- ※**두 자극 사이에 작용하는 힘의 세기(쿨롱의 법칙)**

$$F[\text{N}] = \frac{m_1 m_2}{4\pi \mu_0 r^2} = 6.33 \times 10^4 \times \frac{m_1 m_2}{r^2}$$

- **자장(자기장, 자계)**
  ① 자하량과 자장의 곱은 두 자극 사이에 작용하는 힘과 같음

  $$F[\text{N}] = mH \rightarrow H = \frac{F[\text{N}]}{m[\text{Wb}]}$$

  ② 점자하량와 자장의 관계 : $H[\text{AT/m}]$

  $$H = \frac{m}{4\pi \mu_0 r^2} = 6.33 \times 10^4 \times \frac{m}{r^2} \ (\mu_0 = 4\pi \times 10^{-7} : \text{진공의 투자율}[\text{H/m}])$$

- **자속과 자속밀도**
  ① 자속($\phi[\text{Wb}]$) : $\phi = BA$
  ② 자속밀도($B[\text{Wb/m}^2]$) : $B = \dfrac{\phi[\text{Wb}]}{A[\text{m}^2]}$, $B = \mu H = \mu_0 \mu_s H[\text{Wb/m}^2]$

- ※**암페어의 오른나사 법칙 : 전류와 자기장의 관계를 나타내는 법칙**
  ① 도체에 전류가 흐를 때 주변에 오른나사 방향의 자장이 발생
  ② 전류에 의한 자기장

전류[A]	자기장[AT/m]	관련 요소
직선도체	$H = \dfrac{I}{2\pi r}$	r : 거리[m]
원형코일	$H = \dfrac{NI}{2a}$	a : 반지름[m], N : 권수[회]
(직선) 솔레노이드	$H = \dfrac{NI}{l}$	l : 솔레노이드의 길이[m], N : 권수[회]
환상 솔레노이드	$H = \dfrac{NI}{2\pi r}$	r : 반지름[m], N : 권수[회]

  ③ 솔레노이드의 외부자계는 없음($H' = 0$)

> **기출 맛보기** [2022년 2회]
>
> 전류에 의한 자기장의 방향을 결정하는 법칙은?
> ① 플레밍의 오른손 법칙　　　② 암페어의 오른손 법칙
> ③ 플레밍의 왼손 법칙　　　　④ 렌쯔 법칙
>
> 정답 ②

- **✲전자력**
  ① 전동기의 원리
  ② 전자력의 방향(플레밍의 왼손 법칙)

엄지	도체에 작용하는 힘의 방향(F)
검지	자기장의 방향(B)
중지	전류의 방향(I)

  ③ 전자력의 크기(F[N]) : $F = IBl\sin\theta$

  > **기출 맛보기** [2022년 2회]
  > 자기장 안에 전류가 흐르는 도선을 놓으면 힘이 작용하는데 이 전자력을 응용한 대표적인 것은?
  > ① 전열기
  > ② 전동기
  > ③ 축전지
  > ④ 전등
  >
  > 정답 ②

- **✲평행 도체 전류 사이에 작용하는 힘**
  ① 작용하는 힘의 방향

같은 방향(병렬회로)	흡인력
반대 방향(왕복회로)	반발력

  ② 작용하는 힘의 크기(F[N/m]) : $F = \dfrac{2I_1 I_2}{r} \times 10^{-7}$

- **비투자율(μ_s)에 따른 자성체의 종류**

구분	비투자율	종류
강자성체	$\mu_s \gg 1$	철, 니켈, 코발트, 망간
상자성체	$\mu_s > 1$	백금, 알루미늄, 산소, 공기
반자성체 = 역자성체	$0 < \mu_s < 1$	은, 구리, 비스무트, 물

- **히스테리시스 곡선의 면적은 체적당 손실** : $P_h = \eta f B_m^{1.6}$ [W/m³]

히스테리시스 곡선	가로축(횡축)	세로축(직축)
나타내는 것	자계	자속밀도
만나는 점	보자력	잔류자속

- **자석의 종류**

영구자석	잔류자기와 보자력이 모두 큰 것
전자석	잔류자기는 크고 보자력은 작은 것

- **자기회로**
    ① 기자력($F = NI$[AT]) : 자기회로에서 자속을 발생시키기 위한 힘
    ② 자기저항 : $R_m = \dfrac{l}{\mu A}$[AT/Wb], $R_m = \dfrac{F}{\phi} = \dfrac{NI}{\phi}$[AT/Wb]
    ③ 전기회로와 대응관계
        - 투자율 ↔ 도전율
        - 기자력 ↔ 기전력
        - 자기저항 ↔ 전기저항
        - 자속 ↔ 전류
    ④ 자속(ϕ[Wb]) : $\phi = \dfrac{F}{R_m} = \dfrac{NI}{R_m} = \dfrac{\mu A NI}{l}$

- **★전자 유도**

구분	내용
페러데이 법칙	• 전력의 크기에 대한 법칙 • $e = -N\dfrac{d\phi}{dt}$[V]
렌츠의 법칙	• 기전력의 방향에 대한 법칙 • 유도기전력의 방향이 자기장 변화를 방해하는 방향으로 발생
플레밍의 오른손 법칙	• 발전기 원리 • 엄지 : 도체가 이동하는 방향(v) • 검지 : 자기장의 방향(B) • 중지 : 기전력의 방향(e) • $e = vBl\sin\theta$[V]

> **기출 맛보기** [2020년 1회]
>
> 전자 유도 현상에 의하여 생기는 유기기전력의 방향을 정한 법칙은?
> ① 플레밍의 오른손 법칙　　　　② 플레밍의 왼손 법칙
> ③ 렌츠의 법칙　　　　　　　　④ 암페어 오른손 법칙
>
> 정답 ③

- **자기 인덕턴스**

$$L = \dfrac{N\phi}{I} = \dfrac{\mu A N^2}{l}\text{[H]}, \quad e = -L\dfrac{dI}{dt}$$

- ☆**상호 인덕턴스**
  ① 이상적인 상호 인덕턴스 : $M = k\sqrt{L_1 L_2}$ [H]
  ② 결합계수(k) : $k = \dfrac{M}{\sqrt{L_1 L_2}}$, $M = k\sqrt{L_1 L_2}$ [H]

구분	결합계수
누설자속 없는 경우	$k = 1$
완전 누설하는 경우	$k = 0$
결합계수의 범위	$0 \leq k \leq 1$

> **기출 맛보기** [2024년 3회]
>
> 코일이 접속되어 있을 때, 누설 자속이 없는 이상적인 코일 간의 상호 인덕턴스는?
> ① $M = \sqrt{L_1 + L_2}$
> ② $M = \sqrt{L_1 - L_2}$
> ③ $M = \sqrt{L_1 L_2}$
> ④ $M = \sqrt{\dfrac{L_1}{L_2}}$
>
> 정답 ③

- **코일의 직렬 접속**

가동결합의 합성 인덕턴스	$L_0 = L_1 + L_2 + 2M$ [H]
차동결합의 합성 인덕턴스	$L_0 = L_1 + L_2 - 2M$ [H]
큰 합성 인덕턴스와 작은 합성 인덕턴스의 차	$L'_{대} - L'_{소} = 4M$ [H], $M = \dfrac{L'_{대} - L'_{소}}{4}$

- **코일에 축적되는 자계에너지**

축적된 자계에너지(W [J])	$W = \dfrac{1}{2}LI^2 = \dfrac{1}{2}N\phi I \fallingdotseq \dfrac{1}{2}\phi I$
단위체적당 축적된 자계에너지(W' [J/m³])	$W' = \dfrac{1}{2}\mu H^2 = \dfrac{B^2}{2\mu} = \dfrac{1}{2}BH$
공극 사이의 흡인력(f [N/m²])	$f = \dfrac{1}{2}\mu H^2 = \dfrac{B^2}{2\mu} = \dfrac{1}{2}HB$

교류회로

- **주기와 주파수** : $T = \dfrac{1}{f}$ [sec], $f = \dfrac{1}{T}$ [Hz]

- **각속도(ω[rad/sec])** : $\omega = 2\pi f$

- **정현파 교류의 크기 표시법**

  ① 순시값 : $v(t) = V_m \sin(\omega t + \theta) = V\sqrt{2}\sin(2\pi ft + \theta)$

  ② 실효값 : $V = \dfrac{V_m}{\sqrt{2}} = 0.707 V_m$

  ③ 평균값 : $V_{av} = \dfrac{1}{T}\displaystyle\int_0^T v\,dt = \dfrac{2}{\pi}V_m \fallingdotseq 0.637 V_m \fallingdotseq \dfrac{V}{1.11} = 0.9 V$

  ④ 파고율 $= \dfrac{\text{최댓값}}{\text{실효값}} = \sqrt{2}$, 파형률 $= \dfrac{\text{실효값}}{\text{평균값}} = 1.11$

  ⑤ 구형파 : 파고율 $=$ 파형률 $= 1$

  > **기출 맛보기** [2023년 3회]
  >
  > 파형률은 어느 것인가?
  >
  > ① $\dfrac{\text{평균값}}{\text{실효값}}$ ② $\dfrac{\text{실효값}}{\text{최댓값}}$
  >
  > ③ $\dfrac{\text{실효값}}{\text{평균값}}$ ④ $\dfrac{\text{최댓값}}{\text{실효값}}$
  >
  > 정답 ③

- **교류의 벡터 표기법**

  ① 극형식법 : 크기와 위상으로 표현
   - 순시값 : $i = I_m \sin(\omega t + \theta) = \sqrt{2}\,I\sin(2\pi ft + \theta)$ [A]
   - 극형식 : $\vec{I} = I\angle\theta$ [A]

  ② 복소수법 : 실수값과 허수값으로 표현
   - 순시값 : $i = I_m \sin(\omega t + \theta) = \sqrt{2}\,I\sin(2\pi ft + \theta)$ [A]
   - 실수값 : $a = I\cos\theta$
   - 허수값 : $b = I\sin\theta$
   - 복소수 : $\vec{I} = a + jb$ [A]

③ 복소수의 극형식 환산
- 크기 : $I = \sqrt{a^2 + b^2}$
- 위상 : $\theta = \tan^{-1}\dfrac{b}{a}$

- **저항(R)만의 회로**
  ① 전류는 전압과 동상으로, 위상차 없음
  ② 역률 : $\cos\theta = 1$

- **코일(L)만의 회로**
  ① 전류는 전압과 지상으로, 위상차 $\theta = 90° = \dfrac{\pi}{2}$ [rad]
  ② 역률 : $\cos\theta = 0$
  ③ 코일은 유도성 리액턴스(X_L)로 계산 : $X_L = \omega L = 2\pi f L\,[\Omega]$

- **콘덴서(C)만의 회로**
  ① 전류는 전압과 진상으로, 위상차 $\theta = 90° = \dfrac{\pi}{2}$ [rad]
  ② 역률 : $\cos\theta = 0$
  ③ 콘덴서는 용량성 리액턴스(X_C)로 계산 : $X_C = \dfrac{1}{\omega C} = \dfrac{1}{2\pi f C}\,[\Omega]$

- $R-L$ **직렬회로**

합성 임피던스	$Z_{R-L} = R + jX_L = \sqrt{R^2 + X_L^2}\,[\Omega]$
전체 지상전류	$I = \dfrac{V}{Z_{R-L}} = \dfrac{V}{\sqrt{R^2 + X_L^2}}\,[A]$
전압과 전류의 위상차	$\theta = \tan^{-1}\left(\dfrac{X_L}{R}\right) = \tan^{-1}\left(\dfrac{\omega L}{R}\right)$
역률	$\cos\theta = \dfrac{R}{Z_{R-L}} = \dfrac{R}{\sqrt{R^2 + X_L^2}} = \dfrac{R}{\sqrt{R^2 + (\omega L)^2}}$

> **기출 맛보기** [2023년 1회]
>
> 저항 $R[\Omega]$, 유도성 리액턴스 $X_L[\Omega]$, 용량성 리액턴스 $X_C[\Omega]$를 직렬로 연결하면 합성 임피던스 $Z[\Omega]$의 크기는?
> ① $\sqrt{R^2+(X_L+X_C^2)}$
> ② $\sqrt{R^2+(X_L+X_C)^2}$
> ③ $\sqrt{R^2+(X_C-X_L^2)}$
> ④ $\sqrt{R^2+(X_L-X_C)^2}$
>
> 정답 ④

- $R-C$ 직렬회로

합성 임피던스	$Z_{R-C} = R - jX_C = \sqrt{R^2+X_C^2}\,[\Omega]$
전체 지상전류	$I = \dfrac{V}{Z_{R-C}} = \dfrac{V}{\sqrt{R^2+X_C^2}}\,[A]$
전압과 전류의 위상차	$\theta = \tan^{-1}\left(\dfrac{X_C}{R}\right) = \tan^{-1}\left(\dfrac{1}{\omega CR}\right)$
역률	$\cos\theta = \dfrac{R}{Z_{R-C}} = \dfrac{R}{\sqrt{R^2+X_C^2}}$

- $R-L-C$ 직렬회로
  ① 합성 임피던스의 종류
   - $X_L = X_C$인 경우 전류와 전압은 동상
   - $X_L > X_C$인 경우 전류가 전압보다 뒤짐
   - $X_L < X_C$인 경우 전류가 전압보다 앞섬
  ② 합성 임피던스(Z)로 옴의 법칙 계산

구분	계산
전체 전류	$I = \dfrac{V}{Z} = \dfrac{V}{\sqrt{R^2+X^2}}\,[A]$
전압과 전류의 위상차	$\theta = \tan^{-1}\left(\dfrac{X}{R}\right) = \tan^{-1}\left(\dfrac{X_L-X_C}{R}\right)$
역률	$\cos\theta = \dfrac{R}{Z} = \dfrac{R}{\sqrt{R^2+X^2}} = \dfrac{R}{\sqrt{R^2+(X_L-X_C)^2}}$

③ ※직렬공진 : $X_L = X_C$일 때 임피던스가 최소가 되는 현상
- 전체 전류는 최대의 동상전류
- 공진 각주파수 : $\omega_0 = \dfrac{1}{\sqrt{LC}}$, 공진 주파수 : $f_0 = \dfrac{1}{2\pi\sqrt{LC}}$ [Hz]
- 전압확대비 : $Q = \dfrac{1}{R}\sqrt{\dfrac{L}{C}}$

> **기출 맛보기** [2021년 2회]
>
> RLC 직렬회로의 공진주파수 f [Hz]는?
>
> ① $f = \dfrac{\sqrt{LC}}{2\pi}$ [Hz]   ② $f = \dfrac{2\pi}{\sqrt{LC}}$ [Hz]
>
> ③ $f = \dfrac{1}{2\pi\sqrt{LC}}$ [Hz]   ④ $f = \dfrac{1}{\pi\sqrt{LC}}$ [Hz]
>
> 정답 ③

■ 컨덕턴스, 서셉턴스, 어드미턴스 : [℧] 또는 [S]로 표기

[Ω], [S] 성분	[℧] 성분
저항 : $R[\Omega]$	컨덕턴스 : $G[℧] = \dfrac{1}{R[\Omega]}$
리액턴스 : $X[\Omega]$	서셉턴스 : $B[℧] = \dfrac{1}{X[\Omega]}$
임피던스 : $Z = R + jX[\Omega]$	어드미턴스 : $Y[℧] = \dfrac{1}{Z[\Omega]} = G + jB[℧]$

■ 합성[℧]는 합성[Ω]의 반대로 계산

구분	직렬회로	병렬회로
$G[℧] = \dfrac{1}{R[\Omega]}$	$R' = R_1 + R_2$	$R' = \dfrac{R_1 \times R_2}{R_1 + R_2}$
	$G' = \dfrac{G_1 \times G_2}{G_1 + G_2}$	$G' = G_1 + G_2$

- [℧]의 전압분배, 전류분배는 [Ω]의 반대로 계산

구분	[Ω] 성분	[℧] 성분
직렬회로의 전압분배	$V_1 = \dfrac{R_1}{R_1+R_2} \times V$ $V_2 = \dfrac{R_2}{R_1+R_2} \times V$	$V_1 = \dfrac{G_2}{G_1+G_2} \times V$ $V_2 = \dfrac{G_1}{G_1+G_2} \times V$
병렬회로의 전류분배	$I_1 = \dfrac{R_2}{R_1+R_2} \times I\,[A]$ $I_2 = \dfrac{R_1}{R_1+R_2} \times I\,[A]$	$I_1 = \dfrac{G_1}{G_1+G_2} \times I\,[A]$ $I_2 = \dfrac{G_2}{G_1+G_2} \times I\,[A]$

- 교류전력의 용어

소비전력(P[W])	모든 회로의 전기기기가 실제 필요한 전력
유효전력(P[W])	교류회로의 부하로 전달되는 소비전력 $P = VI\cos\theta = \dfrac{1}{2}V_m I_m \cos\theta = P_a \cos\theta = I^2 R = \dfrac{V^2}{R}$ [W]
무효전력(P_r[VAR])	교류회로의 소비되지 않는 전력 $P_r = VI\sin\theta = \dfrac{1}{2}V_m I_m \sin\theta = P_a \sin\theta = I^2 X = \dfrac{V^2}{X}$ [VAR]
피상전력(P_a[VA])	교류회로의 전압과 전류의 곱인 전력 $P_a = VI = \dfrac{1}{2}V_m I_m = I^2 \cdot Z = \dfrac{V^2}{Z} = \sqrt{P^2 + P_r^{\,2}}$ [VA]
역률(유효율)	$\cos\theta = \dfrac{\text{유효전력}}{\text{피상전력}} = \dfrac{P\,[\text{W}]}{P_a\,[\text{VA}]} = \dfrac{P}{\sqrt{P^2+P_r^2}}$

- ※대칭 3상 교류(위상차 : $\theta = 120° = \dfrac{2\pi}{3}$[rad])

  ① Y결선(성형결선, 스타결선)
  - $V_l = \sqrt{3}\,V_p \angle 30°$ $V_p = \dfrac{V_l}{\sqrt{3}} \angle -30°$ (V_l : 선간전압, V_p : 상전압)
  - $I_l = I_p$ (I_l : 선전류, I_p : 상전류)

  ② Δ결선(삼각결선)
  - $V_l = V_p$ (V_l : 선간전압, V_p : 상전압)
  - $I_l = \sqrt{3}\,I_p \angle -30°$ $I_p = \dfrac{I_l}{\sqrt{3}} \angle 30°$ (I_l : 선전류, I_p : 상전류)

③ 3상 전력($P_{3\phi}$) = 단상전력용량(P)의 3배

구분	계산
피상전력	$P_{3\phi} = 3P_a = 3V_pI_p = \sqrt{3}\,V_lI_l\,[\text{VA}]$
유효전력	$P_{3\phi} = 3V_pI_p\cos\theta = \sqrt{3}\,V_lI_l\cos\theta\,[\text{W}] = 3I_p^2 \cdot R\,[\text{W}]$
무효전력	$P_{3\phi} = 3V_pI_p\sin\theta = \sqrt{3}\,V_lI_l\sin\theta\,[\text{VAR}] = 3I_p^2 \cdot X\,[\text{VAR}]$

> **기출 맛보기** [2023년 1회]
> 어떤 평형 3상 부하에 220[V]의 3상을 가하니 전류는 10[A]가 흘렀다. 역률이 0.8일 때 피상전력은 약 몇 [VA]인가?
> ① 2,700　　　　　　　　　　　② 3,810
> ③ 4,320　　　　　　　　　　　④ 6,710
>
> 정답 ②

④ V결선(P_V) = 단상전력용량(P)의 $\sqrt{3}$배

구분	계산
출력	$P_V = \sqrt{3}\,P\,[\text{kVA}]$
출력비	$\dfrac{P_V}{P_\Delta} = \dfrac{\sqrt{3}\,P_n}{3P_n} = \dfrac{1}{\sqrt{3}} = \dfrac{\sqrt{3}}{3} = 0.577 = 57.7[\%]$
이용률	$\dfrac{\sqrt{3}\,P_n}{2P_n} = \dfrac{\sqrt{3}}{2} = 0.866 = 86.6[\%]$

- **※3상 임피던스 변환**

$\Delta \to Y$ 결선 임피던스 변환	$\dfrac{1}{3}$배 감소 ($Z_Y = Z_\Delta \times \dfrac{1}{3}$)
$Y \to \Delta$ 결선 임피던스 변환	3배 증가 ($Z_\Delta = Z_Y \times 3$)

- **2전력계법의 유효전력** : $P_{3\phi}[\text{W}] = P_1[\text{W}] + P_2[\text{W}]$

- **푸리에 급수** : 비정현파의 구성을 직류분, 기본파, 고조파로 표기

- **비정현파의 실효값** : 각성분의 실효값의 제곱의 합의 제곱근으로 표기

비정현파	$v = V_0 + \sqrt{2}\,V_1\sin\omega t + \sqrt{2}\,V_2\sin 2\omega t + \cdots$
실효값	$V = \sqrt{V_0^2 + V_1^2 + V_2^2 + \cdots}$

- 왜형률

$$\frac{\text{전고조파의 실효값}}{\text{기본파의 실효값}} = \frac{\sqrt{V_2^2 + V_3^2 + \cdots}}{V_1}$$

직류기

- ☆구조(3요소 : 계자, 전기자, 정류자)

☆계자	주 자속을 만드는 부분
☆전기자	주 자속을 끊어 유기기전력을 발생
☆정류자	교류를 직류로 변환

- 유기기전력

$$E = \frac{PZ}{a}\phi\frac{N}{60} = K\phi N [\text{V}]$$

- 전압변동률

$$\star \epsilon = \frac{V_0 - V}{V} \times 100$$

> **기출 맛보기** [2023년 1회]
>
> 어느 단상 변압기의 2차 무부하전압이 104[V]이며, 정격의 부하 시 2차 단자전압이 100[V]이었다. 전압변동률은 몇 [%] 인가?
> ① 2   ② 3
> ③ 4   ④ 5
>
> 정답 ③

- 직류 전동기 토크

$$\star T = 0.975 \frac{P_m}{N} [\text{kg·m}]$$

■ 직류 전동기의 특성

직권 전동기	분권 전동기
※기동토크가 클 때 속도가 작음	※정속도 전동기
• 정격전압으로 운전 중 ※무부하 운전하지 말 것 • 부하와 벨트 운전하지 말 것 → 무부하 운전과 벨트 운전 시 위험속도 도달 우려	• 정격전압으로 운전 중 ※무여자 운전하지 말 것 • 계자권선에 퓨즈 삽입 금지 → 무여자 운전 및 계자권선에 퓨즈 삽입 시 위험속도 도달 우려

■ 손실

무부하손(고정손)	※철손 + 기계손(풍손)
부하손(가변손)	※동손 + 표류부하손(구할 수 없는 손실)

■ 효율 η

η 발전기	$\dfrac{출력}{출력+손실} \times 100[\%]$
η 전동기	$\dfrac{입력-손실}{입력} \times 100[\%]$
η 변압기	$\dfrac{출력}{출력+손실} \times 100[\%]$

■ 온도시험법
① ※반환부하법 : 현재 온도시험법에 가장 널리 사용
② 반환부하법의 종류 : 홉킨스법, 카프법, 브론델법

> **기출 맛보기** [2021년 3회]
>
> 다음 중 변압기의 온도 상승 시험법으로 가장 널리 사용되는 것은?
> ① 반환부하법　　　　　　　　② 유도시험법
> ③ 절연내력시험법　　　　　　④ 고조파 억제법
>
> 정답 ①

 동기기

- **구조**
  ① 회전계자형 : 기계적으로 튼튼하나 파형을 개선하려 하는 것은 아님
  ② 전기자 Y결선 : 이상전압을 방지할 수 있으나 출력이 증가하는 것은 아님

- **동기속도**

  ※$N_s = \dfrac{120}{P} f$ [rpm] 주파수가 60[Hz]라 가정할 경우

$P = 2$극인 경우	$N_s = 3,600$[rpm]
$P = 4$극인 경우	$N_s = 1,800$[rpm]
$P = 6$극인 경우	$N_s = 1,200$[rpm]
$P = 8$극인 경우	$N_s = 900$[rpm]

- **전기자 권선법**(※집중권, 전절권은 사용하지 않음)

※분포권	※단절권
※기전력의 파형을 개선	
고조파 제거	
누설리액턴스를 감소	동량 절감 가능

- **전기자 반작용**(전기자가 계자에 영향)
  ① 횡축 반작용(교차 자화작용) $I\cos\theta$: 전기자전류와 유기기전력이 동상인 경우
  ② ※직축 반작용 $I\sin\theta$

종류	앞선(진상, 진) 전류가 흐를때	뒤진(지상, 지) 전류가 흐를때
※동기 발전기	증자작용	감자작용
동기 전동기	감자작용	증자작용

  > **기출 맛보기** [2024년 1회]
  >
  > 동기 발전기에서 앞선 전류가 흐를 때 어느 것이 옳은가?
  > ① 속도가 상승한다.   ② 감자 작용을 받는다.
  > ③ 증자 작용을 받는다.   ④ 효율이 좋아진다.
  >
  > 정답 ③

- ✱동기 발전기의 병렬 운전 조건(용량과 무관)
  ① 기전력의 크기가 같을 것(다른 경우 ✱무효순환전류가 흐름)
  ② 기전력의 위상이 같을 것(다른 경우 ✱유효(동기화)전류가 흐름)
  ③ 기전력의 주파수가 같을 것(다른 경우 ✱난조가 발생 → 대책 : 제동권선 설치)
  ④ 기전력의 파형이 같을 것

- 동기 전동기의 기동
  ① 자기동법 : ✱제동권선 이용(이때 기동 시 ✱계자권선을 단락하여야 함. 이유는 ✱고전압에 따른 절연파괴 우려가 있음)
  ② 기동 전동기법 : 3상 유도 전동기 이용(유도 전동기를 기동 전동기로 사용 시 동기 전동기보다 2극을 적게 함)

- 위상특성곡선
  ① 전기자전류가 최소일 경우 : 역률은 1
  ② 부족여자 시 : 리액터로 운전하여 지상전류를 흘릴 수 있음
  ③ 과여자 시 : 콘덴서로 운전하여 진상전류를 흘릴 수 있음

유도기

- 3상 유도 전동기
  ① 슬립 $s = \dfrac{N_s - N}{N_s} \times 100[\%]$
  ② 회전자속도 $N = (1-s)N_s$
  ③ 슬립의 범위(전동기) $0 < s < 1$
  ④ ✱역전(역상, 플러깅)제동 : 급제동 시 사용하는 방법으로 전원 3선 중 2선의 방향을 바꾸어 전동기를 역회전시켜 급제동하는 방법

  > **기출 맛보기** [2024년 1회]
  > 다음 제동 방법 중 급정지하는 데 가장 좋은 제동법은?
  > ① 발전제동
  > ② 회생제동
  > ③ 역전제동
  > ④ 단상제동
  >
  > 정답 ③

  ⑤ 유도 전동기의 토크와 전압
  $$T \propto V^2 \propto \dfrac{1}{s},\ s \propto \dfrac{1}{V^2}$$

⑥ ※비례추이(권선형 유도 전동기)
- ※기동전류는 감소하고, 기동토크는 증가
- 2차측 저항을 크게 하면, 슬립도 커짐($r_2 \propto s$)
- ※2차측 저항을 변화하여도 최대토크는 불변
- 비례추이할 수 없는 것 : 출력(P_0), 효율(η_2), 2차 동손(P_{c2})

> **기출 맛보기** [2024년 3회]
>
> 유도 전동기의 2차측 저항을 2배로 하면 최대토크는 어떻게 되는가?
> ① $\sqrt{2}$배   ② 변하지 않는다.
> ③ 2배   ④ 4배
>
> 정답 ②

⑦ ※원선도를 작성 또는 그리기 위해 필요한 시험
- 저항시험
- 무부하시험(개방시험)
- 구속시험

- 단상 유도 전동기
  ① ※단상 유도 전동기 토크의 대소 관계
  반발 기동형 > 반발 유도형 > 콘덴서 기동형 > 분상 기동형 > 세이딩 코일형
  ② 전동기별 특징

반발 기동형	브러쉬를 이용
콘덴서 기동형	기동토크 우수, 역률 우수
분상 기동형	기동권선 저항(R) 大, 리액턴스(X) 小
※세이딩 코일형	회전방향을 바꿀 수 없음

변압기(전자유도원리)

- 철심 : ※규소강판을 성층한 철심 사용(철손 감소)
  ① 규소강판 : 히스테리시스손 감소(규소의 함유량 4[%])
  ② 성층철심 : 와류(맴돌이)손 감소(두께 0.35 ~ 0.5[mm])

- **절연유 구비조건**
  ① 절연내력은 클 것
  ② 냉각 효과는 클 것
  ③ 인화점은 높고, 응고점은 낮을 것
  ④ 점도는 낮을 것
     ※ 주상 변압기의 냉각 방식 : 유입 자냉식

- **열화 방지대책**
  ① 콘서베이터 방식
  ② 질소 봉입 방식
  ③ 브리더 방식
     ※ 주변압기와 콘서베이터 사이에 설치되는 계전기 : 부흐홀쯔 계전기 → 부흐홀쯔 계전기는 변압기 내부고장 보호에 사용

  > **기출 맛보기** [2024년 1회]
  > 변압기유의 열화 방지와 관계가 없는 것은?
  > ① 컨서베이터   ② 질소봉입
  > ③ 브리더   ④ 방열판
  >
  > 정답 ④

- **권수비**

  $$a = \frac{N_1}{N_2} = \frac{V_1}{V_2} = \frac{I_2}{I_1} = \sqrt{\frac{Z_1}{Z_2}} = \sqrt{\frac{R_1}{R_2}}$$

- **등가회로**
  등가회로를 그리기 위한 시험
  ① 권선의 저항 측정 시험
  ② 무부하(개방) 시험 : 철손, 여자전류, 여자 어드미턴스
  ③ 단락 시험 : 동손, 임피던스, 단락전류, 전압변동률

- **전압변동률**

  $$\epsilon = p\cos\theta \pm q\sin\theta$$

- V결선

✿V결선의 출력 P_V	$\sqrt{3}\,P_1$
✿V결선의 이용률	$\dfrac{\sqrt{3}\,P_1}{2P_1} = \dfrac{\sqrt{3}}{2} = 0.866 = 86.6[\%]$
✿V결선의 고장 전 출력비	$\dfrac{\sqrt{3}\,P_1}{3P_1} = \dfrac{\sqrt{3}}{3} = 0.577 = 57.7[\%]$

- 변압기 병렬 운전 조건(용량과 무관)
  단상 변압기 병렬 운전 조건
  ① 극성이 같을 것
  ② 권수비가 같으며, 1차와 2차의 정격전압이 같을 것
  ③ 임피던스 강하가 같을 것
  ④ 저항과 리액턴스의 비가 같을 것

정류기

- 컨버터 : 교류를 직류로 변환

- 인버터 : 직류를 교류로 변환

- 사이클로 컨버터 : 교류를 교류로 변환(주파수 변환기)

- 교류전압 제어 : 위상제어

- 직류전압 제어 : 초퍼제어

- 제너 다이오드 : 정전압 제어에 사용

- 다이오드의 연결
  ① 직렬 연결 : 과전압에 대한 보호조치
  ② 병렬 연결 : 과전류에 대한 보호조치

- 발광 다이오드 : 디지털 계측기, 탁상용 계산기와 같은 숫자 표시기 등에 사용

- **전력 제어용 반도체 소자**

종류	특징
☆SCR(단방향 3단자 소자)	GTO, LACSR 모두 단방향 3단자 소자 → GTO의 경우 게이트 신호로 정지가 가능하며 자기 소호기능을 갖춤
SCS	단방향 4단자 소자
SSS(DIAC)	쌍(양)방향 2단자 소자
☆TRIAC	쌍(양)방향 3단자 소자

> **기출 맛보기** [2023년 4회]
> 교류회로에서 양방향 점호(ON)가 가능하며, 위상 제어를 할 수 있는 소자는?
> ① TRIAC ② SCR
> ③ GTO   ④ IGBT
>
> 정답 ①

- **☆정류방식에 따른 직류전압**

단상 반파	0.45E	3상 반파	1.17E
단상 전파	0.9E	3상 전파	1.35E

배선 재료 및 공구

- **전선 및 케이블**
  ① 전선의 종류 : 연선의 총 소선 수 ☆$N = 3n(n+1) + 1$
  ② 도체의 종류
   - ☆연동선 : 부드럽고 가요성이 풍부하여 옥내배선 등에 사용
   - 경동선 : 인장강도 우수하여 옥외배선 등에 사용

③ 전선의 색상

상(문자)	색상
L1	갈색
L2	흑색
L3	회색
✱N	청색
✱보호도체	녹색-노란색

④ 절연전선의 종류

명칭(약호)	용도
✱인입용 비닐 절연전선(DV)	저압 가공인입용으로 사용
✱옥외용 비닐 절연전선(OW)	저압 가공 배전선(옥외용)
옥외용 가교폴리에틸렌 절연전선(OC)	고압 가공전선로에 사용
450/750[V]일반용 단심 비닐 절연전선(NR)	옥내배선용으로 주로 사용
형광등 전선(FL)	형광등용 안정기의 2차 배선

> **기출 맛보기** [2024년 4회]
>
> 옥외용 비닐 절연전선의 약호(기호)는?
> ① W   ② DV
> ③ OW   ④ NR
>
> 정답 ③

⑤ 지중전선로의 매설방법 : 직접 매설식, 관로식, 암거식

- ✱**전기설비에 관련된 공구**
  ① 게이지 및 측정기

종류	용도
와이어 게이지	전선의 굵기 측정
메거	절연저항 측정
어스테스터(콜라우쉬 브리지법)	접지저항 측정
후크온 메터	통전 중의 전압, 전류 측정
버니어켈리퍼스	물체의 두께, 깊이, 안지름 및 바깥지름 측정

> **기출 맛보기** [2024년 3회]
>
> 전선의 굵기를 측정할 때 사용되는 것은?
> ① 스패너　　　　　　　　　② 와이어 게이지
> ③ 파이프 포트　　　　　　　④ 프레셔 툴
>
> 정답 ②

② 공구 및 기구

종류	용도
와이어 스트리퍼	전선의 절연 피복물을 자동으로 벗길 때 사용
토치램프	합성수지관을 구부리기 위해 가열할 때 사용하는 것
프레셔툴	솔더리스 커넥터 또는 터미널을 압착시키는 펜치
클리퍼	펜치로 절단하기 어려운 굵은 전선이나 볼트 등을 절단할 때 사용
오스터	금속관 끝에 나사를 내는 공구로서 래칫(ratchet)형은 다이스 홀더를 핸들의 왕복 운동을 반복하면서 나사를 내며 주로 가는 금속관에 사용
파이프렌치	금속관을 커플링으로 접속 시 금속관 커플링을 죄는 것
벤더(히키)	금속관을 구부리는 공구
리머	금속관 절단 후 관 안에 날카로운 것을 다듬는 공구
파이프 커터	금속관 절단 시 사용
노크아웃 펀치(홀쏘)	배·분전반의 배관 변경 또는 이미 설치된 캐비닛에 구멍을 뚫을 때 사용
전선 피박기	활선 시 전선의 피복을 벗기는 공구
와이어통	충전되어 있는 활선을 움직이거나 작업권 밖으로 밀어낼 때 사용

■ **심벌 및 3로 스위치**

① 배전반 및 분전반

 : 분전반　　 : ※배전반　　 : 제어반

② 3로 스위치
- ※2개소 점멸 시 사용되는 3로 스위치의 개수 : 2개
- 3개소 점멸 시 사용되는 3로 스위치와 4로 스위치 개수 : 3로 2개, 4로 1개
- 4개소 점멸 시 사용되는 3로 스위치와 4로 스위치 개수 : 3로 2개, 4로 2개

전선의 접속

- **전선의 접속 시 유의사항**
  ① 전선을 접속하는 경우 전기 저항이 증가되지 않도록 할 것
  ② ☆전선의 접속 시 전선의 세기를 20[%] 이상 감소시키지 말 것(80[%] 이상 유지시킬 것)
  ③ 2개 이상의 전선을 병렬로 사용하는 경우 다음에 따라야 함
     - 병렬로 사용하는 각 전선은 ☆구리(동) 50[mm²] 이상, 알루미늄 70[mm²] 이상일 것
     - 병렬로 사용하는 각 전선에는 ☆각각에 퓨즈를 설치하지 말 것

- **전선의 접속**
  ① ☆와이어 커넥터
     - 전선 접속 시 납땜 및 테이프 감기가 필요 없음
     - ☆박스(접속함) 내에서 전선의 접속 시 사용됨
  ② 코드 접속기 : 코드 상호, 캡타이어 케이블 상호 접속 시 사용됨
  ③ 단선의 접속(트위스트 접속과 브리타니어 접속)
     - ☆트위스트 접속 : 6[mm²] 이하의 가는 단선인 경우 적용
     - ☆브리타니어 접속 : 10[mm²] 이상의 굵은 단선인 경우 적용
  ④ ☆리노테이프 : 점착성이 없으나 절연성, 내온성 및 내유성이 있어 연피 케이블 접속에 사용되는 테이프

> **기출 맛보기** [2023년 4회]
>
> 코드 상호, 캡타이어 케이블 상호 접속 시 사용하여야 하는 것은?
> ① 와이어 커넥터   ② 코드 접속기
> ③ 케이블타이   ④ 테이블 탭
>
> 정답 ②

옥내배선 공사

- **전선의 굵기**
  ① 저압 옥내배선 2.5[mm²] 이상의 연동선
  ② 단, 전광표시장치 및 제어회로 등에 사용하는 배선은 1.5[mm²] 이상일 것
  ③ 코드 또는 캡타이어 케이블의 경우 0.75[mm²] 이상일 것

■ 애자 공사

① 전선은 절연전선일 것(옥외용 비닐 절연전선 및 인입용 비닐 절연전선 제외)
② 전선을 조영재의 윗면 또는 옆면에 따라 붙일 경우 지지점 간의 거리는 2[m] 이하
③ ※전선과 전선 상호, 전선과 조영재와의 이격거리

전압	전선과 전선 상호	전선과 조영재
400[V] 이하	0.06[m] 이상	25[mm] 이상
400[V] 초과 저압	0.06[m] 이상	45[mm] 이상(단, 건조한 장소 25[mm] 이상)
고압	0.08[m] 이상	50[mm] 이상

> **기출 맛보기** [2021년 1회]
> 한국전기설비규정에서 정한 저압 애자사용 공사의 경우 전선 상호 간의 거리는 몇 [m]인가?
> ① 0.025   ② 0.06
> ③ 0.12   ④ 0.25
>
> 정답 ②

■ 관 공사

① 전선의 단면적 10[mm²] 이하
② 관 내부의 전선의 접속점을 만들 수 없음

합성수지관 공사	• 1본의 길이 : 4[m] • ※관과 관, 관과 박스를 삽입 시 삽입 길이는 관 바깥지름의 1.2배(단, 접착제 사용 시 0.8배) 이상 • ※지지점 간의 거리 : 1.5[m] 이하
금속관 공사	• 1본의 길이 : 3.66[m] • ※콘크리트에 매설되는 금속관의 두께 : 1.2[mm] 이상 • 접지공사를 함
금속제 가요전선관 공사	• 2종 금속제 가요전선관일 것 • 접지공사를 함

■ 덕트 공사(접지공사를 함)

금속덕트	3[m] 이하마다 지지
버스덕트	3[m] 이하마다 지지
라이팅덕트	2[m] 이하마다 지지
※플로어덕트	전선의 단면적 10[mm²] 이하

- **배선 재료**
    ① 엔트런스 캡 : 빗물 침입 방지로 인입구에 사용
    ② 절연부싱 : 전선의 피복 보호
    ③ ※피쉬테이프 : 관에 전선 입선 시 사용

전선 및 기계기구 보안 공사

- **보호장치**
    ① 누전차단기(RCD[ELB]) : 50[V] 초과(사람의 접촉 우려가 있음)
    ② 과부하 보호장치의 시설 : 분기회로를 보호하는 분기 보호장치는 분기점으로부터 3[m] 이내 시설
    ③ 전동기 과부하 보호장치 생략조건(과부하 보호장치 : 전자식 과전류 계전기)
    - 0.2[kW] 이하의 전동기
    - 단상의 것으로 16[A] 이하의 과전류 차단기로 보호 시
    - 단상의 것으로 20[A] 이하의 배선용 차단기로 보호 시

- **절연저항**

전로의 사용전압[V]	DC시험전압[V]	절연저항[MΩ]
SELV 및 PELV	250	0.5
FELV, 500V 이하	500	1.0
500V 초과	1,000	1.0

- **접지시스템**
    ① 구분 : 계통 접지, 보호 접지, 피뢰시스템 접지
    ② 접지극의 매설 기준
    - 접지극은 지하 0.75[m] 이상 깊이에 매설
    - 발판볼트 최소 높이 1.8[m] 이상
    ③ 수도관 접지 및 철골접지
    - ※수도관 접지 : 3[Ω] 이하
    - ※철골 접지 : 2[Ω] 이하

> **기출 맛보기** [2024년 4회]
>
> 대지와의 사이에 전기저항값이 몇 [Ω] 이하인 값을 유지하는 건축물·구조물의 철골 기타의 금속제는 접지공사의 접지극으로 사용할 수 있는가?
> ① 2　　　　　　　　　　　② 3
> ③ 10　　　　　　　　　　 ④ 100
>
> 정답 ①

④ 접지도체의 최소 단면적
- 구리 : 6[mm²] 이상
- 철 : 50[mm²] 이상(단, 접지시스템에 피뢰시스템 접속 시 구리의 경우 16[mm²] 이상)
- ※중성점 접지도체용 접지도체 : 16[mm²] 이상
  (단, ※25[kV] 이하 다중접지 및 7[kV] 이하의 고압의 경우 : 6[mm²] 이상)

⑤ 기계기구의 외함 접지 생략조건
- 직류 300[V] 이하, 교류 대지전압이 150[V] 이하의 기계기구를 건조한 장소에 시설 시
- ※정격감도전류 30[mA] 이하, 동작시간 0.03초 이하의 전류동작형 누전차단기 시설 시

⑥ 피뢰기의 시설(10[Ω] 이하) : 고압 및 특고압을 수전받는 수용가 인입구에 시설

가공인입선 및 배전선 공사

■ 가공인입선(※지지물에서 출발하여 수용가에 이르는 전선)

① 굵기

저압	2.6[mm] 이상(단, 전선의 길이가 15[m] 이하 시 2[mm] 이상)
고압	5[mm] 이상

> **기출 맛보기** [2024년 3회]
>
> 저압 구내 가공인입선으로 인입용 비닐 절연 사용 시 전선의 굵기는 몇 [mm] 이상이어야 하는가? (단, 전선의 길이가 15[m]를 초과한다고 한다.)
> ① 1.5　　　　　　　　　　② 2.0
> ③ 2.6　　　　　　　　　　④ 4.0
>
> 정답 ③

② 지표상 높이

구분 \ 전압	저압	고압
도로횡단	5[m] 이상	6[m] 이상
철도횡단	6.5[m] 이상	6.5[m] 이상
위험표시	×	3.5[m] 이상
횡단 보도교	✽3[m]	3.5[m] 이상

- 연접(이웃연결)인입선(✽수용가에서 출발하여 수용가에 이르는 전선)
  ① 분기점으로부터 ✽100[m] 넘는 지역에 미치지 말 것
  ② 폭이 5[m] 넘는 도로횡단 불가

- 애자 및 장주, 건주

구형 애자	지선에 중간에 넣는 애자
장주	지지물에 완금 및 완목, 애자 등을 장치
건주	✽15[m] 이하의 지지물의 매설 깊이 = 길이 × $\frac{1}{6}$[m] 이상

- 주상변압기 보호장치

✽1차측	COS(컷 아웃 스위치)
✽2차측	캐치홀더

> **기출 맛보기** [2022년 4회]
>
> 배전선로의 보안장치로서 주상변압기의 2차측, 저압 분기회로에서 분기점 등에 설치되는 것은?
> ① 콘덴서　　② 캐치홀더
> ③ 컷아웃 스위치　　④ 피뢰기
>
> 정답 ②

- 지선의 시설
  ① 안전율 : 2.5 이상
  ② ✽허용최저인장하중 : 4.31[kN] 이상
  ③ 소선 수 : 3가닥 이상
  ④ 소선지름 : 2.6[mm] 이상 금속선

- 조가용선의 시설(접지공사를 함)
  ① 행거로 시설 시 0.5[m] 이하 지지
  ② 금속테이프로 지지 시 0.2[m] 이하 지지
  ③ ✽굵기 22[mm²] 이상

- 배전반
  ① ❋폐쇄식(큐비클) 배전반 : 점유면적이 좁고 운전, 보수에 안전하며 신뢰도가 높아 공장, 빌딩 등의 전기실에 많이 사용
  ② 분전반 : 부하가 분기하는 곳에 설치
  ③ ❋배전반 및 분전반의 설치 : 안정적이고 접근성이 용이한 곳에 시설

> **기출 맛보기** [2022년 3회]
> 일반적으로 큐비클형(cubicle type)이라 하며, 점유 면적이 좁고 운전, 보수에 안전하므로 공장, 빌딩 등 전기실에 많이 사용되는 조립형, 장갑형이 있는 배전반은?
> ① 데드 프런트식 배전반
> ② 폐쇄식 배전반
> ③ 철제 수직형 배전반
> ④ 라이브 프런트식 배전반
>
> 정답 ②

특수장소 공사

- 전기울타리

구분	조건
사용전압	250[V] 이하
❋전선의 굵기	2[mm] 이상
수목과의 이격거리	0.3[m] 이상

- 전기욕기 : 사용전압 10[V] 이하

- 전기온상 및 도로의 전열 : 발열선의 온도 80[℃] 이하

- 전격살충기 : 전격격자의 높이 3.5[m] 이상

- 유희(놀이)용 전차

구분	전압조건
직류	60[V] 이하
교류	40[V] 이하

- 소세력 회로 : 1[mm^2]

- 전기부식방지 설비 : 사용전압 직류 60[V] 이하

- **먼지(분진)의 위험장소**
    ① ※폭연성 및 가연성 가스 : 금속관 공사, 케이블 공사
    ② ※가연성 및 위험물을 저장하는 경우 : 금속관 공사, 케이블 공사, 합성수지관 공사(두께 2[mm] 미만 제외)

    > **기출 맛보기** [2024년 4회]
    >
    > 티탄을 제조하는 공장으로 먼지가 쌓여진 상태에서 착화된 때에 폭발할 우려가 있는 곳에 저압 옥내배선을 설치하고자 한다. 알맞은 공사방법은?
    > ① 합성수지 몰드 공사　　② 라이팅 덕트 공사
    > ③ 금속몰드 공사　　　　　④ 금속관 공사
    >
    > 정답 ④

- **센서등(타임스위치)**
    ① 관광업 및 숙박업 : 1분 이내
    ② 일반주택 및 아파트 : 3분 이내

- **화약류 저장소**
    ① 대지전압 300[V] 이하
    ② 차단기는 밖에 두며, 전기기계기구는 전폐형일 것
    ③ ※조명기구 공사 시 금속관 및 케이블 공사를 할 것

- **교통신호등**
    ① ※사용전압 300[V] 이하
    ② ※150[V] 초과 시 누전(지락)차단장치를 시설할 것

PART 02

7개년 CBT 기출복원문제
(2018년~2024년)

2018년 1회 | CBT 기출복원문제

01

$v = V_m \cos(\omega t - \frac{\pi}{6})$ [V]보다 30도 늦고 실효값은 10[A]인 전류의 순시값 표현으로 올바른 것은?

① $i = 141.4 \sin(\omega t - \frac{\pi}{6})$
② $i = 141.4 \sin \omega t$
③ $i = 14.14 \sin(\omega t + \frac{\pi}{6})$
④ $i = 14.14 \sin \omega t$

> 코사인파를 먼저 사인파로 바꾸면
> $v = V_m \cos(\omega t - \frac{\pi}{6}) = V_m \sin(\omega t - \frac{\pi}{6} + \frac{\pi}{2}) = V_m \sin(\omega t + \frac{\pi}{3})$
> 전류의 최대값 : $I_m = 10\sqrt{2} = 14.14$
> 30도 늦은 전류의 위상 : $\theta_i = -30° = -\frac{\pi}{6}$
> $i = I_m \sin(\omega t + \frac{\pi}{3} + \theta_i) = I_m \sin(\omega t + \frac{\pi}{3} - \frac{\pi}{6}) = 14.14 \sin(\omega t + \frac{\pi}{6})$

02

동기속도 3,600[rpm], 주파수 60[Hz]의 동기발전기의 극수는?

① 2 ② 4
③ 6 ④ 8

> 동기속도와 극수
> 동기속도 : $N_s = \frac{120}{P} f$ [rpm]
> 극수 : $P = \frac{120}{N_s} f = \frac{120}{3,600} \times 60 = 2$ [극]

03

다음은 3상 유도전동기 고정자 권선의 결선도를 나타낸 것이다. 맞는 사항을 고르면?

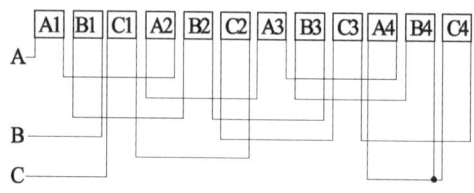

① 3상 2극 Y결선
② 3상 2극 △결선
③ 3상 4극 Y결선
④ 3상 4극 △결선

> 그림은 3상(A, B, C) 4극(1, 2, 3, 4)이 하나의 접점에 연결되어 있으므로 Y결선이다.

04

직류기에서 불꽃 없는 정류를 얻는 데 가장 유효한 방법은?

① 탄소 brush와 보상권선
② 자기포화와 brush의 이동
③ 보극과 보상권선
④ 보극과 탄소 brush

> 양호한 정류의 조건
> 1) 전압정류 : 보극
> 2) 저항정류 : 탄소브러쉬

정답 01 ③ 02 ① 03 ③ 04 ④

05

변전소의 역할로 볼 수 없는 것은?

① 전력의 생산
② 전압의 변성
③ 전력의 집중과 배분
④ 전력계통의 보호

변전소의 역할
1) 전압의 변성
2) 전력의 집중 및 배분
3) 계통 보호

06

전기 울타리 시설 시 전선의 굵기는 몇 [mm] 이상이어야 하는가?

① 1.6
② 2
③ 2.6
④ 3.2

시설기준
1) 전기울타리용 전원장치에 전원을 공급하는 전로의 사용전압은 250[V] 이하일 것
2) 전선은 인장강도 1.38[kN] 이상의 것 또는 지름 2[mm] 이상의 경동선일 것
3) 전선과 이를 지지하는 기둥 사이의 이격거리는 25[mm] 이상일 것
4) 전선과 다른 시설물(가공 전선을 제외한다) 또는 수목과의 이격거리는 0.3[m] 이상일 것

07

금속관 공사에 절연 부싱을 쓰는 목적은?

① 관의 끝이 터지는 것 방지
② 박스 내에서 전선의 접속 방지
③ 관의 단구에서 조영재의 접속 방지
④ 관의 단구에서 전선의 손상 방지

절연 부싱의 목적
전선의 피복을 보호하기 위해 관 끝에 취부한다.

08

1차 전압 13,200[V], 2차 전압 220[V]인 단상변압기의 1차에 6,000[V]의 전압을 가하면 2차 전압은 몇 [V]인가?

① 100
② 200
③ 50
④ 250

변압기 권수비 $a = \dfrac{V_1}{V_2}$

$a = \dfrac{13,200}{220} = 60$, $V_2 = \dfrac{V_1}{a} = \dfrac{6,000}{60} = 100$

09

분전반에 대한 설명으로 틀린 것은?

① 배선과 기구는 모두 전면에 배치하였다.
② 두께 1.5[mm] 이상의 난연성 합성수지로 제작하였다.
③ 강판제의 분전함은 두께 1.2[mm] 이상의 강판으로 제작하였다.
④ 배선은 모두 분전반 이면으로 하였다.

분전반
분전반의 뒷면에는 배선 및 기구를 배치하지 아니한다. 다만, 쉽게 점검이 가능한 구조, 카터 내의 배선은 그러하지 아니하다.

10

동기기의 전기자 권선법이 아닌 것은?

① 단절권
② 분포권
③ 중권
④ 전절권

동기기의 전기자 권선법
고상권, 폐로권, 이층권, 중권, 분포권, 단절권

정답 05 ① 06 ② 07 ④ 08 ① 09 ④ 10 ④

11 ⭐빈출

단상 유도전동기 기동법 중 기동토크가 가장 큰 것은 무엇인가?

① 반발 기동형
② 분상 기동형
③ 세이딩 코일형
④ 콘덴서 기동형

> 단상 유도전동기의 기동토크가 큰 순서
> 1) 반발 기동형
> 2) 반발 유도형
> 3) 콘덴서 기동형
> 4) 분상 기동형
> 5) 세이딩 코일형

12 ⭐빈출

접지저항 측정방법으로 가장 적당한 것은?

① 절연 저항계
② 전력계
③ 교류의 전압, 전류계
④ 콜라우시 브리지법

> 접지저항을 측정하기 위한 방법
> 어스테스터 또는 콜라우시 브리지법이 적당하다.

13

전기분해에 의하여 석출된 물질의 양을 W[g], 시간을 t[sec], 전류를 I[A], K를 전기화학당량이라 하면 패러데이 법칙은 어느 것인가?

① $W = Kt$
② $W = KIt$
③ $W = KIt^2$
④ $W = KI^2t^2$

> 패러데이의 법칙(전기분해)
> 1) 전극에서 석출되는 물질의 양(W)은 통과한 전기량(Q)에 비례하고 전기화학당량(k)에 비례한다.
> 2) 석출량 $W = kQ = kIt$ [g]

14

두 평행도선의 전류가 동일 방향으로 흐를 때 작용하는 힘은?

① 반발력이 작용한다.
② 흡인력이 작용한다.
③ 회전력이 작용한다.
④ 변함이 없다.

> 평행도선에 작용하는 힘
> 1) 같은(동일) 방향의 전류 : 흡인력
> 2) 반대(왕복) 방향의 전류 : 반발력
> 3) $F = \dfrac{2I_1 I_2}{r} \times 10^{-7}$ [N/m]이므로 거리(r)에 반비례

15

동기발전기의 공극이 넓을 때의 설명으로 잘못된 것은?

① 안정도가 증대된다.
② 단락비가 크다.
③ 여자전류가 크다.
④ 전압변동이 크다.

> 동기발전기의 경우 공극이 넓다는 것은 단락비가 크다는 것을 의미한다. 단락비가 큰 발전기는 다음의 특성을 갖는다.
> 1) 안정도가 높다.
> 2) 전기자 반작용이 작다.
> 3) 동기임피던스가 작다.
> 4) 전압변동률이 작다.
> 5) 단락전류가 크다.
> 6) 기계가 대형이며, 무겁고, 가격이 비싸고 효율이 나쁘다.

16 ⭐빈출

30[W] 전열기 10개를 20시간 동안 사용하였을 때 전력사용량은 몇 [kWh]인가?

① 6
② 60
③ 8
④ 80

> 전력사용량 $W = Pt$
> $= (30 \times 10) \times 20 = 6,000$ [Wh] $= 6$ [kWh]

정답 11 ① 12 ④ 13 ② 14 ② 15 ④ 16 ①

17 ⭐

자체 인덕턴스가 L_1, L_2이고 상호 인덕턴스가 M인 코일이 자기적으로 결합했을 때 합성 인덕턴스는?

① $L_1 + L_2 + M$
② $L_1 + L_2 \pm 2M$
③ $L_1 + L_2 - M$
④ $L_1 + L_2 \pm M$

> **직렬접속 콘덴서의 합성 인덕턴스**
> 1) 같은 방향(가동) 합성 인덕턴스 : $L_+ = L_1 + L_2 + 2M$
> 2) 반대 방향(차동) 합성 인덕턴스 : $L_- = L_1 + L_2 - 2M$

18

직류 분권전동기에 대한 설명 중 틀린 것은?

① 정속도 전동기에 해당한다.
② 계자회로에 퓨즈를 삽입하면 안 된다.
③ 정격으로 운전 중 무여자하면 안 된다.
④ 토크가 전기자 전류의 제곱에 비례한다.

> **직류 분권전동기**
> 전기자 전류 I_a는 토크에 비례한다.

19 ⭐

수용장소에서 출발하여 다른 지지물을 거치지 않고 다른 수용가 인입구에 이르는 전선을 무엇이라 하는가?

① 연접인입선
② 가공인입선
③ 구내전선로
④ 구내인입선

> **연접(이웃연결)인입선의 정의**
> 수용장소에서 출발하여 다른 지지물을 거치지 않고 다른 수용가 인입구에 이르는 전선을 연접(이웃연결)인입선이라 한다.

20

전등을 3개소 점멸할 때 필요한 3로스위치와 4로스위치 수는?

① 3로 1개, 4로 2개
② 3로 2개, 4로 1개
③ 3로 3개, 4로 1개
④ 3로 1개, 4로 1개

> 전등 3개를 3개소 점멸 시 필요한 3로와 4로의 개수는 3로 2개, 4로 1개가 된다.

21 ⭐

어떤 물질이 정상 상태보다 전자의 수가 많거나 적어졌을 경우를 무엇이라 하는가?

① 방전
② 전기량
③ 대전
④ 전하

> **대전**
> 물질의 전자가 마찰에 의해 정상 상태보다 수가 많아지거나 적어져서 전기를 띠는 현상

22

5[Ω] 저항 4개, 10[Ω] 저항 2개, 100[Ω] 저항 1개를 직렬연결 시 합성저항 $R[\Omega]$은?

① 100
② 120
③ 140
④ 160

> **직렬 합성저항**
> $R = (5 \times 4) + (10 \times 2) + 100 = 140[\Omega]$

정답 17 ② 18 ④ 19 ① 20 ② 21 ③ 22 ③

23

$v = V_m \sin(\omega t + \frac{\pi}{6})$[V]일 때 순시값과 최대값이 같아질 때 ωt는 얼마인가?

① 60°
② 30°
③ 90°
④ 0°

> **순시값과 최대값**
> 순시값 : $V_m \sin(\omega t + \frac{\pi}{6}) = V_m \sin(\omega t + 30°)$
> 최대값 : V_m
> 순시값과 최대값이 같아질 때
> $V_m \sin(\omega t + 30°) = V_m$
> $\sin(\omega t + 30°) = 1 = \sin(90°)$
> $\omega t + 30° = 90°$
> $\omega t = 90° - 30° = 60°$

24

일정 값 이상의 전류가 흘렀을 때 동작하는 계전기는?

① OCR
② OVR
③ UVR
④ GR

> **과전류계전기(OCR)**
> 설정치 이상의 전류가 인가되면 동작하여 차단기를 트립시킨다.

25

무대, 오케스트라 박스 등 흥행장의 저압 옥내배선 공사의 사용전압은 몇 [V] 이하이어야 하는가?

① 200
② 300
③ 400
④ 600

> 무대, 오케스트라 박스 등 흥행장의 저압 공사 시 사용전압은 400[V] 이하이어야 한다.

26

화약고 등의 위험장소에서 전기설비 시설에 관련된 내용으로 틀린 것은?

① 전기기계기구는 전폐형을 사용할 것
② 애자 공사를 시행할 것
③ 케이블을 배선으로 지중으로 시설할 것
④ 대지전압은 300[V] 이하일 것

> **화약류 저장고의 시설기준**
> 화약고의 조명설비의 경우 금속관공사, 케이블공사에 의하여야 한다.

27

변압기 보호계전기 중 브흐홀쯔 계전기의 설치 위치는?

① 변압기 주 탱크 내부
② 콘서베이터 내부
③ 변압기 고압 측 부싱
④ 변압기 주 탱크와 콘서베이터 사이

> **브흐홀쯔 계전기**
> 변압기 내부고장으로 발생하는 기름의 분해가스, 증기, 유류를 이용하여 부저를 움직여 계전기의 접점을 닫는 것으로 변압기의 주탱크와 콘서베이터 연결관 사이에 설치한다.

28

전기자저항 0.1[Ω], 전기자 전류 104[A], 유도기전력 110.4[V]인 직류 분권발전기의 단자전압[V]은?

① 110
② 106
③ 102
④ 100

> **직류 분권발전기의 단자전압**
> $E = V + I_a R_a$
> $V = E - I_a R_a = 110.4 - (104 \times 0.1) = 100$[V]

정답 23 ① 24 ① 25 ③ 26 ② 27 ④ 28 ④

29

도선의 길이 1[m]인 저항 20[Ω]을 2[m]로 길이를 잡아늘리면 저항[Ω]은? (단, 전선의 체적은 일정)

① 20
② 40
③ 60
④ 80

> 직선도체의 체적이 일정할 때
> $v = S \cdot l \rightarrow S = \dfrac{v}{l} \rightarrow S \propto \dfrac{1}{l}$
> 도체의 길이(2배 증가) : $l' = 2l$
> 도체의 단면적 : $S' \propto \dfrac{1}{l'} \propto \dfrac{1}{2} = \dfrac{1}{2}S$
> 도체의 저항
> $R' = \rho \dfrac{l'}{S'} = \rho \dfrac{2l}{\frac{1}{2}S} = 4 \times \rho \dfrac{l}{S} = 4R = 4 \times 20 = 80[\Omega]$

30

면적이 24[m²], 비투자율이 1,000, 권수가 500회인 철심에 0.5[A]를 흘렸을 때 기자력은?

① 250
② 2.50
③ 2,500
④ 25,000

> 기자력
> $F = NI = 500 \times 0.5 = 250[\text{AT}]$

31 ⭐빈출

유도전동기의 동기속도를 N_s, 회전자 속도를 N이라 할 때 2차 효율은?

① $N_s N$
② $\dfrac{N}{N_s}$
③ $\dfrac{N_s}{N}$
④ $s - 1$

> 유도전동기의 2차 효율 η_2
> $\eta_2 = (1-s) \times 100 = \dfrac{N}{N_s} \times 100$

32 ⭐빈출

푸리에 급수에 의한 비정현파의 성분이 아닌 것은?

① 삼각파
② 직류분
③ 기본파
④ 고조파

> 푸리에 급수
> 비정현파 = 직류분 + 기본파 + 고조파

33

20[kVA] 변압기 2대를 이용하여 V-V 결선하는 경우 출력은 어떻게 되는가?

① $10\sqrt{3}$
② $20\sqrt{3}$
③ $40\sqrt{3}$
④ 40

> V결선 출력 $P_V = \sqrt{3}\,P_1 = \sqrt{3} \times 20$

34

V결선 시 변압기의 이용률은 몇 [%]인가?

① 57.7
② 70
③ 86.6
④ 98

> V결선의 이용률 = $\dfrac{\sqrt{3}}{2} = 0.866$이므로 86.6[%]

35

4[μF]의 콘덴서를 4[kV]로 충전하면 저장되는 에너지[J]는?

① 12
② 24
③ 32
④ 64

> 콘덴서 축적 에너지
> $W = \dfrac{1}{2}CV^2 = \dfrac{1}{2} \times 4 \times 10^{-6} \times 4{,}000^2 = 32[\text{J}]$

정답 29 ④ 30 ① 31 ② 32 ① 33 ② 34 ③ 35 ③

36
병렬 운전 중인 동기발전기의 난조를 방지하기 위하여 자극 면에 유도전동기의 농형권선과 같은 권선을 설치하는데 이 권선의 명칭은?

① 제동권선 ② 계자권선
③ 전기자권선 ④ 보상권선

> **제동권선**
> 동기발전기의 난조를 방지하기 위해 자극 면에 제동권선을 설치한다.

37 ⭐
가요전선관을 구부러지는 쪽의 안쪽 반지름을 가요전선관 안지름의 몇 배 이상으로 하여야 하는가?

① 3 ② 4 ③ 5 ④ 6

> 가요전선관의 경우 구부러지는 쪽의 안쪽 반지름을 가요전선관의 안지름의 6배 이상 구부려야 한다.

38 ⭐
평형 3상 △결선의 선전류 I_l과 상전류 I_P와의 관계는?

① $I_l = I_P$ ② $I_l = 3I_P$
③ $I_l = \sqrt{3}\,I_P$ ④ $I_l = 2I_P$

> **△결선 전류의 특징**
> $I_l = \sqrt{3}\,I_P$

39 ⭐
저압 애자 옥내공사에서 전선과 전선 상호간 이격거리는 몇 [cm] 이상인가?

① 3 ② 5 ③ 6 ④ 8

> **애자사용 공사**
> 1) 저압의 경우 전선 상호 간의 이격거리는 0.06[m] 이상이어야만 한다.
> 2) 고압의 경우 전선 상호 간의 이격거리는 0.08[m] 이상이어야만 한다.

40
두 종류의 금속의 접합부에 온도차를 주면 전기를 발생하는 현상은?

① 렌츠 법칙 ② 제어벡 효과
③ 톰슨 효과 ④ 홀 효과

> **제어벡 효과**
> 서로 다른 금속을 접합하여 두 접합점(열전쌍)에 온도차를 주면 전기가 발생하는 현상

41
자기 인덕턴스 8[H]의 코일에 5[A]의 전류가 흐를 때 저축되는 에너지[J]는?

① 10 ② 100
③ 1,000 ④ 10,000

> **코일에 저축되는 에너지**
> $W = \dfrac{1}{2}LI^2 = \dfrac{1}{2} \times 8 \times 5^2 = 100[J]$

42
지중에 시설되는 접지극은 몇 [cm] 이상 깊이에 매설해야만 하는가?

① 지하 60[cm] 이상 깊이에 매설할 것
② 지하 70[cm] 이상 깊이에 매설할 것
③ 지하 75[cm] 이상 깊이에 매설할 것
④ 지하 90[cm] 이상 깊이에 매설할 것

> **접지극의 시설기준**
> 접지극의 경우 지하 0.75[m](75[cm]) 이상 깊이에 매설한다.

정답 36 ① 37 ④ 38 ③ 39 ③ 40 ② 41 ② 42 ③

43

변압기의 주파수가 감소하면 철손은 어떻게 되는가?

① 감소한다.
② 증가한다.
③ 변함없다.
④ 어떤 기간 동안 감소한다.

> 변압기의 경우 $\phi \propto P_i \propto \dfrac{1}{f}$ 관계이므로 변압기 주파수와 철손은 반비례한다.

44 빈출

3상 유도전동기의 원선도를 그리는 데 필요하지 않은 시험은?

① 저항측정
② 무부하시험
③ 구속시험
④ 슬립측정

> 원선도를 그리기 위한 시험법
> 1) 저항측정시험
> 2) 무부하시험
> 3) 구속시험

45

반지름 r[m]의 환상 솔레노이드에 전류 I[A]가 흐를 때 중심의 자계의 세기가 H[AT/m]일 때 권수 N은?

① $\dfrac{2\pi r}{HI}$
② $\dfrac{2\pi r I}{H}$
③ $2\pi r H I$
④ $\dfrac{2\pi r H}{I}$

> 환상솔레노이드의 자계 : $H = \dfrac{NI}{2\pi r}$ [AT/m]
> 권수 : $N = \dfrac{2\pi r H}{I}$ [T]

46 빈출

전류에 의한 자장에 관련이 없는 법칙은?

① 암페어의 오른손 법칙
② 플레밍의 왼손 법칙
③ 비오-샤바르 법칙
④ 줄의 법칙

> 줄의 법칙
> 어떤 도체에 전류가 흐르면 열이 발생하는 현상

47

전압계와 전류계의 측정범위를 확대하기 위한 배율기와 분류기의 접속방법은?

① 배율기만 전압계와 전류계에 연결
② 분류기만 전압계와 전류계에 연결
③ 분류기는 전류계와 병렬로, 배율기는 전압계와 직렬로 연결
④ 분류기는 전류계와 직렬로, 배율기는 전압계와 병렬로 연결

> 1) 분류기 : 전류계와 병렬로 연결
> 2) 배율기 : 전압계와 직렬로 연결

48

3상 동기발전기에 무부하 전압보다 90° 뒤진 전기자 전류가 흐를 때 전기자 반작용은?

① 감자 작용을 한다.
② 증자 작용을 한다.
③ 교차 자화 작용을 한다.
④ 자기 여자 작용을 한다.

> 전기자 반작용
> 발전기에 90° 뒤진 전류가 흐를 경우 전기자 반작용은 감자 작용이다.

정답 43 ② 44 ④ 45 ④ 46 ④ 47 ③ 48 ①

49
다음 중 반도체 소자가 아닌 것은?

① LED ② TRIAC
③ GTO ④ SCR

> 반도체 소자는 LED는 발광소자이다.

50
다음 중 승압 결선은 무엇인가?

① △-△ ② Y-Y
③ Y-△ ④ △-Y

> **승압 결선**
> △-Y 결선의 특징 중 하나는 승압 결선이 된다는 것이다.

51
피시테이프의 용도는?

① 전선관에 전선을 넣을 때
② 전선을 테이핑하기 위해
③ 전선관의 끝 마무리를 위해서 사용
④ 합성수지관을 구부릴 때 사용

> 피시테이프는 전선관에 전선을 넣을 때 사용한다.

52
반도체 내에서 정공은 어떻게 생성되는가?

① 결합 전자의 이탈
② 자유 전자의 이동
③ 접합 불량
④ 확산 용량

> **정공**
> 1) 전자가 빠져나간 자리 또는 전자의 빈 공간
> 2) 결합 전자의 이탈

53
$v = 10\sqrt{2}\sin\omega t + 30\sqrt{2}\sin(3\omega t + 60°)$ [V]일 때 실효값은?

① 21.6 ② 31.6
③ 41.6 ④ 51.6

> **비정현파의 실효값**
> $V = \sqrt{V_1^2 + V_2^2 + \cdots} = \sqrt{10^2 + 30^2} = 31.6$

54
저압 연접인입선의 시설과 관련된 설명으로 잘못된 것은?

① 횡단보도교 횡단 시 3.5[m] 이상이어야 한다.
② 폭 5[m]를 넘는 도로를 횡단할 수 없다.
③ 분기점으로부터 100[m] 넘는 지역에 미치지 말아야 한다.
④ 옥내를 관통할 수 없다.

> **연접(이웃연결)인입선의 시설기준**
> 1) 분기점으로부터 100[m] 넘는 지역에 미치지 말 것
> 2) 폭이 5[m]를 넘는 도로를 횡단하지 말 것
> 3) 옥내를 관통하지 말 것
> 4) 저압만 가능할 것

55
동기발전기의 병렬 운전 중 동기화전류가 흐르는 경우는 어떤 경우인가?

① 기전력의 파형이 다른 경우
② 기전력의 주파수가 다른 경우
③ 기전력의 위상이 다른 경우
④ 기전력의 크기가 다른 경우

> **동기발전기의 병렬 운전 조건**
> 기전력의 위상에 차이가 발생할 경우 동기화 전류가 흐르게 된다.

2021년 이전 기출문제의 경우 법률 개정에 따라 일부 문제가 삭제되어 60문항이 되지 않음을 알려드립니다.

정답 49 ① 50 ④ 51 ① 52 ① 53 ② 54 ① 55 ③

2018년 2회 | CBT 기출복원문제

01 ⭐
자속밀도 B[Wb/m²]의 평등자장 중에 길이 l[m]의 도선을 자장의 방향과 직각으로 놓고 이 도체에 I[A]의 전류가 흐르면 도선에 작용하는 힘은 몇 [N]인가?

① $\dfrac{B}{Il}$ ② $\dfrac{l}{BI}$
③ BIl ④ B^2Il

> 플레밍의 왼손 법칙
> $F = BIl\sin\theta = BIl\sin90° = BIl$ [N]

02 ⭐
유도전동기의 동기속도가 1,200[rpm]이고 회전수가 1,176[rpm]일 경우 슬립은?

① 0.06 ② 0.04
③ 0.02 ④ 0.01

> 슬립 $s = \dfrac{N_s - N}{N_s} \times 100 = \dfrac{1,200 - 1,176}{1,200} \times 100 = 2$[%]

03
주상변압기의 중성점을 접지하는 목적은 무엇인가?

① 과전압에 대한 보호
② 과전류에 대한 보호
③ 뇌격에 의한 보호
④ 고저압 혼촉 시 저압측의 전위상승 억제

> 주상변압기의 중성점 접지의 목적
> 고·저압 혼촉 시 저압측의 전위상승 억제이다.

04
조명설계 시 방의 단위면적당 빛의 밝기를 나타내는 것을 무엇이라 하는가?

① 휘도 ② 조도
③ 광속 ④ 광속발산도

> 용어의 정의
> 1) 조도 : 단위면적당 빛의 밝기
> 2) 광속 : 광원의 빛의 양
> 3) 광속발산도 : 물체 표면의 밝기
> 4) 휘도 : 눈부심의 정도

05
600[V] 이하의 저압회로에서 사용되는 비닐 절연 비닐 시스 케이블의 약호는 무엇인가?

① VV ② EV
③ FP ④ CV

> 전선의 명칭
> VV전선의 경우 비닐 절연 비닐 시스 케이블을 말한다.

06
차단기의 문자 중 ACB는 무엇인가?

① 진공 차단기 ② 기중 차단기
③ 가스 차단기 ④ 공기 차단기

> 차단기의 기호
> 1) VCB : 진공 차단기   2) ABB : 공기 차단기
> 3) ACB : 기중 차단기   4) GCB : 가스 차단기

정답 01 ③ 02 ③ 03 ④ 04 ② 05 ① 06 ②

07

패러데이의 법칙의 전극에서 석출되는 물질의 양을 바르게 설명한 것은?

① 통과한 전기량에 비례한다.
② 통과한 전기량에 반비례한다.
③ 통과한 전기량의 제곱에 비례한다.
④ 통과한 전기량의 제곱에 반비례한다.

패러데이의 법칙(전기분해)
1) 전극에서 석출되는 물질의 양(W)은 통과한 전기량(Q)에 비례하고 전기화학당량(k)에 비례한다.
2) 석출량 $W = kQ = kIt$ [g]

08

줄의 법칙에서 발열량 계산식이 맞는 것은?

① $H = 0.024\,I^2Rt$
② $H = 0.024\,I^2R$
③ $H = 0.24\,I^2Rt$
④ $H = 0.24\,I^2R$

발열량
$H = 0.24Pt = 0.24VIt = 0.24I^2Rt$ [cal]

09

농형 유도전동기의 기동법이 아닌 것은?

① 리액터 기동법
② 기동보상기에 의한 기동법
③ 2차 저항기법
④ 전전압 기동법

농형 유도전동기의 기동법
1) 전전압 기동법
2) Y-Δ 기동법
3) 리액터 기동법
4) 기동보상기법

10

직류 직권전동기에 대한 설명 중 틀린 것은?

① 부하가 증가하면 속도는 감소한다.
② 토크가 작다.
③ 정격으로 운전 중 무부하 운전하지 말아야 한다.
④ 부하에 벨트를 걸어 운전하지 말아야 한다.

직류 직권전동기
직류 직권전동기의 경우 토크가 크다.

11

권수가 50인 코일에 5[A]의 전류가 흐를 때 10^{-3}[Wb]의 자속이 쇄교하였을 경우 코일 L[mH]은?

① 10
② 20
③ 30
④ 40

인덕턴스
$L = \dfrac{N\phi}{I} = \dfrac{50 \times 10^{-3}}{5} = 10 \times 10^{-3}$ [H] $= 10$ [mH]

12

보호를 요하는 회로의 전류가 어떤 일정치(정정값) 이상으로 흘렀을 때 동작하는 계전기는?

① 과전류 계전기
② 과전압 계전기
③ 차동 계전기
④ 비율차동 계전기

과전류 계전기(OCR)
설정치 이상의 전류가 인가되면 동작하여 차단기를 트립시킨다.

정답 07 ① 08 ③ 09 ③ 10 ② 11 ① 12 ①

13

목장의 전기 울타리에 공급되는 전압은 몇 [V] 이하인가?

① 200
② 250
③ 300
④ 400

> **과전류 계전기(OCR)전기울타리 시설기준**
> 1) 전기울타리용 전원장치에 전원을 공급하는 전로의 사용전압은 250[V] 이하일 것
> 2) 전선은 인장강도 1.38[kN] 이상의 것 또는 지름 2[mm] 이상의 경동선일 것
> 3) 전선과 다른 시설물(가공 전선을 제외한다) 또는 수목과의 이격거리는 0.3[m] 이상일 것

14

콘덴서 C_1, C_2를 직렬연결하고 양단에 전압 V[V]를 걸었다면 C_1에 걸리는 전압 V_1[V]은?

① $\dfrac{C_1}{C_1 + C_2} V$
② $\dfrac{C_2}{C_1 + C_2} V$
③ $\dfrac{C_1 + C_2}{C_1} V$
④ $\dfrac{C_1 + C_2}{C_2} V$

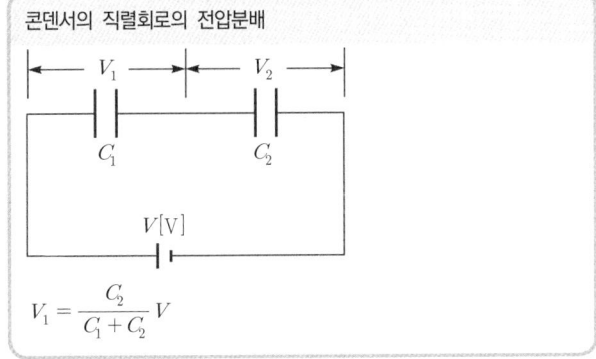

콘덴서의 직렬회로의 전압분배

$V_1 = \dfrac{C_2}{C_1 + C_2} V$

15

다음 중 양방향성으로 전류를 흘릴 수 있는 양방향성 소자는?

① SCR
② TRIAC
③ GTO
④ MOSFET

> SCR, GTO, MOSFET 모두 단방향 소자이며, 양방향성 소자는 TRIAC이다.

16

R_1, R_2, R_3 저항 3개가 병렬로 연결되었을 때 합성저항은 얼마인가?

① $\dfrac{R_1 R_2 R_3}{R_1 + R_2 + R_3}$

② $\dfrac{R_1^2 R_2^2 R_3^2}{R_1 + R_2 + R_3}$

③ $\dfrac{R_1 R_2 R_3}{R_1 R_2 + R_2 R_3 + R_3 R_1}$

④ $\dfrac{R_1 + R_2 R_3}{R_1 + R_2 + R_3}$

> **저항 3개 병렬연결 시 합성저항**
> $R = \dfrac{1}{\dfrac{1}{R_1} + \dfrac{1}{R_2} + \dfrac{1}{R_3}} = \dfrac{1}{\dfrac{R_1 R_2 + R_2 R_3 + R_3 R_1}{R_1 R_2 R_3}}$
> $= \dfrac{R_1 R_2 R_3}{R_1 R_2 + R_2 R_3 + R_3 R_1}$

17

다음 중 반도체 소자로 사용할 수 없는 것은?

① 게르마늄
② 비스무트
③ 실리콘
④ 산화구리

> **비스무트**
> 전자의 이동을 제어하지 못하기 때문에 주로 합금 또는 의약품 제조에 사용된다.

18

가우스 정리를 이용하여 구하는 것은?

① 전기장의 세기
② 전류
③ 자기장의 세기
④ 기자력

> 가우스 정리는 전기장과 전하와의 상관관계 및 각 도체의 전기장의 세기를 구하는 법칙이다.

정답 13 ② 14 ② 15 ② 16 ③ 17 ② 18 ①

19

다음 중 단락비가 큰 동기발전기에 대한 설명으로 옳은 것은?

① 전압변동률이 크다.
② 동기 임피던스가 크다.
③ 안정도가 높다.
④ 전기자 반작용이 크다.

> **단락비가 큰 동기발전기**
> 1) 안정도가 높다.
> 2) 전기자 반작용이 작다.
> 3) 동기임피던스가 작다.
> 4) 전압변동률이 작다.
> 5) 단락전류가 크다.
> 6) 기계가 대형이며, 무겁고, 가격이 비싸고 효율이 나쁘다.

20

전선의 접속에 대한 설명으로 틀린 것은?

① 접속 부분의 전기 저항을 증가시켜서는 아니 된다.
② 접속 부분은 납땜을 한다.
③ 절연은 원래의 효력이 있는 테이프로 충분히 한다.
④ 전선의 세기를 20[%] 이상 유지해야 한다.

> **전선의 접속 시 유의사항**
> 전선의 세기를 20[%] 이상 감소시켜서는 아니 되며, 접속부분의 전기적인 저항이 증가되어서는 안 된다.

21

슬립이 3[%], 유도전동기의 2차 동손이 300[W]인 3상 유도전동기의 입력[kW]은?

① 8.5   ② 9
③ 10   ④ 12.5

> **유도전동기의 2차 입력 P_2**
> $s = \dfrac{P_{c2}}{P_2}$, $P_2 = \dfrac{P_{c2}}{s} = \dfrac{300}{0.03} = 10,000[W] = 10[kW]$

22

다음 중 동기발전기의 권선법이 아닌 것은?

① 단절권   ② 중권
③ 전절권   ④ 분포권

> **동기기의 전기자 권선법**
> 고상권, 폐로권, 이층권, 중권, 분포권, 단절권

23

교류 전압 $v = 100\sqrt{2}\sin(\omega t + \dfrac{\pi}{2})$[V]일 때 복소수 표현은?

① $j100$ ② 100
③ $100 + j100$ ④ $100 - j100$

> **복소수 표현**
> 실효값 : $V = \dfrac{V_m}{\sqrt{2}} = \dfrac{100\sqrt{2}}{\sqrt{2}} = 100$
> 위상 : $\theta = \dfrac{\pi}{2} = 90°$
> 복소수 : $V(\cos\theta + j\sin\theta) = 100(\cos 90° + j\sin 90°)$
> $= 100(0 + j1) = j100$

24

내부저항 0.1[Ω], 전압 1.5[V]인 전지 10개를 직렬연결하고 저항 19[Ω]인 전구 연결 시 흐르는 전류는?

① 0.55   ② 0.75
③ 1.25   ④ 1.55

> **전지의 직렬회로 전류**
> $I = \dfrac{nV_1}{nr_1 + R} = \dfrac{10 \times 1.5}{10 \times 0.1 + 19} = 0.75[A]$

정답 19 ③ 20 ④ 21 ③ 22 ③ 23 ① 24 ②

25
면적 10[m²]의 면에 5×10⁻⁵[Wb]의 자속이 수직으로 지날 때 자속밀도 B[Wb/m²]는?

① 5×10^{-1}
② 5×10^{-2}
③ 5×10^{-5}
④ 5×10^{-6}

> **자속밀도**
> $B = \dfrac{\phi[\text{Wb}]}{S[\text{m}^2]} = \dfrac{5 \times 10^{-5}}{10} = 5 \times 10^{-6}\,[\text{Wb/m}^2]$

26 ★빈출
전류를 흐르게 하는 능력을 무엇이라 하는가?

① 전기량
② 기전력
③ 양성자
④ 저항

> **기전력의 정의**
> 1) 전류를 흐르게 하는 능력
> 2) 전류를 계속 흐르게 하기 위한 전압을 연속적으로 만들어주는 데 필요한 힘

27
슬립이 4[%]이고, 4극의 60[Hz]의 유도전동기의 회전수는 몇 [rpm]이 되는가?

① 1,728
② 2,000
③ 1,800
④ 1,710

> **유도전동기의 회전수**
> $N = (1-s)N_s = (1-0.04) \times 1,800 = 1,728\,[\text{rpm}]$

28 ★빈출
100[kVA]의 용량을 갖는 2대의 변압기를 이용하여 V-V 결선하는 경우 출력은 어떻게 되는가?

① 100
② $100\sqrt{3}$
③ 200
④ 300

> **V결선 시 용량** $P = \sqrt{3}\,P_1 = \sqrt{3} \times 100$

29
자기 인덕턴스 L_1, L_2를 서로 자기력선 속의 영향을 미치지 않게 같은 방향으로 직렬연결하면 합성 인덕턴스 L[H]는? (단, M은 상호 인덕턴스이다.)

① $L_1 + L_2 - M$
② $L_1 + L_2 - 2M$
③ $L_1 + L_2 + 2M$
④ $L_1 + L_2$

> 자기력선 속의 영향을 미치지 않을 때 상호 인덕턴스 $M=0$
> 따라서 같은 방향 직렬접속 콘덴서의 합성 인덕턴스는 다음과 같다.
> $L = L_1 + L_2 + 2M = L_1 + L_2 + 2 \times 0 = L_1 + L_2$

30 ★빈출
지지물에서 출발하여 다른 지지물을 거치지 않고 한 수용가의 인입구에 이르는 전선을 무엇이라 하는가?

① 연접인입선
② 가공전선
③ 가공인입선
④ 가공지선

> **가공인입선**
> 지지물에서 출발하여 다른 지지물을 거치지 않고 한 수용가 인입구에 이르는 전선을 말한다.

31
화약류 저장소 안에 백열전등이나 형광등 또는 이에 전기를 공급하기 위한 시설에 한하여 전로의 「대지전압은 몇 [V] 이하의 것을 사용하는가?

① 100
② 200
③ 300
④ 400

> **화약류 저장소의 시설**
> 대지전압은 300[V] 이하로 하며 조명공사의 경우 금속관공사, 케이블공사에 의할 것

정답 25 ④　26 ②　27 ①　28 ②　29 ④　30 ③　31 ③

32

콘덴서 C[F]에 전압 V[V]을 인가하면 콘덴서에 축적되는 에너지가 W[J]이 되었다면, 전압 V는?

① $\dfrac{2W}{C}$
② $\dfrac{2W^2}{C}$
③ $\sqrt{\dfrac{2W}{C^2}}$
④ $\sqrt{\dfrac{2W}{C}}$

> 콘덴서 축적에너지 $W = \dfrac{1}{2}CV^2$
> $V^2 = \dfrac{2W}{C}$, $V = \sqrt{\dfrac{2W}{C}}$ [V]

33

다음 중 유도전동기의 속도 제어에 사용되는 인버터 장치의 약호는?

① CVCF
② VVVF
③ CVVF
④ VVCF

> 유도 전동기의 속도제어에 사용되는 것은 인버터이며, 약호는 VVVF이다.

34

2[Ω]과 3[Ω]의 저항이 직렬연결일 때 합성 컨덕턴스는 얼마인가?

① 0.4[℧]
② 0.3[℧]
③ 0.2[℧]
④ 0.1[℧]

> 저항(R)과 컨덕턴스(G)
> $R = 2 + 3 = 5$[Ω]
> $G = \dfrac{1}{R} = \dfrac{1}{5} = 0.2$[℧]

35

2극 3,600[rpm]인 동기발전기와 병렬 운전하려는 12극 동기발전기의 회전수는 몇 [rpm]인가?

① 3,600
② 7,200
③ 21,600
④ 600

> 먼저 동기기의 병렬 운전 조건의 경우 주파수가 일치해야 한다. 이에 2극과 12극의 동기발전기는 주파수가 일치하므로 2극의 3,600[rpm]인 동기기는 주파수가 60[Hz]이므로
> $\dfrac{120}{P} \times f = \dfrac{120}{12} \times 60 = 600$[rpm]

36

60[Hz]의 3상 전파정류의 회로의 맥동주파수는?

① 60
② 120
③ 180
④ 360

> 맥동주파수
> 3상 전파 $f_0 = f \times 6 = 60 \times 6 = 360$[Hz]

37

환상솔레노이드의 코일 자체 인덕턴스의 설명 중 맞는 것은?

① 투자율에 반비례
② 권수의 제곱에 비례
③ 길이에 비례
④ 면적에 반비례

> 환상솔레노이드의 인덕턴스
> $L = \dfrac{\mu S N^2}{l}$ [H]
> 1) 투자율(μ)과 면적(S)에 비례
> 2) 권수(N)의 제곱에 비례
> 3) 자로 길이(l)에 반비례

정답 32 ④ 33 ② 34 ③ 35 ④ 36 ④ 37 ②

38

저항이 8[Ω]이고 리액턴스가 6[Ω]인 직렬회로에 전압 $v = 200\sqrt{2}\sin\omega t$[V]를 가하면 흐르는 전류 I[A]는?

① 20 ② 40
③ 60 ④ 80

전압의 실효값 $V = \dfrac{V_m}{\sqrt{2}} = \dfrac{200\sqrt{2}}{\sqrt{2}} = 200$[V]

$I = \dfrac{V}{|Z|} = \dfrac{V}{\sqrt{R^2 + X^2}} = \dfrac{200}{\sqrt{6^2 + 8^2}} = 20$[A]

39

발전기를 정격전압 220[V]로 운전하다가 무부하로 운전하였더니, 단자전압이 253[V]가 되었다. 이 발전기의 전압변동률은 몇 [%]인가?

① 15[%] ② 25[%]
③ 35[%] ④ 45[%]

전압변동률 $\epsilon = \dfrac{V_0 - V}{V} \times 100 = \dfrac{253 - 220}{220} \times 100 = 15$[%]

40

DV전선이라 함은 무엇인가?

① 옥외용 비닐절연전선
② 인입용 비닐절연전선
③ 형광등 전선
④ 450/750 단심 비닐절연전선

명칭(약호)	용도
인입용 비닐 절연전선(DV)	저압 가공 인입용으로 사용
옥외용 비닐 절연전선(OW)	저압 가공 배전선(옥외용)
옥외용 가교폴리에틸렌 절연전선(OC)	고압 가공전선로에 사용
450/750[V] 일반용 단심 비닐 절연전선 (NR)	옥내배선용으로 주로 사용
형광등 전선(FL)	형광등용 안정기의 2차배선

41

접지의 목적과 거리가 먼 것은?

① 감전의 방지
② 보호계전기의 동작 확보
③ 이상전압의 억제
④ 전로의 대지전압의 상승

접지의 목적
1) 보호계전기의 확실한 동작 확보
2) 이상전압 억제
3) 대지전압 저하

42

3상 △결선에서 Y결선으로 바꾸면 전력은 얼마의 배수가 되는가?

① 3배 ② 9배
③ $\dfrac{1}{3}$배 ④ $\dfrac{1}{9}$배

1) △결선에서 Y결선으로 바꾸면 전력, 임피던스, 전류 모두 $\dfrac{1}{3}$배가 된다.
2) Y결선에서 △결선으로 바꾸면 전력, 임피던스, 전류 모두 3배가 된다.

43

변압기의 1차 권수를 80, 2차 권수를 320회라 하면 2차측의 전압이 100[V]이면 1차 전압[V]는?

① 15 ② 25
③ 50 ④ 100

변압기의 1차 전압

권수비 $a = \dfrac{N_1}{N_2} = \dfrac{V_1}{V_2} = \dfrac{80}{320} = 0.25$

$V_1 = aV_2 = 0.25 \times 100 = 25$[V]

정답 38 ① 39 ① 40 ② 41 ④ 42 ③ 43 ②

44

펜치로 절단이 곤란한 경우 굵은 전선을 절단하는 데 사용하는 공구의 명칭은?

① 파이프 렌치
② 파이프 커터
③ 클리퍼
④ 와이어 게이지

> **클리퍼**
> 펜치로 절단하기 어려운 굵은 전선을 절단하는 데 사용하는 공구

45

합성수지관 공사에서 관의 지지점 간 거리는 최대 몇 [m]인가?

① 1
② 1.2
③ 1.5
④ 2

> 합성수지관 공사 시 지지점 간의 거리는 1.5[m] 이하이어야만 한다.

46

브흐홀쯔 계전기는 어떠한 기계기구를 보호하는가?

① 직류발전기
② 동기발전기
③ 유도전동기
④ 변압기

> **브흐홀쯔 계전기**
> 브흐홀쯔 계전기는 변압기의 내부고장을 보호하는 기계적 보호 대책으로 주변압기와 콘서베이터 사이에 설치된다.

47

유도전동기가 회전 시 생기는 손실 중 구리손이란?

① 브러시의 마찰손
② 베어링의 마찰손
③ 표유 부하손
④ 1차, 2차 권선의 저항손

> 구리손이란 저항손을 말한다.

48

10[A]의 전류가 흘렀을 때의 전력이 100[W]인 저항에 20[A]를 흘렸을 때의 전력은 몇 [W]인가?

① 100
② 200
③ 300
④ 400

> 전력 $P = I^2 R$[W]
> 10[A], 100[W]의 저항 : $R = \dfrac{P}{I^2} = \dfrac{100}{10^2} = 1[\Omega]$
> 20[A]의 전력 : $P = I^2 R = 20^2 \times 1 = 400$[W]

49

연접인입선에 대한 시설 규정 중 잘못된 것은?

① 분기점으로부터 100[m]를 넘지 않는다.
② 폭이 5[m] 넘는 도로 횡단을 하지 않는다.
③ 옥내를 관통해서는 안 된다.
④ 고압의 경우 200[m]를 넘으면 안 된다.

> **연접(이웃연결)인입선의 시설규정**
> 1) 분기점으로부터 100[m] 넘는 지역이 미치지 말 것
> 2) 폭이 5[m] 넘는 도로 횡단하지 말 것
> 3) 옥내를 관통하지 말 것
> 4) 저압만 가능

50

직류 전동기의 속도변동률이 4.35[%]이다. 정격 부하의 회전수를 1,150[rpm]이라고 하면 무부하 회전수는 어떻게 되는가?

① 1,120
② 1,200
③ 1,250
④ 1,400

> **속도변동률과 무부하 속도**
> 속도변동률 $\dfrac{N_0 - N}{N} \times 100$
> 무부하 속도 $N_0 = (\varepsilon + 1)N = (0.0435 + 1) \times 1,150 = 1,200$[rpm]

정답 44 ③ 45 ③ 46 ④ 47 ④ 48 ④ 49 ④ 50 ②

51

정현파 교류의 주기가 20[ms]일 때 주파수 f는 몇 [Hz]인가?

① 10
② 20
③ 40
④ 50

> 교류의 주기 : $T = 20[\text{ms}] = 20 \times 10^{-3}[\text{sec}]$
> 주파수 : $f = \dfrac{1}{T} = \dfrac{1}{20 \times 10^{-3}} = \dfrac{1,000}{20} = 50[\text{Hz}]$

52

성냥, 석유류, 셀룰로이드 등의 기타 가연성 물질을 제조 또는 저장하는 장소의 배선 방법으로 적당하지 않은 것은?

① 애자 공사
② 합성수지관공사
③ 금속관공사
④ 케이블 공사

> 위험물을 제조하는 장소의 배선공사
> 1) 금속관 공사
> 2) 케이블 공사
> 3) 합성수지관 공사(두께 2[mm] 이상이어야만 한다)

53

권수가 5회, 0.1[sec] 동안에 0.1[Wb]에서 0.2[Wb]로 변하였을 때 유기되는 기전력은 몇 V[V]인가?

① 2.5
② 5
③ 7.8
④ 10

> 기전력의 크기(페러데이 법칙)
> $e = -N\dfrac{d\phi}{dt} = -5 \times \dfrac{0.2 - 0.1}{0.1} = -5[\text{V}]$
> 기전력의 크기는 절대값으로 표현하므로 $e = 5[\text{V}]$

54

전기설비기술기준 및 판단기준에서 가공전선로의 지지물에 하중이 가하여지는 경우 지지물의 기초 안전율은 몇 이상인가?

① 1.1
② 1.33
③ 1.5
④ 2

> 가공전선로의 지지물에 하중이 가하여지는 경우에 그 하중을 받는 지지물의 기초의 안전율은 2 이상이어야 한다.

정답 51 ④ 52 ① 53 ② 54 ④

2018년 3회 | CBT 기출복원문제

01 ⭐
동기발전기의 병렬 운전에 필요한 조건이 아닌 것은?

① 기전력의 크기가 같을 것
② 기전력의 위상이 같을 것
③ 기전력의 파형이 같을 것
④ 기전력의 임피던스가 같을 것

> **동기발전기의 병렬 운전 조건**
> 1) 기전력의 크기가 같을 것
> 2) 기전력의 위상이 같을 것
> 3) 기전력의 주파수가 같을 것
> 4) 기전력의 파형이 같을 것

02
단락비가 작은 동기발전기의 특징으로 틀린 것은?

① 단락전류가 작다.
② 동기임피던스가 크다.
③ 전기자 반작용이 크다.
④ 전압변동률이 작다.

> **단락비가 큰 동기발전기**
> 1) 안정도가 높다.
> 2) 전기자 반작용이 작다.
> 3) 동기임피던스가 작다.
> 4) 전압변동률이 작다.
> 5) 단락전류가 크다.
> 6) 기계가 대형이며, 무겁고, 가격이 비싸고 효율이 나쁘다.

03
저항이 8[Ω]이고 리액턴스가 6[Ω]인 직렬회로에 전압 $v = 200\sqrt{2}\sin\omega t$[V]를 가하면 흐르는 전류 I[A]는?

① 20   ② 40
③ 60   ④ 80

> 전압의 실효값 $V = 200$[V]
> $I = \dfrac{V}{\sqrt{R^2 + X^2}} = \dfrac{200}{\sqrt{8^2 + 6^2}} = 20$[A]

04
화약고 등의 위험장소의 배선 공사에 대한 전로의 대지전압은 몇 [V] 이하로 하도록 되어 있는가?

① 150   ② 200
③ 300   ④ 400

> **화약류 저장소의 시설**
> 대지전압은 300[V] 이하로 하며 조명공사의 경우 금속관공사, 케이블공사에 의할 것

05
단면적 6[mm²] 이하의 가는 단선을 접속하는 방법은?

① 브리타니어 접속   ② 트위스트 접속
③ 종단 접속   ④ 분기접속

> **단선의 접속**
> 1) 6[mm²] 이하의 가는 단선 : 트위스트 접속
> 2) 10[mm²] 이상의 굵은 단선 : 브리타니어 접속

정답 01 ④ 02 ④ 03 ① 04 ③ 05 ②

06

가공인입선 중 수용장소의 인입선에서 분기하여 다른 수용장소의 인입구에 이르는 전선을 무엇이라 하는가?

① 소주인입선
② 연접인입선
③ 본주인입선
④ 인입간선

> **연접(이웃연결)인입선**
> 수용장소의 인입구에서 분기하여 다른 지지물을 거치지 않고 다른 수용장소의 인입구에 이르는 전선을 말한다.

07

전류가 흐르려면 전압을 계속 가하는 힘이 필요한데 이 힘을 무엇이라 하는가?

① 기자력
② 기전력
③ 자기장
④ 자속밀도

> **기전력의 정의**
> 1) 전류를 흐르게 하는 능력
> 2) 전류를 계속 흐르게 하기 위한 전압을 연속적으로 만들어주는 데 필요한 힘

08

내부저항 0.1[Ω], 전압 1.5[V] 전지를 10개 직렬접속하고 여기에 14[Ω]의 저항을 직렬연결 시 흐르는 전류는 몇 [A]인가?

① 0.5
② 1
③ 1.5
④ 2

> **전지의 직렬회로 전류**
> $$I = \frac{nV_1}{nr_1 + R} = \frac{10 \times 1.5}{10 \times 0.1 + 14} = \frac{15}{15} = 1[A]$$

09

직류 직권전동기를 벨트를 걸어 운전하면 안 되는 이유는 무엇인가?

① 벨트가 마모되어 보수가 곤란하므로
② 부하와 직결하지 않으면 속도제어가 곤란하므로
③ 손실이 많아지므로
④ 벨트가 벗겨지면 위험속도에 도달하므로

> **직권전동기**
> 직류 직권전동기는 정격운전 중 무부하 운전을 하거나 벨트를 걸고 운전하면 안 된다. 왜냐하면 벨트가 벗겨지면 위험속도에 도달하기 때문이다.

10

3상 변압기 전압이 6,600[V]이고 용량이 1,000[kVA]라면 이 변압기에 흐르는 전류[A]는?

① 75
② 87
③ 96
④ 104

> **3상 변압기의 전류**
> $$I = \frac{P}{\sqrt{3}\,V} = \frac{1,000 \times 10^3}{\sqrt{3} \times 6,600} = 87.47[A]$$

11

폭발성 분진이 체류하는 곳의 금속관 공사에 있어서 관 상호 및 관과 박스 기타의 부속품이나 풀 박스 또는 전기 기계기구와의 접속은 몇 턱 이상의 나사 조임으로 하여야 하는가?

① 2턱
② 5턱
③ 6턱
④ 8턱

> 폭연성 분진 또는 화약류 분말이 존재하는 곳의 전기 공작물의 경우 관 상호 및 관과 박스 등은 5턱 이상의 나사 조임으로 접속해야만 한다.

정답 06 ② 07 ② 08 ② 09 ④ 10 ② 11 ②

12

교류 전동기를 기동할 때 그림과 같은 기동특성을 가지는 전동기는? (단, 곡선 (1) ~ (5)는 기동단계에 대한 토크 특성 곡선이다.)

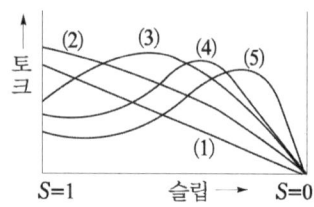

① 3상 권선형 유도전동기
② 반발 유도전동기
③ 3상 분권 정류자 전동기
④ 2중 농형 유도전동기

> **비례추이 곡선**
> 3상 권선형 유도전동기의 특징을 나타낸다.

13

직류 분권전동기의 계자저항을 운전 중에 증가시키면 회전속도는 어떻게 되는가?

① 감소한다.   ② 변함없다.
③ 전동기가 정지한다.   ④ 증가한다.

> 전동기의 경우 $\phi \propto \dfrac{1}{N}$의 관계를 갖는다.
> 계자저항이 증가하면 계자전류가 감소하므로 이는 자속의 감소로 이어진다. 따라서 속도는 증가한다.

14

다음 중 자기 소호 제어용 소자는?

① SCR   ② TRIAC
③ DIAC   ④ GTO

> **GTO(Gate Turn Off)**
> 자기 소호 능력이 있는 제어소자이다.

15

일반적으로 큐비클형이라고도 하며, 점유 면적이 좁고 운전, 보수에 용이하며 공장, 빌딩 등 전기실에 많이 사용되는 조립형, 장갑형이 있는 배전반은?

① 데드 프런트식 배전반
② 철제 수직형 배전반
③ 라이브 프런트식 배전반
④ 폐쇄식 배전반

> **큐비클형**
> 가장 많이 사용되는 유형으로 폐쇄식 배전반이라고도 하며 공장, 빌딩 등의 전기실에 널리 이용된다.

16

전류가 도선에 흐를 때 작용하는 힘을 응용한 것은?

① 발전기   ② 전동기
③ 마이크로폰   ④ 전계

> **플레밍의 왼손 법칙**
> 1) 자기장 내에 전류가 흐르는 도선을 놓았을 때 작용하는 힘이 발생하는 방향 및 크기를 구하는 법칙
> 2) 전동기의 원리

17

병렬 운전 중인 두 동기발전기의 유도기전력이 2,000[V], 위상차가 60°, 동기 리액턴스가 100[Ω]이라면 유효순환전류는?

① 5   ② 10
③ 15   ④ 20

> **유효순환전류**
> $I_c = \dfrac{E}{Z_s} \sin \dfrac{\delta}{2} = \dfrac{2,000}{100} \sin \dfrac{60}{2} = 10[A]$
> 동기기의 경우 동기 임피던스는 동기 리액턴스로 실용상 같게 해석한다.

정답 12 ① 13 ④ 14 ④ 15 ④ 16 ② 17 ②

18
다음 식에서 열량 H[cal]식이 맞는 것은?

① $H = 0.024 I^2 Rt$
② $H = 0.024 I^2 R$
③ $H = 0.24 I^2 Rt$
④ $H = 0.24 I^2 R$

> 열량 $H = 0.24 Pt = 0.24 I^2 Rt$ [cal]

19
R_1, R_2, R_3 저항 3개가 병렬로 연결되었을 때 합성저항은 얼마인가?

① $\dfrac{R_1 R_2 R_3}{R_1 + R_2 + R_3}$
② $\dfrac{R_1^2 R_2^2 R_3^2}{R_1 + R_2 + R_3}$
③ $\dfrac{R_1 R_2 R_3}{R_1 R_2 + R_2 R_3 + R_3 R_1}$
④ $\dfrac{R_1 + R_2 R_3}{R_1 + R_2 + R_3}$

> 저항 3개 병렬연결 시 합성저항
> $R = \dfrac{1}{\dfrac{1}{R_1} + \dfrac{1}{R_2} + \dfrac{1}{R_3}} = \dfrac{1}{\dfrac{R_1 R_2 + R_2 R_3 + R_3 R_1}{R_1 R_2 R_3}}$
> $= \dfrac{R_1 R_2 R_3}{R_1 R_2 + R_2 R_3 + R_3 R_1}$

20
인덕턴스 L_1, L_2가 직렬 연결 시 합성 인덕턴스 L[H]는? (단, 두 인덕턴스는 같은 방향 접속임)

① $L_1 + L_2 + 2M$
② $L_1 + L_2 - 2M$
③ $L_1 + L_2$
④ $L_1 - L_2$

> 직렬접속 콘덴서의 합성 인덕턴스
> 1) 같은 방향(가동) 합성 인덕턴스 : $L_+ = L_1 + L_2 + 2M$
> 2) 반대 방향(차동) 합성 인덕턴스 : $L_- = L_1 + L_2 - 2M$

21
부흐홀쯔 계전기의 설치 위치는 어디인가?

① 콘서베이터 내부
② 변압기 주탱크과 콘서베이터 사이
③ 변압기 주탱크
④ 변압기 저압 측 부싱

> 브흐홀쯔 계전기
> 브흐홀쯔 계전기는 변압기의 내부고장을 보호하는 기계적 보호 대책으로 주변압기와 콘서베이터 사이에 설치된다.

22
다음 중 전기기계기구의 와류손(eddy current loss)을 줄이기 위한 효과적인 방법은 무엇인가?

① 보상권선을 설치한다.
② 교류전원을 사용한다.
③ 냉각 압연한다.
④ 규소강판에 성층철심을 사용한다.

> 전기기기의 철손은 히스테리시스손과 와류손으로 구분된다. 전기기계기구에 규소강판 사용 시 히스테리시스손이 감소하며, 성층철심 사용 시 와류손이 감소한다.

23
권선형 유도전동기 기동 시 회전자 측에 저항을 넣는 이유는 무엇인가?

① 기동토크 감소
② 회전수 감소
③ 기동전류 증가
④ 기동토크 증대

> 기동 시 저항을 넣는 이유는 기동토크를 크게 하고, 기동전류를 감소시킬 수 있기 때문이다.

정답 18 ③ 19 ③ 20 ① 21 ② 22 ④ 23 ④

24
다음 중 지중전선로의 매설 방법이 아닌 것은?

① 관로식 ② 암거식
③ 행거식 ④ 직접매설식

> 지중전선로의 매설 방법
> 1) 직접매설식
> 2) 관로식
> 3) 암거식

25 ⭐
전선의 굵기를 측정할 때 사용되는 것은?

① 프레셔 툴 ② 와이어 게이지
③ 메거 ④ 노크아웃 펀치

> 와이어 게이지는 전선의 굵기 측정에 사용된다.

26
가공전선로에 사용하는 지선의 안전율은 얼마 이상으로 하여야만 하는가?

① 1.2 ② 2
③ 2.5 ④ 3

> 지선의 안전율은 2.5 이상이어야만 한다.

27
일반적으로 가공전선로의 지지물에 취급자가 오르고 내리는 데 필요한 발판 볼트는 지표상 몇 [m] 미만에 시설되어서는 아니 되는가?

① 0.75 ② 1.2
③ 1.8 ④ 2.0

> 발판못의 높이는 1.8[m] 이상에 시설한다.

28
수전단 발전소용 변압기 결선에 주로 사용하고 있으며 한쪽은 중성점을 접지할 수 있고 다른 한쪽은 3고조파에 의한 영향을 없애주는 장점을 가지고 있는 3상 결선방식은?

① Y-Y ② △-△
③ Y-△ ④ V

> Y-△결선
> Y결선과 △결선의 장점을 모두 갖는 방식이다.

29
고·저압선을 병가(병행) 시 저압선의 위치는 어떻게 되는가?

① 고압선의 하부에 시설한다.
② 동일 완금류에 시설한다.
③ 고압선의 상부에 시설한다.
④ 옆쪽으로 나란히 시설한다.

> 고·저압선의 병가(병행)
> 고·저압선의 병가(병행) 시 저압선은 고압선의 하부에 시설한다.

30 ⭐
직류 전동기의 규약효율을 표시하는 식은?

① $\dfrac{입력-손실}{입력} \times 100[\%]$

② $\dfrac{출력+손실}{출력} \times 100[\%]$

③ $\dfrac{출력}{입력} \times 100[\%]$

④ $\dfrac{입력}{출력+손실} \times 100[\%]$

> 전동기의 규약효율
> $\eta_{전} = \dfrac{입력-손실}{입력} \times 100[\%]$

정답 24 ③ 25 ② 26 ③ 27 ③ 28 ③ 29 ① 30 ①

31

공기 중에서 자속밀도 B[Wb/m²]의 평등자장 중에 길이 l[m]의 도선을 자장의 방향과 직각으로 놓고 이 도체에 I[A]의 전류가 흐르면 도선에 작용하는 힘은 몇 [N]인가?

① $\dfrac{B}{Il}$ ② $\dfrac{l}{BI}$

③ BIl ④ B^2Il

> **플레밍의 왼손 법칙**
> $F = BIl\sin\theta = BIl\sin 90° = BIl$ [N]

32 빈출

3상 △결선에서 Y결선으로 바꾸면 전력은 얼마의 배수가 되는가?

① 3배   ② 9배

③ $\dfrac{1}{3}$배   ④ $\dfrac{1}{9}$배

> 1) △결선에서 Y결선으로 바꾸면 전력, 임피던스, 전류 모두 $\dfrac{1}{3}$배가 된다.
> 2) Y결선에서 △결선으로 바꾸면 전력, 임피던스, 전류 모두 3배가 된다.

33 빈출

정류방식 중 3상 전파방식의 직류전압의 평균값은 얼마인가? (단, V는 실효값을 말한다.)

① 0.45[V]   ② 0.9[V]

③ 1.17[V]   ④ 1.35[V]

> **정류회로의 직류전압**
> 1) 단상 반파 : 0.45E
> 2) 단상 전파 : 0.9E
> 3) 3상 반파 : 1.17E
> 4) 3상 전파 : 1.35E

34 빈출

콘덴서 C_1, C_2를 직렬연결하고 양단에 전압 V[V]를 걸었다면 C_1에 걸리는 전압 V_1[V]은?

① $\dfrac{C_1}{C_1+C_2}V$ ② $\dfrac{C_2}{C_1+C_2}V$

③ $\dfrac{C_1+C_2}{C_1}V$ ④ $\dfrac{C_1+C_2}{C_2}V$

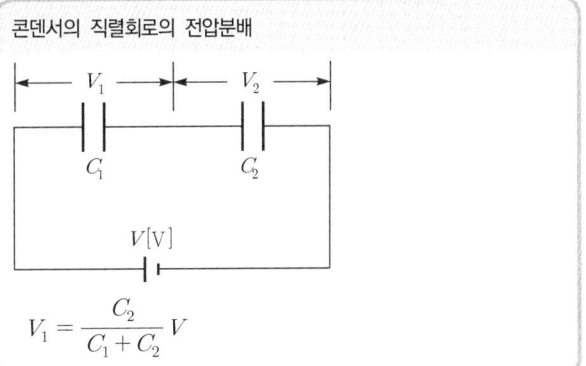

콘덴서 직렬회로의 전압분배

$V_1 = \dfrac{C_2}{C_1+C_2}V$

35

가우스 정리를 이용하여 구하는 것은?

① 전기장의 세기   ② 전류
③ 자기장의 세기   ④ 기자력

> **가우스 정리**
> 전기장과 전하와의 상관관계 및 각 도체의 전기장의 세기를 구하는 법칙

36

권수 50회, 3초 동안에 자속이 1[Wb]에서 10[Wb]로 변화하였다면 이때 유기되는 기전력은?

① 100   ② 150
③ 200   ④ 250

> 기전력의 크기(페러데이 법칙) $e = -N\dfrac{d\phi}{dt} = -50 \times \dfrac{10-1}{3} = -150$[V]
> 기전력의 크기는 절대값으로 표현하므로 $e = 150$[V]

정답 31 ③ 32 ③ 33 ④ 34 ② 35 ① 36 ②

37

2[Ω]과 8[Ω]의 저항이 직렬연결일 때 합성 컨덕턴스는 얼마인가?

① 0.4[℧] ② 0.3[℧]
③ 0.2[℧] ④ 0.1[℧]

> 저항 $R = 2 + 8 = 10[\Omega]$
> 컨덕턴스 $G = \dfrac{1}{R} = \dfrac{1}{10} = 0.1[\mho]$

38

다음 중 2대의 동기발전기를 병렬운전 중 기전력의 위상의 차가 발생하였을 경우 나타나는 현상은 무엇인가?

① 무효순환전류가 흐른다.
② 난조가 발생한다.
③ 유효순환전류가 흐른다.
④ 고조파 무효순환전류가 흐른다.

> **동기 발전기의 병렬 운전 조건**
> 1) 기전력의 크기가 같을 것 ≠ 무효 순환전류 발생(무효 횡류) = 여자 전류의 변화 때문
> 2) 기전력의 위상이 같을 것 ≠ 유효 순환전류 발생(유효 횡류 = 동기화 전류)
> 3) 기전력의 주파수가 같을 것 ≠ 난조발생 —방지법→ 제동권선 설치
> 4) 기전력의 파형이 같을 것 ≠ 고조파 무효 순환전류 발생
> 5) 상회전 방향이 같을 것

39 ★

권수가 100회이고 인덕턴스가 50[H]이라면 자속이 10[Wb]가 되고자 할 때 흐르는 전류는 얼마인가?

① 10 ② 20
③ 30 ④ 40

> 인덕턴스 기본식 : $LI = N\phi$
> $I = \dfrac{N\phi}{L} = \dfrac{100 \times 10}{50} = 20[A]$

40 ★

다음 중 회전의 방향을 바꿀 수 없는 단상 유도전동기는 무엇인가?

① 반발 기동형
② 콘덴서 기동형
③ 분상 기동형
④ 셰이딩 코일형

> **셰이딩 코일형**
> 회전의 방향을 바꿀 수 없는 전동기이다.

41 ★

전등 한 개를 2개소에서 점멸하고자 할 때 옳은 배선방법은?

①

②

③

④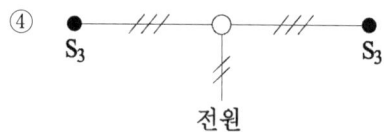

> **2개소 점멸 개념도**
> 2개소의 경우 3로 스위치 2개를 사용한다. 이 경우 전원 앞은 2가닥, 3로 스위치 앞은 3가닥이 된다.

정답 37 ④ 38 ③ 39 ② 40 ④ 41 ④

42

발전기가 정격전압 100[V]로 운전하다 무부하 시의 운전전압이 104[V]가 되었다. 이 발전기의 전압변동률은 몇 [%]인가?

① 4
② 8
③ 11
④ 14

전압변동률
$$\epsilon = \frac{V_0 - V_n}{V_n} \times 100 = \frac{104 - 100}{100} \times 100 = 4[\%]$$

43

동기발전기의 전기자 반작용의 경우 공급전압보다 전기자 전류의 위상이 앞선 경우 어떤 반작용이 일어나는가?

① 교차 자화 작용
② 증자 작용
③ 감자 작용
④ 횡축 반작용

동기발전기의 전기자 반작용
발전기의 경우 전기자 전류가 유도기전력보다 위상이 앞서는 경우 증자 작용이 나타난다.

44

콘덴서 C[F]에 전압 V[V]를 인가하여 콘덴서에 축적되는 에너지가 W[J]이 되었다면 전압 V는?

① $\frac{2W}{C}$
② $\frac{2W^2}{C}$
③ $\sqrt{\frac{2W}{C^2}}$
④ $\sqrt{\frac{2W}{C}}$

콘덴서의 축적에너지 $W = \frac{1}{2}CV^2$
$V^2 = \frac{2W}{C}$, $V = \sqrt{\frac{2W}{C}}$ [V]

45

다음 중 변압기는 어떤 원리를 이용한 기계기구인가?

① 전기자반작용
② 전자유도작용
③ 정전유도작용
④ 교차자화작용

변압기의 원리
변압기는 1개의 철심에 2개의 코일을 감고 한쪽 권선에 교류 전압을 가하면 철심에 교번자계에 의한 자속이 흘러 다른 권선에 지나가면서 전자유도작용에 의해 그 권선에 비례하여 유도 기전력이 발생한다.

46

절연전선으로 가선된 배전 선로에서 활선 상태인 경우 전선의 피복을 벗기는 것은 매우 곤란하다. 이런 경우 활선 상태에서 전선의 피복을 벗기는 공구는?

① 전선 피박기
② 애자 커버
③ 와이어 통
④ 데드엔드 커버

전선 피박기
활선 시 전선의 피복을 벗기는 공구를 말한다.

47

합성수지관 상호 접속 시 관을 삽입하는 깊이는 관 바깥지름의 몇 배 이상으로 하여야 하는가?

① 0.6
② 0.8
③ 1.0
④ 1.2

합성수지관 공사
관 상호간 및 박스와의 삽입 깊이는 관 바깥지름의 1.2배(접착제 사용 시 0.8배) 이상

정답 42 ① 43 ② 44 ④ 45 ② 46 ① 47 ④

48
패러데이의 법칙의 전극에서 석출되는 물질의 양을 바르게 설명한 것은?

① 통과한 전기량에 비례한다.
② 통과한 전기량에 반비례한다.
③ 통과한 전기량의 제곱에 비례한다.
④ 통과한 전기량의 제곱에 반비례한다.

> **패러데이의 법칙(전기분해)**
> 1) 전극에서 석출되는 물질의 양(W)은 통과한 전기량(Q)에 비례하고 전기화학당량(k)에 비례한다.
> 2) 석출량 $W = kQ = kIt$ [g]

49 ⭐빈출
보호를 요하는 회로의 전류가 일정한 값 이상으로 흘렀을 때 동작하는 계전기는 무엇인가?

① 과전류 계전기
② 과전압 계전기
③ 비율차동 계전기
④ 차동 계전기

> **과전류 계전기(OCR)**
> 설정치 이상의 전류가 인가되면 동작하여 차단기를 트립시킨다.

50 ⭐빈출
어느 교류파의 주기가 100[ms]일 때 주파수 f는 몇 [Hz]인가?

① 10
② 1
③ 0.1
④ 0.01

> **주파수**
> $f = \dfrac{1}{T} = \dfrac{1}{100 \times 10^{-3}} = 10 \text{[Hz]}$

51
면적 20[m²], 투자율 200인 철심에서 자속이 100[Wb]일 때 자속밀도 B[Wb/m²]은?

① 2
② 3
③ 4
④ 5

> **자속밀도**
> $B = \dfrac{\phi \text{[Wb]}}{S \text{[m}^2\text{]}} = \dfrac{100}{20} = 5 \text{[Wb/m}^2\text{]}$

52
환상솔레노이드의 설명 중 맞는 것은?

① 자계는 전류에 비례한다.
② 자계는 전류에 반비례한다.
③ 자계는 전류의 제곱에 비례한다.
④ 자계는 전류의 제곱에 반비례한다.

> **환상솔레노이드의 자계**
> $H = \dfrac{NI}{2\pi r}$ [AT/m]

53
다음 중 금속관을 박스에 고정시킬 때 사용되는 것은 무엇이라 하는가?

① 로크너트
② 엔트런스 캡
③ 터미널
④ 부싱

> **로크너트**
> 관을 박스에 고정시킬 때 사용되는 부속품을 말한다.

정답 48 ① 49 ① 50 ① 51 ④ 52 ① 53 ①

54

합성수지 몰드공사의 공사 방법 중 틀린 것은?

① 전선은 절연전선이어야 한다.
② 몰드 내의 접속은 하지 않는다.
③ 몰드 상호 및 몰드와 박스 접속은 전선이 노출되지 않도록 접속한다.
④ 점검할 수 없는 은폐된 장소에 시설한다.

> 합성수지 몰드공사
> 400[V] 이하의 점검이 가능한 전개된 장소에 시설한다.

55

평형 3상 △ 결선의 상전압 V_P와 선간전압 V_l과의 관계는?

① $V_P = V_l$
② $V_P = \sqrt{3}\, V_l$
③ $V_P = 3 V_l$
④ $\sqrt{3}\, V_P = V_l$

> △결선의 특징
> 1) 상전압 : $V_p = V_l$
> 2) 상전류 : $I_p = \dfrac{I_l}{\sqrt{3}}$

2021년 이전 기출문제의 경우 법률 개정에 따라 일부 문제가 삭제되어 60문항이 되지 않음을 알려드립니다.

정답 54 ④ 55 ①

2018년 4회 | CBT 기출복원문제

01

$R=4[\Omega]$, $X_L=20[\Omega]$, $X_C=17[\Omega]$의 RLC 직렬회로에 교류 전압 100[V]를 가하면 흐르는 전류 I[A]는?

① 200 ② 100
③ 10   ④ 20

> **RLC 직렬회로의 합성 임피던스**
> $Z=\sqrt{R^2+(X_L-X_C)^2}=\sqrt{4^2+(20-17)^2}=5[\Omega]$
> 전류 $I=\dfrac{V}{Z}=\dfrac{100}{5}=20[A]$

02 ⭐빈출

20[kVA] 단상 변압기 2대를 사용하여 V-V결선으로 하고 3상 전원을 얻고자 한다. 이때 여기에 접속시킬 수 있는 3상 부하용량은 몇 [kVA]인가?

① 17.3 ② 20
③ 34.6 ④ 66.6

> **V결선의 출력**
> $P_V=\sqrt{3}\,P_1$ (P_1 : 변압기 1대 용량)
> $P_V=\sqrt{3}\times 20=34.6[kVA]$

03 ⭐빈출

분기회로에 설치하여 개폐 및 고장을 차단할 수 있는 것은 무엇인가?

① 전력퓨즈   ② COS
③ 배선용 차단기 ④ 피뢰기

> 배선용 차단기는 분기회로를 개폐하고 고장을 차단하기 위해 설치한다.

04

도선의 길이를 n배로 늘렸다면 처음의 저항은 몇 배로 변하겠는가? (단, 도선의 체적은 일정하다.)

① n ② n^2
③ $\dfrac{1}{n}$ ④ $\dfrac{1}{n^2}$

> 직선도체의 체적이 일정할 때 전선 단면적($S[m^2]$)
> $v=S\times l \rightarrow S=\dfrac{v}{l} \rightarrow S\propto\dfrac{1}{l}\propto\dfrac{1}{n}$
> 길이가 n배 증가
> $l'=nl,\ S'=\dfrac{1}{n}S$
> 도체의 저항
> $R'=\rho\dfrac{l'}{S'}=\rho\dfrac{nl}{\frac{1}{n}S}=n^2\times\rho\dfrac{l}{S}=n^2 R$

05 ⭐빈출

무한장 직선도체에 전류 I[A]가 흐를 때 r[m]만큼 떨어진 지점의 자기장 H[A/m]는?

① $\dfrac{I}{2\pi r^2}$ ② $\dfrac{I}{4\pi r^2}$
③ $\dfrac{I}{2\pi r}$ ④ $\dfrac{I}{4\pi r}$

> **무한장 직선도체의 자계**
> $H=\dfrac{I}{2\pi r}$ [A/m]

정답 01 ④ 02 ③ 03 ③ 04 ② 05 ③

06

다음 전기력선의 성질 중 맞는 것은?

① 전위가 낮은 곳에서 높은 곳으로 향한다.
② 등전위면과 전기력선은 교차하지 않는다.
③ 대전 전하는 도체 내부에만 존재한다.
④ 전기력선의 접선 방향이 전장의 방향이다.

> 전기력선의 성질
> 1) 전기력선은 전위가 높은 곳에서 낮은 곳으로 향한다.
> 2) 전기력선은 등전위면과 수직으로 교차한다.
> 3) 대전 전하는 도체 표면에만 존재한다.
> 4) 전기력선의 접선 방향이 전장의 방향이다.

07

유도전동기의 동기속도를 N_s, 회전속도를 N이라 할 때 슬립은?

① $s = \dfrac{N_s - N}{N}$
② $s = \dfrac{N - N_s}{N}$
③ $s = \dfrac{N_s - N}{N_s}$
④ $s = \dfrac{N_s + N}{N_s}$

> 유도기의 슬립 $s = \dfrac{N_s - N}{N_s}$

08

다음 중 나전선 상호간 또는 나전선과 절연전선을 접속 시 접속부분의 전선의 세기는 일반적으로 몇 [%] 이상 감소하여서는 아니 되는가?

① 15
② 20
③ 30
④ 80

> 전선의 접속 시 전선의 세기를 20[%] 이상 감소시켜서는 안 된다.

09

합성수지관 상호 및 관과 박스의 접속 시 삽입하는 깊이는 관 바깥지름의 몇 배 이상으로 하여야 하는가? (단, 접착제를 사용하는 경우가 아니다.)

① 0.6배
② 0.8배
③ 1.2배
④ 1.6배

> 합성수지관 상호 및 관과 박스의 접속 시 관 바깥지름의 1.2배 이상으로 삽입하여야 한다. (단, 접착제를 사용할 경우 0.8배 이상)

10

저압 구내 가공인입선으로 DV전선 사용 시 전선의 길이가 15[m]를 초과하는 경우 사용할 수 있는 전선의 굵기는 몇 [mm] 이상이어야 하는가?

① 1.5
② 2.0
③ 2.6
④ 4.0

> 저압가공인입선의 시설
> 전선의 굵기는 2.6[mm] 이상이어야 한다. (단, 전선의 길이가 15[m] 이하의 경우 2.0[mm] 이상)

11

3상 유도전동기의 1차 입력 60[kW], 1차 손실 1[kW], 슬립 3[%]일 때 기계적 출력[kW]은?

① 57
② 75
③ 95
④ 100

> 유도전동기의 기계적 출력 P_0
> $P_0 = (1-s)P_2 = (1-0.03) \times 59 = 57.23[kW]$
> P_2는 2차 입력을 말하며
> 1차 입력 - 1차 손실 = P_2이므로
> $P_2 = 60 - 1 = 59[kW]$

정답 06 ④ 07 ③ 08 ② 09 ③ 10 ③ 11 ①

12

진공 중의 두 전하 Q_1, Q_2가 거리 r 사이에서 작용하는 정전력이 $F[N]$일 때 거리 $r[m]$은?

① $\sqrt{6.33 \times 10^4 \times \dfrac{Q_1 Q_2}{F}}$

② $\sqrt{6.33 \times 10^4 \times \dfrac{F}{Q_1 Q_2}}$

③ $\sqrt{9 \times 10^9 \times \dfrac{Q_1 Q_2}{F}}$

④ $\sqrt{9 \times 10^9 \times \dfrac{F}{Q_1 Q_2}}$

두 전하 사이에 작용하는 힘(F)과 거리(r)

$F = \dfrac{Q_1 Q_2}{4\pi\varepsilon_0 r^2} = 9 \times 10^9 \times \dfrac{Q_1 Q_2}{r^2}$ [N]

거리 $r = \sqrt{9 \times 10^9 \times \dfrac{Q_1 Q_2}{F}}$ [m]

13

줄의 법칙에서 발열량 계산식을 옳게 표현한 것은 어느 것인가? (단, I : 전류, R : 저항, t : 시간을 나타낸다.)

① $H = 0.24 I^2 R$
② $H = 0.24 I^2 R^2$
③ $H = 0.24 I^2 R t^2$
④ $H = 0.24 I^2 R t$

발열량

$H = 0.24 Pt = 0.24 VIt = 0.24 I^2 Rt$ [cal]

14

디지털(Digital Relay)형 계전기의 장점이 아닌 것은?

① 진동에 매우 강하다.
② 고감도, 고속도 처리가 가능하다.
③ 자기 진단 기능이 있으며 오차가 적다.
④ 소형화가 가능하다.

디지털형 계전기의 특징

고감도, 고속도 처리가 가능하여 신뢰성이 매우 우수하고 자기 진단 기능이 있다. 또한 소형화가 가능하다. 다만, 진동 등에는 취약하다.

15

전기회로에 과전압을 보호하는 계전기는 무엇인가?

① OCR
② OVR
③ UVR
④ GR

과전압 계전기

설정치 이상의 전압이 가해졌을 경우 동작하는 계전기로서 OVR(Over Voltage Relay)이라고도 한다.

16

동기기 기동 시 제동권선에서 발생되는 토크를 이용하여 기동하는 방법을 무엇이라 하는가?

① 기동 저항기법
② 가감 저항기법
③ 자기 기동법
④ 타 전동기법

동기기의 기동법

동기기 기동 시 제동권선에서 발생되는 토크를 이용하는 방법은 자기 기동법이다.

17

동일한 인덕턴스 $L[H]$의 두 코일을 같은 방향으로 직렬 접속했을 때의 합성 인덕턴스는? (단, 두 코일의 결합 계수는 0.5이다.)

① L
② $2L$
③ $3L$
④ $4L$

상호 인덕턴스

$M = k\sqrt{L_1 L_2} = 0.5 \times \sqrt{L \times L} = 0.5L$

두 코일의 같은 방향 직렬 접속 합성 인덕턴스
$L' = L_1 + L_2 + 2M = L + L + 2 \times 0.5L = 3L$

정답 12 ③ 13 ④ 14 ① 15 ② 16 ③ 17 ③

18
다음 중 유도전동기의 속도제어법이 아닌 것은?

① 주파수제어 ② 극수제어
③ 일그너제어 ④ 2차 저항제어

> **유도전동기의 속도제어법**
> 1) 농형유도전동기
>   - 주파수제어
>   - 극수제어
>   - 전압제어
> 2) 권선형유도전동기
>   - 2차 저항법
>   - 종속법
>   - 2차 여자법
>
> 조건에서 일그너제어는 직류기의 속도제어법을 말한다.

19 ⭐빈출
발전기를 정격전압 100[V]로 운전하다가 무부하로 운전하였더니 전압이 104[V]가 되었다. 이 발전기의 전압변동률은 몇 [%]인가?

① 4 ② 7
③ 9 ④ 10

> 전압변동률 $\epsilon = \dfrac{V_0 - V_n}{V_n} \times 100 = \dfrac{104 - 100}{100} \times 100 = 4[\%]$

20
변압기의 경우 일정 전압 및 일정 파형에서 주파수가 감소하면 변압기에 어떤 변화가 있는가?

① 동손 감소 ② 철손 감소
③ 동손 증가 ④ 철손 증가

> 변압기의 주파수 $f \propto \dfrac{1}{P_i}$ 로서 주파수가 감소하면 철손(P_i)은 증가한다.

21
흥행장의 저압 옥내배선, 전구선 또는 이동전선의 사용전압은 최대 몇 [V] 이하인가?

① 400 ② 440
③ 450 ④ 750

> 무대, 오케스트라박스 등 흥행장의 저압 공사 시 사용전압은 400[V] 이하이어야만 한다.

22
L 만의 회로에서 전류의 위상은 전압과 어떤 관계인가?

① 전류가 전압보다 90° 뒤진다.
② 전류가 전압보다 90° 앞선다.
③ 전류와 전압은 동상이다.
④ 전류와 전압은 위상관계가 없다.

> **단일소자의 교류전류**
> 1) R만의 교류회로 : 동상 전류
> 2) L만의 교류회로 : 90° 뒤진(늦은) 지상전류
> 3) C만의 교류회로 : 90° 앞선(빠른) 진상전류

23 ⭐빈출
셀룰로이드, 성냥, 석유류 등 기타 가연성 위험물질을 제조 또는 저장하는 장소의 배선으로 가능한 공사 방법은?

① 애자 공사 ② 금속관 공사
③ 가요전선관 공사 ④ 플로어덕트 공사

> **위험물을 제조하는 장소의 전기공사**
> 1) 금속관 공사
> 2) 케이블 공사
> 3) 합성수지관 공사(두께 2[mm] 이상이어야만 한다)

정답 18 ③ 19 ① 20 ④ 21 ① 22 ① 23 ②

24
전등 한 개를 2개소에서 점멸하고자 할 때 옳은 배선방법은?

①

②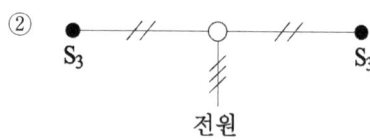

③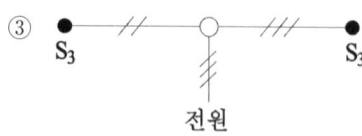

④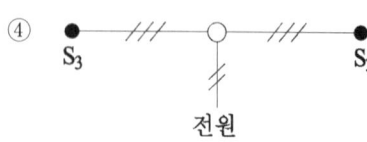

> 2개소 점멸의 경우 3로 스위치 2개를 사용한다. 이 경우 전원 앞은 2가닥, 3로 스위치 앞은 3가닥이 된다.

25
배전반 및 분전반의 설치 장소로 적합하지 못한 것은?

① 전기회로를 쉽게 조작할 수 있는 장소
② 개폐기를 쉽게 조작할 수 있는 장소
③ 안정된 장소
④ 은폐된 장소

> **배전반 및 분전반의 시설장소**
> 배전반이나 분전반은 조작이 쉬운 장소, 즉 접근성이 편리한 곳에 시설하여야 한다.

26
100[V], 10[A], 전기자저항 1[Ω], 회전수가 1,800[rpm]인 전동기의 역기전력은 몇 [V]인가?

① 90   ② 100
③ 110 ④ 186

> 전동기의 역기전력 $E = V - I_a R_a = 100 - (10 \times 0.1) = 90[V]$

27
동기발전기의 돌발단락전류를 주로 제한하는 것은?

① 누설 리액턴스   ② 동기 리액턴스
③ 권선 저항   ④ 역상 리액턴스

> **단락전류의 특성**
> 1) 발전기 단락 시 단락전류 : 처음에는 큰 전류이나 점차 감소
> 2) 순간이나 돌발단락전류를 제한하는 것 : 누설 리액턴스
> 3) 지속 또는 영구단락전류를 제한하는 것 : 동기 리액턴스

28
용량 100[kVA]의 단상 변압기 3대로 3상 전력을 공급하던 중 1대의 고장으로 V결선하려고 한다. V결선의 출력 P_V[kVA]는?

① 100 ② 141
③ 173 ④ 282

> V결선의 출력 $P_V = \sqrt{3} P_1 = \sqrt{3} \times 100 = 173[kVA]$

29
동기기의 위상 특성 곡선에서 전기자전류가 가장 작게 흐를 때의 역률은 어떻게 되는가?

① 1   ② 0.9[진상]
③ 0.9[지상]   ④ 0

> 동기기의 위상 특성 곡선에서 전기자전류가 가장 작을 경우 역률은 1이 된다.

정답 24 ④ 25 ④ 26 ① 27 ① 28 ③ 29 ①

30

콘덴서 C_1, C_2를 직렬연결하고 양단에 전압 $V[\text{V}]$를 걸었다면 C_1에 걸리는 전압 $V_1[\text{V}]$은?

① $\dfrac{C_1}{C_1+C_2}V$ ② $\dfrac{C_2}{C_1+C_2}V$

③ $\dfrac{C_1+C_2}{C_1}V$ ④ $\dfrac{C_1+C_2}{C_2}V$

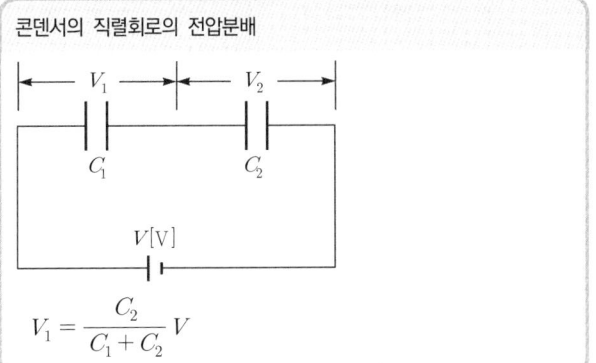

콘덴서의 직렬회로의 전압분배

$$V_1 = \dfrac{C_2}{C_1+C_2}V$$

31

두 대의 동기발전기가 병렬운전하고 있을 때 동기화 전류가 흐르는 경우는?

① 기전력의 크기의 차가 있을 때
② 기전력의 위상에 차가 있을 때
③ 부하분담에 치가 있을 때
④ 기전력의 파형의 차가 있을 때

동기 발전기의 병렬 운전 조건

1) 기전력의 크기가 같을 것 ≠ 무효 순환전류 발생(무효 횡류) = 여자전류의 변화 때문
2) 기전력의 위상이 같을 것 ≠ 유효 순환전류 발생(유효 횡류 = 동기화 전류)
3) 기전력의 주파수가 같을 것 ≠ 난조발생 $\xrightarrow{\text{방지법}}$ 제동권선 설치
4) 기전력의 파형이 같을 것 ≠ 고조파 무효 순환전류 발생
5) 상회전 방향이 같을 것

32

다음 중 전기 용접기용 발전기로 가장 적당한 것은?

① 직류 분권형 발전기
② 차동 복권형 발전기
③ 가동 복권형 발전기
④ 직류 타 여자 발전기

차동 복권형 발전기

용접기용 발전기로 가장 적당한 발전기는 차동 복권형 발전기로 수하특성이 가장 우수하다.

33

전자석의 재료로서 적당한 것은?

① 잔류자기가 크고 보자력이 작을 것
② 잔류자기가 적고 보자력이 클 것
③ 잔류자기와 보자력이 모두 작을 것
④ 잔류자기와 보자력이 모두 클 것

1) 전자석 : 잔류자기는 커야 하고, 보자력은 작아야 한다.
2) 영구 자석 : 잔류자기와 보자력 모두 커야 한다.

34

배전선로의 보안장치로서 주상변압기의 2차 측, 저압 분기회로에서 분기점 등에 설치되는 것은?

① 콘덴서 ② 캐치홀더
③ 컷아웃 스위치 ④ 피뢰기

배전선로의 주상변압기 보호장치

1) 1차 측 : COS(컷아웃 스위치)
2) 2차 측 : 캐치홀더

정답 30 ② 31 ② 32 ② 33 ① 34 ②

35

$v = 30\sqrt{2}\sin\omega t + 40\sqrt{2}\cos(3\omega t + 30°)$ [V]의 비정현파 전압에 대한 실효값 V[V]는?

① 50
② 100
③ 150
④ 200

비정현파의 실효값

$V = \sqrt{V_1^2 + V_2^2 + \cdots} = \sqrt{30^2 + 40^2} = 50$[V]

36

전압계의 측정범위를 확대하기 위하여 전압계와 직렬 접속하는 것은?

① 배율기
② 분류기
③ 변압기
④ 검류계

1) 배율기 : 전압계와 직렬로 연결
2) 분류기 : 전류계와 병렬로 연결

37 빈출

평형 3상의 전원과 부하를 △결선하였을 때 맞는 것은? (단, V_p : 상전압, V_l : 선간전압, I_p : 상전류, I_l : 선전류이다.)

① $V_l = V_p,\ I_l = I_p$
② $V_l = V_p,\ I_l = \sqrt{3}\,I_p$
③ $V_l = \sqrt{3}\,V_p,\ I_l = I_p$
④ $V_l = \sqrt{3}\,V_p,\ I_l = \sqrt{3}\,I_p$

△결선의 특징

1) 선간전압 : $V_l = V_p$
2) 선전류 : $I_l = \sqrt{3}\,I_p$

38

직류전동기를 기동할 경우 전기자전류를 제한하는 저항기를 무엇이라 하는가?

① 단속저항기
② 제어저항기
③ 가속저항기
④ 기동저항기

직류전동기의 기동

직류전동기의 기동 시 전기자전류(기동전류)의 크기를 제한하는 저항기는 기동저항기이다.

39 빈출

변압기의 1차 권회수 80회, 2차 권회수 320회일 때 2차측 전압이 100[V]라면 1차 전압[V]은?

① 15
② 25
③ 50
④ 100

변압기의 권수비 a

$a = \dfrac{N_1}{N_2} = \dfrac{V_1}{V_2}$

$V_1 = aV_2 = \dfrac{80}{320} \times 100 = 25$[V]

40 빈출

다음은 전기 부식 방지설비에 대한 내용을 말한다. 이 중 잘못된 것은 무엇인가?

① 사용전압은 직류 60[V] 초과
② 지표 또는 수중에서 1[m] 간격 임의의 2점 간의 전위차 5[V] 이하
③ 지중에 매설하는 양극은 75[cm] 이상 깊이일 것
④ 수중에서 1[m] 간격의 임의의 2점 간의 전위차가 10[V]를 넘지 않을 것

전기 부식 방지설비

사용전압은 직류 60[V] 이하이어야 한다.

41

옥내배선 공사에서 절연전선의 피복을 벗길 때 사용하면 편리한 공구는?

① 드라이버
② 플라이어
③ 압착펜치
④ 와이어 스트리퍼

> **와이어 스트리퍼**
> 절연전선의 피복을 자동으로 벗길 때 사용하는 공구이다.

42

3상 농형유도전동기의 Y-△ 기동 시의 기동전류를 전전압 기동 시와 비교하면?

① 전전압 기동전류의 $\frac{1}{3}$ 배가 된다.
② 전전압 기동전류의 $\sqrt{3}$ 배가 된다.
③ 전전압 기동전류의 3배가 된다.
④ 전전압 기동전류의 9배가 된다.

> **Y-△ 기동**
> Y-△ 기동 시 전류는 전전압 기동에 $\frac{1}{3}$ 배가 되며, 기동토크 역시 $\frac{1}{3}$ 배가 된다.

43

다음 공사 방법 중 옳은 것은 무엇인가?

① 금속 몰드 공사 시 몰드 내부에서 전선을 접속하였다.
② 합성수지관 공사 시 몰드 내부에서 전선을 접속하였다.
③ 합성수지 몰드 공사 시 몰드 내부에서 전선을 접속하였다.
④ 접속함 내부에서 전선을 쥐꼬리 접속을 하였다.

> **전선의 접속**
> 전선의 접속 시 몰드나, 관, 덕트 내부에서는 시행하지 않는다. 접속은 접속함에서 이루어져야 한다.

44

전류에 의한 자장의 방향을 결정하는 것은 무슨 법칙인가?

① 암페어의 오른손 법칙
② 플레밍의 왼손 법칙
③ 줄의 법칙
④ 패러데이 법칙

> **암페어(앙페르)의 오른손 법칙**
> 전류가 흐르는 방향을 알면 자장(자계)의 방향을 알 수 있는 법칙

45

3[℧]와 6[℧]의 컨덕턴스를 직렬 접속하고 여기에 100[V]의 전압을 가했을 때 흐르는 전체 전류는 몇 [A]인가?

① 200
② 400
③ 600
④ 900

> **직렬연결의 합성 컨덕턴스**
> $G = \frac{3 \times 6}{3+6} = 2[℧]$
> $I = GV = 2 \times 100 = 200[A]$

46

단상 전파 정류회로에서 직류전압의 평균값으로 가장 적당한 것은? (단, V는 교류전압의 실효값을 나타낸다.)

① 0.45V
② 0.9V
③ 1.17V
④ 1.35V

> **정류회로의 직류전압**
> 1) 단상 반파 : 0.45E
> 2) 단상 전파 : 0.9E
> 3) 3상 반파 : 1.17E
> 4) 3상 전파 : 1.35E

정답 41 ④ 42 ① 43 ④ 44 ① 45 ① 46 ②

47

부하의 전압과 전류를 측정할 때 전압계와 전류계를 연결하는 방법이 옳은 것은?

① 전압계와 전류계를 모두 병렬연결한다.
② 전압계와 전류계를 모두 직렬연결한다.
③ 전압계는 병렬연결, 전류계는 직렬연결한다.
④ 전압계는 직렬연결, 전류계는 병렬연결한다.

> 1) 전압계 : 병렬연결(전압 일정)
> 2) 전류계 : 직렬연결(전류 일정)

48

50회 감은 권수의 코일에 5[A]의 전류를 흘렸을 때 10^{-3}[wb]의 자속이 코일에 쇄교하였다면 이 코일에 자체 인덕턴스 L[mH]는?

① 1
② 10
③ 100
④ 1,000

> 인덕턴스 기본식
> $LI = N\phi$
> $L = \dfrac{N\phi}{I} = \dfrac{50 \times 10^{-3}}{5} = 10 \times 10^{-3}[H] = 10[mH]$

49

변압기에 대한 설명 중 틀린 것은?

① 전압을 변성한다.
② 전력을 발생하지 않는다.
③ 정격출력은 1차 측 단자를 기준으로 한다.
④ 변압기의 정격용량은 피상전력으로 표시한다.

> 변압기
> 변압기는 정격용량을 피상전력으로 표시한다. 또한 전력을 발생하지 않으며, 전압을 변성한다.

50

다음 중 자기 소호 제어용 소자는?

① SCR
② TRIAC
③ DIAC
④ GTO

> GTO(Gate Trun Off)는 자기 소호 능력이 있는 소자이다.

51

굵은 전선을 절단할 때 사용하는 전기공사용 공구는?

① 프레셔 툴
② 녹아웃 펀치
③ 클리퍼
④ 파이프 커터

> 클리퍼는 펜치로 절단이 어려운 굵은 전선을 절단할 때 사용한다.

52

저압 가공인입선이 횡단보도교를 횡단할 경우 높이는 몇 [m] 이상 높이여야만 하는가?

① 3
② 4
③ 5
④ 6

> 저압 가공인입선
> 횡단보도교 횡단 시 높이는 3[m] 이상이어야만 한다.

53

연선 결정에 있어서 중심 소선을 뺀 층수가 3층이다. 전체 소선수는?

① 91
② 61
③ 37
④ 19

> 소선수 $N = 3n(n+1) + 1 = 3 \times 3 \times (3+1) + 1 = 37$
> 여기서 n은 층수를 뜻한다.

정답 47 ③ 48 ② 49 ③ 50 ④ 51 ③ 52 ① 53 ③

54

진공 중의 투자율 μ_0와 진공 중의 유전율 ϵ_0의 단위로 각각 맞는 것은?

① [H/m], [F/m]
② [H/m^2], [F/m]
③ [H/m], [F/m^2]
④ [H/m^2], [F/m^2]

> 1) 진공 중의 투자율 : μ_0[H/m]
> 2) 진공 중의 유전율 : ϵ_0[F/m]

55

10회를 감은 어떤 코일에 기자력이 1,000[AT]이었다면 이때 흐르는 전류 I[A]는?

① 1,000
② 100
③ 10
④ 1

> 기자력 $F = NI$[AT]이므로
> 전류 $I = \dfrac{F}{N} = \dfrac{1,000}{10} = 100$[A]

56

1종 가요전선관을 구부릴 경우 곡률 반지름은 관 안지름의 몇 배 이상으로 하여야 하는가?

① 3
② 4
③ 5
④ 6

> 가요전선관을 구부릴 경우 곡률 반지름은 관 안지름의 6배 이상으로 하여야 한다.

2021년 이전 기출문제의 경우 법률 개정에 따라 일부 문제가 삭제되어 60문항이 되지 않음을 알려드립니다.

정답 54 ① 55 ② 56 ④

2019년 1회 | CBT 기출복원문제

01

4[Ω]과 6[Ω]의 병렬회로에서 4[Ω]에 흐르는 전류가 3[A]이라면 전체 전류는?

① 5
② 6
③ 10
④ 12

> 병렬회로의 분배 전류 $I_4 = \dfrac{R_6}{R_4 + R_6} I$ 이므로
>
> 전체전류 $I = \dfrac{I_4(R_4 + R_6)}{R_6} = \dfrac{3(4+6)}{6} = 5[A]$

02

동일 저항 $R[\Omega]$이 4개 있다. 일정한 전압에서 소비전력이 최소가 되는 저항의 조합은 어느 것인가?

① 저항 4개를 모두 병렬연결한다.
② 저항 3개를 병렬연결하고 여기에 1개의 저항을 직렬연결한다.
③ 저항 2개를 병렬연결하고 여기에 2개의 저항을 직렬연결한다.
④ 저항 4개를 모두 직렬연결한다.

> 합성저항의 전체 소비전력
>
> $P = \dfrac{V^2}{R'}[W]$
>
> 1) 4개 모두 직렬 조합 : $R' = 4R$(최대)
> 2) 4개 모두 병렬 조합 : $R' = \dfrac{R}{4}$(최소)
> 3) 저항을 모두 직렬로 조합할 때 합성저항(R')이 최대가 되어 소비전력이 최소가 된다.

03

100[Ω]인 저항 2개, 50[Ω]인 저항 3개, 20[Ω]인 저항 10개를 직렬연결 시 전체 합성저항은 얼마인가?

① 350
② 450
③ 550
④ 650

> 직렬 합성저항
>
> $R = (100 \times 2) + (50 \times 3) + (20 \times 10) = 550[\Omega]$

04

보극이 없는 직류기의 운전 중 중성점의 위치가 변하지 않는 경우는?

① 무부하일 때
② 전부하일 때
③ 중부하일 때
④ 과부하일 때

> 중성점의 위치가 변하는 것은 전기자 반작용 때문이지만 전기자에 전류가 흐르지 않을 경우 전기자 반작용이 생기지 않으므로 중성점의 위치가 변하지 않는다.

05

동기기의 전기자 권선법이 아닌 것은?

① 분포권
② 전절권
③ 중권
④ 단절권

> 동기기의 전기자 권선법
>
> 고상권, 폐로권, 이층권, 중권, 분포권, 단절권

정답 01 ① 02 ④ 03 ③ 04 ① 05 ②

06
옴의 법칙을 설명한 것 중 잘못된 것은?

① 전압과 전류는 비례한다.
② 전류는 저항에 비례한다.
③ 저항은 전류에 반비례한다.
④ 전압은 저항에 비례한다.

> **옴의 법칙**
> $I = \dfrac{V}{R}$[A], $V = IR$[V]
> 1) 전류는 저항에 반비례한다.
> 2) 전압은 전류에 비례한다.
> 3) 저항은 전압에 비례한다.

07 ⭐빈출

두 종류의 금속의 접합부에 전류를 흘리면 전류의 방향에 따라 줄열 이외의 열의 흡수 또는 발생 현상이 생긴다. 이러한 현상을 무엇이라 하는가?

① 제어벡 효과
② 페란티 효과
③ 펠티어 효과
④ 줄 효과

> **전류에 따른 열의 흡수 또는 발생 현상(줄열 제외)**
> 1) 다른 두 종류의 금속 접합 : 펠티어 효과
> 2) 동일한 종류의 금속 접합 : 톰슨 효과

08

슬립 $s = 5$[%], 2차 저항 $r_2 = 0.1$[Ω]인 유도전동기의 등가 저항 r[Ω]은 얼마인가?

① 0.4
② 0.5
③ 1.9
④ 2.0

> **유도전동기의 등가저항**
> $R_2 = r_2 \left(\dfrac{1}{s} - 1 \right) = 0.1 \times \left(\dfrac{1}{0.05} - 1 \right) = 1.9$[Ω]

09 ⭐빈출

다음 중 3단자 소자가 아닌 것은?

① SCS
② SCR
③ TRIAC
④ GTO

> **반도체 소자**
> SCR, GTO의 경우 단방향 3단자 소자이며, TRIAC는 쌍방향 3단자 소자이다. SCS는 단방향성 4단자 소자이다.

10

같은 회로의 두 점에서 전류가 같을 때에는 동작하지 않으나 고장 시에 전류의 차가 생기면 동작하는 계전기는?

① 과전류계전기
② 거리계전기
③ 접지계전기
④ 차동계전기

> **보호계전기**
> 1) 과전류계전기 : 회로의 전류가 일정 값 이상으로 흘렀을 경우 동작
> 2) 거리계전기 : 계전기가 설치된 위치로부터 고장점까지 거리에 비례하여 동작
> 3) 접지계전기 : 접지사고 검출
> 4) 차동계전기 : 1차와 2차의 전류차에 의해 동작

11 ⭐빈출

옥내배선 공사에서 절연전선의 피복을 벗길 때 사용하면 편리한 공구는?

① 드라이버
② 플라이어
③ 압착펜치
④ 와이어 스트리퍼

> **와이어 스트리퍼**
> 절연전선의 피복을 벗길 때 사용되는 공구이다.

정답 06 ② 07 ③ 08 ③ 09 ① 10 ④ 11 ④

12

저압 옥내 배선에서 합성수지관 공사에 대한 설명 중 잘못된 것은?

① 합성수지관 안에는 전선의 접속점이 없도록 한다.
② 합성수지관을 새들 등으로 지지하는 경우는 그 지지점 간의 거리를 3[m] 이상으로 한다.
③ 합성수지관 상호 및 관과 박스는 접속 시에 삽입하는 깊이를 관과 바깥지름의 1.2배 이상으로 한다.
④ 관 상호의 접속은 박스 또는 커플링 등을 사용하고 직접 접속하지 않는다.

> 합성수지관 공사의 경우 지지점 간의 거리는 1.5[m] 이하로 하여야만 한다.

13 ⭐

가요전선관과 금속관의 상호 접속에 쓰이는 재료는?

① 콤비네이션 커플링
② 스프리트 커플링
③ 앵글복스 커넥터
④ 스트레이드 복스커넥터

> 가요전선관의 재료
> 1) 가요전선관 상호 접속 시 : 스프리트 커플링
> 2) 가요전선관과 금속관 접속 시 : 콤비네이션 커플링

14

옥내배선의 접속함이나 박스 내에서 접속할 때 주로 사용하는 접속법은?

① 슬리브 접속
② 트위스트 접속
③ 브리타니아 접속
④ 쥐꼬리 접속

> 쥐꼬리 접속
> 접속함이나 박스 내에서 접속할 때 주로 사용되는 방법이다.

15 ⭐

가공전선로의 지지물에 시설하는 지선에 연선을 사용할 경우 소선수는 몇 가닥 이상이어야 하는가?

① 3가닥
② 5가닥
③ 7가닥
④ 9가닥

> 지선의 시설기준
> 연선 사용 시 소선수는 3가닥 이상으로 하여야만 한다.

16

합성수지관의 장점이 아닌 것은?

① 절연이 우수하다.
② 기계적 강도가 높다.
③ 내부식성이 우수하다.
④ 시공하기 쉽다.

> 합성수지관의 특징
> 합성수지관은 비교적 열에 약하고 기계적인 강도는 약하나 중량이 가볍고 시공이 편리하며, 내식성이 우수하고 가격이 저렴하다.

17

전장 중에 단위 전하를 놓았을 때 그것에 작용하는 힘은 어느 것인가?

① 전계의 세기
② 쿨롱의 법칙
③ 전속밀도
④ 전위

> 전계(전장)의 세기
> 전기장 중에 단위 전하를 놓았을 때 그것에 작용하는 힘
> $E = \dfrac{F}{Q}$ [V/m]

정답 12 ② 13 ① 14 ④ 15 ① 16 ② 17 ①

18

두 콘덴서 $C_1 = 20[F]$, $C_2 = 10[F]$의 병렬회로 양단에 전압 $V = 100[V]$를 가했을 때 C_1의 분배 전하 $Q_1[C]$은 얼마인가?

① 1,000
② 1,500
③ 2,000
④ 2,500

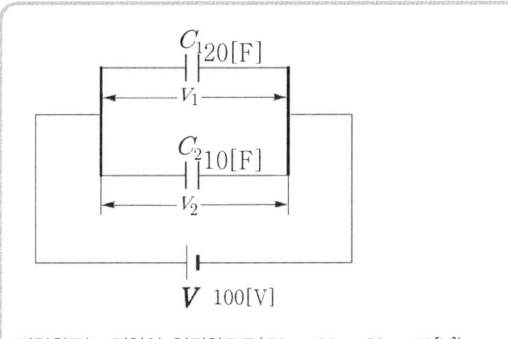

병렬회로는 전압이 일정하므로($V_1 = V_2 = V = 100[V]$)
20[F]에 충전되는 전하량
$Q_1 = C_1 V_1 = 20 \times 100 = 2,000[C]$

19

직류를 교류로 변환하는 것을 무엇이라고 하는가?

① 컨버터
② 정류기
③ 변류기
④ 인버터

인버터는 직류를 교류로 변환한다.

20

단상 유도 전압 조정기의 단락 권선의 역할은?

① 철손 경감
② 절연 보호
③ 전압 조정 용이
④ 전압 강하 경감

단상 유도 전압 조정기의 단락권선은 누설리액턴스에 의한 전압강하를 경감한다.

21

진공 중에서 두 자극 m_1, m_2[Wb] 사이에 작용하는 힘 F[N]는? (단, K는 상수이다.)

① $F = K \dfrac{m_1 m_2}{r}$
② $F = K \dfrac{m_1 m_2}{r^2}$
③ $F = K \dfrac{m_1 m_2}{r^3}$
④ $F = K m_1 m_2 r$

쿨롱의 법칙

$F = \dfrac{m_1 m_2}{4\pi\mu_0 r^2}$ [N]

$K = \dfrac{1}{4\pi\mu_0}$ 일 때, $F = K \dfrac{m_1 m_2}{r^2}$

22

전류에 의한 자기장의 방향을 결정하는 법칙은?

① 패러데이 법칙
② 플레밍의 오른손 법칙
③ 앙페르의 오른손 법칙
④ 플레밍의 왼손 법칙

암페어(앙페르)의 오른손 법칙
전류가 흐르는 방향을 알면 자장(자계)의 방향을 알 수 있는 법칙

23

전기공사에서 접지저항을 측정할 때 사용하는 측정기는 무엇인가?

① 검류기
② 변류기
③ 메거
④ 어스테스터

접지저항 측정기는 어스테스터이다.

정답 18 ③ 19 ④ 20 ④ 21 ② 22 ③ 23 ④

24

어떤 콘덴서에 전압 V[V]를 가할 때 전하 Q[C]가 축적되었다면 이때 축적되는 에너지는 몇 [J]인가?

① $W = \dfrac{QV}{2}$
② $W = \dfrac{1}{2}QV^2$
③ $W = \dfrac{Q^2V}{2}$
④ $W = QV$

> 콘덴서의 축적에너지 $W = \dfrac{1}{2}CV^2 = \dfrac{Q^2}{2C} = \dfrac{1}{2}QV$[J]

25 ★빈출

동기전동기의 자기기동에서 계자권선을 단락하는 이유는?

① 기동이 쉽다.
② 고전압이 유도된다.
③ 기동 권선을 이용한다.
④ 전기자 반작용을 방지한다.

> 동기전동기의 기동법
> 자기기동 시 계자권선에 고전압이 유도되어 절연이 파괴될 우려가 있으므로 방전저항을 접속 단락 상태로 기동한다.

26 ★빈출

변압기의 권수비가 60일 때 2차 측 저항이 0.1[Ω]이다. 이것을 1차로 환산하면 몇 [Ω]인가?

① 310
② 360
③ 390
④ 410

> 권수비
> 권수비 $a = \sqrt{\dfrac{R_1}{R_2}}$,
> $a^2 = \dfrac{R_1}{R_2}$, $R_1 = a^2 R_2$, $60^2 \times 0.1 = 360[\Omega]$

27 ★빈출

전등 한 개를 2개소에서 점멸하고자 할 때 옳은 배선은?

①
②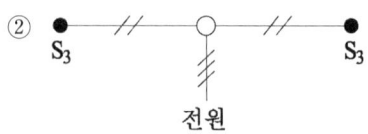
③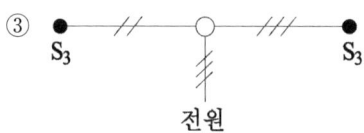
④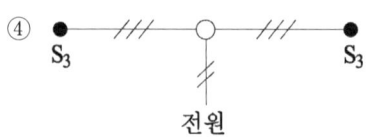

> 2개소 점멸의 경우 3로 스위치 2개를 사용한다. 이 경우 전원 앞은 2가닥, 3로 스위치 앞은 3가닥이 된다.

28 ★빈출

낙뢰, 수목의 접촉, 일시적 섬락 등으로 순간적인 사고로 계통에서 분리된 구간을 신속히 계통에 투입시킴으로써 계통의 안정도를 향상시키고 정전 시간을 단축시키기 위해 사용되는 계전기는?

① 차동 계전기
② 과전류 계전기
③ 거리 계전기
④ 재폐로 계전기

> 재폐로 계전기
> 고장 시 고장구간을 일시적으로 분리하고 일정 시간 경과 후에 다시 투입하여 계통의 안정도 향상에 기여한다.

정답 24 ① 25 ② 26 ② 27 ④ 28 ④

29
금속전선관에서 사용되는 후강전선관의 규격이 아닌 것은?

① 16 ② 20
③ 28 ④ 36

> **후강전선관의 규격**
> 16, 22, 28, 36, 42, 54, 70, 82, 92, 104

30
자기저항의 단위는 어느 것인가?

① [AT/N] ② [AT/Wb]
③ [Wb/AT] ④ [AT/m]

> 자기저항 $R_m = \dfrac{NI}{\phi}$ [AT/Wb]

31
떨어진 거리가 1[m]인 평행한 두 도선에 동일전류 1[A]가 흐른다면 단위 길이당 작용하는 힘 F[N/m]은?

① 1×10^{-7} ② 2×10^{-7}
③ 3×10^{-7} ④ 4×10^{-7}

> **평행 도선에 작용하는 힘**
> $F = \dfrac{2I_1 I_2}{r} \times 10^{-7} = \dfrac{2 \times 1 \times 1}{1} \times 10^{-7} = 2 \times 10^{-7}$ [N/m]

32
히스테리시스 곡선에서 종축과 만나는 점의 값은 무엇인가?

① 잔류자기 ② 자속밀도
③ 보자력 ④ 자계

> **히스테리시스 곡선**
> 1) 종축과 만나는 점 : 잔류자기
> 2) 횡축과 만나는 점 : 보자력

33
다음 중 강자성체로만 되어 있는 것은?

① 철, 니켈, 코발트
② 니켈, 구리, 코발트
③ 철, 은, 구리
④ 니켈, 비스무트, 알루미늄

> 1) 강자성체 : 철, 니켈, 코발트
> 2) 상자성체 : 알루미늄, 백금, 산소, 주석

34
전압의 실효값이 100[V], 주파수 60[Hz]를 교류 순시값으로 표시한 것 중 맞는 것은?

① $v = 100 \sin 60\pi t$ [V]
② $v = 100\sqrt{2} \sin 120\pi t$ [V]
③ $v = 100 \sin 120\pi t$ [V]
④ $v = 100 \sin 60t$ [V]

> 최대값 : $V_m = \sqrt{2}\, V = 100\sqrt{2}$
> 각주파수 : $\omega = 2\pi f = 2\pi \times 60 = 120\pi$
> 순시값 : $v = V_m \sin \omega t = 100\sqrt{2} \sin 120\pi t$ [V]

35
동기발전기에서 전기자 전류가 무부하 유도기전력보다 $\dfrac{\pi}{2}$ [rad] 앞서는 경우에 나타나는 전기자 반작용은?

① 증자 작용 ② 감자 작용
③ 교차 자화 작용 ④ 직축 반작용

> **동기발전기의 전기자 반작용**
> 발전기의 경우 전기자 전류가 유도기전력보다 위상이 앞서는 경우 증자 작용이 나타난다.

정답 29 ② 30 ② 31 ② 32 ① 33 ① 34 ② 35 ①

36

계자권선이 전기자 권선과 병렬로 접속되어 있는 직류기는?

① 직권기
② 분권기
③ 복권기
④ 타여자기

> **분권기**
> 분권기는 계자와 전기자가 병렬로 연결된 직류기이다.

37

직류발전기의 전기자의 주된 역할은?

① 기전력을 유도한다.
② 자속을 만든다.
③ 정류작용을 한다.
④ 회전자와 외부회로를 접속한다.

> **전기자**
> 계자에서 발생된 자속을 끊어 기전력을 유도한다.

38 빈출

변압기의 본체와 콘서베이터 사이에 설치되며 변압기 내부고장 발생 시 급격한 유류 또는 gas의 이동이 생기면 이를 검출 동작하여 보호하는 계전기는 무엇인가?

① 과부하 계전기
② 비율차동 계전기
③ 브흐홀쯔 계전기
④ 지락 계전기

> **브흐홀쯔 계전기**
> 주변압기와 콘서베이터 사이에 설치되어, 변압기 내부고장 시 발생되는 기름의 분해가스, 증기, 유류를 이용해 부저를 움직여 계전기의 접점을 닫아 변압기를 보호한다.

39

다음의 변압기 극성에 관한 설명에서 틀린 것은?

① 우리나라는 감극성이 표준이다.
② 1차와 2차 권선에 유기되는 전압의 극성이 서로 반대이면 감극성이다.
③ 3상결선 시 극성을 고려해야 한다.
④ 병렬운전 시 극성을 고려해야 한다.

> **변압기의 감극성**
> 1차 측 전압과 2차 측 전압의 발생 방향이 같을 경우 감극성이라고 한다.

40 빈출

설계하중 6.8[kN] 이하인 철근콘크리트 전주의 길이가 7[m]인 지지물을 건주할 경우 땅에 묻히는 깊이로 가장 옳은 것은?

① 0.6[m]
② 0.8[m]
③ 1.0[m]
④ 1.2[m]

> **지지물의 매설 깊이**
> 15[m] 이하의 지지물의 경우 전장의 길이에 $\frac{1}{6}$ 배 이상 깊이에 매설한다. 따라서 $7 \times \frac{1}{6} = 1.16[m]$ 이상 매설해야만 한다.

41

코드 상호간 또는 캡타이어 케이블 상호간을 접속하는 경우 가장 많이 사용되는 기구는?

① T형 접속기
② 코드 접속기
③ 박스용 커넥터
④ 와이어 커넥터

> 코드 상호 또는 캡타이어 케이블 상호를 접속 시 가장 많이 사용되는 기구는 코드 접속기이다.

정답 36 ② 37 ① 38 ③ 39 ② 40 ④ 41 ②

42

고압전로에 지락사고가 생겼을 때 지락전류를 검출하는 데 사용하는 것은?

① CT
② ZCT
③ MOF
④ PT

> **영상변류기(ZCT)**
> 고압전로에 지락이 발생하였을 때 흐르는 영상전류를 검출하는 목적으로 사용된다.

43

가공전선의 지지물에 승탑 또는 승강용으로 사용하는 발판 볼트 등은 지표상 몇 [m] 미만에 시설하여서는 아니 되는가?

① 1.2
② 1.5
③ 1.6
④ 1.8

> **발판 볼트**
> 지표상 1.8[m] 이상 높이여야만 한다.

44

실효값이 100[V]인 경우 교류의 최대값[V]은?

① 90
② 100
③ 141.4
④ 173.2

> 정현파의 파고율 = $\dfrac{\text{최대값}}{\text{실효값}} = \sqrt{2}$
> 최대값 = 실효값 × 파고율 = $100 \times \sqrt{2} \fallingdotseq 141.4$[V]

45

우리가 사용하는 백열등의 전압이 220[V]일 때 이 전압의 평균값[V]은 얼마인가?

① 328
② 278
③ 228
④ 198

> 정현파의 파고율 = $\dfrac{\text{실효값}}{\text{평균값}} = 1.11$
> 평균값 = $\dfrac{\text{실효값}}{\text{정현파의 파고율}} = \dfrac{220}{1.11} \fallingdotseq 198$[V]

46

L만의 회로에서 전압과 전류의 위상 관계는?

① 전류가 전압보다 90° 앞선다.
② 전류와 전압은 동상이다.
③ 전압이 전류보다 90° 앞선다.
④ 전압이 전류보다 90° 뒤진다.

> **L만의 교류회로**
> 1) 전류가 전압보다 90° 뒤진다
> 2) 전압이 전류보다 90° 앞선다

47

단상 교류의 무효전력을 나타내는 것은?

① $P_r = VI\cos\theta$ [Var]
② $P_r = VI\cos\theta$ [W]
③ $P_r = VI\sin\theta$ [Var]
④ $P_r = VI\sin\theta$ [W]

> 1) 유효전력 $P = VI\cos\theta$ [W]
> 2) 무효전력 $P_r = VI\sin\theta$ [Var]

정답 42 ② 43 ④ 44 ③ 45 ④ 46 ③ 47 ③

48

용량 20[kVA]의 단상변압기 3대로 3상 평형 부하에 전력을 공급하던 중 1대가 고장으로 V결선하였다. 이때 공급할 수 있는 전력은 얼마인가?

① $20\sqrt{3}$
② 20
③ $10\sqrt{3}$
④ 10

V결선의 용량
$P_V = \sqrt{3}\,P_1$ (P_1 : 단상변압기 용량)
$P_V = \sqrt{3}\,P_1 = \sqrt{3} \times 20 = 20\sqrt{3}$ [kVA]

49

회전수 1,728[rpm]인 유도전동기의 슬립[%]은? (단, 동기속도 1,800[rpm]이다.)

① 3
② 4
③ 6
④ 7

유도전동기의 슬립
$s = \dfrac{N_s - N}{N_s} \times 100 = \dfrac{1,800 - 1,728}{1,800} \times 100 = 4$[%]

50

주파수 60[Hz]의 회로에 접속되어 슬립 3[%], 회전수 1,164[rpm]으로 회전하고 있는 유도전동기의 극수는?

① 4
② 6
③ 8
④ 10

유도전동기의 극수
$N = (1-s)N_s$
$N_s = \dfrac{N}{1-s} = \dfrac{1,164}{1-0.03} = 1,200$[rpm]
$P = \dfrac{120}{N_s} f = \dfrac{120 \times 60}{1,200} = 6$[극]

51

유도전동기의 2차 측 저항을 2배로 하면 그 최대 회전력은 어떻게 되는가?

① $\sqrt{2}$ 배
② 변하지 않는다.
③ 2배
④ 4배

비례추이 2차 측의 저항 증가 시 기동토크가 커지고 기동의 전류가 작아진다. 그러나 최대 토크는 불변이다.

52

100[kVA] 변압기 2대를 V결선 시 출력은 몇 [kVA]가 되는가?

① 200
② 86.6
③ 173.2
④ 300

V결선 시 출력
$P_V = \sqrt{3}\,P_1 = \sqrt{3} \times 100 = 173.2$[kVA]

53

직류 분권전동기 운전 중 계자저항을 증가시켰을 때의 회전속도는?

① 증가한다.
② 감소한다.
③ 변함이 없다.
④ 정지한다.

직류전동기
$E = k\phi N$으로 $\phi \propto \dfrac{1}{N}$
여기서 계자전류의 크기가 자속의 크기를 결정하므로 계자저항이 증가할 경우 계자전류가 감소하므로 자속도 감소하게 된다. 따라서 속도는 증가한다.

정답 48 ① 49 ② 50 ② 51 ② 52 ③ 53 ①

54 빈출

저압 애자사용 공사에서 전선 상호간의 간격은 몇 [cm] 이상이어야 하는가?

① 4
② 5
③ 6
④ 10

애자공사
1) 저압애자 공사 시 전선 상호간격은 0.06[m] 이상으로 하여야만 한다.
2) 고압애자 공사 시 전선 상호간격은 0.08[m] 이상으로 하여야만 한다.

55 빈출

다음 중 분기회로의 개폐 및 보호를 하기 위하여 시설되는 차단기는 무엇인가?

① 유입차단기
② 진공차단기
③ 가스차단기
④ 배선용차단기

배선용차단기
분기회로의 개폐 및 이를 보호하기 위하여 시설되는 차단기는 배선용차단기이다.

56

다음은 무엇을 나타내는가?

① 접지단자
② 전류 제한기
③ 누전 경보기
④ 지진 감지기

해당 심벌은 지진 감지기를 뜻한다.

정답 54 ③ 55 ④ 56 ④

2019년 2회 | CBT 기출복원문제

01
옴의 법칙을 옳게 설명한 것은?
① 전압은 컨덕턴스와 전류의 곱에 비례한다.
② 전압은 컨덕턴스에 반비례하고 전류에 비례한다.
③ 전류는 컨덕턴스에 반비례하고 전압에 비례한다.
④ 전류는 컨덕턴스와 전압의 곱에 반비례한다.

> 1) 컨덕턴스 : $G = \dfrac{1}{R}$
> 2) 옴의 법칙 : $V = IR = \dfrac{I}{G}$, $I = \dfrac{V}{R} = GV$

02
동일 저항 $R[\Omega]$이 10개 있다. 이 저항을 병렬로 합성할 때의 저항은 직렬로 합성할 때의 저항에 몇 배가 되는가?
① 10배
② 100배
③ $\dfrac{1}{10}$배
④ $\dfrac{1}{100}$배

> 직렬 합성 : $nR = 10R$
> 병렬 합성 : $\dfrac{R}{n} = \dfrac{R}{10}$
> $\dfrac{\text{병렬합성저항}}{\text{직렬합성저항}} = \dfrac{\frac{R}{10}}{10R} = \dfrac{1}{100}$배

03
지선의 중간에 넣는 애자의 명칭은?
① 구형애자
② 곡핀애자
③ 인류애자
④ 핀애자

> 구형애자는 지선의 중간에 넣는 애자를 말한다.

04
일정한 직류 전원에 저항을 접속하여 전류를 흘릴 때 저항을 20[%] 감소시키면 전류는 어떻게 되겠는가?
① 25[%] 증가
② 25[%] 감소
③ 11[%] 증가
④ 11[%] 감소

> 전류와 저항은 반비례하므로, $I \propto \dfrac{1}{R} = \dfrac{1}{0.8} = 1.25$
> 전류변화율 $= 1.25 - 1 = 0.25 = 25[\%]$ 증가

05
200[W] 전열기 2대와 30[W] 백열전구 3등을 하루 중에 10시간만 사용한다면 하루의 소비전력량[kWh]은?
① 4.1
② 4.5
③ 4.9
④ 5.2

> 소비전력량
> $P \times$ 대수 $\times$ 시간 $= (200 \times 2 + 30 \times 3) \times 10 = 4,900 = 4.9[\text{kWh}]$

06
금속관에 나사를 내는 공구는?
① 오스터
② 파이프 커터
③ 리머
④ 스패너

> 오스터는 금속관에 나사를 낼 때 사용되는 공구이다.

정답 01 ② 02 ④ 03 ① 04 ① 05 ③ 06 ①

07
다음 중 자기 소호 제어용 소자는?

① SCR
② TRIAC
③ DIAC
④ GTO

> **GTO(Gate Turn Off)**
> 자기소호용 제어소자는 GTO이다.

08
직류전동기의 규약효율을 표시하는 식은?

① $\dfrac{\text{출력}}{\text{출력} + \text{손실}} \times 100[\%]$

② $\dfrac{\text{출력}}{\text{입력}} \times 100[\%]$

③ $\dfrac{\text{입력} - \text{손실}}{\text{입력}} \times 100[\%]$

④ $\dfrac{\text{입력}}{\text{출력} + \text{손실}} \times 100[\%]$

> **직류전동기의 규약효율**
> $\eta_{전} = \dfrac{\text{입력} - \text{손실}}{\text{입력}} \times 100[\%]$

09
동기발전기를 병렬 운전하는 데 필요한 조건이 아닌 것은?

① 기전력의 파형이 같을 것
② 기전력의 위상이 같을 것
③ 기전력의 임피던스가 같을 것
④ 기전력의 크기가 같을 것

> **동기발전기의 병렬 운전 조건**
> 1) 기전력의 크기가 같을 것
> 2) 기전력의 위상이 같을 것
> 3) 기전력의 주파수가 같을 것
> 4) 기전력의 파형이 같을 것

10
3상 동기발전기에 무부하 전압보다 90° 앞선 전기자전류가 흐를 때 전기자 반작용은?

① 감자작용을 한다.
② 증자작용을 한다.
③ 교차 자화작용을 한다.
④ 자기 여자작용을 한다.

> **동기발전기의 전기자 반작용**
> 발전기의 경우 전기자 전류가 유도기전력보다 위상이 앞서는 경우 증자작용이 나타난다.

11
유도기전력이 110[V], 전기자 저항 및 계자저항이 각각 0.05[Ω]인 직권발전기가 있다. 부하전류가 100[A]라면 단자 전압[V]는?

① 95
② 100
③ 105
④ 110

> **유기기전력**
> $E = V + I_a(R_a + R_s)$
> $V = E - I_a(R_a + R_s) = 110 - 100 \times (0.05 + 0.05) = 100[V]$

12
조명기구의 배광에 의한 분류 중 하향광속이 90 ~ 100[%] 정도의 빛이 나는 조명방식은?

① 직접조명
② 반직접조명
③ 반간접조명
④ 간접조명

> **배광에 의한 분류**
> 직접조명의 경우 하향광속의 비율이 90 ~ 100[%]가 된다.

정답 07 ④ 08 ③ 09 ③ 10 ② 11 ② 12 ①

13 ⭐빈출

전기 냉동기에 이용하는 효과로서 서로 다른 금속의 접합부에 전류를 흘리면 전류의 방향에 따라 줄열 이외의 열의 흡수 또는 발생 현상이 생기는 효과는?

① 제어벡 효과
② 펠티어 효과
③ 핀치 효과
④ 표피 효과

> **전류에 따른 열의 흡수 또는 발생 현상(줄열 제외)**
> 1) 다른 두 종류의 금속을 접합 : 펠티어 효과
> 2) 동일한 종류의 금속을 접합 : 톰슨 효과

14

100[V]의 전압을 측정하고자 10[V]의 전압계를 사용할 때 배율기의 저항은 전압계 내부 저항의 몇 배로 하면 되는가?

① 3
② 6
③ 9
④ 12

> **배율기 저항 R_m**
> $V_0 = V\left(\dfrac{R_m}{r}+1\right)$
> $100 = 10 \times \left(\dfrac{R_m}{r}+1\right)$
> $9 = \dfrac{R_m}{r}$, $R_m = 9r$

15

고압 가공전선로의 전선의 조수가 3조일 경우 완금의 길이는?

① 1,200[mm]
② 1,400[mm]
③ 1,800[mm]
④ 2,400[mm]

> **완금의 길이(3조)**
> 1) 고압 : 1,800[mm]
> 2) 특고압 : 2,400[mm]

16 ⭐빈출

450/750 일반용 단심 비닐절연전선의 약호는?

① RI
② DV
③ NR
④ ACSR

명칭(약호)	용도
인입용 비닐 절연전선(DV)	저압 가공 인입용으로 사용
옥외용 비닐 절연전선(OW)	저압 가공 배전선(옥외용)
옥외용 가교폴리에틸렌 절연전선(OC)	고압 가공전선로에 사용
450/750[V] 일반용 단심 비닐 절연전선(NR)	옥내배선용으로 주로 사용
형광등 전선(FL)	형광등용 안정기의 2차배선

17

화약고 등의 위험 장소의 배선공사에서 전로의 대지전압은 몇 [V] 이하로 하도록 되어 있는가?

① 300
② 400
③ 500
④ 600

> **화약류 저장고의 시설기준**
> 대지전압은 300[V] 이하이어야 하며, 조명공사는 금속관공사, 케이블공사에 의할 것

18

전기장 중에 단위 전하를 놓았을 때 그것에 작용하는 힘을 무엇이라 하는가?

① 전장의 세기
② 기자력
③ 전속밀도
④ 전위

> **전장(전계)의 세기**
> 전기장 중에 단위 전하를 놓았을 때 그것에 작용하는 힘
> $E = \dfrac{F}{Q}$ [V/m]

정답 13 ② 14 ③ 15 ③ 16 ③ 17 ① 18 ①

19
다음 전기력선의 성질 중 맞지 않는 것은?

① 전기력선의 밀도는 전계의 세기와 같다.
② 전기력선은 전위가 높은 곳에서 낮은 곳으로 향한다.
③ 전기력선의 수직 방향이 전장의 방향이다.
④ 전기력선은 양전하에서 나와 음전하에서 끝난다.

> **전기력선의 성질**
> 1) 전기력선은 전위가 높은 곳에서 낮은 곳으로 향한다.
> 2) 전기력선의 밀도는 전계의 세기와 같다.
> 3) 전기력선은 양전하에서 나와 음전하에서 끝난다.
> 4) 전기력선의 접선 방향이 전장의 방향이다.

20
두 콘덴서 C_1과 C_2가 직렬연결하고 양단에 V[V]의 전압을 가할 때 C_1에 걸리는 전압 V_1[V]은?

① $\dfrac{C_1}{C_1+C_2}V$ ② $\dfrac{C_2}{C_1+C_2}V$
③ $\dfrac{C_1+C_2}{C_1}V$ ④ $\dfrac{C_1+C_2}{C_2}V$

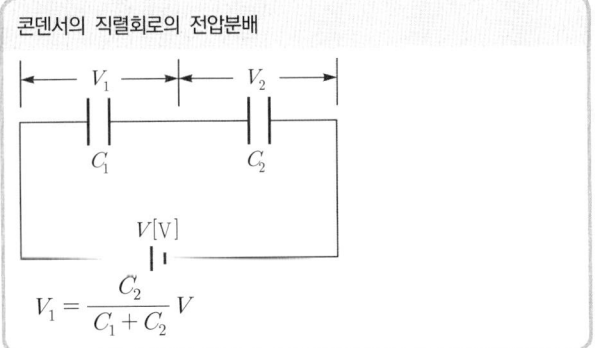

콘덴서 직렬회로의 전압분배

$$V_1 = \dfrac{C_2}{C_1+C_2}V$$

21
권수가 100회, 반지름이 1[m]인 원형 코일에 전류 2[A]가 흐를 때 원형 코일 중심의 자계의 세기는 몇 [AT/m]인가?

① 50   ② 70
③ 100 ④ 150

> **원형 코일 중심의 자계의 세기**
> $H = \dfrac{NI}{2a} = \dfrac{100 \times 2}{2 \times 1} = 100$[AT/m]

22
동기발전기의 병렬 운전 중 기전력의 위상차가 생기면?

① 위상이 일치하는 경우보다 출력이 감소한다.
② 부하분담이 변한다.
③ 무효 순환전류가 흘러 전기자 권선이 가열된다.
④ 동기화력이 생겨 두 기전력의 위상이 동상이 되도록 작용한다.

> **동기발전기의 병렬 운전**
> 기전력의 위상차 발생 시 동기화력이 생겨 두 기전력의 위상이 동상이 되도록 작용한다.

23
직류 분권전동기의 계자저항을 운전 중에 증가시키면 회전 속도는?

① 증가한다.   ② 감소한다.
③ 변화 없다. ④ 정지한다.

> 전동기의 경우 $\phi \propto \dfrac{1}{N}$이므로 계자저항 R_f 증가 시 I_f가 감소하므로 ϕ도 감소하여 속도는 증가한다.

24
옥내 배선의 박스(접속함) 내에서 가는 전선을 접속할 때 주로 어떤 방법을 사용하는가?

① 쥐꼬리 접속   ② 슬리브 접속
③ 트위스트 접속 ④ 브리타니어 접속

> **접속함 내의 접속**
> 박스 내에서 전선의 접속 시 주로 쥐꼬리 접속이 사용된다.

정답 19 ③ 20 ② 21 ③ 22 ④ 23 ① 24 ①

25

3상 권선형 유도전동기의 기동 시 2차 측에 저항을 접속하는 이유는?

① 기동토크를 크게 하기 위해
② 회전수를 감소시키기 위해
③ 기동전류를 크게 하기 위해
④ 역률을 개선하기 위해

> **3상 권선형 유도전동기**
> 2차 측에 저항을 접속시키는 이유는 기동전류를 작게 하고 기동토크를 크게 하기 위함이다.

26 ⭐

직류 직권 전동기를 사용하려고 할 때 벨트를 걸고 운전하면 안 되는 가장 타당한 이유는?

① 벨트가 기동할 때나 또는 갑자기 중부하를 걸 때 미끄러지기 때문에
② 벨트가 벗겨지면 전동기가 갑자기 고속으로 회전하기 때문에
③ 벨트가 끊어졌을 때 전동기의 급정지 때문에
④ 부하에 대한 손실을 최대로 줄이기 위해

> **직류 직권 전동기**
> 벨트를 걸어 운전할 경우 전동기가 무부하가 되어 위험속도에 도달할 우려가 있다.

27 ⭐

3상 전파 정류회로에서 출력전압의 평균전압은? (단, V는 선간전압의 실효값이다.)

① $0.45\,V$[V]
② $0.9\,V$[V]
③ $1.17\,V$[V]
④ $1.35\,V$[V]

> **정류회로의 직류전압**
> 1) 단상 반파 : 0.45E 2) 단상 전파 : 0.9E
> 3) 3상 반파 : 1.17E 4) 3상 전파 : 1.35E

28

절연전선을 동일 금속덕트 내에 넣을 경우 금속덕트의 크기는 전선의 피복절연물을 포함한 단면적의 총 합계가 금속덕트 내의 단면적의 몇 [%] 이하가 되도록 선정하여야 하는가?

① 20
② 30
③ 40
④ 50

> **덕트 내 전선의 단면적**
> 절연물을 포함한 전선의 단면적은 덕트 내 단면적의 20[%] 이하가 되어야 한다. 단, 전광표시, 제어회로용의 경우 50[%] 이하가 되도록 한다.

29 ⭐

애자사용 공사에 의한 저압옥내배선에서 전선 상호간의 간격은 몇 [cm] 이상이어야 하는가?

① 2.5
② 6
③ 10
④ 12

> **애자공사**
> 1) 저압의 경우 전선 상호간 간격은 0.06[m] 이상으로 하여야만 한다.
> 2) 고압의 경우 전선 상호간 간격은 0.08[m] 이상으로 하여야만 한다.

30

승강기 및 승강로 등에 사용되는 전선이 케이블이며 이동용 전선이라면 그 전선의 굵기는 몇 [mm²] 이상이어야 하는가?

① 0.55
② 0.75
③ 1.2
④ 1.5

> **승강기 및 승강로에 사용되는 전선**
> 이동용 케이블의 경우 0.75[mm²] 이상이어야만 한다.

정답 25 ① 26 ② 27 ④ 28 ① 29 ② 30 ②

31

접착제를 사용하여 합성수지관을 삽입해 접속할 경우 관의 깊이는 합성수지관 외경의 최소 몇 배인가?

① 0.8
② 1.2
③ 1.5
④ 18

합성수지관 공사
관 삽입 깊이는 1.2배 이상(단, 접착제 사용 시 0.8배 이상)

32

셀룰로이드, 성냥, 석유류 등 기타 가연성 위험물질을 제조 또는 저장하는 장소의 배선공사 방법으로 적당하지 않은 것은?

① 케이블 공사
② 합성수지관 공사(두께 2[mm] 이상의 것에 한한다.)
③ 가요전선관 공사
④ 금속관 공사

위험물을 제조하는 장소의 전기공사
1) 금속관 공사
2) 케이블 공사
3) 합성수지관 공사(두께 2[mm] 이상이어야만 한다)

33

길이가 1[m]의 균일한 자로에 도선을 1,000회 감고 2[A]의 전류를 흘릴 경우 자로의 자계의 세기[AT/m]는 어떻게 되는가?

① 400
② 4,000
③ 200
④ 2,000

자계의 세기
$H = \dfrac{NI}{l} = \dfrac{1,000 \times 2}{1} = 2,000$[AT/m]

34

떨어진 거리가 r[m]인 평행한 두 도선에 동일전류 I[A]가 흐른다면 단위 길이당 작용하는 힘 F[N/m]은?

① $\dfrac{2I^2}{r^2} \times 10^{-7}$
② $\dfrac{2I^2}{r} \times 10^{-7}$
③ $\dfrac{2I^2}{r^2} \times 10^{-4}$
④ $\dfrac{2I^2}{r} \times 10^{-4}$

평행도선에 작용하는 힘 $F = \dfrac{2I_1 I_2}{r} \times 10^{-7}$
두 도선에 동일전류가 흐르므로
$I_1 = I_2 = I$
$F = \dfrac{2I_1 I_2}{r} \times 10^{-7} = \dfrac{2I^2}{r} \times 10^{-7}$[N/m]

35

영구자석의 재료로 적당한 것은?

① 잔류자기와 보자력이 모두 큰 것
② 잔류자기와 보자력이 모두 작은 것
③ 잔류자기가 크고 보자력이 작은 것
④ 잔류자기가 작고 보자력이 큰 것

1) 영구 자석 : 잔류자기와 보자력 모두 커야 한다.
2) 전자석 : 잔류자기는 커야 하고, 보자력은 작아야 한다.

36

자기 인덕턴스가 L_1, L_2, 상호 인덕턴스가 M, 결합계수가 0.9일 때의 다음 관계식 중 맞는 것은?

① $M = 0.9\sqrt{L_1 \times L_2}$
② $M = 0.9(L_1 \times L_2)$
③ $M = 0.9\dfrac{L_1}{L_2}$
④ $M = 0.9\sqrt{\dfrac{L_1}{L_2}}$

결합계수 $k = 0.9$
상호 인덕턴스 $M = k\sqrt{L_1 L_2} = 0.9\sqrt{L_1 L_2}$ [H]

정답 31 ① 32 ③ 33 ④ 34 ② 35 ① 36 ①

37

1[A]의 전류가 흐르는 코일에 저축된 전자 에너지를 10[J]로 하기 위한 인덕턴스[H]는 얼마인가?

① 10
② 20
③ 0.1
④ 0.2

> 저축된 전자 에너지 $W = \frac{1}{2}LI^2$
> $L = \frac{2W}{I^2} = \frac{2 \times 10}{1^2} = 20[H]$

38

직류를 교류로 변환하는 장치는?

① 컨버터
② 초퍼
③ 인버터
④ 정류기

> 인버터
> 직류를 교류로 변환하는 장치이다.

39

전기기기의 철심 재료로 규소 강판을 많이 사용하는 이유로 가장 적당한 것은?

① 와류손을 줄이기 위해
② 맴돌이 전류를 없애기 위해
③ 히스테리시스손을 줄이기 위해
④ 구리손을 줄이기 위해

> 철심의 재료
> 1) 규소강판 : 히스테리시스손을 줄이기 위해 사용한다.
> 2) 성층철심 : 와류손을 줄이기 위해 사용한다.

40

전압이 13,200/220[V]인 변압기의 부하 측에 흐르는 전류가 120[A]이다. 1차 측에 흐르는 전류는 얼마인가?

① 2
② 20
③ 60
④ 120

> 변압기의 1차 측 전류
> $a = \frac{V_1}{V_2} = \frac{I_2}{I_1} = \frac{13,200}{220} = 60$이므로 $I = \frac{120}{60} = 2[A]$가 된다.

41

보호를 요하는 회로의 전류가 어떤 일정값 이상으로 흘렀을 경우 동작하는 계전기는?

① 과전류 계전기
② 과전압 계전기
③ 차동 계전기
④ 비율 차동 계전기

> 과전류 계전기(OCR)
> 설정치 이상의 전류가 인가되면 동작하여 차단기를 트립시킨다.

42

병렬 운전 중인 두 동기발전기의 유도 기전력이 2,000[V], 위상차 60°, 동기 리액턴스가 100[Ω]이다. 유효순환전류[A]는?

① 5
② 10
③ 15
④ 20

> 유효순환전류
> $I_c = \frac{E \sin \frac{\delta}{2}}{Z_s} = \frac{2,000 \times \sin \frac{60°}{2}}{100} = 10[A]$

정답 37 ② 38 ③ 39 ③ 40 ① 41 ① 42 ②

43

DV전선이라 함은 어떠한 전선을 말하는가?

① 옥외용 비닐 절연전선
② 인입용 비닐 절연전선
③ 450/750 일반용 단심 비닐 절연전선
④ 고무 비닐 절연전선

명칭(약호)	용도
인입용 비닐 절연전선(DV)	저압 가공 인입용으로 사용
옥외용 비닐 절연전선(OW)	저압 가공 배전선(옥외용)
옥외용 가교폴리에틸렌 절연전선(OC)	고압 가공전선로에 사용
450/750[V] 일반용 단심 비닐 절연전선(NR)	옥내배선용으로 주로 사용
형광등 전선(FL)	형광등용 안정기의 2차배선

44

나전선 등의 금속선에 속하지 않는 것은?

① 경동선(지름 12[mm] 이하의 것)
② 연동선
③ 동합금선(단면적 35[mm²] 이하의 것)
④ 경알루미늄선(단면적 35[mm²] 이하의 것)

나전선
동합금선의 경우 25[mm²] 이하의 것에 한한다.

45

철근콘크리트주의 길이가 12[m]인 지지물을 건주하는 경우에는 땅에 묻히는 최소 길이는 얼마인가?

① 1.0[m]   ② 1.2[m]
③ 1.5[m]   ④ 2.0[m]

전주의 매설 깊이
15[m] 이하의 경우 : 길이 $\times \frac{1}{6}$
$12 \times \frac{1}{6} = 2[m]$

46

전력용 콘덴서를 회로로부터 개방하였을 때 전하가 잔류함으로써 일어나는 위험을 방지하고 재투입을 할 때 콘덴서에 걸리는 과전압을 방지하기 위하여 무엇을 설치하는가?

① 직렬리액터   ② 전력용 콘덴서
③ 방전코일   ④ 피뢰기

방전코일
콘덴서에 축적되는 잔류전하를 방전함으로써 인체의 감전사고를 보호한다.

47

옥내배선 공사에서 절연전선의 피복을 벗길 때 사용하면 편리한 공구는?

① 드라이버   ② 플라이어
③ 압착펜치   ④ 와이어 스트리퍼

와이어 스트리퍼
절연전선의 피복을 벗기는 데 편리한 공구이다.

48

과전류 차단기를 꼭 설치해야 하는 곳은?

① 접지공사의 접지도체
② 저압 옥내 간선의 전원 측 전로
③ 다선식 전로의 중성선
④ 전로의 일부에 접지 공사를 한 저압 가공 전로의 접지 측 전선

과전류 차단기 시설제한장소
1) 접지공사의 접지도체
2) 다선식 전로의 중성선
3) 전로의 일부에 접지 공사를 한 저압 가공전선로의 접지 측 전선

정답 43 ② 44 ③ 45 ④ 46 ③ 47 ④ 48 ②

49

저항 6[Ω], 유도성 리액턴스 10[Ω], 용량성 리액턴스 2[Ω]의 RLC 직렬회로에 교류 전압 200[V]를 가할 때 흐르는 전류[A]는?

① 5 ② 10
③ 15 ④ 20

> **RLC 직렬회로의 합성 임피던스**
> $Z = \sqrt{R^2 + (X_L - X_C)^2} = \sqrt{6^2 + (10-2)^2} = 10[\Omega]$
> 전류 $I = \dfrac{V}{Z} = \dfrac{200}{10} = 20[A]$

50 ★빈출

△ 결선의 전원이 있다. 선전류가 I_l[A], 선간전압이 V_l[V]일 때 전원의 상전압 V_P[V]와 상전류 I_P[A]는 얼마인가?

① V_l, $\sqrt{3}\,I_l$
② $\sqrt{3}\,V_l$, $\sqrt{3}\,I_l$
③ V_l, $\dfrac{I_l}{\sqrt{3}}$
④ $\dfrac{V_l}{\sqrt{3}}$, I_l

> **△결선의 특징**
> 1) 상전압 : $V_p = V_l$
> 2) 상전류 : $I_p = \dfrac{I_l}{\sqrt{3}}$

51

어떤 평형 3상 부하에 전압 200[V]를 가하니 전류 10[A]가 흐른다. 이 부하의 역률이 80[%]일 때 3상 전력은 몇 [W]인가?

① 771 ② 1,771
③ 2,771 ④ 3,771

> **3상 유효전력**
> $P = \sqrt{3}\,VI\cos\theta = \sqrt{3} \times 200 \times 10 \times 0.8 = 2771.28[W]$

52

비정현파의 왜형률이란 무엇인가?

① 고조파만의 실효값을 기본파의 실효값으로 나눈 값이다.
② 기본파의 실효값을 고조파만의 실효값으로 나눈 값이다.
③ 고조파만의 실효값을 제3고조파의 실효값으로 나눈 값이다.
④ 고조파만의 실효값을 제5고조파의 실효값으로 나눈 값이다.

> **비정현파의 왜형률**
> 왜형률 = $\dfrac{\text{고조파만의 실효값}}{\text{기본파의 실효값}}$

53

유도전동기의 주파수 60[Hz]에서 운전하다 50[Hz]로 감소 시 회전속도는 몇 배가 되는가?

① 0.83 ② 1
③ 1.2 ④ 1.4

> **유도전동기의 속도**
> $N \propto f$ 이므로 주파수가 감소하였으므로 $\dfrac{50}{60} = 0.83$으로 감소한다.

54

역률개선의 효과로 볼 수 없는 것은?

① 감전사고 감소
② 전력손실 감소
③ 전압강하 감소
④ 설비용량의 이용률 증가

> **역률의 개선 시 효과**
> 1) 전력손실 감소
> 2) 전압강하 감소
> 3) 전기요금 절감
> 4) 설비용량의 이용률 증대

정답 49 ④ 50 ③ 51 ③ 52 ① 53 ① 54 ①

55

다음 중 회전의 방향을 바꿀 수 없는 전동기는?

① 분상 기동형 전동기
② 반발 기동형 전동기
③ 콘덴서 기동형 전동기
④ 셰이딩 코일형 전동기

셰이딩 코일형
회전의 방향을 바꿀 수 없는 전동기이다.

56

교류전동기를 기동할 때 그림과 같은 기동 특성을 가지는 전동기는? (단, 곡선 (1)~(5)는 기동 단계에 대한 토크 특성 곡선이다.)

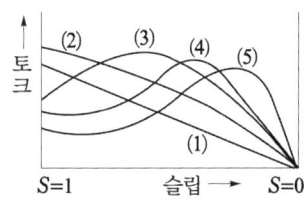

① 반발 유도전동기
② 2중 농형 유도전동기
③ 3상 분권 정류자 전동기
④ 3상 권선형 유도전동기

비례주이 곡선
3상 권선형 유도전동기의 특징을 나타낸다.

57

교류 삼각파의 최대값이 100[V]이다. 삼각파의 파고율은?

① 17.3   ② 8.7
③ 1.73   ④ 0.87

삼각파의 파고율 $= \dfrac{\text{최대값}}{\text{실효값}} = \dfrac{V_m}{\dfrac{V_m}{\sqrt{3}}} = \sqrt{3} = 1.73$

58

무부하에서 119[V]되는 분권발전기의 전압변동률이 6[%]이다. 정격 전부하 전압은 약 몇 [V]인가?

① 110.2   ② 112.3
③ 122.5   ④ 125.3

전압변동률 $\epsilon = \dfrac{V_0 - V}{V} \times 100[\%]$

$V = \dfrac{V_0}{(\epsilon + 1)} = \dfrac{119}{1 + 0.06} = 112.26[V]$

59

농형 유도전동기의 기동법이 아닌 것은?

① Y-△ 기동법
② 기동보상기에 의한 기동법
③ 2차 저항기법
④ 전전압 기동법

농형 유도전동기의 기동법
1) 전전압 기동
2) Y-△ 기동
3) 기동보상기법
4) 리액터 기동

60

전원의 380/220[V] 중성극에 접속된 전선을 무엇이라 하는가?

① 접지선
② 중성선
③ 전원선
④ 접지측선

중성선
다선식 전로의 중성극에 접속된 전선을 말한다.

정답 55 ④ 56 ④ 57 ③ 58 ② 59 ③ 60 ②

2019년 3회 | CBT 기출복원문제

01
어느 도체에 1.6[A]의 전류를 10초간 흘렸을 때 이동된 전자 수는 몇 개인가? (단, 1개의 전자량은 $e = 1.6 \times 10^{-19}$ [C]이다.)

① 10^{21} ② 10^{20}
③ 10^{19} ④ 10^{-21}

전하량 $Q = It = ne[C]$
전자 개수 $n = \dfrac{It}{e} = \dfrac{1.6 \times 10}{1.6 \times 10^{-19}} = 10^{20}$

02
6[V]의 기전력으로 120[C]의 전기량이 이동할 때 몇 [J]의 일을 하게 되는가?

① 20   ② 72
③ 200   ④ 720

이동에너지
$W = QV = 120 \times 6 = 720[J]$

03
다음은 저항에 대한 설명이다. 옳은 것은?

① 전선의 지름의 제곱에 반비례한다.
② 고유저항에 반비례하고 도전율에 비례한다.
③ 전선의 면적에 비례한다.
④ 전선의 길이에 비례하고 반지름에 반비례한다.

저항의 단면적 $S = \pi r^2 = \dfrac{\pi d^2}{4}[m^2]$

저항 $R = \dfrac{\rho l}{S} = \dfrac{\rho l}{\pi r^2} = \dfrac{\rho l}{\pi \dfrac{d^2}{4}}$

04
슬립 $s = 5[\%]$, 2차 저항 $r_2 = 0.1[\Omega]$인 유도전동기의 등가 저항 $R[\Omega]$은 얼마인가?

① 0.4   ② 0.5
③ 1.9   ④ 2.0

등가 저항
$R_2 = r_2 \left(\dfrac{1}{s} - 1\right) = 0.1 \times \left(\dfrac{1}{0.05} - 1\right) = 1.9[\Omega]$

05 ⭐
서로 다른 금속을 접합하여 두 접합점에 온도차를 주면 전기가 발생하는 현상은?

① 펠티어 효과   ② 제어벡 효과
③ 핀치 효과   ④ 표피 효과

제어벡 효과
1) 서로 다른 금속을 접합하여 두 접합점에 온도차를 주면 전기가 발생하는 현상
2) 전기온도계, 열전대, 열전쌍 등에 적용

06 ⭐
단상 유도 전압 조정기의 단락권선의 역할은?

① 철손 경감   ② 절연 보호
③ 전압 조정 용이   ④ 전압 강하 경감

단상 유도 전압 조정기의 단락권선은 누설리액턴스에 의한 전압 강하를 경감하기 위함이다.

정답 01 ② 02 ④ 03 ① 04 ③ 05 ② 06 ④

07
보극이 없는 직류기의 운전 중 중성점의 위치가 변하지 않는 경우는?

① 전부하일 때
② 중부하일 때
③ 과부하일 때
④ 무부하일 때

> 전기자 반작용에 의해 운전 중 중성점의 위치가 변화한다. 하지만 전기자에 전류가 흐르지 않는 상태인 무부하일 경우에는 중성점의 위치가 변하지 않는다.

08
인버터의 용도로 가장 적합한 것은?

① 직류 - 직류 변환
② 직류 - 교류 변환
③ 교류 - 증폭교류 변환
④ 직류 - 증폭직류 변환

> 인버터
> 직류를 교류로 변환하는 장치를 말한다.

09
다음과 같은 그림 기호의 명칭은?

───────

① 노출배선
② 바닥은폐배선
③ 지중매설배선
④ 천장은폐배선

> 1) 천장은폐배선 ─────
> 2) 바닥은폐배선 ─ ─ ─ ─
> 3) 노출배선 ------------

10
금속관에 나사를 내는 공구는?

① 오스터
② 파이프 커터
③ 리머
④ 스패너

> 오스터
> 금속관에 나사를 낼 때 사용되는 공구를 말한다.

11
낙뢰 수목 접촉, 일시적인 섬락 등 순간적인 사고로 계통에서 분리된 구간을 신속히 계통에 투입시킴으로써 계통의 안정도를 향상시키고 정전 시간을 단축시키기 위해 사용되는 계전기는?

① 차동 계전기
② 과전류 계전기
③ 거리 계전기
④ 재폐로 계전기

> 재폐로 계전기(Reclosing Relay)
> 고장구간을 신속히 개방한 다음 일정 시간 후 재투입함으로써 계통의 안정도 및 신뢰도를 향상시키며 복구 운전원의 노력을 경감한다.

12
사용 중인 변류기의 2차 측을 개방하면?

① 1차 전류가 감소한다.
② 2차 권선에 110[V]가 걸린다.
③ 개방단의 전압은 불변하고 안전하다.
④ 2차 권선에 고압이 유도된다.

> 사용 중인 변류기의 2차 측 개방 시 2차 측 고전압이 유도되어 2차 측 기기의 절연이 파괴될 우려가 있다. 따라서 사용 중인 변류기를 점검하려면 반드시 단락하여야만 한다.

13
옥외용 비닐 절연전선의 약호는?

① OW
② DV
③ NR
④ FTC

명칭(약호)	용도
인입용 비닐 절연전선(DV)	저압 가공 인입용으로 사용
옥외용 비닐 절연전선(OW)	저압 가공 배전용(옥외용)
옥외용 가교폴리에틸렌 절연전선(OC)	고압 가공전선로에 사용
450/750[V] 일반용 단심 비닐 절연전선(NR)	옥내배선용으로 주로 사용
형광등 전선(FL)	형광등용 안정기의 2차배선

정답 07 ④ 08 ② 09 ④ 10 ① 11 ④ 12 ④ 13 ①

14

한 수용장소의 인입선에서 분기하여 지지물을 거치지 아니하고 다른 수용장소의 인입구에 이르는 부분의 전선을 무엇이라 하는가?

① 가공전선
② 공동지선
③ 가공인입선
④ 연접인입선

> **연접(이웃연결)인입선**
> 한 수용장소의 인입선에서 분기하여 지지물을 거치지 아니하고 다른 수용장소의 인입구에 이르는 부분의 전선을 말한다.

15

아웃렛박스 등의 녹아웃의 지름이 관지름보다 클 때 관을 고정시키기 위해 쓰는 재료의 명칭은?

① 터미널 캡
② 링 리듀셔
③ 앤트랜스 캡
④ 유니버셜 엘보

> **링 리듀셔**
> 녹아웃의 지름이 관지름보다 클 때 관을 고정시키기 위해 사용하는 재료를 말한다.

16

전선의 접속에 관한 설명으로 틀린 것은?

① 전선의 세기를 20[%] 이상 감소하여야 한다.
② 접속 부분의 전기저항을 증가시켜서는 안 된다.
③ 접속 부분은 납땜을 해야 한다.
④ 절연은 원래의 효력이 있는 테이프로 충분히 한다.

> **전선의 접속 시 유의사항**
> 전선의 세기를 20[%] 이상 감소시키지 말아야 한다.

17

전압 1.5[V], 내부저항 $r = 0.5[\Omega]$인 전지 10개를 직렬연결하고 전지의 양단을 단락시킬 때 흐르는 전류는 몇 [A]인가?

① 1
② 2
③ 3
④ 4

> **전지의 직렬회로 전류(단락 시 $R = 0$)**
> $$I = \frac{nV_1}{nr_1 + R} = \frac{10 \times 1.5}{10 \times 0.5 + 0} = \frac{15}{5} = 3[A]$$

18

진공 중에 10^{-4}[C]과 10^{-5}[C]인 두 전하를 거리 1[m] 간격으로 놓았을 때 그 사이에 작용하는 힘은 몇 [N]인가?

① 9
② 90
③ 900
④ 9,000

> **진공 중 두 점전하 사이에 작용하는 힘**
> $$F = \frac{Q_1 Q_2}{4\pi\varepsilon_0 r^2} = 9 \times 10^9 \times \frac{Q_1 Q_2}{r^2} [N]$$
> $$= 9 \times 10^9 \times \frac{10^{-4} \times 10^{-5}}{1^2} = 9[N]$$

19

다음 전기력선의 성질 중 맞는 것은?

① 전기력선은 자신만으로 폐곡선이 될 수 있다.
② 전기력선은 전위가 낮은 곳에서 높은 곳으로 향한다.
③ 전기력선의 접선 방향이 전장의 방향이다.
④ 전기력선은 음전하에서 나와 양전하에서 끝난다.

> **전기력선의 성질**
> 1) 전기력선은 자신만으로 폐곡선이 될 수 없다.
> 2) 전기력선은 전위가 높은 곳에서 낮은 곳으로 향한다.
> 3) 전기력선의 접선 방향이 전장의 방향이다.
> 4) 전기력선은 양전하에서 나와 음전하에서 끝난다.

정답 14 ④ 15 ② 16 ① 17 ③ 18 ① 19 ③

20

콘덴서에 전압 100[V]를 가할 때 전하량이 200[C]가 축적되었다면 이때 축적되는 에너지는 몇 [J]인가?

① 1×10^3
② 1×10^4
③ 2×10^3
④ 2×10^4

> 콘덴서 축적에너지
> $W = \frac{1}{2}CV^2 = \frac{Q^2}{2C} = \frac{1}{2}QV$
> $W = \frac{1}{2}QV = \frac{1}{2} \times 200 \times 100 = 10,000 = 1 \times 10^4 [J]$

21

같은 크기의 콘덴서 두 개를 병렬로 연결하면 합성정전용량은 직렬로 연결할 때의 몇 배가 되는가?

① 2배
② 3배
③ 4배
④ 5배

> 병렬연결 합성정전용량 : 병렬 $C = mC = 2C$
> 직렬연결 합성정전용량 : 직렬 $C = \frac{C}{m} = \frac{C}{2}$
> $\frac{병렬}{직렬} \frac{C}{C} = \frac{2C}{\frac{C}{2}} = 4배$ (증가)

22

동기전동기의 자기기동에서 계자권선을 단락하는 이유는?

① 기동이 쉽다.
② 기동 권선을 이용한다.
③ 고전압이 유도된다.
④ 전기자 반작용을 방지한다.

> 자기기동 시 계자권선을 단락하는 이유
> 계자권선에 고전압이 유도되어 절연이 파괴될 우려가 있으므로 방전저항을 접속하여 단락상태로서 기동한다.

23

동기발전기에서 전기자 전류가 무부하 유도 기전력보다 $\frac{\pi}{2}$ [rad] 앞서 있는 경우에 나타나는 전기자 반작용은?

① 증자 작용
② 감자 작용
③ 교차 자화 작용
④ 직축 반작용

> 동기발전기의 전기자 반작용
> 유기기전력보다 앞선 전류가 흐를 경우 전기자 반작용은 증자 작용이다.

24

계자권선과 전기자 권선이 병렬로 접속되어 있는 직류기는?

① 직권기
② 분권기
③ 복권기
④ 타여자기

> 분권기
> 분권의 경우 계자와 전기자가 병렬로 연결된 직류기를 말한다.

25

다음 중 3단자 사이리스터가 아닌 것은?

① SCR
② SCS
③ GTO
④ TRIAC

> SCS
> SCS의 경우 단반향 4단자 소자를 말한다.

26

100[kVA]의 용량을 갖는 2대의 변압기를 이용하여 V-V 결선하는 경우 출력은 어떻게 되는가?

① 100
② $100\sqrt{3}$
③ 200
④ 300

> V결선 시 출력 $P_V = \sqrt{3} P_1 = \sqrt{3} \times 100$

정답 20 ② 21 ③ 22 ③ 23 ① 24 ② 25 ② 26 ②

27
변압기 내부고장 시 급격한 유류 또는 Gas의 이동이 생기면 동작하는 브흐홀쯔 계전기의 설치 위치는?

① 변압기 본체
② 변압기의 고압 측 부싱
③ 컨서베이터 내부
④ 변압기의 본체와 콘서베이터를 연결하는 파이프

> **브흐홀쯔 계전기**
> 변압기 내부고장으로 발생하는 기름의 분해 가스, 증기, 유류를 이용하여 부저를 움직여 계전기의 접점을 닫는 것으로 변압기의 주탱크와 콘서베이터 연결관 사이에 설치한다.

28
가연성 분진(소맥분, 전분, 유황 기타 가연성 먼지 등)으로 인하여 폭발할 우려가 있는 저압 옥내 설비공사로 적절하지 않은 것은?

① 케이블 공사   ② 금속관 공사
③ 합성수지관 공사 ④ 플로어덕트 공사

> 가연성 분진이 착화하여 폭발할 우려가 있는 곳에 전기 공사 방법은 금속관 공사, 케이블 공사, 합성수지관 공사이다.

29
주상변압기의 1차 측 보호 장치로 사용하는 것은?

① 컷아웃 스위치   ② 유입 개폐기
③ 캐치홀더   ④ 리클로저

> **주상변압기 보호장치**
> 1) 1차 측을 보호하는 장치 : COS(컷아웃 스위치)
> 2) 2차 측을 보호하는 장치 : 캐치홀더

30
설치 면적이 넓고 설치비용이 많이 들지만 가장 이상적이고 효과적인 진상용 콘덴서 설치 방법은?

① 수전단 모선과 부하 측에 분산하여 설치
② 수전단 모선에 설치
③ 부하 측에 분산하여 설치
④ 가장 큰 부하 측에만 설치

> 전력용 콘덴서의 경우 가장 이상적이고 효과적인 설치 방법은 부하 측 각각에 설치하는 것이다.

31
최대사용전압이 70[kV]인 중성점 직접 접지식 전로의 절연내력 시험전압은 몇 [V]인가?

① 35,000[V]   ② 42,000[V]
③ 44,800[V]   ④ 50,400[V]

> **절연내력 시험전압**
> 중성점 직접 접지식 전로의 절연내력 시험전압이 170[kV] 이하의 경우 $V \times 0.72 = 70,000 \times 0.72 = 50,400[V]$가 된다.

32
유기기전력과 관련이 없는 법칙은?

① 플레밍의 오른손 법칙
② 암페어의 오른손 법칙
③ 패러데이의 법칙
④ 렌츠의 법칙

> **암페어(앙페르)의 오른손 법칙**
> 전류가 흐르는 방향을 알면 자장(자계)의 방향을 알 수 있는 법칙

33
반지름이 r[m]이고, 권수가 N회 감긴 환상 솔레노이드가 있다. 코일에 전류 I[A]를 흘릴 때 환상 솔레노이드의 외부 자계는 얼마인가?

① 0
② $\dfrac{NI}{2r}$
③ $\dfrac{NI}{2\pi r}$
④ $\dfrac{NI}{4\pi r}$

> 환상 솔레노이드의 외부 자계는 존재하지 않는다.
> 외부자계 $H' = 0$

34 ★빈출
현재 계전기 분야에 사용되고 있는 전자석 재료로 적당한 것은?

① 잔류자기와 보자력이 모두 크고 히스테리시스 면적도 클 것
② 잔류자기와 보자력이 모두 작고 히스테리시스 면적도 작을 것
③ 잔류자기는 작고 보자력은 크고 히스테리시스 면적은 작을 것
④ 잔류자기는 크고 보자력은 작고 히스테리시스 면적은 작을 것

> 전자석 재료의 특성
> 1) 잔류자기는 클수록 좋다.
> 2) 보자력 및 히스테리시스 면적은 작을수록 좋다.

35
자기회로에서 철심에 코일의 감은 권수와 코일에 흐르는 전류의 곱이며 자속을 만드는 원동력이 되는 것을 무엇이라 하는가?

① 기전력
② 기자력
③ 정전력
④ 전기력

> 기자력
> 자기회로에서 자속을 만드는 힘으로, $F = NI$ [AT]

36
코일 권수 100회인 코일 면에서 수직으로 0.1초 동안 자속이 0.6[Wb]에서 0.2[Wb]로 변화했다면 이때 코일에 유도되는 기전력[V]은?

① 100
② 200
③ 300
④ 400

> 기전력의 크기(페러데이 법칙)
> $e = -N\dfrac{d\phi}{dt} = -100 \times \dfrac{0.2 - 0.6}{0.1} = 400$[V]

37 ★빈출
동기기의 전기자 권선법이 아닌 것은?

① 전층권
② 분포권
③ 2층권
④ 중권

> 동기기의 전기자 권선법
> 고상권, 폐로권, 이층권, 중권, 분포권, 단절권

38 ★빈출
변압기, 동기기 등 층간 단락 등의 내부고장 보호에 사용되는 계전기는?

① 차동 계전기
② 접지 계전기
③ 과전압 계전기
④ 역상 계전기

> 차동 계전기
> 변압기나 발전기의 내부고장을 보호하는 계전기를 말한다.

39
가공전선로의 지지물이 아닌 것은?

① 목주
② 지선
③ 철근콘크리트주
④ 철탑

> 지선은 지지물이 아니며 지지물의 강도를 보강한다.

정답 33 ① 34 ④ 35 ② 36 ④ 37 ① 38 ① 39 ②

40
다음 변압기 극성에 관한 설명에서 틀린 것은?

① 우리나라는 감극성이 표준이다.
② 1차와 2차 권선에 유기되는 전압의 극성이 서로 반대이면 감극성이다.
③ 3상결선 시 극성을 고려해야 한다.
④ 병렬운전 시 극성을 고려해야 한다.

> **변압기의 감극성**
> 1차 측 전압과 2차 측 전압의 발생 방향이 같을 경우 감극성이라고 한다(반대인 경우는 가극성이라고 한다).

41
3[Ω]과 6[Ω]의 저항을 병렬연결할 경우는 직렬연결 할 경우에 대하여 몇 배인가?

① 6.5
② $\frac{1}{6.5}$
③ $\frac{1}{4.5}$
④ 4.5

> 병렬 $R = \frac{3 \times 6}{3+6} = 2$
> 직렬 $R = 3+6 = 9$
> $\frac{병렬\ R}{직렬\ R} = \frac{2}{9} = \frac{1}{4.5}$

42
변압기의 권수비가 60일 때 2차 측 저항이 0.1[Ω]이다. 이것을 1차로 환산하면 몇 [Ω]인가?

① 310
② 360
③ 390
④ 410

> **변압기의 권수비**
> $a = \sqrt{\frac{R_1}{R_2}}$, $R_1 = a^2 R_2 = 60^2 \times 0.1 = 360[\Omega]$

43
굵은 전선을 절단할 때 사용하는 전기공사용 공구는?

① 프레셔 툴
② 녹 아웃 펀치
③ 파이프 커터
④ 클리퍼

> 클리퍼를 펜치로 절단하기 어려운 굵은 전선을 절단할 때 사용되는 전기공사용 공구를 말한다.

44
금속관 공사를 노출로 시공할 때 직각으로 구부러지는 곳에는 어떤 배선기구를 사용하는가?

① 유니온 커플링
② 아웃렛 박스
③ 픽스쳐 하키
④ 유니버설 엘보우

> 유니버설 엘보우는 노출 공사로서 관이 직각으로 구부러지는 곳에 사용하는 배선기구를 말한다.

45
전선 접속 시 사용되는 슬리브의 종류가 아닌 것은?

① D
② S
③ E
④ P

> **슬리브의 종류**
> 1) S형 : 매킹타이어 슬리브
> 2) E형 : 종단겹칩용 슬리브
> 3) P형 : 직선겹침용 슬리브

46
전주의 외등 설치 시 조명기구를 전주에 부착하는 경우 설치 높이는 몇 [m] 이상으로 하여야 하는가?

① 3.5
② 4
③ 4.5
④ 5

> 전주의 외등 설치 시 그 높이는 4.5[m] 이상으로 하여야 한다.

정답 40 ② 41 ③ 42 ② 43 ④ 44 ④ 45 ① 46 ③

47

교류 전압 $v = 100\sqrt{2}\sin\omega t$[V]을 인가했을 때 전류가 $i = 10\sqrt{2}\sin\omega t$[A]가 흘렀다면 다음 중 잘못된 것은?

① 전압의 실효값은 100[V]이다.
② 전류의 실효값은 10[A]이다.
③ 전압과 전류의 위상은 동상이다.
④ 전력은 $1,000\sqrt{2}$[W]이다.

> 유효전력
> $P = VI\cos\theta = 100 \times 10 \times \cos 0° = 1,000$[W]

48 빈출

어떤 교류 전압의 평균값이 382[V]일 때 실효값은 약 몇 [V]가 되는가?

① 424
② 324
③ 212
④ 106

> 정현파의 파형률 = 실효값/평균값 = 1.11
> 실효값 = 평균값 × 파형률 = 382 × 1.11 ≒ 424[V]

49

저항 6[Ω]이고 용량성 리액턴스가 8[Ω]인 직렬 회로에 10[A]의 전류가 흐른다면 이때 가해 준 교류 전압은 몇 [V]인가?

① 60 + j80
② 60 - j80
③ 80 + j60
④ 80 - j60

> RC 직렬 회로의 임피던스 $Z = R - jX_C = 6 - j8$[Ω]
> 전압 $V = IZ = 10 \times (6 - j8) = 60 - j80$[V]

50 빈출

100[kVA]의 단상 변압기 3대를 △결선으로 운전 중 1대 고장으로 2대로 V결선하려 할 때 공급할 수 있는 3상 전력은 몇 [kVA]인가?

① 100
② 200
③ $100\sqrt{3}$
④ $200\sqrt{3}$

> V결선의 출력
> $P_V = \sqrt{3}P_1$ (P_1 : 변압기 1대 용량)
> $P_V = \sqrt{3} \times 100 = 100\sqrt{3}$[kVA]

51 빈출

△결선에서 상전압이 200[V]이고 상전류가 10[A]이라면 선에 흐르는 선전류와 선간전압은 각각 얼마인가?

① 선간전압 : 200[V], 선전류 : $10\sqrt{3}$[A]
② 선간전압 : $200\sqrt{3}$[V], 선전류 : $10\sqrt{3}$[A]
③ 선간전압 : $200\sqrt{3}$[V], 선전류 : 10[A]
④ 선간전압 : 200[V], 선전류 : 10[A]

> △결선의 특징
> 1) 선간전압 : $V_l = V_P = 200$[V]
> 2) 선전류 : $I_l = \sqrt{3}I_P = 10\sqrt{3}$[A]

52 빈출

3상 유도전동기에서 2차 측 저항을 2배로 하면 그 최대 토크는 어떻게 되는가?

① 변하지 않는다.
② 2배로 된다.
③ $\sqrt{2}$배로 된다.
④ $\frac{1}{2}$배로 된다.

> 3상 권선형 유도전동기의 최대 토크는 2차 측의 저항을 2배로 하더라도 변하지 않는다.

정답 47 ④ 48 ① 49 ② 50 ③ 51 ① 52 ①

53

유도전동기의 회전수가 1,175[rpm]일 경우 슬립이 2[%]이었다. 이 전동기의 극수는? (단, 주파수는 60[Hz]라고 한다.)

① 2
② 4
③ 6
④ 8

> 동기속도 $N_s = \dfrac{N}{1-s} = \dfrac{1,175}{1-0.02} = 1,200$[rpm]
>
> $P = \dfrac{120}{N_s}f = \dfrac{120}{1,200} \times 60 = 6$

54

직류전동기의 속도제어법이 아닌 것은?

① 전압제어법
② 계자제어법
③ 저항제어법
④ 주파수제어법

> 직류전동기의 속도제어법
> 1) 전압제어
> 2) 계자제어
> 3) 저항제어

55

주로 가요성이 좋으며 옥내배선에서 사용되는 전선은 어떠한 전선을 말하는가?

① 연동선
② 경동선
③ ACSR
④ 아연도강연선

> 연동선
> 가요성이 풍부하여 주로 옥내배선에서 사용되는 전선이다.

정답 53 ③ 54 ④ 55 ①

2019년 4회 | CBT 기출복원문제

01

2[Ω], 4[Ω], 10[Ω]의 저항 3개를 직렬연결하고 양단에 200[V]의 전압을 가할 때 10[Ω]의 전압강하는 몇 [V]인가?

① 100　　② 125
③ 150　　④ 175

> 직렬연결 회로의 전압강하(전압분배)
> $$V_3 = \frac{R_3}{R_1+R_2+R_3} \times V = \frac{10}{2+4+10} \times 200 = 125[V]$$

02

일정한 직류 전원에 저항을 접속하여 전류를 흘릴 때 이 전류값을 10[%] 감소시키려면 저항은 처음 저항의 몇 [%]가 되어야 하는가?

① 10[%] 감소　　② 11[%] 감소
③ 10[%] 증가　　④ 11[%] 증가

> 전류 변화 : $\Delta I = 100 - 10 = 90[\%] = 0.9I$
> 옴의 법칙 : $I = \frac{V}{R} \Rightarrow R' = \frac{V}{I'} = \frac{V}{0.9I} = \frac{1}{0.9}R = 1.11R$
> 저항 변화 : $\Delta R = 1.11 - 1 = 0.11 = 11[\%]$ (증가)

03 ★빈출

다음 중 경질비닐전선관의 규격이 아닌 것은?

① 14　　② 28
③ 36　　④ 50

> 경질비닐전선관(합성수지관)의 규격[mm]
> 14, 16, 22, 28, 36, 42, 54, 70 등

04

다음은 축전지 중에서 납(연) 축전지에 대한 설명이다. 잘못된 것은?

① 납 축전지의 양극재료는 PbO(산화연)을 사용한다.
② 묽은 황산의 비중은 1.2~1.3 정도이다.
③ 방전 시 양극과 음극 모두 $PbSO_4$(황산연)이 된다.
④ 공칭전압은 2[V]이다.

> 납(연) 축전지 특성
> 1) 공칭전압은 2[V], 공칭용량은 10[Ah]
> 2) 양극재료 : PbO_2(이산화연), 음극재료 : Pb
> 3) 묽은 황산의 비중은 약 1.2 ~ 1.3 정도
> 4) 방전 시 양극과 음극 모두 $PbSO_4$(황산연)가 되며 H_2O의 부산물이 생성됨

05

전압계의 측정범위를 확대하기 위해 배율기를 직렬로 연결하였다. 전압을 10배로 측정하기 위하여 배율기의 저항은 전압계 내부 저항의 몇 배로 하면 되는가?

① $\frac{1}{9}$배　　② 7배
③ 9배　　④ $\frac{1}{7}$배

> 배율기 저항 R_m
> $$V_0 = V\left(\frac{R_m}{r}+1\right), \quad \frac{V_0}{V} = \frac{R_m}{r}+1$$
> $$10 = \frac{R_m}{r}+1$$
> $$9 = \frac{R_m}{r}, \quad R_m = 9r$$

정답　01 ②　02 ④　03 ④　04 ①　05 ③

06
발열 작용에 관련된 법칙은?

① 암페어 오른손 법칙
② 줄의 법칙
③ 플레밍의 왼손 법칙
④ 플레밍의 오른손 법칙

> 줄의 법칙은 어떤 도체에 전류가 흐르면 열이 발생하는 현상이다.

07
1차 측의 권수가 3,300회, 2차 권수가 330회라면 변압기의 권수비는?

① 33
② 10
③ $\frac{1}{33}$
④ $\frac{1}{10}$

> 변압기 권수비 $a = \frac{N_1}{N_2} = \frac{3,300}{330} = 10$

08
다음 중 자기 소호 제어용 소자는?

① TRIAC
② SCR
③ GTO
④ DIAC

> 자기 소호용 제어 소자는 GTO(Gate Turn Off)이다.

09
주상변압기의 1차 측 보호로 사용하는 것은?

① 리클로저
② 섹셔널라이저
③ 캐치홀더
④ 컷아웃스위치

> 주상변압기 보호장치
> 1) 1차 측 : 컷아웃스위치(COS)
> 2) 2차 측 : 캐치홀더

10
직류 전동기의 규약효율을 표시하는 식은?

① $\frac{입력}{출력 + 손실} \times 100[\%]$
② $\frac{입력}{출력} \times 100[\%]$
③ $\frac{입력 - 손실}{입력} \times 100[\%]$
④ $\frac{출력}{입력} \times 100[\%]$

> 전동기의 규약효율 $\eta_{전} = \frac{입력 - 손실}{입력} \times 100[\%]$

11
동기발전기의 병렬운전 시 필요한 조건이 아닌 것은?

① 기전력의 크기가 같을 것
② 기전력의 위상이 같을 것
③ 기전력의 주파수가 같을 것
④ 기전력의 임피던스가 같을 것

> 동기발전기의 병렬운전조건
> 1) 기전력의 크기가 같을 것
> 2) 기전력의 위상이 같을 것
> 3) 기전력의 주파수가 같을 것
> 4) 기전력의 파형이 같을 것

12
변압기유의 열화 방지와 관계가 먼 것은?

① 콘서베이터
② 브리더
③ 불활성 질소
④ 부싱

> 변압기유의 열화 방지책
> 1) 콘서베이터
> 2) 브리더
> 3) 질소봉입방식

정답 06 ② 07 ② 08 ③ 09 ④ 10 ③ 11 ④ 12 ④

13
녹아웃의 지름이 관지름보다 클 때 관을 고정시키기 위해 쓰는 재료의 명칭은?

① 링 리듀셔 ② 터미널 캡
③ 앤트론스 캡 ④ 로크너트

> **링 리듀셔**
> 녹아웃의 지름이 관지름보다 클 경우 관을 고정시키기 위해 사용한다.

14
다음 전선의 접속 시 유의사항으로 옳은 것은?

① 전선의 강도를 5[%] 이상 감소시키지 말 것
② 전선의 강도를 10[%] 이상 감소시키지 말 것
③ 전선의 강도를 20[%] 이상 감소시키지 말 것
④ 전선의 강도를 40[%] 이상 감소시키지 말 것

> **전선의 접속 시 유의사항**
> 전선의 강도(세기)를 20[%] 이상 감소시키지 말 것

15
점착성이 없으나 절연성, 내온성 및 내유성이 있어 연피케이블 접속에 사용되는 테이프는?

① 고무테이프 ② 리노테이프
③ 비닐테이프 ④ 자기융착테이프

> **리노테이프**
> 절연성, 내온성, 내유성이 뛰어나며 연피케이블에 접속된다.

16
3상 전원에서 2상 전원을 얻기 위한 변압기 결선 방법은?

① V ② T ③ △ ④ Y

> 3상에서 2상 전원을 얻기 위한 변압기 결선은 T결선(스코트)이라 한다.

17
금속전선관을 구부릴 때 금속관은 단면이 심하게 변형이 되지 않도록 구부려야 하며, 일반적으로 그 안 측의 반지름은 관 안지름의 몇 배 이상이 되어야 하는가?

① 2배 ② 4배
③ 6배 ④ 8배

> 금속관을 구부릴 경우 굴곡 바깥지름은 관 안지름의 6배 이상이 되어야 한다.

18
전기설비기술기준 및 판단기준에서 정한 애자 공사의 경우 저압 옥내배선 시 일반적으로 전선 상호 간격은 몇 [cm] 이상이어야 하는가?

① 2.5[cm] ② 6[cm]
③ 25[cm] ④ 60[cm]

> **애자공사**
> 1) 저압의 경우 전선 상호간 간격은 0.06[m] 이상으로 하여야만 한다.
> 2) 고압의 경우 전선 상호간 간격은 0.08[m] 이상으로 하여야만 한다.

19
100[V] 전압을 공급하여 일정한 저항에서 소비되는 전력이 1[kW]였다. 전압 200[V]를 가하면 소비되는 전력은 몇 [kW]인가?

① 8 ② 6 ③ 4 ④ 2

> 100[V] 전력 : $P = \dfrac{V^2}{R}$ [W]
> → $R = \dfrac{V^2}{P} = \dfrac{100^2}{1,000} = 10[\Omega]$
> 200[V] 전력 : $P = \dfrac{V^2}{R} = \dfrac{200^2}{10} = 4,000[\text{W}] = 4[\text{kW}]$

정답 13 ① 14 ③ 15 ② 16 ② 17 ③ 18 ② 19 ③

20

진공 중에 Q_1[C]과 Q_2[C]의 두 전하를 거리 d[m] 간격으로 놓았을 때 그 사이에 작용하는 힘은 몇 [N]인가?

① $9 \times 10^9 \times \dfrac{Q_1 Q_2}{d^2}$

② $9 \times 10^{-9} \times \dfrac{Q_1 Q_2}{d^2}$

③ $6.33 \times 10^4 \times \dfrac{Q_1 Q_2}{d^2}$

④ $6.33 \times 10^{-4} \times \dfrac{Q_1 Q_2}{d^2}$

> 진공 중의 두 점전하 사이에 작용하는 힘
> $F = \dfrac{Q_1 Q_2}{4\pi \varepsilon_0 d^2} = 9 \times 10^9 \times \dfrac{Q_1 Q_2}{d^2}$ [N]

21

진공 중에 놓인 반지름 r[m]의 도체구에 Q[C]의 전하를 주었을 때 전기장의 세기[V/m]는?

① $\dfrac{r^2}{4\pi \varepsilon_0 Q}$

② $\dfrac{Q}{4\pi \varepsilon_0 r}$

③ $\dfrac{Q}{4\pi \varepsilon_0 r^2}$

④ $\dfrac{Q^2}{4\pi \varepsilon_0 r}$

> 도체구의 전계(전기장)의 세기
> $E = \dfrac{Q}{4\pi \varepsilon_0 r^2}$ [V/m]

22

피뢰기의 약호는?

① SA
② COS
③ SC
④ LA

> 피뢰기는 뇌격 시에 기계기구를 보호하며 LA(Lighting Arrester)라고 한다.

23

3[F]과 6[F] 콘덴서를 직렬로 접속하고 전체 전하량이 400[C]이 되었다면 두 콘덴서의 양단에 얼마의 전압을 인가한 것인가?

① 100[V]
② 200[V]
③ 300[V]
④ 400[V]

> 콘덴서의 직렬 합성 정전용량
> $C = \dfrac{C_1 C_2}{C_1 + C_2} = \dfrac{3 \times 6}{3 + 6} = 2$[F]
> $V = \dfrac{Q}{C} = \dfrac{400}{2} = 200$[V]

24

부흐홀쯔 계전기의 설치 위치로 가장 적당한 것은?

① 변압기 주 탱크 내부
② 콘서베이터 내부
③ 변압기 고압 측 부싱
④ 변압기 주 탱크와 콘서베이터 사이

> 부흐홀쯔 계전기
> 부흐홀쯔 계전기는 변압기의 내부고장 대책으로 변압기 주 탱크와 콘서베이터 사이에 설치된다.

25

10[AT/m]의 자계 중에 어떤 자극을 놓았을 때 300[N]의 힘을 받는다고 한다. 이때 자극의 세기[Wb]는?

① 10
② 20
③ 30
④ 40

> 자계 내 작용하는 힘 $F = mH$[N]
> $m = \dfrac{F}{H} = \dfrac{300}{10} = 30$[Wb]

정답 20 ① 21 ③ 22 ④ 23 ② 24 ④ 25 ③

26
직류직권 전동기에서 벨트를 걸고 운전하면 안 되는 가장 큰 이유는?

① 손실이 많아지므로
② 벨트가 벗겨지면 위험속도에 도달하므로
③ 벨트가 마멸보수가 곤란하므로
④ 직렬하지 않으면 속도 제어가 곤란하므로

> **직권 전동기**
> 무부하 또는 벨트를 걸고 운전 시 벨트가 벗겨지면 무부하 운전되므로 위험속도에 도달할 우려가 있다.

27
설치 면적이 넓고 설치비용이 많이 들지만 가장 이상적이고 효과적인 진상용 콘덴서 설치 방법은?

① 수전단 모선과 부하 측에 분산하여 설치
② 수전단 모선에 설치
③ 부하 측에 분산하여 설치
④ 가장 큰 부하 측에만 설치

> 전력용 콘덴서의 경우 가장 이상적이고 효과적인 설치 방법은 부하 측 각각에 설치하는 것이다.

28
3상 전파 정류회로에서 출력전압의 평균값은? (단, E는 선간전압의 실효값이다.)

① $0.45E$ ② $0.9E$
③ $1.17E$ ④ $1.35E$

> **정류회로의 직류전압**
> 1) 단상 반파 : 0.45E
> 2) 단상 전파 : 0.9E
> 3) 3상 반파 : 1.17E
> 4) 3상 전파 : 1.35E

29
3상 권선형 유도전동기의 회전자에 저항을 삽입하는 이유는?

① 기동전류 증가   ② 기동토크 증가
③ 회전수 감소   ④ 기동토크 감소

> **권선형 유도전동기**
> 회전자에 저항을 삽입하는 이유는 기동토크를 크게 하며, 기동전류를 떨어뜨리기 위함이다.

30
셀룰로이드, 성냥, 석유류 등 기타 가연성 위험물질을 제조 또는 저장하는 장소의 배선 방법이 아닌 것은?

① 배선은 금속관 배선, 합성수지관 배선 또는 케이블에 의할 것
② 합성수지관 배선에 사용하는 합성수지관 및 박스 기타 부속품은 손상될 우려가 없도록 시설할 것
③ 두께가 2[mm] 미만의 합성수지제 전선관을 사용할 것
④ 금속관은 박강 전선관 또는 이와 동등 이상의 강도가 있는 것을 사용할 것

> 셀룰로이드, 성냥, 석유류 등 가연성 위험물질의 제조 또는 저장 장소에서는 배선두께가 2[mm] 이상인 합성수지제 전선관을 사용하여야 한다.

31
직류 분권전동기의 계자저항을 운전 중에 증가시키면 회전속도는?

① 감소한다.   ② 변함이 없다.
③ 증가한다.   ④ 정지한다.

> 전동기의 경우 자속(ϕ)과 속도(N)는 반비례한다. 계자저항인 $R_f \uparrow$ 시 계자전류가 감소하고, $\phi \downarrow$ 하므로 속도 N은 증가한다.

정답 26 ② 27 ③ 28 ④ 29 ② 30 ③ 31 ③

32
옥외용 비닐 절연전선의 약호는?

① OW
② W
③ NR
④ DV

명칭(약호)	용도
인입용 비닐 절연전선(DV)	저압 가공 인입용으로 사용
옥외용 비닐 절연전선(OW)	저압 가공 배전선(옥외용)
옥외용 가교폴리에틸렌 절연전선(OC)	고압 가공전선로에 사용
450/750[V] 일반용 단심 비닐 절연전선(NR)	옥내배선용으로 주로 사용
형광등 전선(FL)	형광등용 안정기의 2차배선

33
굵은 전선을 절단할 때 사용하는 전기공사용 공구는?

① 프레셔 툴
② 녹 아웃 펀치
③ 파이프 커터
④ 클리퍼

클리퍼
펜치로 절단하기 어려운 굵은 전선을 절단할 때 클리퍼를 사용한다.

34
단위 길이당 권수가 100회인 무한장 솔레노이드에 100[A]의 전류가 흐를 때 솔레노이드 내부의 자계[AT/m]는?

① 1,000
② 10,000
③ 100
④ 200

무한장 솔레노이드의 자기장
$H = nI = 100 \times 100 = 10,000$[AT/m]

35
환상 철심에 코일 권수를 N회 감고 철심의 자기저항은 R_m[AT/Wb]이라면 환상 철심의 인덕턴스 L[H]의 관계식으로 맞는 것은?

① $\dfrac{N^2}{R_m}$
② $N^2 R_m$
③ $\dfrac{N}{R_m}$
④ NR_m

자기회로의 기자력 $F = NI = \phi R_m$, $\phi = \dfrac{NI}{R_m}$

인덕턴스 $L = \dfrac{N\phi}{I} = \dfrac{N}{I} \times \dfrac{NI}{R_m} = \dfrac{N^2}{R_m}$

36
r[m] 떨어진 두 평행 도체에 각각 I_1, I_2[A]의 전류가 같은 방향으로 흐를 때 전선의 단위길이당 작용하는 힘 [N/m]은?

① $\dfrac{I_1 I_2}{2r} \times 10^{-7}$, 흡인력
② $\dfrac{I_1 I_2}{2r} \times 10^{-7}$, 반발력
③ $\dfrac{2I_1 I_2}{r} \times 10^{-7}$, 흡인력
④ $\dfrac{2I_1 I_2}{r} \times 10^{-7}$, 반발력

평행도선에 작용하는 힘
1) 같은(동일) 방향의 전류 : 흡인력
2) 반대(왕복) 방향의 전류 : 반발력
3) $F = \dfrac{2I_1 I_2}{r} \times 10^{-7}$[N/m]

정답 32 ① 33 ④ 34 ② 35 ① 36 ③

37

동일한 인덕턴스 L[H]인 두 코일을 같은 방향으로 감고 직렬 연결했을 때의 합성 인덕턴스[H]는? (단, 두 코일의 결합계수는 0.5이다.)

① $2L$
② $3L$
③ $4L$
④ $5L$

> 상호 인덕턴스 $M = k\sqrt{L_1 L_2} = 0.5 \times \sqrt{L \times L} = 0.5L$
> 두 코일이 같은 방향 직렬 접속 시 합성 인덕턴스
> $L' = L_1 + L_2 + 2M = L + L + 2 \times 0.5L = 3L$

38

교류 전압의 최대값이 1[V]일 때 교류 정현파의 실효값 V[V]와 평균값 V_a[V]는?

① $\dfrac{\pi}{2}$, $\dfrac{1}{\sqrt{2}}$
② $\dfrac{1}{\sqrt{2}}$, $\dfrac{1}{\pi}$
③ $\dfrac{2}{\pi}$, $\dfrac{1}{2}$
④ $\dfrac{1}{\sqrt{2}}$, $\dfrac{2}{\pi}$

> 정현파의 실효값 $V = \dfrac{V_m}{\sqrt{2}} = \dfrac{1}{\sqrt{2}}$[V]
> 정현파의 평균값 $V_a = \dfrac{2V_m}{\pi} = \dfrac{2 \times 1}{\pi} = \dfrac{2}{\pi}$[V]

39

13,200/220[V]인 변압기의 부하 측 조명설비에 120[A]의 전류가 흘렀다면 전원 측 전류는?

① 120
② 0.12
③ 2
④ 1

> 변압기의 전원 측 전류 $a = \dfrac{V_1}{V_2} = \dfrac{13,200}{220} = 60$이므로
> $a = \dfrac{I_2}{I_1}$, $I_1 = \dfrac{120}{a} = \dfrac{120}{60} = 2$[A]

40

3상 동기발전기에서 전기자 전류와 무부하 유도기전력보다 $\pi/2$[rad] 앞선 경우의 전기자 반작용은?

① 교차 자화 작용
② 횡축 반작용
③ 감자 작용
④ 증자 작용

> **동기발전기의 전기자 반작용**
> 동기발전기의 유기기전력보다 위상이 앞선 전류가 흐를 경우 증자 작용이 일어난다.

41

병렬 운전 중인 두 동기발전기의 유도 기전력이 2,000[V], 위상차가 60°, 동기 리액턴스가 100[Ω]이다. 유효순환전류[A]는?

① 5
② 10
③ 15
④ 20

> 유효순환전류 $I_c = \dfrac{E \sin \dfrac{\delta}{2}}{Z_s} = \dfrac{2,000 \times \sin \dfrac{60°}{2}}{100} = 10$[A]

42

전기기계의 철심을 규소강판으로 성층하는 이유는?

① 철손 감소
② 동손 감소
③ 기계손 감소
④ 제작 용이

> **철심의 구조**
> 규소강판으로 성층된 철심을 사용하는 이유는 철손을 감소시키기 위해서이다.
> 1) 규소강판 : 히스테리스손 감소
> 2) 성층 철심 : 와류손 감소
> 3) 히스테리시스손 + 와류손 = 철손

정답 37 ② 38 ④ 39 ③ 40 ④ 41 ② 42 ①

43 빈출

직류발전기의 정격전압이 100[V], 무부하전압이 104[V]라면 이 발전기의 전압변동률 ϵ[%]은?

① 2
② 4
③ 6
④ 8

> 전압변동률 $\epsilon = \dfrac{V_0 - V_n}{V_n} \times 100 = \dfrac{104-100}{100} \times 100 = 4[\%]$

44 빈출

고압 전선로에서 사용되는 옥외용 가교폴리에틸렌 절연전선은?

① DV
② OW
③ OC
④ NR

명칭(약호)	용도
인입용 비닐 절연전선(DV)	저압 가공 인입용으로 사용
옥외용 비닐 절연전선(OW)	저압 가공 배전선(옥외용)
옥외용 가교폴리에틸렌 절연전선(OC)	고압 가공전선로에 사용
450/750[V] 일반용 단심 비닐 절연전선(NR)	옥내배선용으로 주로 사용
형광등 전선(FL)	형광등용 안정기의 2차배선

45

주위온도가 일정 상승률 이상이 되는 경우에 작동하는 것으로 일정한 장소의 열에 의하여 작동하는 화재 감지기는?

① 차동식 분포형 감지기
② 광전식 연기 감지기
③ 이온화식 연기 감지기
④ 차동식 스포트형 감지기

> **차동식 스포트형 감지기**
> 온도상승률이 어느 한도 이상일 때 작동하는 감지기이다.

46 빈출

조명기구를 배광에 따라 분류하는 경우 특정한 장소만을 고조도로 하기 위한 조명기구는?

① 직접 조명기구
② 전반확산 조명기구
③ 광천장 조명기구
④ 반직접 조명기구

> **직접 조명기구**
> 특정 장소만을 고조도로 하기 위한 조명기구는 직접 조명기구이다.

47

교류 배전반에서 전류가 많이 흘러 전류계를 직접 주 회로에 연결할 수 없을 때 사용하는 기기는?

① 전류계용 절환개폐기
② 계기용 변류기
③ 전압계용 절환개폐기
④ 계기용 변압기

> **CT(계기용 변류기)**
> 교류 전류계의 측정범위를 확대하기 위해 사용되며, 대전류를 소전류로 변류한다.

48 빈출

어떤 코일에 50[Hz]의 교류 전압을 가하니 유도성 리액턴스가 314[Ω]이었다. 이 코일의 자체 인덕턴스[H]는?

① 20
② 10
③ 2
④ 1

> 유도성 리액턴스 $X_L = \omega L = 2\pi f L[\Omega]$
> 인덕턴스 $L = \dfrac{X_L}{2\pi f} = \dfrac{314}{2\pi \times 50} = 1[H]$

정답 43 ② 44 ③ 45 ④ 46 ① 47 ② 48 ④

49

RLC 직렬 회로의 합성 임피던스의 크기는?

① $\sqrt{R^2+\left(\omega L-\dfrac{1}{\omega C}\right)^2}$

② $\sqrt{R^2+\left(\omega C-\dfrac{1}{\omega L}\right)^2}$

③ $\sqrt{\left(\dfrac{1}{R}\right)^2+\left(\omega L-\dfrac{1}{\omega C}\right)^2}$

④ $\sqrt{R^2+\left(\omega L+\dfrac{1}{\omega C}\right)^2}$

> RLC 직렬 회로
> 임피던스 $Z=R+j\left(\omega L-\dfrac{1}{\omega C}\right)[\Omega]$
> 임피던스 크기는 $|Z|=\sqrt{R^2+\left(\omega L-\dfrac{1}{\omega C}\right)^2}$

50

한 상의 저항이 6[Ω]이고 리액턴스가 8[Ω]인 평형 3상 △ 결선의 선간전압이 100[V]일 때 선전류는 몇 [A]인가?

① $20\sqrt{3}$ ② $10\sqrt{3}$
③ $2\sqrt{3}$ ④ $100\sqrt{3}$

> 합성임피던스 $Z=\sqrt{6^2+8^2}=10[\Omega]$
> △결선의 선전류
> $I_l=\sqrt{3}\,I_P=\sqrt{3}\times\dfrac{V_P}{Z}=\sqrt{3}\times\dfrac{100}{10}=10\sqrt{3}\,[A]$

51 ⭐

2전력계법을 이용하여 평형 3상 전력을 측정하였더니 전력계의 지시가 400[W], 800[W]가 되었다면 소비전력[W]은 얼마인가?

① 400   ② 600
③ 1,200   ④ 2,400

> 2전력계법의 유효전력 $P=W_1+W_2=400+800=1,200[W]$

52

전압 $v=10\sqrt{2}\sin(\omega t+60°)+20\sqrt{2}\sin3\omega t$[V]이고, 전류 $i=5\sqrt{2}\sin(\omega t+60°)+30\sqrt{2}\sin(5\omega t+30°)$[A]이면 소비전력[W]은?

① 50   ② 250   ③ 400   ④ 650

> 비정현파의 전력 $P=V_1I_1\cos\theta_1+V_3I_3\cos\theta_3+V_5I_5\cos\theta_5$
> $=10\times5\cos(60°-60°)+20\times0\times\cos\theta_3+0\times3$
> $=50[W]$

53

유도전동기의 주파수가 60[Hz]에서 운전하다 50[Hz]로 감소 시 회전속도는 몇 배가 되는가?

① 변함이 없다.   ② 1.2배로 증가
③ 1.4배로 증가   ④ 0.83배로 감소

> 유도전동기의 속도 $N\propto f=\dfrac{50}{60}=0.83$배로 감소된다.

54 ⭐

교류전동기를 기동할 때 그림과 같은 기동 특성을 가지는 전동기는? (단, 곡선 (1)~(5)는 기동 단계에 대한 토크 특성 곡선이다.)

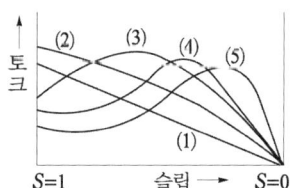

① 반발 유도전동기
② 2중 농형 유도전동기
③ 3상 분권 정류자 전동기
④ 3상 권선형 유도전동기

> 비례추이 곡선은 3상 권선형 유도전동기의 특징을 나타낸다.

정답   49 ①   50 ②   51 ③   52 ①   53 ④   54 ④

55
동기조상기를 부족여자로 하면?

① 저항손의 보상
② 콘덴서로 작용
③ 리액터로 작용
④ 뒤진 역률 보상

> **동기조상기의 운전**
> 1) 부족여자 시 리액터로 작용한다.
> 2) 과여자 시 콘덴서로 작용한다.

56 빈출
다음 중 회전의 방향을 바꿀 수 없는 전동기는?

① 분상 기동형 전동기
② 반발 기동형 전동기
③ 콘덴서 기동형 전동기
④ 셰이딩 코일형 전동기

> **셰이딩 코일형**
> 회전의 방향을 바꿀 수 없는 전동기이다.

57 빈출
일정값 이상의 전류가 흘렀을 때 동작하는 계전기는?

① OCR
② UVR
③ GR
④ OVR

> **과전류계전기(OCR)**
> 설정치 이상의 전류가 인가되면 동작하여 차단기를 트립시킨다.

2021년 이전 기출문제의 경우 법률 개정에 따라 일부 문제가 삭제되어 60문항이 되지 않음을 알려드립니다.

정답 55 ③ 56 ④ 57 ①

2020년 1회 | CBT 기출복원문제

01
R_1, R_2, R_3의 저항 3개를 직렬 연결하고 양단에 V[V]의 전압을 가할 때 R_2의 저항에 걸리는 전압[V]은?

① $\dfrac{R_1}{R_1+R_2+R_3}V$ ② $\dfrac{R_2}{R_1+R_2+R_3}V$

③ $\dfrac{R_1R_2}{R_1+R_2+R_3}V$ ④ $\dfrac{R_3}{R_1+R_2+R_3}V$

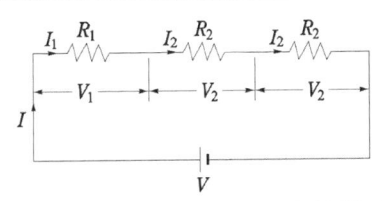

직렬회로는 $I=I_1=I_2=I_3$로 전류가 일정하므로,
R_2의 전압은
$$V_2 = I_2R_2 = IR_2 = \dfrac{V}{R_1+R_2+R_3}R_2$$
$$= \dfrac{R_2}{R_1+R_2+R_3}V[V]$$

02
반지름이 r[m]의 면적이 S[m²]인 원형도체의 전선의 고유저항은 ρ[Ω·m]이다. 전선 길이가 l[m]이라면 저항 R[Ω]은?

① $R=\dfrac{\rho l}{4\pi r}$ ② $R=\dfrac{4\rho l}{\pi r^2}$

③ $R=\dfrac{\rho l}{2\pi r}$ ④ $R=\dfrac{\rho l}{\pi r^2}$

원형도선의 단면적 : $S=\pi r^2$
저항 : $R=\rho\dfrac{l}{S}=\dfrac{\rho l}{\pi r^2}[\Omega]$

03
전기사용기구의 전압은 모두 220[V]이다. 전등 30[W] 10개, 전열기 2[kW] 1대, 전동기 1[kW] 1대를 하루 중 10시간 동안 사용한다면 전력량[kWh]은?

① 33   ② 3.3
③ 1.1   ④ 11

전력량(W) = 전력사용합계[W]×시간[h]
전등 : $W_1=(30\times10)\times10\times10^{-3}=3$[kWh]
전열기 : $W_2=(2\times1)\times10=20$[kWh]
전동기 : $W_3=(1\times1)\times10=10$[kWh]
전체 전력량 : $W=W_1+W_2+W_3=3+20+10=33$[kWh]

04 빈출
전압계와 전류계의 측정범위를 확대하기 위하여 배율기와 분류기의 접속방법은?

① 배율기는 전압계와 직렬로, 분류기는 전류계와 직렬로 연결
② 배율기는 전압계와 병렬로, 분류기는 전류계와 병렬로 연결
③ 배율기는 전압계와 직렬로, 분류기는 전류계와 병렬로 연결
④ 배율기는 전압계와 병렬로, 분류기는 전류계와 직렬로 연결

1) 배율기 : 전압계와 직렬로 연결
2) 분류기 : 전류계와 병렬로 연결

정답 01 ② 02 ④ 03 ① 04 ③

05

발전기 권선의 층간단락보호에 가장 적합한 계전기는?

① 과부하 계전기 ② 차동 계전기
③ 접지 계전기   ④ 온도 계전기

> **발전기 내부고장 보호 계전기**
> 1) 차동 계전기   2) 비율 차동 계전기

06

일정 전압 및 일정 파형에서 주파수가 상승하면 변압기 철손은 어떻게 변하는가?

① 증가한다.
② 감소한다.
③ 불변이다.
④ 어떤 기간 동안 증가한다.

> 변압기는 다음의 관계를 갖는다.
> $\phi \propto B_m \propto I_0 \propto P_i \propto \dfrac{1}{f} \propto \dfrac{1}{\%Z}$
> B_m : 최대 자속밀도, I_0 : 여자전류, P_i : 철손
> f : 주파수, $\%Z$: 퍼센트 임피던스 강하율
> 위 조건에서 주파수와 철손은 반비례하므로, 주파수가 상승하면 철손은 감소한다.

07

변압기의 병렬 운전이 불가능한 3상 결선은?

① $Y-Y$와 $Y-Y$ ② $\Delta-\Delta$와 $Y-Y$
③ $\Delta-\Delta$와 $\Delta-Y$ ④ $\Delta-Y$와 $\Delta-Y$

> **변압기 병렬 운전 불가능 결선(홀수)**
> $\Delta-\Delta$와 $\Delta-Y$
> $\Delta-\Delta$와 $Y-\Delta$
> $\Delta-Y$와 $\Delta-\Delta$
> $Y-\Delta$와 $\Delta-\Delta$

08

주상변압기의 냉각방식은 무엇인가?

① 유입 자냉식   ② 유입 수냉식
③ 송유 풍냉식   ④ 유입 풍냉식

> 주상변압기의 경우 유입 자냉식(ONAN)을 사용하고 있으며 이는 보수가 간단하여 가장 널리 쓰이는 방식이다.

09

다음 중 전기 용접기용 발전기로 가장 적당한 것은?

① 직류 분권형 발전기
② 직류 타여자 발전기
③ 가동 복권형 발전기
④ 차동 복권형 발전기

> **용접기용 발전기**
> 1) 차동 복권의 경우 수하특성이 매우 우수한 발전기
> 2) 수하특성 : 전류가 증가하면 전압이 저하하는 특성

10

3상 유도 전동기의 1차 입력 60[kW], 1차 손실 1[kW], 슬립이 3[%]라면 기계적 출력은 약 몇 [kW]인가?

① 57   ② 62
③ 59   ④ 75

> 기계적인 출력 $P_0 = (1-s)P_2$
> (P_2 : 2차 입력)
> 1) 조건에서 1차 입력이 60[kW], 손실이 1[kW]
> 2) $60-1=59$[kW]가 2차 입력이 된다.
> ∴ $P_0 = (1-0.03) \times 59 = 57.23$[kW]

정답 05 ② 06 ② 07 ③ 08 ① 09 ④ 10 ①

11

변압기에서 퍼센트 저항강하가 3[%], 리액턴스강하가 4[%]일 때 역률 0.8(지상)에서의 전압변동률[%]은?

① 2.4
② 3.6
③ 4.8
④ 6.0

> 변압기 전압변동률 ϵ
> $\epsilon = p\cos\theta + q\sin\theta$
> $= 3 \times 0.8 + 4 \times 0.6 = 4.8[\%]$
> (p : %저항강하, q : %리액턴스강하)

12

단상 3선식 전원(100/200[V])에 100[V]의 전구와 콘센트 및 200[V]의 모터를 시설하고자 한다. 전원 분배가 옳게 결선된 회로는?

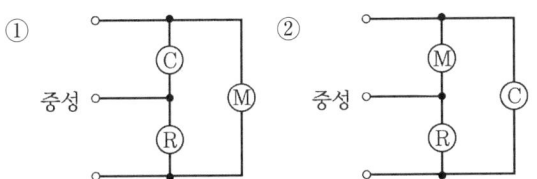
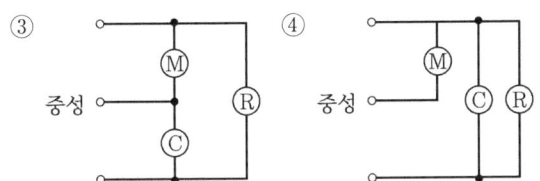

> 단상 3선식
> 1) 단상 3선식의 전기방식이란 외선과 중성선 간에서 전압을 얻을 수 있으며 외선과 외선 사이에서 전압을 얻을 수 있다.
> 2) 조건에서 100[V]는 외선과 중성선 사이 전압을 말하고 200[V]는 외선과 외선 사이의 전압을 말한다. 이때 ⓡ은 전구를 말하고, ⓒ는 콘센트, ⓜ은 모터를 말한다.
> 3) 따라서 100[V]라인에는 ⓡ, ⓒ가 연결되어야 하며 200[V] 라인에는 ⓜ이 연결되어야 옳은 결선이 된다.

13

전선 6[mm²] 이하의 가는 단선을 직선접속할 때 어느 접속 방법으로 하여야 하는가?

① 브리타니어 접속
② 우산형 접속
③ 슬리브 접속
④ 트위스트 접속

> 단선의 접속(트위스트 접속과 브리타니어 접속)
> 1) 트위스트 접속 : 6[mm²] 이하의 단선인 경우에만 적용
> 2) 브리타니어 접속 : 10[mm²] 이상의 굵은 단선인 경우 적용

14

한 수용가의 인입선에서 분기하여 지지물을 거치지 아니하고 다른 수용장소의 인입구에 이르는 부분의 전선을 무엇이라 하는가?

① 가공인입선
② 옥외 배선
③ 연접인입선
④ 연접가공선

> 연접인입선
> 한 수용가의 인입선에서 분기하여 다른 지지물을 거치지 아니하고 다른 수용장소의 인입구에 이르는 전선

15

금속덕트를 조영재에 붙이는 경우 지지점 간의 거리는 최대 몇 [m] 이하로 하여야 하는가?

① 1.5
② 2.0
③ 3.0
④ 3.5

> 금속덕트의 지지점 간의 거리는 조영재 시설 시 3.0[m] 이하 간격으로 견고하게 지지한다.

정답 11 ③ 12 ① 13 ④ 14 ③ 15 ③

16

다음 중 과전류 차단기를 설치해야 하는 곳은?

① 접지공사의 접지도체
② 인입선
③ 다선식 전로의 중성선
④ 저압가공전선로의 접지 측 전선

> 과전류 차단기 시설 제한 장소
> 1) 접지공사의 접지도체
> 2) 다선식 전로의 중성선
> 3) 전로 일부에 접지공사를 한 저압가공전선로의 접지 측 전선

17

활선 상태에서 전선의 피복을 벗기는 공구는?

① 전선 피박기
② 애자커버
③ 와이어통
④ 데드엔드 커버

> 전선 피박기는 활선 시 전선의 피복을 벗기는 공구이다.

18

전기의 기전력 15[V], 내부저항이 3[Ω]인 전지의 양단을 단락시키면 흐르는 전류 I[A]는?

① 5
② 4
③ 3
④ 2

> 전지의 단락전류(I_s)
> $I_s = \dfrac{\text{기전력[V]}}{\text{내부저항[Ω]}} = \dfrac{15}{3} = 5\text{[A]}$

19

지선에 사용되는 애자는 무엇인가?

① 인류애자
② 핀애자
③ 구형애자
④ 저압 옥애자

> 구형애자(지선애자)는 지선의 중간에 넣어서 사용되는 애자

20

공기 중에 $Q = 16\pi$[C]의 점전하에서 거리가 각각 1[m], 2[m]일 때의 전속밀도 D[C/m²]은?

① 1, 4
② 4, 1
③ 2, 3
④ 3, 2

> 점전하의 전속밀도 $D = \epsilon_0 E = \epsilon_0 \dfrac{Q}{4\pi\epsilon_0 r^2} = \dfrac{Q}{4\pi r^2}$[C/m²]
>
> 그러므로 1[m]일 때 $D = \dfrac{16\pi}{4\pi \times 1^2} = 4$[C/m²],
>
> 2[m]일 때 $D = \dfrac{16\pi}{4\pi \times 2^2} = 1$[C/m²]

21

콘덴서 C[F]에 전압 V[V]을 인가하여 콘덴서에 축적되는 에너지가 W[J]이 되었다면 전압 V[V]는?

① $\dfrac{2W}{C}$
② $\dfrac{2W}{C^2}$
③ $\sqrt{\dfrac{2W}{C}}$
④ $\sqrt{\dfrac{W}{C}}$

> 콘덴서의 축적에너지 $W = \dfrac{1}{2}CV^2$
>
> $V^2 = \dfrac{2W}{C}$, $V = \sqrt{\dfrac{2W}{C}}$[V]

22

다음은 전기력선의 설명이다. 맞는 것은?

① 전기력선의 접선방향이 전기장의 방향이다.
② 전기력선은 낮은 곳에서 높은 곳으로 향한다.
③ 전기력선은 등전위면과 교차하지 않는다.
④ 전기력선은 대전된 도체 표면에서 내부로 향한다.

> 전기력선의 성질
> 1) 전기력선은 높은 곳에서 낮은 곳으로 향한다.
> 2) 전기력선은 등전위면과 수직(90°)으로 교차한다.
> 3) 전기력선은 대전된 도체 표면에서 외부로 향한다.

정답 16 ② 17 ① 18 ① 19 ③ 20 ② 21 ③ 22 ①

23

콘덴서 C_1, C_2를 직렬로 연결하고 양단에 전압 V [V]를 걸었을 때 C_1에 걸리는 전압이 V_1이었다면 양단의 전체 전압 V [V]는?

① $V = \dfrac{C_2}{C_1 + C_2} V_1$
② $V = \dfrac{C_1}{C_1 + C_2} V_1$
③ $V = \dfrac{C_1 + C_2}{C_2} V_1$
④ $V = \dfrac{C_1 + C_2}{C_1 C_2} V_1$

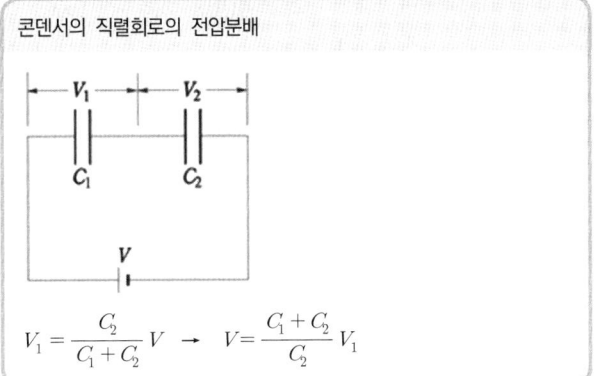

콘덴서의 직렬회로의 전압분배

$V_1 = \dfrac{C_2}{C_1 + C_2} V \rightarrow V = \dfrac{C_1 + C_2}{C_2} V_1$

24

3상 동기 발전기를 병렬 운전시키는 경우 고려하지 않아도 되는 조건은?

① 상회전 방향이 같을 것
② 전압 파형이 같을 것
③ 회전수가 같을 것
④ 발생 전압이 같을 것

동기 발전기의 병렬 운전 조건
1) 기전력의 크기가 같을 것
2) 기전력의 위상이 같을 것
3) 기전력의 주파수가 같을 것
4) 기전력의 파형이 같을 것
5) 상회전 방향이 같을 것

25

3상 전파 정류회로에서 출력전압의 평균전압은? (단, V는 선간전압의 실효값)

① $0.45 V$ [V]
② $0.9 V$ [V]
③ $1.17 V$ [V]
④ $1.35 V$ [V]

정류방식
1) 단상 반파 : 0.45E
2) 단상 전파 : 0.9E
3) 3상 반파 : 1.17E
4) 3상 전파 : 1.35E

26

보호를 요하는 회로의 전류가 어떤 일정한 값(정정값) 이상으로 흘렀을 때 동작하는 계전기는?

① 과전류 계전기
② 과전압 계전기
③ 차동 계전기
④ 비율 차동 계전기

과전류 계전기(OCR)
설정치 이상의 과전류(과부하, 단락)가 흐를 경우 동작하는 계전기

27

다음 중 제동권선에 의한 기동 토크를 이용하여 동기 전동기를 기동시키는 방법은?

① 고주파 기동법
② 저주파 기동법
③ 기동 전동기법
④ 자기 기동법

동기 전동기의 기동법
1) 자기 기동법 : 제동권선
   이때 기동 시 계자권선을 단락히여야 함(고전압에 따른 절연파괴 우려가 있기 때문)
2) 기동 전동기법 : 3상 유도 전동기
   유도 전동기를 기동 전동기로 사용 시 동기 전동기보다 2극을 적게 함

정답 23 ③ 24 ③ 25 ④ 26 ① 27 ④

28

회전변류기의 직류 측 전압을 조정하려는 방법이 아닌 것은?

① 직렬 리액턴스에 의한 방법
② 부하 시 전압조정 변압기를 사용하는 방법
③ 동기 승압기를 사용하는 방법
④ 여자 전류를 조정하는 방법

회전변류기의 직류 측 전압조정 방법
1) 직렬 리액턴스에 의한 방법
2) 유도 전압조정기에 의한 방법
3) 동기 승압기에 의한 방법
4) 부하 시 전압조정 변압기에 의한 방법

29

60[Hz], 4극 슬립 5[%]인 유도 전동기의 회전수는?

① 1,710[rpm]   ② 1,746[rpm]
③ 1,800[rpm]   ④ 1,890[rpm]

유도 전동기의 회전수(N)

$N = (1-s)N_s$
$\quad = (1-0.05) \times 1,800 = 1,710[\text{rpm}]$
$N_s = \dfrac{120}{P}f = \dfrac{120}{4} \times 60 = 1,800[\text{rpm}]$

30

두 개 이상의 회로에서 선행 동작 우선회로 또는 상대동작 금지회로인 동력배선의 제어회로는?

① 자기유지회로   ② 인터록회로
③ 동작지연회로   ④ 타이머회로

인터록회로
상대동작을 금지시켜 동시동작이나 동시 투입을 방지하는 회로

31

최대사용전압이 70[kV]인 중성점 직접 접지식 전로의 절연내력 시험전압은 몇 [V]인가?

① 35,000[V]   ② 42,000[V]
③ 44,800[V]   ④ 50,400[V]

1) 절연내력시험 전압(일정배수의 전압을 10분간 시험대상에 가함)

구분		배수	최저전압
비접지식	7[kV] 이하	최대사용전압×1.5배	500[V]
	7[kV] 초과	최대사용전압×1.25배	10,500[V]
중성점 다중 접지식	7[kV] 초과 25[kV] 이하	최대사용전압×0.92배	×
중성점 접지식	60[kV] 초과	최대사용전압×1.1배	75,000[V]
중성점 직접 접지식	170[kV] 이하	최대사용전압×0.72배	×
	170[kV] 초과	최대사용전압×0.64배	×

2) 직접 접지이며 170[kV] 이하이므로
$V \times 0.72 = 70 \times 10^3 \times 0.72 = 50,400[\text{V}]$

32

물체의 두께, 깊이, 안지름 및 바깥지름 등을 모두 측정할 수 있는 공구의 명칭은?

① 버니어 켈리퍼스   ② 마이크로미터
③ 다이얼 게이지   ④ 와이어 게이지

버니어 켈리퍼스
물체의 두께, 깊이, 안지름 및 바깥지름 등을 모두 측정할 수 있는 공구

33 ⭐

금속 전선관 작업에서 나사를 낼 때 필요한 공구는 어느 것인가?

① 파이프 벤더   ② 볼트클리퍼
③ 오스터   ④ 파이프 렌치

금속관 작업공구
오스터의 경우 금속관 작업 시 나사를 낼 때 필요한 공구

정답 28 ④ 29 ① 30 ② 31 ④ 32 ① 33 ③

34

다음 [보기] 중 금속관, 애자, 합성수지 및 케이블 공사가 모두 가능한 특수 장소를 옳게 나열한 것은?

[보기]
① 화약고 등의 위험장소
② 부식성 가스가 있는 장소
③ 위험물 등이 존재하는 장소
④ 불연성 먼지가 많은 장소
⑤ 습기가 많은 장소

① ①, ②, ③
② ②, ③, ④
③ ②, ④, ⑤
④ ①, ④, ⑤

위 조건에서 애자 공사의 경우 폭연성 및 위험물 등이 존재하는 장소에 시설이 불가하다. 따라서 화약고 및 위험물이 존재하는 장소가 제외된다.

35

450/750[V] 일반용 단심 비닐 절연전선의 약호는?

① NR
② IR
③ IV
④ NRI

명칭(약호)	용도
인입용 비닐 절연전선(DV)	저압 가공 인입용으로 사용
옥외용 비닐 절연전선(OW)	저압 가공 배전선(옥외용)
옥외용 가교폴리에틸렌 절연전선(OC)	고압 가공전선로에 사용
450/750[V] 일반용 단심 비닐 절연전선 (NR)	옥내배선용으로 주로 사용
형광등 전선(FL)	형광등용 안정기의 2차배선

36

박강 전선관에서 그 호칭이 잘못된 것은?

① 19[mm]
② 22[mm]
③ 25[mm]
④ 51[mm]

박강 전선관(바깥지름을 기준으로 한 홀수 호칭)
19, 25, 31, 39, 51, 63, 75[mm] (7종)

37

평행왕복도선에 작용하는 힘과 떨어진 거리 r[m]와의 관계는?

① 흡인력이 작용하며 r에 비례한다.
② 반발력이 작용하며 r에 반비례한다.
③ 흡인력이 작용하며 r에 반비례한다.
④ 반발력이 작용하며 r에 제곱비례한다.

평행도선의 작용하는 힘
1) 같은(동일) 방향의 전류 : 흡인력
2) 반대(왕복) 방향의 전류 : 반발력
3) $F = \dfrac{2I_1 I_2}{r} \times 10^{-7}$[N/m]이므로 거리($r$)에 반비례

38

전자 유도 현상에 의하여 생기는 유기기전력의 방향을 정한 법칙은?

① 플레밍의 오른손 법칙
② 플레밍의 왼손 법칙
③ 렌츠의 법칙
④ 암페어 오른손 법칙

1) 유기기전력의 크기 : 패러데이 법칙
2) 유기기전력의 방향 : 렌츠의 법칙

39

히스테리시스 곡선에서 종축과 횡축은 무엇을 나타내는가?

① 자기장과 전류밀도
② 자속밀도와 자기장
③ 전류와 자기장
④ 자속밀도와 전속밀도

히스테리시스곡선
1) 종축 : 자속밀도(B)
2) 횡축 : 자기장(H)

정답 34 ③ 35 ① 36 ② 37 ② 38 ③ 39 ②

40

공기 중의 자속밀도 B[Wb/m²]는 기름의 비투자율이 5인 경우 자속밀도의 몇 배인가?

① 1/5배 ② 5배
③ 1/25배 ④ 25배

기름의 자속밀도 $B = \mu H = \mu_s \mu_0 H = \mu_s B_0$ [Wb/m²]

$\dfrac{\text{공기일 때 자속밀도}}{\text{기름일 때 자속밀도}} = \dfrac{B_0}{B} = \dfrac{B_0}{\mu_s B_0} = \dfrac{1}{\mu_s} = \dfrac{1}{5}$ [배]

41

자기저항 R_m = 100[AT/Wb]인 회로에 코일의 권수를 100회 감고 전류 10[A]를 흘리면 자속 ϕ[Wb]는?

① 0.1 ② 1
③ 10 ④ 100

기자력 $F = NI = \phi R_m$ [AT]

자속 $\phi = \dfrac{NI}{R_m} = \dfrac{100 \times 10}{100} = 10$ [Wb]

42

동일한 인덕턴스 L[H]인 두 코일을 같은 방향으로 감고 직렬 연결했을 때의 합성 인덕턴스[H]는? (단, 두 코일의 결합계수는 1이다.)

① 2L ② 3L
③ 4L ④ 5L

같은(동일) 방향의 가동접속 직렬 합성 인덕턴스

$L_T = L_1 + L_2 + 2 \times k\sqrt{L_1 \times L_2}$
$= L + L + 2 \times 1 \times \sqrt{L \times L} = 4L$

43

어느 소자에 $v = V_m \cos\left(\omega t - \dfrac{\pi}{6}\right)$[V]의 교류전압을 인가했더니 전류가 $i = I_m \sin \omega t$[A]가 흘렀다면 전압과 전류의 위상차는?

① 15도 ② 30도
③ 45도 ④ 60도

$i = I_m \sin \omega t = I_m \sin(\omega t + 0°)$ [A]
$v = V_m \cos\left(\omega t - \dfrac{\pi}{6}\right) = V_m \sin(\omega t - 30° + 90°)$
$= V_m \sin(\omega t + 60°)$ [V]
전압과 전류의 sin파 위상차 $\theta = 60° - 0° = 60°$

44

직류 분권 전동기의 계자전류를 약하게 하면 회전수는?

① 감소한다. ② 정지한다.
③ 증가한다. ④ 변화 없다.

분권 전동기의 계자전류
1) 계자전류와 N은 반비례
2) $\phi \propto \dfrac{1}{N}$이기 때문에 계자전류의 크기가 작아진다는 것 : $\phi \downarrow$ 가 되므로 $N \uparrow$

45

변압기의 손실에 해당되지 않는 것은?

① 동손 ② 와전류손
③ 히스테리시스손 ④ 기계손

변압기의 손실
1) 무부하손 : 철손(히스테리시스손 + 와류손)
2) 부하손 : 동손
기계손은 회전기의 손실에 해당된다.

정답 40 ① 41 ③ 42 ③ 43 ④ 44 ③ 45 ④

46

직류 발전기의 전기자의 역할은?

① 기전력을 유도한다.
② 자속을 만든다.
③ 정류작용을 한다.
④ 회전자와 외부회로를 접속한다.

> **직류 발전기의 구조**
> 1) 계자 : 주 자속을 만드는 부분
> 2) 전기자 : 주 자속을 끊어 유기기전력을 발생
> 3) 정류자 : 교류를 직류로 변환
> 4) 브러쉬 : 내부의 회로와 외부의 회로를 전기적으로 연결

47

수전단 발전소용 변압기의 결선에 주로 사용하고 있으며 한쪽은 중성점을 접지할 수 있고 다른 한쪽은 3고조파에 의한 영향을 없애주는 장점을 가지고 있는 3상 결선 방식은?

① $Y-Y$
② $\Delta-\Delta$
③ $Y-\Delta$
④ $\Delta-Y$

> **변압기의 결선**
> 1) Y결선의 장점 : 중성점 접지 가능
> 2) Δ결선의 장점 : 제3고조파 제거 가능
> 조건에서 중성점을 접지하고 제3고조파를 제거할 수 있다고 하였으므로 순서대로 보면 Y-Δ결선이 된다.

48 ⭐

하나의 콘센트에 둘 또는 세 가지의 기구를 사용할 때 끼우는 플러그는?

① 테이블탭
② 멀티탭
③ 코드 접속기
④ 아이언플러그

> **멀티탭**
> 하나의 콘센트에 둘 또는 세 가지 기구를 접속할 때 사용한다.

49 ⭐

어떤 정현파 교류의 최대값이 628[V]이면 평균값 V_a[V]는?

① 100
② 200
③ 300
④ 400

> 최대값(V_m) → 평균값(V_a)
> $$V_a = \frac{2V_m}{\pi} = \frac{2 \times 628}{3.14} = 400[V]$$

50

저항 6[Ω], 유도성 리액턴스 8[Ω]가 직렬 연결되어 있을 때 어드미턴스 Y[℧]는?

① $0.06 - j0.08$
② $0.06 + j0.08$
③ $60 + j80$
④ $0.008 - j0.06$

> 직렬 합성 임피던스 : $Z = 6 + j8[\Omega]$
> 직렬 합성어드미턴스 : $Y = \frac{1}{Z}[℧]$
> $$Y = \frac{1}{6+j8} \times \frac{(6-j8)}{(6-j8)} = \frac{6-j8}{6^2+8^2} = \frac{6-j8}{100}$$
> $$= 0.06 - j0.08[℧]$$

51

3상 Y결선의 각 상의 임피던스가 20[Ω]일 때 Δ결선으로 변환하면 각 상의 임피던스는 얼마인가?

① 30[Ω]
② 60[Ω]
③ 90[Ω]
④ 120[Ω]

> 임피던스 변환($Y \to \Delta$)
> $Z_\Delta = Z_Y \times 3 = 20 \times 3 = 60[\Omega]$

정답 46 ① 47 ③ 48 ② 49 ④ 50 ① 51 ②

52
다음 중 비정현파의 푸리에 급수 성분이 아닌 것은?

① 기본파　　② 직류분
③ 삼각파　　④ 고조파

> 비정현파 = 직류분 + 기본파 + 고조파

53
직류기의 정류작용에서 전압 정류의 역할을 하는 것은?

① 탄소 brush　　② 보극
③ 리액턴스 코일　　④ 보상권선

> 양호한 정류를 얻는 방법
> 1) 보극 설치(전압 정류)　2) 탄소 브러쉬(저항 정류)

54
동기 발전기의 전기자권선을 분포권으로 하면?

① 집중권에 비하여 합성 유기기전력이 높아진다.
② 권선의 리액턴스가 커진다.
③ 파형이 좋아진다.
④ 난조를 방지한다.

> 동기 발전기 분포권을 사용하는 이유
> 1) 기전력의 파형을 개선
> 2) 고조파를 제거하고 누설리액턴스가 감소

55
특고압 수전설비의 결선 기호와 명칭으로 잘못된 것은?

① CB - 차단기　　② DS - 단로기
③ LA - 피뢰기　　④ LF - 전력퓨즈

> 전력퓨즈의 경우 PF(Power Fuse)를 말하며 단락전류 차단을 주목적으로 한다.

56
지선의 허용 최저 인장하중은 몇 [kN] 이상인가?

① 2.31　　② 3.41
③ 4.31　　④ 5.21

> 지선은 지지물의 강도를 보강한다. 단, 철탑은 사용 제외한다.
> 1) 안전율 : 2.5 이상
> 2) 허용 인장하중 : 4.31[kN]
> 3) 소선 수 : 3가닥 이상의 연선
> 4) 소선지름 : 2.6[mm] 이상
> 5) 지선이 도로를 횡단할 경우 5[m] 이상 높이에 설치

57
동기 발전기의 돌발단락전류를 주로 제한하는 것은?

① 동기리액턴스　　② 누설리액턴스
③ 권선저항　　④ 역상리액턴스

> 단락전류의 특성
> 1) 발전기 단락 시 단락전류 : 처음에는 큰 전류이나 점차 감소
> 2) 순간이나 돌발단락전류를 제한하는 것 : 누설리액턴스
> 3) 지속 또는 영구단락전류를 제한하는 것 : 동기리액턴스

58
저압 가공인입선의 인입구에 사용하며 금속관 공사에서 끝부분의 빗물 침입을 방지하는 데 적당한 것은?

① 플로어 박스　　② 엔트런스 캡
③ 부싱　　④ 터미널 캡

> 엔트런스 캡
> 인입구에 빗물의 침입을 방지하기 위하여 사용

정답　52 ③　53 ②　54 ③　55 ④　56 ③　57 ②　58 ②

2020년 2회 | CBT 기출복원문제

01
어느 도체에 3[A]의 전류를 1시간 동안 흘렸다. 이동된 전기량 Q[C]은 얼마인가?

① 180[C] ② 1,800[C]
③ 10,800[C] ④ 28,000[C]

> 시간 $t = 1[h] = 3,600[sec]$
> 전기량 $Q = It$[C]
> $Q = 3[A] \times 3,600[sec] = 10,800[C]$

02
300[Ω]의 저항 3개를 사용하여 가장 작은 합성저항을 얻는 경우는 몇 [Ω]인가?

① 10 ② 50
③ 100 ④ 500

> 가장 작은 합성저항
> 1) 모든 저항을 병렬로 접속
> 2) 합성저항 $R = \dfrac{r}{n개} = \dfrac{300}{3} = 100[\Omega]$

03
기전력 1.5[V], 내부 저항 0.1[Ω]인 전지 10개를 직렬 연결하고 전지 양단에 외부저항 9[Ω]를 연결하였을 때 전류[A]는?

① 1.0 ② 1.5
③ 2.0 ④ 2.5

> 전지의 직렬회로 전류
> $I = \dfrac{nV_1}{nr_1 + R} = \dfrac{10 \times 1.5}{10 \times 0.1 + 9} = 1.5[A]$

04
50[V]를 가하여 30[C]을 3초 걸려서 이동하였다. 이때의 전력은 몇 [kW]인가?

① 1.5 ② 1.0
③ 0.5 ④ 0.1

> 전기 에너지 : $W = Pt = QV$
> 전력 : $P = \dfrac{W}{t} = \dfrac{QV}{t} = \dfrac{30 \times 50}{3} = 500[W] = 0.5[kW]$

05
전류의 열작용과 관계가 있는 것은 어느 것인가?

① 키르히호프의 법칙 ② 줄의 법칙
③ 패러데이 법칙 ④ 렌츠의 법칙

> 줄의 법칙
> 어떤 도체에 전류가 흐르면 열이 발생하는 현상

06
다음 중 전선의 굵기를 측정할 때 사용되는 것은?

① 와이어 게이지 ② 파이어 포트
③ 스패너 ④ 프레셔 툴

> 와이어 게이지
> 전선의 굵기를 측정할 때 사용된다.

정답 01 ③ 02 ③ 03 ② 04 ③ 05 ② 06 ①

07

콘덴서 C_1, C_2를 직렬로 연결하고 양단에 전압 V[V]를 걸었을 때 C_1에 걸리는 전압이 V_1이었다면 양단의 전체 전압 V[V]는?

① $V = \dfrac{C_2}{C_1 + C_2} V_1$
② $V = \dfrac{C_1}{C_1 + C_2} V_1$
③ $V = \dfrac{C_1 + C_2}{C_2} V_1$
④ $V = \dfrac{C_1 + C_2}{C_1 C_2} V_1$

> **콘덴서의 직렬회로의 전압분배**
>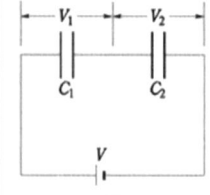
> $V_1 = \dfrac{C_2}{C_1 + C_2} V \rightarrow V = \dfrac{C_1 + C_2}{C_2} V_1$

08 ★빈출

동기 발전기의 돌발단락전류를 주로 제한하는 것은?

① 동기리액턴스
② 누설리액턴스
③ 권선저항
④ 역상리액턴스

> **단락전류의 특성**
> 1) 발전기 단락 시 단락전류 : 처음에는 큰 전류이나 점차 감소
> 2) 순간이나 돌발단락전류를 제한하는 것 : 누설리액턴스
> 3) 지속 또는 영구단락전류를 제한하는 것 : 동기리액턴스

09 ★빈출

다음 중 자기 소호 제어용 소자는?

① SCR
② TRIAC
③ DIAC
④ GTO

> **GTO(Gate Turn Off)**
> 게이트 신호로 정지가 가능하며 자기 소호기능이 있다.

10

유도 전동기의 동기속도를 N_s, 회전속도를 N이라 할 때 슬립은?

① $s = \dfrac{N_s - N}{N_s}$
② $s = \dfrac{N - N_s}{N}$
③ $s = \dfrac{N_s - N}{N}$
④ $s = \dfrac{N_s + N}{N_s}$

> 슬립 $s = \dfrac{N_s - N}{N_s} \times 100$[%]
> s : 슬립[%], N_s : 동기속도 $\left(\dfrac{120}{P} f\right)$[rpm],
> N : 회전자속도[rpm]

11

직류 전동기를 기동할 때 흐르는 전기자 전류를 제한하는 가감저항기를 무엇이라 하는가?

① 단속저항기
② 제어저항기
③ 가속저항기
④ 기동저항기

> 기동 시 전기자 전류를 제한하는 가감저항기를 기동저항기라고 한다.

12

다음 중 제동권선에 의한 기동 토크를 이용하여 동기 전동기를 기동시키는 방법은?

① 고주파 기동법
② 저주파 기동법
③ 기동 전동기법
④ 자기 기동법

> **동기 전동기의 기동법**
> 1) 자기 기동법 : 제동권선
>   (이때 기동 시 계자권선을 단락하여야 함 → 고전압에 따른 절연파괴 우려가 있다.)
> 2) 기동 전동기법 : 3상 유도 전동기
>   (유도 전동기를 기동 전동기로 사용 시 동기 전동기보다 2극을 적게 한다.)

정답 07 ③ 08 ② 09 ④ 10 ① 11 ④ 12 ④

13 ⭐

그림은 동기기의 위상 특성 곡선을 나타낸 것이다. 전기자 전류가 가장 작게 흐를 때의 역률은?

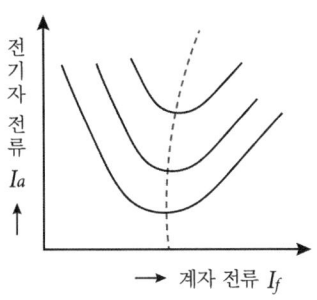

① 1
② 0.9[진상]
③ 0.9[지상]
④ 0

> **위상 특성 곡선**
> 부하를 일정하게 하고, 계자전류의 변화에 대한 전기자 전류의 변화를 나타낸 곡선
>
>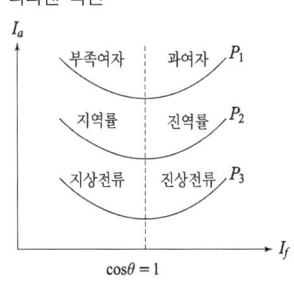
>
> 1) I_a가 최소 $\cos\theta = 1$이 된다.
> 2) 부족여자 시 지상전류를 흘릴 수 있으며, 리액터로 작용할 수 있다.
> 3) 과여자 시 진상전류를 흘릴 수 있으며, 콘덴서로 작용할 수 있다.

14

단상 반파 정류회로에서 직류전압의 평균값으로 가장 적당한 것은? (단, E는 교류전압의 실효값)

① $0.45E[\text{V}]$
② $0.9E[\text{V}]$
③ $1.17E[\text{V}]$
④ $1.35E[\text{V}]$

> **정류방식**
> 1) 단상 반파 : 0.45E
> 2) 단상 전파 : 0.9E
> 3) 3상 반파 : 1.17E
> 4) 3상 전파 : 1.35E

15

다음 중 금속 전선관을 박스에 고정시킬 때 사용하는 것은?

① 새들
② 부싱
③ 로크너트
④ 클램프

> 1) 새들 : 관을 벽면에 고정
> 2) 부싱 : 전선의 절연물을 보호
> 3) 로크너트 : 관을 박스에 고정
> 4) 클램프 : 측정기로 사용되는 것이기도 하며, 전선을 고정 시에도 사용

16

배전반 및 분전반의 설치 장소로 적합하지 못한 것은?

① 안정된 장소
② 전기회로를 쉽게 조작할 수 있는 장소
③ 개폐기를 쉽게 조작할 수 있는 장소
④ 은폐된 장소

> **배전반 및 분전반의 설치 장소**
> 쉽게 조작할 수 있어야 하며 안정되며, 노출된 장소

17 ⭐

가연성 분진(소맥분, 전분, 유황 기타 가연성 먼지 등)으로 인하여 폭발할 우려가 있는 저압 옥내 설비공사로 적절한 것은?

① 금속관 공사
② 애자 공사
③ 가요전선관 공사
④ 금속 몰드 공사

> **가연성 먼지(분진)의 전기 공사**
> 1) 금속관 공사
> 2) 케이블 공사
> 3) 합성수지관 공사(두께 2[mm] 미만의 합성수지 전선관 및 난연성이 없는 콤바인 덕트관을 사용하는 것을 제외한다.)

정답 13 ① 14 ① 15 ③ 16 ④ 17 ①

18

합성수지관 상호 및 관과 박스 접속 시 삽입하는 깊이는 관 바깥 지름의 몇 배 이상으로 하여야 하는가? (단, 접착제를 사용하지 않는 경우이다.)

① 0.6배
② 0.8배
③ 1.2배
④ 1.6배

> 합성수지관 공사
> 1) 1본의 길이 : 4[m]
> 2) 관 상호 간, 관과 박스를 접속할 경우 관의 삽입 깊이는 관 바깥지름의 1.2배 이상(단, 접착제를 사용하는 경우 0.8배 이상)
> 3) 지지점 간 거리는 1.5[m] 이하

19

전류 $i = 30\sqrt{2}\sin\omega t + 40\sqrt{2}\sin\left(3\omega t + \frac{\pi}{4}\right)$[A]의 비정현파의 실효전류 I[A]는?

① 20
② 30
③ 40
④ 50

> 기본파의 실효값 : $I_1 = \dfrac{I_{m1}}{\sqrt{2}} = \dfrac{30\sqrt{2}}{\sqrt{2}} = 30$[A]
> 3고조파의 실효값 : $I_3 = \dfrac{I_{m3}}{\sqrt{2}} = \dfrac{40\sqrt{2}}{\sqrt{2}} = 40$[A]
> 비정현파의 실효값 전류
> $I = \sqrt{I_1^2 + I_3^2} = \sqrt{30^2 + 40^2} = 50$[A]

20

나전선 상호를 접속하는 경우 일반적으로 전선의 세기를 몇 [%] 이상 감소시키지 아니하여야 하는가?

① 2[%]
② 10[%]
③ 20[%]
④ 80[%]

> 전선의 접속 시 유의사항
> 1) 전선을 접속하는 경우 전기 저항이 증가되지 않도록 할 것
> 2) 전선의 접속 시 전선의 세기를 20[%] 이상 감소시키지 말 것 (80[%] 이상 유지시킬 것)

21

용량이 같은 콘덴서가 10개 있다. 이것을 직렬로 접속할 때의 값은 병렬로 접속할 때의 값보다 어떻게 되는가?

① 1/10배로 감소한다.
② 1/100배로 감소한다.
③ 10배로 증가한다.
④ 100배로 증가한다.

> 직렬 합성 용량 : $C_{직} = \dfrac{C}{n}$
> 병렬 합성 용량 : $C_{병} = nC$
> $\dfrac{C_{직}}{C_{병}} = \dfrac{\frac{C}{n}}{nC} = \dfrac{1}{n^2} = \dfrac{1}{10^2} = \dfrac{1}{100}$ (감소)

22

다음은 전기력선의 설명이다. 틀린 것은?

① 전기력선의 접선방향이 전기장의 방향이다.
② 전기력선은 높은 곳에서 낮은 곳으로 향한다.
③ 전기력선은 등전위면과 수직으로 교차한다.
④ 전기력선은 대전된 도체 표면에서 내부로 향한다.

> 전기력선은 대전된 도체 표면에서 외부로 향한다.

23

일정한 직류 전원에 저항을 접속하여 전류를 흘릴 때 이 전류값을 10[%] 감소시키려면 저항은 처음의 저항에 몇 [%]가 되어야 하는가?

① 10[%] 감소
② 11[%] 감소
③ 10[%] 증가
④ 11[%] 증가

> 전류 변화 : $\Delta I = 100 - 10 = 90$[%] $= 0.9I$
> 옴의 법칙 : $I = \dfrac{V}{R} \Rightarrow R' = \dfrac{V}{I'} = \dfrac{V}{0.9I} = \dfrac{1}{0.9}R = 1.11R$
> 저항 변화 : $\Delta R = 1.11 - 1 = 0.11 = 11$[%] (증가)

정답 18 ③ 19 ④ 20 ③ 21 ② 22 ④ 23 ④

24

평행한 두 도선이 같은 방향으로 전류가 흐를 때에 작용하는 힘과 떨어진 거리 r[m]와의 관계는?

① 흡인력이 작용하며 r에 비례한다.
② 반발력이 작용하며 r에 반비례한다.
③ 흡인력이 작용하며 r에 반비례한다.
④ 반발력이 작용하며 r에 제곱비례한다.

> **평행도선의 작용하는 힘**
> 1) 같은(동일) 방향의 전류 : 흡인력
> 2) 반대(왕복) 방향의 전류 : 반발력
> 3) $F = \dfrac{2I_1 I_2}{r} \times 10^{-7}$[N/m]이므로 거리($r$)에 반비례

25

도체가 운동하여 자속을 끊었을 때 기전력의 방향을 알아내는 데 관계된 법칙은?

① 플레밍의 오른손 법칙
② 플레밍의 왼손 법칙
③ 렌츠의 법칙
④ 암페어 오른손 법칙

> **플레밍의 오른손 법칙**
> 도체가 운동하여 자속을 끊었을 때 도체에 기전력이 발생하는 방향 및 크기를 구하는 법칙
> 1) 엄지 : 운동하는 방향
> 2) 검지 : 자속(자속밀도) 방향
> 3) 중지 : 기전력이 발생하는 방향

26 ⭐

히스테리시스 곡선에서 종축과 만나는 것은 무엇을 나타내는가?

① 자기장　　② 잔류자기
③ 전속밀도　　④ 보자력

> **히스테리시스 곡선의 만나는 점**
> 1) 종축과 만나는 점 : 잔류자기
> 2) 횡축과 만나는 점 : 보자력

27

3상 100[kVA], 13,200/200[V] 변압기의 저압 측 선전류의 유효분은 약 몇 [A]인가? (단, 역률은 0.8이다.)

① 100　　② 173
③ 230　　④ 260

> **변압기 저압 측 선전류의 유효분**
> $I = I_2 \cos\theta = 288.68 \times 0.8 = 230.94$[A]
> 저압 측 선전류 $I_2 = \dfrac{P}{\sqrt{3}\, V_2} = \dfrac{100 \times 10^3}{\sqrt{3} \times 200} = 288.68$[A]

28

변압기에 대한 설명 중 틀린 것은?

① 변압기의 정격용량은 피상전력으로 표시한다.
② 전력을 발생하지 않는다.
③ 전압을 변성한다.
④ 정격출력은 1차 측 단자를 기준으로 한다.

> **변압기**
> 전압을 변성하며, 정격용량은 피상전력으로 표시한다. 이때 변압기의 정격출력은 2차 측 단자를 기준으로 한다.

29 ⭐

직류 발전기의 무부하전압이 104[V], 정격전압이 100[V]이다. 이 발전기의 전압변동률 ϵ[%]은?

① 1　　② 3
③ 4　　④ 9

> 전압변동률 $\epsilon = \dfrac{V_0 - V_n}{V_n} \times 100$
> $= \dfrac{104 - 100}{100} \times 100 = 4$[%]

정답 24 ③　25 ①　26 ②　27 ③　28 ④　29 ③

30

100[V], 10[A], 전기자저항 1[Ω], 회전수 1,800[rpm]인 전동기의 역기전력은 몇 [V]인가?

① 80
② 90
③ 100
④ 110

전동기의 역기전력 E

$E = V - I_a R_a = 100 - 10 \times 1 = 90[V]$

31

유도 전동기의 속도 제어 방법이 아닌 것은?

① 극수 제어
② 2차 저항 제어
③ 일그너 제어
④ 주파수 제어

유도 전동기의 속도 제어

1) 농형 유도 전동기 : 주파수 제어법, 극수 제어법, 전압 제어법
2) 권선형 유도 전동기 : 2차저항법, 종속법, 2차 여자법
※ 일그너 제어의 경우 직류 전동기의 전압 제어법에 해당

32

전기설비에 사용되는 과전압 계전기는?

① OVR
② OCR
③ UVR
④ GR

---
1) OVR(과전압 계전기) : 설정치 이상의 전압이 인가 시 동작한다.
2) OCR(과전류 계전기) : 설정치 이상의 전류가 흐를 경우 동작한다 (과부하 단락보호).
3) UVR(부족전압 계전기) : 설정치 이하의 전압이 인가 시 동작한다.
4) GR(지락 계전기) : 지락사고 시 동작한다.

33

굵은 전선을 절단할 때 사용하는 전기 공사용 공구는?

① 클리퍼
② 녹아웃 펀치
③ 프레셔 툴
④ 파이프 커터

클리퍼는 펜치로 절단하기 어려운 굵은 전선을 절단 시 사용된다.

34

지중 또는 수중에 시설하는 양극과 피방식체 간의 전기부식 방지 시설에 대한 설명으로 틀린 것은?

① 지중에 매설하는 양극은 75[cm] 이상의 깊이일 것
② 수중에 시설하는 양극과 그 주위 1[m] 안의 임의의 점과의 전위차는 10[V]를 넘지 않을 것
③ 사용전압은 직류 60[V]를 초과할 것
④ 지표에서 1[m] 간격의 임의의 2점 간의 전위차가 5[V]를 넘지 않을 것

전기부식방지설비

1) 전기부식방지 회로(전기부식방지용 전원장치로부터 양극 및 피방식체까지의 전로를 말한다. 이하 같다)의 사용전압은 직류 60[V] 이하일 것
2) 수중에 시설하는 양극과 그 주위 1[m] 이내의 거리에 있는 임의점과의 사이의 전위차는 10[V]를 넘지 아니할 것(다만, 양극의 주위에 사람이 접촉되는 것을 방지하기 위하여 적당한 울타리를 설치하고 또한 위험 표시를 하는 경우에는 그러하지 아니하다.)
3) 지표 또는 수중에서 1[m] 간격의 임의의 2점(제4의 양극의 주위 1[m] 이내의 거리에 있는 점 및 울타리의 내부점을 제외한다) 간의 전위차가 5[V]를 넘지 아니할 것

35

일정 전압 및 일정 파형에서 주파수가 상승하면 변압기 철손은 어떻게 변하는가?

① 증가한다.
② 감소한다.
③ 불변이다.
④ 어떤 기간 동안 증가한다.

변압기는 다음의 관계를 갖는다.

$\phi \propto B_m \propto I_0 \propto P_i \propto \dfrac{1}{f} \propto \dfrac{1}{\%Z}$

B_m : 최대 자속밀도, I_0 : 여자전류, P_i : 철손
f : 주파수, $\%Z$: 퍼센트 임피던스 강하율
위 조건에서 주파수와 철손은 반비례한다.
그러므로 주파수가 상승하면 철손은 감소한다.

정답: 30 ② 31 ③ 32 ① 33 ① 34 ③ 35 ②

36
저압 가공인입선이 횡단 보도교 위에 시설되는 경우 노면상 몇 [m] 이상의 높이에 설치되어야 하는가?

① 3
② 4
③ 5
④ 6

가공인입선의 높이		
구분 \ 전압	저압	고압
도로횡단	5[m] 이상	6[m] 이상
철도횡단	6.5[m] 이상	6.5[m] 이상
위험표시	×	3.5[m] 이상
횡단 보도교	3[m]	3.5[m] 이상

37
연선 결정에 있어서 중심 소선을 뺀 총수가 3층이다. 소선의 총수 N은 얼마인가?

① 9
② 19
③ 37
④ 45

연선의 총 소선 수
$N = 3n(n+1) + 1$
  $= 3 \times 3 \times (3+1) + 1 = 37$
이때 n은 전선의 층수를 말한다.

38 ★
옥내배선 공사에서 절연전선의 피복을 벗길 때 사용하면 편리한 공구는?

① 드라이버
② 플라이어
③ 압착펜치
④ 와이어 스트리퍼

와이어 스트리퍼
옥내배선 공사 시 전선의 피복을 벗길 때 사용되는 공구를 말한다.

39
어떤 코일에 전류가 0.2초 동안에 2[A] 변화하여 기전력이 4[V]가 유기되었다면 이 회로의 자기 인덕턴스는 몇 [H]인가?

① 0.1
② 0.2
③ 0.3
④ 0.4

자기 인덕턴스의 유기기전력 : $e = -L\dfrac{di}{dt}$ [V]

자기 인덕턴스 : $L = \left| e \times \dfrac{dt}{di} \right| = 4 \times \dfrac{0.2}{2} = 0.4$ [H]

40
자기저항 $R_m = 100$ [AT/Wb]인 회로에 코일의 권수를 100회 감고 전류 10[A]를 흘리면 자속 ϕ[Wb]는?

① 0.1
② 1
③ 10
④ 100

자기회로
기자력 : $F = NI = \phi R_m$ [AT]

자속 : $\phi = \dfrac{NI}{R_m} = \dfrac{100 \times 10}{100} = 10$ [Wb]

41 ★
자기 인덕턴스가 L_1, L_2, 상호 인덕턴스 M의 결합계수가 1일 때의 관계식으로 맞는 것은?

① $L_1 L_2 > M$
② $L_1 L_2 < M$
③ $\sqrt{L_1 L_2} = M$
④ $\sqrt{L_1 L_2} > M$

상호 인덕턴스 $M = k\sqrt{L_1 L_2}$ [H]
결합계수(k)가 1일 때, $k = 1$
$M = 1\sqrt{L_1 L_2} = \sqrt{L_1 L_2} = M$[H]

정답 36 ① 37 ③ 38 ④ 39 ④ 40 ③ 41 ③

42

$i = 100\sqrt{2} \sin\left(377t - \dfrac{\pi}{6}\right)$[A]인 교류 전류가 흐를 때 실효전류 I[A]와 주파수 f[Hz]가 맞는 것은?

① $I = 100$[A], $f = 60$[Hz]
② $I = 100\sqrt{2}$[A], $f = 60$[Hz]
③ $I = 100\sqrt{2}$[A], $f = 377$[Hz]
④ $I = 100$[A], $f = 377$[Hz]

> 최대전류 : $I_m = 100\sqrt{2}$
> 정현파(sin파)의 실효전류 : $I = \dfrac{I_m}{\sqrt{2}} = \dfrac{100\sqrt{2}}{\sqrt{2}} = 100$[A]
> 각속도(각주파수) : $\omega = 2\pi f = 377$
> 주파수 : $f = \dfrac{377}{2\pi} = 60$[Hz]

43

파형률의 정의식이 맞는 것은?

① $\dfrac{\text{실효값}}{\text{평균값}}$ ② $\dfrac{\text{실효값}}{\text{최댓값}}$

③ $\dfrac{\text{최댓값}}{\text{평균값}}$ ④ $\dfrac{\text{최댓값}}{\text{실효값}}$

> 파형률 = $\dfrac{\text{실효값}}{\text{평균값}}$, 파고율 = $\dfrac{\text{최댓값}}{\text{실효값}}$

44

3상 유도 전동기의 1차 입력이 60[kW], 1차 손실이 1[kW], 슬립이 3[%]라면 기계적 출력은 약 몇 [kW]인가?

① 57 ② 75
③ 85 ④ 100

> 기계적인 출력 $P_0 = (1-s)P_2$
> 여기서 P_2는 2차 입력을 말한다.
> 조건에서 1차 입력이 60[kW], 손실이 1[kW]이므로
> $60 - 1 = 59$[kW]가 2차 입력이 된다.
> ∴ $P_0 = (1-0.03) \times 59 = 57.23$[kW]

45

3상 농형 유도 전동기의 $Y-\Delta$ 기동 시의 기동전류와 기동 토크를 전전압 기동 시와 비교하면?

① 전전압 기동의 $\dfrac{1}{3}$ 배가 된다.
② 전전압 기동의 $\sqrt{3}$ 배가 된다.
③ 전전압 기동의 3배가 된다.
④ 전전압 기동의 9배가 된다.

> 농형 유도 전동기의 기동법
> 1) 직입(전전압) 기동 : 5[kW] 이하
> 2) $Y-\Delta$ 기동 : 5~15[kW] 이하(이때 전전압 기동 시보다 기동전류가 $\dfrac{1}{3}$ 배로 감소한다.)
> 3) 기동 보상기법 : 15[kW] 이상(3상 단권변압기 이용)
> 4) 리액터 기동

46

디지털(Digital Relay)형 계전기의 장점이 아닌 것은?

① 진동에 매우 강하다.
② 고감도, 고속도 처리가 가능하다.
③ 자기 진단 기능이 있으며 오차가 적다.
④ 소형화가 가능하다.

> 디지털형 계전기는 고감도, 고속도 처리가 가능하여 신뢰성이 매우 우수하고 자기 진단 기능이 있다. 또한 소형화가 가능하다.

47

계자권선과 전기자 권선이 병렬로 접속되어 있는 직류기는?

① 직권기 ② 분권기
③ 복권기 ④ 타여자기

> 자여자 직류기
> 1) 직권기 : 계자권선과 전기자 권선이 직렬 연결
> 2) 분권기 : 계자권선과 전기자 권선이 병렬 연결
> 3) 복권기 : 직권 + 분권
> 4) 타여자기 : 계자권선과 전기자 권선 분리

정답 42 ① 43 ① 44 ① 45 ① 46 ① 47 ②

48
전기기기의 철심 재료로 규소강판을 많이 사용하는 이유로 가장 적당한 것은?

① 와류손을 줄이기 위해
② 맴돌이 전류를 없애기 위해
③ 히스테리시스손을 줄이기 위해
④ 구리손을 줄이기 위해

> 철심의 재료(규소강판 성층철심 = 철손 감소)
> 1) 규소강판 : 히스테리시스손을 줄이기 위해 사용한다(4[%]).
> 2) 성층철심 : 와류손을 줄이기 위해 사용한다(0.35~0.5[mm]).

49
동기조상기를 부족여자로 하면?

① 저항손의 보상
② 콘덴서로 작용
③ 뒤진 역률 보상
④ 리액터로 작용

> 위상 특성곡선
> 부하를 일정하게 하고, 계자전류의 변화에 대한 전기자 전류의 변화를 나타낸 곡선을 말한다.
>
>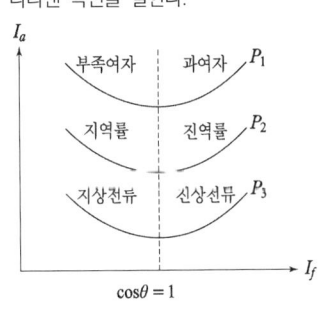
>
> 1) I_a가 최소 $\cos\theta = 1$이 된다.
> 2) 부족여자 시 지상전류를 흘릴 수 있으며, 리액터로 작용할 수 있다.
> 3) 과여자 시 진상전류를 흘릴 수 있으며, 콘덴서로 작용할 수 있다.

50
가요전선관의 구부러지는 쪽의 안쪽 반지름을 가요전선관 안지름의 몇 배 이상으로 하여야 하는가?

① 3배   ② 4배
③ 5배   ④ 6배

> 금속제 가요전선관 공사
> 1) 가요전선관은 2종 금속제 가요전선관일 것(단, 전개된 장소 또는 점검할 수 있는 은폐장소에는 1종 가요전선관을 사용할 수 있다.)
> 2) 관을 구부리는 정도는 2종 가요전선관을 시설하고 제거하는 것이 어려운 장소일 경우 굴곡 반경은 관 안지름의 6배(단, 시설하고 제거하는 것이 자유로울 경우 3배) 이상

51
일반적으로 큐비클형이라고도 하며, 점유 면적이 좁고 운전, 보수에 용이하며 공장, 빌딩 등 전기실에 많이 사용되는 조립형, 장갑형이 있는 배전반은?

① 데드 프런트식 배전반
② 철제 수직형 배전반
③ 라이브 프런트식 배전반
④ 폐쇄식 배전반

> 큐비클형은 가장 많이 사용되는 유형으로 폐쇄식 배전반이라고도 하며 공장, 빌딩 등의 전기실에 널리 이용된다.

52
분기회로에 설치하여 개폐 및 고장을 차단할 수 있는 것은 무엇인가?

① 전력퓨즈   ② COS
③ 배선용 차단기   ④ 피뢰기

> 분기회로에 고장을 보호하기 위하여 설치할 수 있는 차단기는 배선용 차단기와 누전 차단기가 해당한다.

정답 48 ③ 49 ④ 50 ④ 51 ④ 52 ③

53

다음 공사 방법 중 옳은 것은 무엇인가?

① 금속 몰드 공사 시 몰드 내부에서 전선을 접속하였다.
② 합성수지관 공사 시 몰드 내부에서 전선을 접속하였다.
③ 합성수지 몰드 공사 시 몰드 내부에서 전선을 접속하였다.
④ 접속함 내부에서 전선을 쥐꼬리 접속을 하였다.

> **전선의 접속**
> 전선의 접속 시 몰드나, 관, 덕트 내부에서는 시행하지 않는다. 접속은 접속함에서 이루어져야 한다.

54

저압 구내 가공인입선으로 DV전선 사용 시 전선의 길이가 15[m]를 초과하는 경우 사용할 수 있는 전선의 굵기는 몇 [mm] 이상이어야 하는가?

① 1.5
② 2.0
③ 2.6
④ 4.0

> **가공인입선의 전선의 굵기**
> 1) 저압인 경우 2.6[mm] 이상 DV(인입용 비닐 절연전선)
>   (단, 경간이 15[m] 이하의 경우 2.0[mm] 이상 인입용 비닐 절연전선 사용)
> 2) 고압인 경우 5.0[mm] 경동선

55

전원의 380/220[V] 중성극에 접속된 전선을 무엇이라 하는가?

① 접지선
② 중성선
③ 전원선
④ 접지측선

> **중성선**
> 다선식 전로의 중성극에 접속된 전선을 말한다.

56

각 상의 임피던스가 $Z = 6 + j8[\Omega]$인 평형 Y부하에 선간전압 200[V]인 대칭 3상 전압이 가해졌을 때 선전류 I[A]는 얼마인가?

① $\dfrac{20}{\sqrt{2}}$
② $\dfrac{20}{\sqrt{3}}$
③ $20\sqrt{3}$
④ $20\sqrt{2}$

> **3상 Y결선**
> 상전압 : $V_p = \dfrac{V_l}{\sqrt{3}} = \dfrac{200}{\sqrt{3}}$ [V]
> 선전류 : $I_l = I_p = \dfrac{V_p}{|Z|} = \dfrac{\frac{200}{\sqrt{3}}}{\sqrt{6^2+8^2}} = \dfrac{20}{\sqrt{3}}$ [A]

57 ★

100[kVA]의 변압기 3대로 Δ결선하여 사용 중 한 대의 고장으로 V결선하였을 때 변압기 2개로 공급할 수 있는 3상 전력 P[kVA]는?

① 300
② $300\sqrt{3}$
③ $100\sqrt{3}$
④ 100

> **V결선의 출력**
> $P_V = \sqrt{3}\,P_1$ (P_1 : 변압기 1대 용량)
> $P_V = \sqrt{3} \times 100 = 100\sqrt{3}$ [kVA]

2021년 이전 기출문제의 경우 법률 개정에 따라 일부 문제가 삭제되어 60문항이 되지 않음을 알려드립니다.

정답 53 ④ 54 ③ 55 ② 56 ② 57 ③

2020년 3회 | CBT 기출복원문제

01
3[℧]와 6[℧]의 컨덕턴스 두 개를 직렬 연결하고 양단의 전압이 300[V]이었다. 3[℧]에 걸리는 단자 전압은 몇 [V]인가?

① 50[V] ② 100[V]
③ 200[V] ④ 250[V]

> 컨덕턴스 직렬회로의 전압분배
>
> $G_6 = 6[℧]$ $G_3 = 3[℧]$
>
> $V_3 = \dfrac{G_6}{G_3 + G_6} \times V = \dfrac{6}{3+6} \times 300 = 200[V]$

02
200[V], 2[kW]의 전열기 2개를 같은 전압에서 직렬로 접속하는 경우의 전력은 병렬로 접속하는 경우의 전력의 몇 배가 되는가?

① 1/2배로 줄어든다. ② 1/4배로 줄어든다.
③ 2배로 증가된다. ④ 4배로 증가된다.

> 전열기(1개)의 저항 : $R = \dfrac{V^2}{P} = \dfrac{200^2}{2,000} = 20[\Omega]$
>
> 2개 직렬 연결 : $P_{직} = \dfrac{V^2}{nR} = \dfrac{200^2}{2 \times 20} = 1,000[W]$
>
> 병렬 연결일 때 : $P_{병} = \dfrac{V^2}{\frac{R}{n}} = \dfrac{200^2}{\frac{20}{2}} = 4,000[W]$
>
> 직렬의 경우가 병렬의 경우의 전력보다
>
> $\dfrac{P_{직}}{P_{병}} = \dfrac{1,000}{4,000} = \dfrac{1}{4}$ 배로 줄어든다.

03
10[Ω]의 저항과 R[Ω]의 저항이 병렬로 접속되어 있고, 10[Ω]에는 5[A]가 흐르고 R[Ω]에는 2[A]가 흐른다면 저항 R[Ω]은 얼마인가?

① 20 ② 25
③ 30 ④ 35

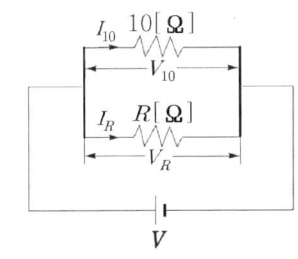

> 병렬회로 전압 : $V = V_{10} = V_R$
>
> $V = V_{10} = I_{10}R_{10} = 5 \times 10 = 50[V]$
>
> $V = 50[V] = V_R = I_R R = 2R$
>
> $R = \dfrac{50}{2} = 25[\Omega]$

04 ★
임의의 폐회로에서 키르히호프의 제2법칙을 잘 나타낸 것은?

① 전압강하의 합 = 합성저항의 합
② 합성저항의 합 = 유입전류의 합
③ 기전력의 합 = 전압강하의 합
④ 기전력의 합 = 합성저항의 합

> 키르히호프의 법칙
>
> 1) 제1법칙 : 임의의 점에서 들어오는 전류의 합은 나오는 전류의 합과 같다.
> 2) 제2법칙 : 임의의 폐회로에서 기전력의 합은 전압강하(전류와 저항의 곱)의 합과 같다.

정답 01 ③ 02 ② 03 ② 04 ③

05 빈출

부흐홀쯔 계전기의 설치 위치로 가장 적당한 것은?

① 변압기 주 탱크 내부
② 콘서베이터 내부
③ 변압기 고압 측 부싱
④ 변압기 주탱크와 콘서베이터 사이

> **부흐홀쯔 계전기**
> 1) 주변압기와 콘서베이터 사이에 설치되는 계전기
> 2) 변압기 내부고장 보호에 사용

06

전기자 저항이 0.1[Ω], 전기자전류 104[A], 유도기전력 110.4[V]인 직류 분권 발전기의 단자전압은 몇 [V]인가?

① 98
② 100
③ 102
④ 105

> **분권 발전기의 단자전압**
> 유기기전력 $E = V + I_a R_a$
> 단자전압 $V = E - I_a R_a$
> $= 110.4 - 104 \times 0.1 = 100[V]$

07

6극의 1,200[rpm]인 동기 발전기와 병렬 운전하려는 8극 동기 발전기의 회전수는 몇 [rpm]인가?

① 600
② 900
③ 1,200
④ 1,800

> **동기 발전기의 병렬 운전**
> 병렬 운전 시 주파수가 일치하여야 하므로 양 발전기의 주파수는 같다.
> 따라서 $f = \dfrac{N_s \times P}{120} = \dfrac{1,200 \times 6}{120} = 60[Hz]$
> 8극의 동기 발전기의 회전수
> $N_s = \dfrac{120}{P} f = \dfrac{120}{8} \times 60 = 900[rpm]$

08

반도체 내에서 정공은 어떻게 생성되는가?

① 접합 불량
② 자유전자의 이동
③ 결합 전자의 이탈
④ 확산 용량

> **정공**
> 결합 전자의 이탈로 전자의 빈자리가 생길 경우 그 빈자리를 정공이라 한다.

09 빈출

동기기의 전기자 권선법이 아닌 것은?

① 전절권
② 2층 분포권
③ 단절권
④ 중권

> **동기기의 전기자 권선법**
> 고상권, 폐로권, 2층권에서 중권을 사용하며, 단절권과 전절권을 사용한다.

10

2대의 동기 발전기가 병렬 운전하고 있을 때 동기화 전류가 흐르는 경우는?

① 기전력의 크기에 차가 있을 때
② 기전력의 파형에 차가 있을 때
③ 부하분담에 차가 있을 때
④ 기전력의 위상차가 있을 때

> **동기 발전기의 병렬 운전 조건**
> 1) 기전력의 크기가 같을 것 ≠ 무효 순환전류 발생(무효 횡류) = 여자전류의 변화 때문
> 2) 기전력의 위상이 같을 것 ≠ 유효 순환전류 발생(유효 횡류 = 동기화 전류)
> 3) 기전력의 주파수가 같을 것 ≠ 난조발생 —방지법→ 제동권선 설치
> 4) 기전력의 파형이 같을 것 ≠ 고조파 무효 순환전류 발생
> 5) 상회전 방향이 같을 것

정답 05 ④ 06 ② 07 ② 08 ③ 09 ① 10 ④

11

화약고 등의 위험 장소의 배선 공사에서 전로의 대지전압은 몇 [V] 이하로 하도록 되어 있는가?

① 100
② 220
③ 300
④ 400

화약류 저장소 등의 위험장소
1) 전로의 대지전압은 300V 이하일 것
2) 전기기계기구는 전폐형의 것일 것
3) 케이블을 전기기계기구에 인입할 때에는 인입구에서 케이블이 손상될 우려가 없도록 시설할 것
4) 차단기는 밖에 두며, 조명기구의 전원을 공급하기 위하여 배선은 금속관, 케이블 공사를 할 것

12 빈출

셀룰로이드, 성냥, 석유류 및 기타 가연성 위험물질을 제조 또는 저장하는 장소의 배선으로 잘못된 것은?

① 케이블 공사
② 플로어 덕트 공사
③ 금속관 공사
④ 합성수지관 공사

위험물 등이 존재하는 장소
셀룰로이드 · 성냥 · 석유류 기타 타기 쉬운 위험한 물질(이하 "위험물"이라 한다)을 제조하거나 저장하는 곳을 말한다.
1) 금속관 공사
2) 케이블 공사
3) 합성수지관 공사(두께 2[mm] 미만의 합성수지 전선관 및 난연성이 없는 콤바인덕트관을 사용하는 것을 제외한다.)

13

고압 가공전선로의 전선의 조수가 3조일 때 완금의 길이는 몇 [mm]인가?

① 1,200
② 1,400
③ 1,800
④ 2,400

가공전선로의 완금의 표준길이(단, 전선의 조수는 3조인 경우)
1) 고압 : 1,800[mm]
2) 특고압 : 2,400[mm]

14 빈출

전선을 압착시킬 때 사용되는 공구는?

① 와이어 트리퍼
② 프레셔 툴
③ 클리퍼
④ 오스터

프레셔 툴
솔더리스 커넥터 또는 솔더리스 터미널을 압착하는 것

15

접착제를 사용하는 합성수지관 상호 간 및 관과 박스를 접속 시 삽입하는 깊이는 관 바깥지름의 몇 배 이상으로 하여야 하는가?

① 0.8배
② 1배
③ 1.2배
④ 1.6배

합성수지관 공사
1) 1본의 길이 : 4[m]
2) 관 상호 간, 관과 박스를 접속할 경우 관의 삽입 깊이는 관 바깥지름의 1.2배 이상(단, 접착제를 사용하는 경우 0.8배 이상)
3) 지지점 간 거리는 1.5[m] 이하

16

전선의 접속에 대한 설명으로 틀린 것은?

① 접속 부분의 전기적인 저항을 20[%] 증가
② 접속 부분의 인장강도를 80[%] 이상 유지
③ 접속 부분의 전선 접속기구를 사용함
④ 알루미늄전선과 구리선의 접속 시 전기적인 부식이 생기지 않도록 함

전선의 접속 시 유의사항
1) 전선을 접속하는 경우 전기 저항이 증가되지 않도록 할 것
2) 전선의 접속 시 전선의 세기를 20[%] 이상 감소시키지 말 것 (80[%] 이상 유지시킬 것)

정답 11 ③ 12 ② 13 ③ 14 ② 15 ① 16 ①

17
저항의 병렬접속에서 합성저항을 구하는 설명으로 맞는 것은?

① 연결되는 저항을 모두 합하면 된다.
② 각 저항값의 역수에 대한 합을 구하면 된다.
③ 각 저항값을 모두 합하고 각 저항의 개수로 나누면 된다.
④ 저항값의 역수에 대한 합을 구하고 이를 다시 역수를 취하면 된다.

> 병렬접속의 합성저항
> $R = \dfrac{1}{\frac{1}{R_1} + \frac{1}{R_2} + \frac{1}{R_3} + \cdots} [\Omega]$

18
전기장에 대한 설명으로 옳지 않은 것은?

① 대전된 무한장 원통의 내부 전기장은 0이다.
② 대전된 구의 내부 전기장은 0이다.
③ 대전된 도체 내부의 전하 및 전기장은 모두 0이다.
④ 도체 표면에서 외부로 향하는 전기장은 그 표면에 평행하다.

> 전기장은 도체 표면과 수직(90°)으로 교차한다.

19
0.02[μF], 0.03[μF] 2개의 콘덴서를 병렬로 접속할 때의 합성용량은 몇 [μF]인가?

① 0.01
② 0.05
③ 0.1
④ 0.5

> 콘덴서의 병렬접속 시 합성용량
> $C = C_1 + C_2 = 0.02 + 0.03 = 0.05 [\mu F]$

20
다음은 전기력선의 설명이다. 틀린 것은?

① 전기력선의 접선방향이 전기장의 방향이다.
② 전기력선은 높은 곳에서 낮은 곳으로 향한다.
③ 전기력선은 등전위면과 수직으로 교차한다.
④ 전기력선은 대전된 도체 표면에서 내부로 향한다.

> 전기력선은 대전된 도체 표면에서 외부로 향한다.

21
평행판 콘덴서 C[F]에 일정 전압을 가하고 처음의 극판 간격을 2배로 증가시켰다면 평행판 콘덴서는 처음의 몇 배가 되는가?

① 2배로 증가된다.
② 4배로 증가된다.
③ 1/2배로 줄어든다.
④ 1/4배로 줄어든다.

> 평행판 콘덴서의 정전용량 : $C = \dfrac{\varepsilon S}{d}$ [F]
> 간격 2배 증가 : $C' = \dfrac{\varepsilon S}{2d} = \dfrac{1}{2}\dfrac{\varepsilon S}{d} = \dfrac{1}{2}C$ ($\dfrac{1}{2}$ 배로 감소)

22
전류에 의해 발생되는 자장의 크기는 전류의 크기와 전류가 흐르고 있는 도체와 고찰하려는 점까지의 거리에 의해 결정되는 관계 법칙은?

① 비오-샤바르의 법칙
② 플레밍의 오른손 법칙
③ 패러데이의 법칙
④ 쿨롱의 법칙

> 비오-샤바르의 법칙
> 1) $dH = \dfrac{Idl \sin\theta}{4\pi r^2}$ [AT/m]
> 2) 미소길이 전류(Idl)에 의한 미소자계(점자계)가 발생하는 현상을 구하는 방법

정답 17 ④ 18 ④ 19 ② 20 ④ 21 ③ 22 ①

23
물질에 따라 자석에 반발하는 물체를 무엇이라 하는가?
① 반자성체 ② 상자성체
③ 강자성체 ④ 가역성체

> 반자성체
> 1) 자석을 가까이 하면 반발하는 물체로 자화되는 자성체
> 2) 금, 은, 동(구리), 안티몬, 아연, 비스무트 등

24
계전기가 설치된 위치에서 고장점까지의 임피던스에 비례하여 동작하여 보호하는 보호 계전기는?
① 과전압 계전기 ② 단락회로 선택 계전기
③ 방향 단락계전기 ④ 거리 계전기

> 거리 계전기
> 거리 계전기란 전압, 전류, 위상차 등을 이용하여 고장점까지의 거리를 전기적인 거리(임피던스)로 측정하여 보호하는 보호 계전기를 말한다. 주로 송전선로의 단락보호에 적합하며 후비보호로 사용된다.

25
6,600/200[V]인 변압기의 1차에 2,850[V]를 가하면 2차 전압[V]는?
① 90 ② 95
③ 120 ④ 105

> 변압기 권수비
> $a = \dfrac{V_1}{V_2} = \dfrac{6,600}{220} = 30$
> $\therefore V_2 = \dfrac{V_1}{a} = \dfrac{2,850}{30} = 95[V]$

26
다음 중 전력 제어용 반도체 소자가 아닌 것은?
① TRIAC ② GTO
③ IGBT ④ LED

> LED는 발광소자이다.

27
다음은 3상 유도 전동기 고정자 권선의 결선도를 나타낸 것이다. 맞는 사항을 고르시오.

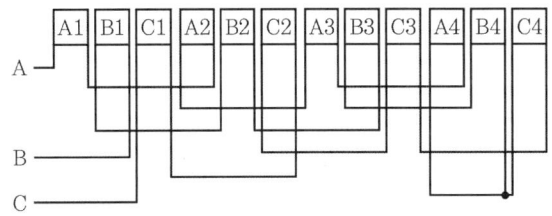

① 3상 4극, Δ결선
② 3상 2극, Δ결선
③ 3상 4극, Y결선
④ 3상 2극, Y결선

> 그림은 3상(A, B, C) 4극(1, 2, 3, 4)이 하나의 접점에 연결되어 있으므로 Y결선이다.

28
1차 전압 13,200[V], 2차 전압 220[V]인 단상변압기의 1차에 6,000[V]의 전압을 가하면 2차 전압은 몇 [V]인가?
① 100 ② 200
③ 50 ④ 250

> 변압기의 권수비 a
> $a = \dfrac{V_1}{V_2} = \dfrac{13,200}{220} = 60$
> $V_2 = \dfrac{V_1}{a} = \dfrac{6,000}{60} = 100[V]$

정답 23 ① 24 ④ 25 ② 26 ④ 27 ③ 28 ①

29

20[kVA]의 단상 변압기 2대를 사용하여 V-V결선으로 하고 3상 전원을 얻고자 한다. 이때 여기에 접속시킬 수 있는 3상 부하의 용량은 약 몇 [kVA]인가?

① 34.6
② 40
③ 44.6
④ 66.6

V결선 시 출력
$P_V = \sqrt{3} P_1$ (P_1 : 운전되는 변압기 1대 용량[kVA])
$= \sqrt{3} \times 20 = 34.6$[kVA]

30 빈출

금속덕트에 넣는 전선의 단면적(절연피복의 단면적 포함)의 합계는 덕트 내부 단면적의 몇 [%] 이하로 하여야 하는가? (단, 전광표시장치, 기타 이와 유사한 장치 또는 제어회로 등의 배선만을 넣는 경우가 아니다.)

① 20
② 40
③ 60
④ 80

덕트 내에 넣는 전선의 단면적의 합계는 덕트 내부 단면적의 20[%] 이하로 하여야 한다(단, 전광표시, 제어회로용의 경우 50[%] 이하).

31 빈출

옥내에 저압전로와 대지 사이의 절연저항 측정에 알맞은 계기는?

① 회로 시험기
② 접지 측정기
③ 네온 검전기
④ 메거 측정기

절연저항 측정기는 메거라고 한다.

32

조명기구의 배광에 의한 분류 중 하향광속이 90~100[%] 정도의 빛이 나는 조명방식은?

① 직접 조명
② 반직접 조명
③ 반간접 조명
④ 간접 조명

배광에 의한 분류	
조명방식	하향 광속
직접 조명	90~100[%]
반직접 조명	60~90[%]
전반 확산 조명	40~60[%]
반간접 조명	10~40[%]
간접 조명	0~10[%]

33

정선 박스 내에서 전선을 접속할 수 있는 것은?

① S형 슬리브
② 꽂음형 커넥터
③ 와이어 커넥터
④ 매팅타이어

와이어 커넥터
1) 전선 접속 시 납땜 및 테이프 감기가 필요 없다.
2) 박스(접속함) 내에서 전선의 접속 시 사용된다.

34 빈출

일반적으로 과전류 차단기를 설치하여야 할 곳은?

① 접지공사의 접지도체
② 다선식 전로의 중성선
③ 저압 가공전선로의 접지 측 전선
④ 송배전선의 보호용, 인입선 등 분기선을 보호하는 곳

과전류 차단기 시설제한장소
1) 접지공사의 접지도체
2) 다선식 전로의 중성선
3) 전로 일부에 접지공사를 한 저압 가공전선로의 접지 측 전선

정답 29 ① 30 ① 31 ④ 32 ① 33 ③ 34 ④

35

철근콘크리트주의 길이가 12[m]인 지지물을 건주하는 경우에는 땅에 묻히는 최소 길이는 얼마인가? (단, 6.8[kN] 이하의 것을 말한다.)

① 1.0[m] ② 1.2[m]
③ 1.5[m] ④ 2.0[m]

> 건주(지지물을 땅에 묻는 공정)
> 1) 15[m] 이하의 지지물(6.8[kN] 이하의 경우) : 전체 길이 $\times \frac{1}{6}$ 이상 매설
>   따라서 $12 \times \frac{1}{6} = 2$[m] 이상
> 2) 15[m] 초과 시 : 2.5[m] 이상
> 3) 16[m] 초과 20[m] 이하 : 2.8[m] 이상

36

공기 중에서 반지름이 1[m]인 원형 도체에 2[A]의 전류가 흐르면 원형 코일 중심의 자장의 크기[AT/m]는?

① 0.5 ② 1
③ 1.5 ④ 2

> 원형 코일 중심의 자계의 세기
> $H = \frac{I}{2a} = \frac{2}{2 \times 1} = 1$[AT/m]

37

자기 인덕턴스가 0.4[H]인 어떤 코일에 전류가 0.2초 동안에 2[A] 변화하여 유기되는 전압[V]은?

① 1 ② 2
③ 3 ④ 4

> 인덕턴스의 유기기전력
> $e = -L \frac{di}{dt}$[V] $= -0.4 \times \frac{2}{0.2} = -4$[V]
> 기전력의 크기는 절댓값으로 표현 : $|e| = 4$[V]

38

두 개의 자체 인덕턴스를 직렬로 접속하여 합성 인덕턴스를 측정하였더니 95[H]이다. 한 쪽 인덕턴스를 반대로 접속하여 측정하였더니 합성 인덕턴스가 15[H]가 되었다. 이 두 코일의 상호 인덕턴스 M[H]는?

① 40 ② 30
③ 20 ④ 10

> 큰 합성 인덕턴스(가동접속) : $L_+ = L_1 + L_2 + 2M = 95$
> 작은 합성 인덕턴스(차동접속) : $L_- = L_1 + L_2 - 2M = 15$
> $L_+ - L_- = 4M$, $M = \frac{L_+ - L_-}{4} = \frac{95-15}{4} = 20$[H]

39

10[Ω]의 저항 회로에 $v = 100 \sin\left(377t + \frac{\pi}{3}\right)$[V]의 전압을 인가했을 때 전류의 순시값은?

① $i = 10 \sin\left(377t + \frac{\pi}{6}\right)$[A]

② $i = 10 \sin\left(377t + \frac{\pi}{3}\right)$[A]

③ $i = 10\sqrt{2} \sin\left(377t + \frac{\pi}{6}\right)$[A]

④ $i = 10\sqrt{2} \sin\left(377t + \frac{\pi}{3}\right)$[A]

> $i = \frac{v}{R} = \frac{100}{10} \sin\left(377t + \frac{\pi}{3}\right) = 10 \sin\left(377t + \frac{\pi}{3}\right)$[A]

40

다음 중 승압용 결선으로 알맞은 것은?

① $\Delta - \Delta$ ② $Y - Y$
③ $Y - \Delta$ ④ $\Delta - Y$

> 승압용이 되려면 결선이 $\Delta - Y$결선이 되어야 한다.

정답 35 ④ 36 ② 37 ④ 38 ③ 39 ② 40 ④

41

어떤 정현파의 교류의 최대값이 100[V]이면 평균값 V_a[V]는?

① $\dfrac{200}{\pi}$ ② $\dfrac{200\sqrt{2}}{\pi}$

③ 200π ④ $200\sqrt{2}\,\pi$

> 최대값(V_m) → 평균값(V_a)
> $V_a = \dfrac{2V_m}{\pi} = \dfrac{2 \times 100}{\pi} = \dfrac{200}{\pi}$ [V]

42

동기속도 N_s[rpm], 회전속도 N[rpm], 슬립을 s라 하였을 때 2차 효율은?

① $(s-1) \times 100$ ② $(1-s)N_s \times 100$

③ $\dfrac{N}{N_s} \times 100$ ④ $\dfrac{N_s}{N} \times 100$

> 유도 전동기의 2차 효율 η_2
> $\eta_2 = \dfrac{P_0}{P_2} = 1 - s = \dfrac{N}{N_s} = \dfrac{\omega}{\omega_s}$
> s : 슬립, N_s : 동기속도, N : 회전자속도,
> ω_s : 동기각속도($2\pi N_s$), ω : 회전자각속도($2\pi N$)

43

직류분권 전동기의 특징이 아닌 것은?

① 정격으로 운전 중 무여자 운전하면 안 된다.
② 계자권선에 퓨즈를 넣으면 안 된다.
③ 전기자전류가 토크의 제곱에 비례한다.
④ 계자권선과 전기자권선이 병렬로 연결되었다.

> 직류분권 전동기 특징
> 1) 분권 전동기는 계자권선과 전기자 권선이 병렬 연결된 전기기이다.
> 2) 정속도 전동기가 된다.
> 3) 정격전압으로 운전중 무여자 및 계자권선에 퓨즈삽입을 금지한다. 위험속도에 도달 우려가 있다.
> 4) 토크와 전기자전류는 비례하고, 속도와는 반비례한다.

44

세 변의 저항 $R_a = R_b = R_c = 15[\Omega]$인 Δ결선을 Y결선으로 변환할 경우 각 변의 저항은?

① 5[Ω] ② 6[Ω]
③ 7.5[Ω] ④ 45[Ω]

> 임피던스 변환($\Delta \rightarrow Y$)
> $Z_Y = Z_\Delta \times \dfrac{1}{3} = 15 \times \dfrac{1}{3} = 5[\Omega]$

45

직류 발전기에서 전압 정류의 역할을 하는 것은?

① 보극 ② 탄소브러쉬
③ 전기자 ④ 리액턴스코일

> 양호한 정류를 얻는 방법
> 1) 보극 설치(전압 정류)
> 2) 탄소 브러쉬(저항 정류)

46

직류 복권 발전기를 병렬 운전할 때 반드시 필요한 것은?

① 과부하 계전기
② 균압선
③ 용량이 같을 것
④ 외부특성곡선이 일치할 것

> 직류 발전기 병렬 운전 조건
> 1) 극성이 같을 것
> 2) 정격전압이 같을 것
> 3) 외부특성곡선이 수하특성일 것
> 4) 균압선(환) 설치 : 직·복(과복권)
> ※ 이유 : 안정운전을 위해
> ※ 직류 발전기의 병렬 운전 조건은 용량과는 무관함

정답 41 ① 42 ③ 43 ③ 44 ① 45 ① 46 ②

47
지선의 중간에 넣는 애자의 명칭은?

① 곡핀애자
② 인류애자
③ 구형애자
④ 핀애자

> 지선
> 지선의 중간에 넣는 애자는 구형애자이다.

48
220[V]용 100[W] 전구와 200[W] 전구를 직렬로 연결하여 전압을 인가하면 어떻게 되겠는가?

① 두 전구의 밝기는 같다.
② 100[W]의 전구가 더 밝다.
③ 200[W]의 전구가 더 밝다.
④ 두 전구 모두 점등되지 않는다.

> 100[W] 전구의 저항 : $R_{100} = \dfrac{V^2}{P_{100}} = \dfrac{220^2}{100} = 484[\Omega]$
>
> 200[W] 전구의 저항 : $R_{200} = \dfrac{V^2}{P_{200}} = \dfrac{220^2}{200} = 242[\Omega]$
>
> $\dfrac{100[W] \text{ 전구의 밝기}}{200[W] \text{ 전구의 밝기}} = \dfrac{100[W] \text{ 전구의 소비전력}}{200[W] \text{ 전구의 소비전력}}$
>
> $\dfrac{P_{100}'}{P_{200}'} = \dfrac{I^2 R_{100}}{I^2 R_{200}} = \dfrac{484}{242} = 2$
>
> $P_{100}' = 2P_{200}'$
>
> 100[W]의 전구가 200[W]의 전구보다 2배 밝다.

49 빈출
교류 단상 전원 100[V]에 500[W] 전열기를 접속하였더니 흐르는 전류가 10[A]였다면 이 전열기의 역률은?

① 0.8
② 0.7
③ 0.5
④ 0.4

> 유효전력 : $P = VI\cos\theta [W]$
> 역률 : $\cos\theta = \dfrac{P}{VI} = \dfrac{500}{100 \times 10} = 0.5$

50
RLC 직렬회로에서 전압과 전류가 동상이 되기 위한 조건은?

① $\omega^2 = LC$
② $\omega = \sqrt{LC}$
③ $\omega L^2 C = 1$
④ $\omega^2 LC = 1$

> RLC 직렬회로의 공진
> 1) 전압과 전류가 동상
> 2) 공진 조건 : $\omega L = \dfrac{1}{\omega C} \rightarrow \omega^2 LC = 1$

51 빈출
3상 유도 전동기의 원선도를 그리는 데 필요하지 않는 시험은?

① 저항측정
② 무부하시험
③ 구속시험
④ 슬립측정

> 원선도를 작성 또는 그리기 위해 필요한 시험
> 1) 저항시험
> 2) 무부하시험(개방시험)
> 3) 구속시험

52 빈출
단상 유도 전동기를 기동하려고 할 때 다음 중 기동 토크가 가장 큰 것은?

① 셰이딩 코일형
② 반발 기동형
③ 콘덴서 기동형
④ 분상 기동형

> 단상 유도 전동기의 토크의 대소 관계
> 반발 기동형 > 반발 유도형 > 콘덴서 기동형 > 분상 기동형 > 셰이딩 코일형

정답   47 ③   48 ②   49 ③   50 ④   51 ④   52 ②

53

동기속도 1,800[rpm], 주파수 60[Hz]인 동기 발전기의 극수는 몇 극인가?

① 2
② 4
③ 8
④ 10

동기속도 : $N_s = \dfrac{120}{P} f$[rpm]

극수 : $P = \dfrac{120}{N_s} f$

$= \dfrac{120 \times 60}{1,800} = 4$[극]

54 빈출

인입용 비닐 절연전선의 약호는?

① OW
② DV
③ NR
④ FTC

1) OW : 옥외용 비닐 절연전선
2) DV : 인입용 비닐 절연전선
3) NR : 450/750[V] 일반용 단심 비닐 절연전선
4) FTC : 300/300[V] 평형 금사코드

55

전원의 380/220[V] 중성극에 접속된 전선을 무엇이라 하는가?

① 접지선
② 중성선
③ 전원선
④ 접지측선

중성선
다선식 전로의 중성극에 접속된 전선을 말한다.

56 빈출

450/750[V] 일반용 단심 비닐 절연전선의 약호는?

① NR
② IR
③ IV
④ NRI

NR
450/750[V] 일반용 단심 비닐 절연전선을 말한다.

57

금속관의 배관을 변경하거나 캐비닛의 구멍을 넓히기 위한 공구는 어느 것인가?

① 체인 파이프 렌치
② 녹아웃 펀치
③ 프레셔 툴
④ 잉글리스 스패너

녹아웃 펀치
배전반, 분전반에 배관을 변경할 때 또는 이미 설치된 캐비닛에 구멍을 뚫을 때 필요로 한다.

58

승강기 및 승강로 등에 사용되는 전선이 케이블이며 이동용 전선이라면 그 전선의 굵기는 몇 [mm²] 이상이어야 하는가?

① 0.55
② 0.75
③ 1.2
④ 1.5

승강기 및 승강로에 사용되는 전선
이동용 케이블의 경우 0.75[mm²] 이상이어야만 한다.

2021년 이전 기출문제의 경우 법률 개정에 따라 일부 문제가 삭제되어 60문항이 되지 않음을 알려드립니다.

정답   53 ②   54 ②   55 ②   56 ①   57 ②   58 ②

2020년 4회 | CBT 기출복원문제

01
다음 설명 중 잘못된 것은?

① 저항은 전선의 길이에 비례한다.
② 저항은 전선의 단면적의 반지름에 반비례한다.
③ 저항은 전선의 고유저항에 비례한다.
④ 저항은 전선의 단면적에 반비례한다.

> 저항 : $R = \dfrac{\rho l}{S} = \dfrac{l}{kS} = \dfrac{\rho l}{\pi r^2}[\Omega]$
> 저항은 단면적의 반지름 제곱에 반비례한다.

02
전압이 100[V], 내부저항이 1[Ω]인 전지 5개를 병렬 연결하면 전지의 전체 전압은 몇 [V]인가?

① 20
② 40
③ 80
④ 100

> 전지의 병렬 접속
> 1) 전체 전압이 일정하다. ($V = V_1 = V_2 = \cdots$)
> 2) 용량이 증가한다.

03
일정한 직류 전원에 저항을 접속하여 전류를 흘릴 때 전류를 10[%] 증가시키려면 저항은 어떻게 되겠는가?

① 약 9[%] 감소
② 약 9[%] 증가
③ 약 10[%] 감소
④ 약 10[%] 증가

> 전류 변화 : $\Delta I = 100 + 10 = 90[\%] = 1.1 I$
> 옴의 법칙 : $I = \dfrac{V}{R} \Rightarrow R' = \dfrac{V}{I'} = \dfrac{V}{1.1 I} = \dfrac{1}{1.1} R \fallingdotseq 0.91 R$
> 저항 변화 : $\Delta R = 0.91 - 1 = -0.09 = -9[\%]$(감소)

04
어느 전기기구의 소비전력량이 2[kWh]를 10시간 사용한다면 전력은 몇 [W]인가?

① 100
② 150
③ 200
④ 250

> 소비전력량 : $W = Pt \times 10^{-3}[\text{kWh}]$
> 전력 $P = \dfrac{W[\text{kWh}] \times 10^3}{t[\text{h}]} = \dfrac{2 \times 10^3}{10} = 200[\text{W}]$

05
동기기의 전기자 권선법이 아닌 것은?

① 전층권
② 분포권
③ 2층권
④ 중권

> 동기기의 전기자 권선법은 고상권, 폐로권, 이층권으로서 중권을 사용하며 분포권, 단절권을 사용한다.

06
주상변압기의 1차 측 보호로 사용하는 것은?

① 리클로저
② 섹셔널라이저
③ 캐치홀더
④ 컷아웃스위치

> 주상변압기 보호장치
> 1) 1차 측 : 컷아웃스위치
> 2) 2차 측 : 캐치홀더

정답 01 ② 02 ④ 03 ① 04 ③ 05 ① 06 ④

07

10[C]의 전자량을 이동시키는 데 200[J]의 일이 발생하였다면 이때 인가한 전압은 얼마인가?

① 2,000
② 200
③ 20
④ 2

> 이동 전기에너지 : $W = QV[J]$
> 전압 : $V = \dfrac{W}{Q} = \dfrac{200}{10} = 20[V]$

08 ★

직류 전동기의 규약효율을 표시하는 식은?

① $\dfrac{입력}{출력+손실} \times 100[\%]$
② $\dfrac{입력}{출력} \times 100[\%]$
③ $\dfrac{입력-손실}{입력} \times 100[\%]$
④ $\dfrac{출력}{입력} \times 100[\%]$

> 전기기기의 규약효율
> 1) $\eta_{발전기} = \dfrac{출력}{출력+손실} \times 100[\%]$
> 2) $\eta_{전동기} = \dfrac{입력-손실}{입력} \times 100[\%]$
> 3) $\eta_{변압기} = \dfrac{출력}{출력+손실} \times 100[\%]$

09 ★

100[kVA]의 용량을 갖는 2대의 변압기를 이용하여 V-V 결선하는 경우 출력은 어떻게 되는가?

① 100
② $100\sqrt{3}$
③ 200
④ 300

> V결선 시 출력
> $P_V = \sqrt{3} P_1 = \sqrt{3} \times 100$

10 ★

서로 다른 금속을 접합하여 두 접합점에 온도차를 주면 전기가 발생하는 현상을 이용하여 열전대에 사용하는 효과는?

① 펠티어 효과
② 제어벡 효과
③ 핀치 효과
④ 표피 효과

> 제어벡 효과
> 1) 서로 다른 금속을 접합하여 두 접합점에 온도차를 주면 전기가 발생하는 현상
> 2) 전기온도계, 열전대, 열전쌍 등에 적용

11

인버터의 용도로 가장 적합한 것은?

① 직류 - 직류 변환
② 직류 - 교류 변환
③ 교류 - 증폭교류 변환
④ 직류 - 증폭직류 변환

> 전력 변환 기기 및 반도체 소자
> 1) 컨버터 : 교류를 직류로 변환한다.
> 2) 인버터 : 직류를 교류로 변환한다.
> 3) 사이클로 컨버터 : 교류를 교류로 변환한다(주파수 변환기).

12 ★

동기 발전기에서 전기자 전류가 무부하 유도 기전력보다 $\dfrac{\pi}{2}$[rad] 앞서 있는 경우에 나타나는 전기자 반작용은?

① 증자 작용
② 감자 작용
③ 교차 자화 작용
④ 직축 반작용

> 동기 발전기의 전기자 반작용
>
> | 종류 | 앞선(진상, 진) 전류가 흐를 때 | 뒤진(지상, 지) 전류가 흐를 때 |
> | --- | --- | --- |
> | 동기 발전기 | 증자 작용 | 감자 작용 |
> | 동기 전동기 | 감자 작용 | 증자 작용 |

정답 07 ③ 08 ③ 09 ② 10 ② 11 ② 12 ①

13
변압기의 손실에 해당되지 않는 것은?

① 동손
② 와전류손
③ 히스테리시스손
④ 기계손

> **변압기의 손실**
> 1) 무부하손 : 철손(히스테리시스손 + 와류손)
> 2) 부하손 : 동손
> 기계손의 경우 회전기의 손실이 된다.

14 ★빈출
절연전선을 동일 금속덕트 내에 넣을 경우 금속덕트의 크기는 전선의 피복절연물을 포함한 단면적의 총 합계가 금속덕트 내의 단면적의 몇 [%] 이하가 되도록 선정하여야 하는가?

① 20
② 30
③ 40
④ 50

> **금속덕트 공사의 시설기준**
> 접지공사를 하여야 한다.
> 1) 전선은 절연전선(옥외용 비닐 절연전선을 제외한다)일 것
> 2) 금속덕트 안에는 전선에 접속점이 없도록 할 것
> 3) 덕트를 조영재에 붙이는 경우에는 덕트의 지지점 간의 거리는 3[m] 이하로 함
> 4) 덕트의 끝 부분은 막고, 물이 고이는 부분이 만들어지지 않도록 할 것
> 5) 금속 덕트에 넣는 전선의 단면적(절연피복의 단면적을 포함한다)의 합계는 덕트의 내부 단면적의 20[%] 이하(단, 전광표시장치 기타 이와 유사한 장치 또는 제어회로 등의 배선만을 넣는 경우 50[%] 이하)

15 ★빈출
옥내배선 공사에서 절연전선의 피복을 벗길 때 사용하면 편리한 공구는?

① 드라이버
② 플라이어
③ 압착펜치
④ 와이어 스트리퍼

> 와이어 스트리퍼는 전선의 절연 피복물을 자동으로 벗길 때 사용한다.

16
설치 면적이 넓고 설치비용이 많이 들지만 가장 이상적이고 효과적인 진상용 콘덴서 설치 방법은?

① 수전단 모선과 부하 측에 분산하여 설치
② 수전단 모선에 설치
③ 부하 측에 분산하여 설치
④ 가장 큰 부하 측에만 설치

> **전력용(진상) 콘덴서**
> 부하의 역률을 개선하는 전력설비로서의 경우 가장 이상적이고 효과적인 설치 방법은 부하 측에 각각 설치하는 경우이다.

17
점착성이 없으나 절연성, 내온성 및 내유성이 있어 연피케이블 접속에 사용되는 테이프는?

① 고무테이프
② 리노테이프
③ 비닐테이프
④ 자기융착 테이프

> **리노테이프**
> 점착성이 없으나 절연성, 내온성 및 내유성이 있어 연피케이블 접속에 사용되는 테이프

18
전기 공사에서 접지저항을 측정할 때 사용하는 측정기는 무엇인가?

① 검류기
② 변류기
③ 메거
④ 어스테스터

> 1) 검류기 : 미소한 전압 전류를 측정한다.
> 2) 변류기 : 대전류를 소전류로 변류한다.
> 3) 메거 : 절연저항을 측정한다.
> 4) 어스테스터 : 접지저항을 측정한다.

정답 13 ④ 14 ① 15 ④ 16 ③ 17 ② 18 ④

19
옥외용 비닐 절연전선의 약호는?

① OW
② W
③ NR
④ DV

> 전선의 약호
> 1) OW : 옥외용 비닐 절연전선
> 2) NR : 450/750[V] 일반용 단심비닐 절연전선
> 3) DV : 인입용 비닐 절연전선

20
진공 중의 어느 한 지점의 전장의 세기가 100[V/m]일 때 5[m] 떨어진 지점의 전위[V]는?

① 500
② 50
③ 200
④ 20

> 전장의 세기(E)와 전위(V)의 관계
> $V = Ed = 100 \times 5 = 500$

21
다음 전기력선의 성질 중 맞지 않은 것은?

① 전기력선은 전위가 높은 곳에서 낮은 곳으로 향한다.
② 전기력선의 밀도는 전계의 세기와 같다.
③ 전기력선의 접선 방향이 전장의 방향이다.
④ 전기력선은 음전하에서 나와 양전하에서 끝난다.

> 전기력선은 양전하에서 나와 음전하에서 끝난다.

22
직류기의 정류작용에서 전압 정류의 역할을 하는 것은?

① 탄소 brush
② 보극
③ 리액턴스 코일
④ 보상권선

> 양호한 정류를 얻는 방법
> 1) 보극 설치(전압 정류)
> 2) 탄소 브러쉬(저항 정류)

23
동일한 콘덴서 C[F]의 콘덴서가 10개 있다. 이를 직렬 연결하면 병렬 연결할 때보다 몇 배가 되겠는가?

① 0.1배
② 0.01배
③ 10배
④ 100배

> 직렬 연결 합성 정전용량 : 직렬 $C = \dfrac{C}{m} = \dfrac{C}{10}$
> 병렬 연결 합성 정전용량 : 병렬 $C = mC = 10C$
> $\dfrac{\text{직렬}\,C}{\text{병렬}\,C} = \dfrac{\frac{C}{10}}{10C} = \dfrac{1}{100} = 0.01$ [배](감소)

24
진공 중의 투자율 μ_0[H/m] 값은 얼마인가?

① $\mu_0 = 8.855 \times 10^{-12}$
② $\mu_0 = 6.33 \times 10^4$
③ $\mu_0 = 4\pi \times 10^{-7}$
④ $\mu_0 = 9 \times 10^9$

> 진공 중의 투자율 : $\mu_0 = 4\pi \times 10^{-7}$ [H/m]

25
자기장 내에 전류가 흐르는 도선을 놓았을 때 작용하는 힘은 다음 중 어느 법칙인가?

① 플레밍의 오른손 법칙
② 플레밍의 왼손 법칙
③ 암페어의 오른손 법칙
④ 패러데이 법칙

> 플레밍의 왼손 법칙
> 자기장 내에 전류가 흐르는 도선을 놓았을 때 작용하는 힘이 발생하는 방향 및 크기를 구하는 법칙
> 1) 엄지 : 작용하는 힘의 방향
> 2) 검지 : 자기장(자속밀도) 방향
> 3) 중지 : 전류가 흐르는 방향

정답 19 ① 20 ① 21 ④ 22 ② 23 ② 24 ③ 25 ②

26
반지름이 r[m]인 환상솔레노이드에 권수 N 회를 감고 전류 I[A]를 흘리면 자장의 세기는 몇 H [AT/m]인가?

① $\dfrac{NI}{2r}$ ② $\dfrac{NI}{2\pi r}$
③ $\dfrac{NI}{4r}$ ④ $\dfrac{NI}{4\pi r}$

> 환상솔레노이드의 자계 : $H = \dfrac{NI}{2\pi r}$ [AT/m]

27
전류가 각각 I_1, I_2가 흐르는 평행한 두 도선이 거리 r[m]만큼 떨어져 있을 때 단위 길이당 작용하는 힘 F [N/m]은?

① $\dfrac{2I_1 I_2}{r} \times 10^{-7}$ ② $\dfrac{2I_1 I_2}{r^2} \times 10^{-7}$
③ $\dfrac{I_1 I_2}{r} \times 10^{-7}$ ④ $\dfrac{I_1 I_2}{r^2} \times 10^{-7}$

> 평행도선의 작용하는 힘
> 1) 같은(동일) 방향의 전류 : 흡인력
> 2) 반대(왕복) 방향의 전류 : 반발력
> 3) $F = \dfrac{2I_1 I_2}{r} \times 10^{-7}$ [N/m]

28
변압기에서 퍼센트 저항강하가 3[%], 리액턴스강하가 4[%]일 때 역률 0.8(지상)에서의 전압변동률[%]은?

① 2.4 ② 3.6
③ 4.8 ④ 6.0

> 변압기 전압변동률 ϵ
> $\epsilon = p\cos\theta + q\sin\theta = 3 \times 0.8 + 4 \times 0.6 = 4.8$[%]
> p : %저항강하, q : %리액턴스강하

29
유도 전동기의 동기속도를 N_s, 회전속도를 N이라 할 때 슬립은?

① $s = \dfrac{N_s - N}{N_s} \times 100$ ② $s = \dfrac{N - N_s}{N} \times 100$
③ $s = \dfrac{N_s - N}{N} \times 100$ ④ $s = \dfrac{N_s + N}{N_s} \times 100$

> 유도 전동기의 슬립 s
> $s = \dfrac{N_s - N}{N_s} \times 100$[%]
> s : 슬립[%], N_s : 동기속도$\left(\dfrac{120}{P}f\right)$[rpm],
> N : 회전자속도[rpm]

30 ★
전기기계의 철심을 규소강판으로 성층하는 이유는?

① 철손 감소 ② 동손 감소
③ 기계손 감소 ④ 제작 용이

> 규소강판을 성층한 철심 사용(철손 감소)
> 1) 규소강판 : 히스테리시스손 감소(함유량 4[%])
> 2) 성층철심 : 와류(맴돌이)손 감소(두께 0.35 ~ 0.5[mm])

31
3상 전파 정류회로에서 출력전압의 평균전압은? (단, V는 선간전압의 실효값이다.)

① 0.45V[V] ② 0.9V[V]
③ 1.17V[V] ④ 1.35V[V]

> 정류방식
> 1) 단상 반파 : 0.45E
> 2) 단상 전파 : 0.9E
> 3) 3상 반파 : 1.17E
> 4) 3상 전파 : 1.35E

정답 26 ② 27 ① 28 ③ 29 ① 30 ① 31 ④

32
3상 유도 전동기의 원선도를 그리는 데 필요하지 않은 시험은?

① 저항측정 ② 무부하시험
③ 구속시험 ④ 슬립측정

> 원선도를 작성 또는 그리기 위해 필요한 시험
> 1) 저항시험
> 2) 무부하시험(개방시험)
> 3) 구속시험

33
변압기, 동기기 등 층간 단락 등의 내부고장 보호에 사용되는 계전기는?

① 차동 계전기 ② 접지 계전기
③ 과전압 계전기 ④ 역상 계전기

> 발전기 및 변압기 내부고장 보호 계전기
> 1) 차동 계전기
> 2) 비율 차동 계전기

34
피뢰기의 약호는?

① SA ② COS
③ SC ④ LA

> 피뢰기는 뇌격 시에 기계기구를 보호하며 LA(Lighting Arrester)라고 한다.
> 1) SA : 서지 흡수기
> 2) COS : 컷아웃 스위치
> 3) SC : 전력용 콘덴서

35
물체의 두께, 깊이, 안지름 및 바깥지름 등을 모두 측정할 수 있는 공구의 명칭은?

① 버니어 켈리퍼스 ② 마이크로미터
③ 다이얼 게이지 ④ 와이어 게이지

> 버니어 켈리퍼스
> 버니어 켈리퍼스는 물체의 두께, 깊이, 안지름 및 바깥지름 등을 모두 측정할 수 있는 공구이다.

36
한 수용가의 인입선에서 분기하여 지지물을 거치지 아니하고 다른 수용장소의 인입구에 이르는 부분의 전선을 무엇이라 하는가?

① 가공인입선 ② 옥외 배선
③ 연접인입선 ④ 연접가공선

> 연접(이웃연결)인입선의 정의
> 한 수용장소의 접속점에서 분기하여 다른 지지물을 거치지 않고 타 수용장소에 이르는 전선

37
활선 상태에서 전선의 피복을 벗기는 공구는?

① 전선 피박기 ② 애자커버
③ 와이어통 ④ 데드엔드 커버

> 1) 전선 피박기 : 활선 시 전선의 피복을 벗기는 공구
> 2) 애자커버 : 활선 시 애자를 절연하여 작업자의 부주의로 접촉되더라도 안전사고가 발생하지 않도록 하는 절연장구
> 3) 와이어통 : 활선을 작업권 밖으로 밀어낼 때 사용하는 절연봉
> 4) 데드엔드 커버 : 현수애자와 인류클램프의 충전부를 방호하기 위하여 사용

정답 32 ④ 33 ① 34 ④ 35 ① 36 ③ 37 ①

38

가연성 분진(소맥분, 전분, 유황 기타 가연성 먼지 등)으로 인하여 폭발할 우려가 있는 저압 옥내 설비공사로 적절한 것은?

① 금속관 공사 ② 애자 공사
③ 가요전선관 공사 ④ 금속 몰드 공사

> 가연성 먼지(분진)의 시설공사
> 1) 금속관 공사
> 2) 케이블 공사
> 3) 합성수지관 공사(두께 2[mm] 미만의 합성수지 전선관 및 난연성이 없는 콤바인 덕트관을 사용하는 것을 제외한다.)

39

어느 교류 정현파의 최대값이 1[V]일 때 실효값 V[V]과 평균값 V_a[V]은 각각 얼마인가?

① $V=\dfrac{1}{2}$, $V_a=\dfrac{2}{\pi}$ ② $V=\dfrac{1}{\sqrt{2}}$, $V_a=\dfrac{1}{\pi}$

③ $V=\dfrac{1}{\sqrt{2}}$, $V_a=\dfrac{2}{\pi}$ ④ $V=\dfrac{1}{\sqrt{3}}$, $V_a=\dfrac{2}{\pi}$

> 실효값 : $V=\dfrac{V_m}{\sqrt{2}}=\dfrac{1}{\sqrt{2}}$
> 평균값 : $V_a=\dfrac{2V_m}{\pi}=\dfrac{2}{\pi}$

40

자기 인덕턴스가 $L_1=10$[H], $L_2=40$[H] 두 코일을 직렬 가동 접속하면 합성 인덕턴스는 몇 L[H]인가? (단, 상호 인덕턴스가 $M=1$[H]이다.)

① 52 ② 48
③ 51 ④ 47

> 직렬 가동 접속의 합성 인덕턴스
> $L=L_1+L_2+2M=10+40+2\times 1=52$[H]

41

코일 권수 100회인 코일 면에 수직으로 1초 동안에 자속이 0.5[Wb]가 변화했다면 이때 코일에 유도되는 기전력[V]은?

① 5 ② 50
③ 500 ④ 5,000

> 기전력의 크기(패러데이 법칙)
> $e=-N\dfrac{d\phi}{dt}=-100\times\dfrac{0.5}{1}=-50$[V]
> 기전력의 크기는 절대값으로 표현 : $|e|=50$[V]

42

다음 중 금속 전선관을 박스에 고정시킬 때 사용하는 것은?

① 새들 ② 부싱
③ 로크너트 ④ 클램프

> 1) 새들 : 관을 벽면에 고정
> 2) 부싱 : 전선의 절연물을 보호
> 3) 로크너트 : 관을 박스에 고정
> 4) 클램프 : 측정기로 사용되는 것이기도 하며, 전선을 고정 시에도 사용

43

코일 L만의 교류회로가 있다. 여기에 $v=V_m\sin\omega t$[V]의 전압을 인가하여 전류가 흐를 때 전류의 위상은 어떻게 되는가?

① 동상이다. ② 60도 앞선다.
③ 90도 앞선다. ④ 90도 뒤진다.

> 단일소자의 교류전류
> 1) R만의 교류회로 : 동상 전류
> 2) L만의 교류회로 : 90° 뒤진(늦은) 지상전류
> 3) C만의 교류회로 : 90° 앞선(빠른) 진상전류

정답 38 ① 39 ③ 40 ① 41 ② 42 ③ 43 ④

44

3상 Y결선의 전원이 있다. 선전류가 I_l[A], 선간전압이 V_l[V]일 때 전원의 상전압 V_P[V]와 상전류 I_P[A]는 얼마인가?

① V_l, $\sqrt{3}\,I_l$
② $\sqrt{3}\,V_l$, $\sqrt{3}\,I_l$
③ V_l, $\dfrac{I_l}{\sqrt{3}}$
④ $\dfrac{V_l}{\sqrt{3}}$, I_l

> **Y결선의 특징**
> 1) 전압 : $V_l = \sqrt{3}\,V_P \rightarrow V_P = \dfrac{V_l}{\sqrt{3}}$
> 2) 전류 : $I_l = I_p \rightarrow I_p = I_l$

45

100[kVA]의 단상 변압기 3대로 Δ결선으로 운전 중 한 대 고장으로 2대로 V결선하려 할 때 공급할 수 있는 3상 전력은 몇 [kVA]인가?

① 141
② 241
③ 173
④ 273

> **V결선의 용량**
> $P_V = \sqrt{3}\,P_1$ (P_1 : 단상변압기 용량)
> $P_V = \sqrt{3}\,P_1 = \sqrt{3} \times 100 = 173$[kVA]

46

직류 분권 전동기의 계자전류를 약하게 하면 회전수는?

① 감소한다.
② 정지한다.
③ 증가한다.
④ 변화없다.

> 직류 전동기 회전속도와 자속과의 관계는 $N = K \cdot \dfrac{E}{\phi}$ 로 표현할 수 있다.
> ∴ $\phi \propto \dfrac{1}{N}$
> 자속($\phi\downarrow$) $N\uparrow$ 하므로, 계자전류($I_f\downarrow$) $N\uparrow$, 계자저항($R_f\uparrow$)하면 계자전류($I_f\downarrow$)하므로 $N\uparrow$ 한다.

47

3상 동기 발전기를 병렬 운전시키는 경우 고려하지 않아도 되는 조건은?

① 상회전 방향이 같을 것
② 전압 파형이 같을 것
③ 크기가 같을 것
④ 회전수가 같을 것

> **동기 발전기의 병렬 운전 조건**
> 1) 기전력의 크기가 같을 것 ≠ 무효 순환전류 발생(무효 횡류) = 여자 전류의 변화 때문
> 2) 기전력의 위상이 같을 것 ≠ 유효 순환전류 발생(유효 횡류 = 동기화 전류)
> 3) 기전력의 주파수가 같을 것 ≠ 난조발생 ─방지법→ 제동권선 설치
> 4) 기전력의 파형이 같을 것 ≠ 고조파 무효 순환전류 발생
> 5) 상회전 방향이 같을 것

48

다음은 3상 유도 전동기 고정자 권선의 결선도를 나타낸 것이다. 맞는 사항을 고르시오.

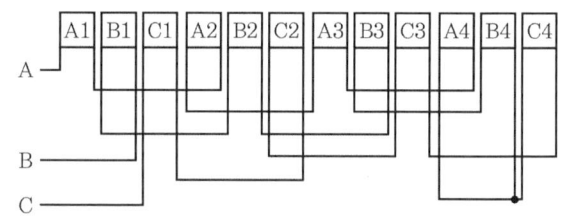

① 3상 4극, Δ결선
② 3상 2극, Δ결선
③ 3상 4극, Y결선
④ 3상 2극, Y결선

> 그림은 3상(A, B, C) 4극(1, 2, 3, 4)이 하나의 접점에 연결되어 있으므로 Y결선이다.

정답 44 ④ 45 ③ 46 ③ 47 ④ 48 ③

49

가공전선로의 지지물에 시설하는 지선에 연선을 사용할 경우 소선수는 몇 가닥 이상이어야 하는가?

① 3가닥
② 5가닥
③ 7가닥
④ 9가닥

> 지지물의 강도를 보강한다. 단, 철탑은 사용 제외한다.
> 1) 안전율 : 2.5 이상
> 2) 허용 인장하중 : 4.31[kN]
> 3) 소선 수 : 3가닥 이상의 연선
> 4) 소선지름 : 2.6[mm] 이상
> 5) 지선이 도로를 횡단할 경우 5[m] 이상 높이에 설치

50

화약고 등의 위험 장소의 배선공사에서 전로의 대지전압은 몇 [V] 이하로 하도록 되어 있는가?

① 300
② 400
③ 500
④ 600

> 화약류 저장고의 시설기준
> 1) 전로의 대지전압은 300V 이하일 것
> 2) 전기기계기구는 전폐형의 것일 것
> 3) 케이블을 전기기계기구에 인입할 때에는 인입구에서 케이블이 손상될 우려가 없도록 시설할 것
> 4) 차단기는 밖에 두며, 조명기구의 전원을 공급하기 위하여 배선은 금속관, 케이블 공사를 할 것

51

비정현파의 전력을 계산하고자 한다. 어느 경우에 전력 계산이 가능한가?

① 제3고조파의 전류와 제3고조파의 전압이 있는 경우
② 제3고조파의 전류와 제5고조파의 전압이 있는 경우
③ 제5고조파의 전류와 제3고조파의 전압이 있는 경우
④ 제3고조파의 전류와 제4고조파의 전압이 있는 경우

> 비정현파 전력
> 1) 전압과 전류의 주파수가 동일한 경우에만 전력 발생
> 2) $P = V_1 I_1 \cos\theta_1 + V_2 I_2 \cos\theta_2 + V_3 I_3 \cos\theta_3 + \cdots [W]$

52

주파수 60[Hz]의 회로에 접속되어 슬립 3[%], 회전수 1,164[rpm]으로 회전하고 있는 유도 전동기의 극수는?

① 2
② 4
③ 6
④ 10

> 유도 전동기의 극수
> 회전자 속도 $N = (1-s)N_s$
> $N_s = \dfrac{N}{1-s} = \dfrac{1,164}{1-0.03} = 1,200 [rpm]$
> $P = \dfrac{120}{N_s}f = \dfrac{120 \times 60}{1,200} = 6 [극]$

53

직류 발전기의 전기자의 주된 역할은?

① 기전력을 유도한다.
② 자속을 만든다.
③ 정류작용을 한다.
④ 회전자와 외부회로를 접속한다.

> 직류 발전기의 구조
> 1) 계자 : 주 자속을 만드는 부분
> 2) 전기자 : 주 자속을 끊어 유기기전력을 발생
> 3) 정류자 : 교류를 직류로 변환
> 4) 브러쉬 : 내부의 회로와 외부의 회로를 전기적으로 연결

54

무부하에서 119[V]되는 분권 발전기의 전압변동률이 6[%]이다. 정격 전 부하 전압은 약 몇 [V]인가?

① 110.2
② 112.3
③ 122.5
④ 125.3

> 전압변동률 $\epsilon = \dfrac{V_0 - V}{V} \times 100 [\%]$
> $V = \dfrac{V_0}{(\epsilon + 1)} = \dfrac{119}{1 + 0.06} = 112.26 [V]$

정답 49 ① 50 ① 51 ① 52 ③ 53 ① 54 ②

55

전압이 13,200/220[V]인 변압기의 부하 측에 흐르는 전류가 120[A]이다. 1차 측에 흐르는 전류는 얼마인가?

① 2
② 20
③ 60
④ 120

변압기의 1차 측 전류

권수비 $a = \dfrac{V_1}{V_2} = \dfrac{I_2}{I_1}$

$= \dfrac{13,200}{220} = 60$

$\therefore I_1 = \dfrac{120}{60} = 2[A]$

56

조명기구의 배광에 의한 분류 중 하향광속이 90~100[%] 정도의 빛이 나는 조명방식은?

① 직접 조명
② 반직접 조명
③ 반간접 조명
④ 간접 조명

배광에 의한 분류

조명방식	하향 광속
직접 조명	90~100[%]
반직접 조명	60~90[%]
전반 확산 조명	40~60[%]
반간접 조명	10~40[%]
간접 조명	0~10[%]

57

설계하중 6.8[kN] 이하인 철근콘크리트 전주의 길이가 7[m]인 지지물을 건주할 경우 땅에 묻히는 깊이로 가장 옳은 것은?

① 0.6[m]
② 0.8[m]
③ 1.0[m]
④ 1.2[m]

건주(지지물을 땅에 묻는 공정)

1) 15[m] 이하의 지지물(6.8[kN] 이하의 경우) : 전체 길이 × $\dfrac{1}{6}$ 이상 매설

   따라서 15[m] 이하의 지지물이므로 $7 \times \dfrac{1}{6} = 1.16[m]$ 이상 매설해야만 한다.

2) 15[m] 초과 시 : 2.5[m] 이상
3) 16[m] 초과 20[m] 이하 : 2.8[m] 이상

2021년 이전 기출문제의 경우 법률 개정에 따라 일부 문제가 삭제되어 60문항이 되지 않음을 알려드립니다.

정답 55 ① 56 ① 57 ④

2021년 1회 | CBT 기출복원문제

01
굵기가 일정한 직선도체의 체적은 일정하다고 할 때 이 직선도체를 길게 늘여 지름이 절반이 되게 하였다. 이 경우 길게 늘인 도체의 저항값은 원래 도체의 저항값의 몇 배가 되는가?

① 4배 ② 8배
③ 16배 ④ 24배

직선도체의 체적이 일정할 때
$v = \dfrac{\pi d^2}{4} l \rightarrow l = \dfrac{4v}{\pi d^2} \rightarrow l \propto \dfrac{1}{d^2}$

지름이 절반으로 감소하면

도체의 길이 : $l' \propto \dfrac{1}{d^2} \propto \dfrac{1}{\left(\dfrac{1}{2}\right)^2} \propto 4l$

도체의 단면적 : $S = \dfrac{\pi d^2}{4} \rightarrow S' \propto d^2 \propto \left(\dfrac{1}{2}\right)^2 \propto \dfrac{1}{4} S$

도체의 저항 : $R' = \rho \dfrac{l'}{S'} = \rho \dfrac{4l}{\dfrac{1}{4}S} = 16 \times \rho \dfrac{l}{S} = 16R$

02
10[A]의 전류를 흘렸을 때 전력이 50[W]인 저항에 20[A]를 흘렸을 때의 전력은 몇 [W]인가?

① 100 ② 200
③ 300 ④ 400

10[A] 전력 : $P = I^2 R[W] \rightarrow R = \dfrac{P}{I^2} = \dfrac{50}{10^2} = 0.5[\Omega]$

20[A] 전력 : $P = I^2 R = 20^2 \times 0.5 = 200[W]$

03
저항 $R_1[\Omega]$과 $R_2[\Omega]$을 직렬 접속하고 $V[V]$의 전압을 인가할 때 저항 R_1의 양단의 전압은?

① $\dfrac{R_2}{R_1 + R_2} V$ ② $\dfrac{R_1 R_2}{R_1 + R_2} V$

③ $\dfrac{R_1}{R_1 + R_2} V$ ④ $\dfrac{R_1 + R_2}{R_1} V$

직렬저항 회로의 전압분배

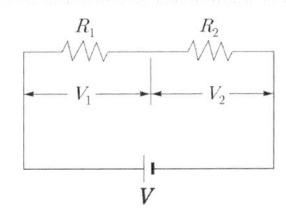

$V_1 = \dfrac{R_1}{R_1 + R_2} V, \ V_2 = \dfrac{R_2}{R_1 + R_2} V$

04 ★
임의의 한 점에 유입하는 전류의 대수합이 0이 되는 법칙은?

① 플레밍의 법칙 ② 패러데이의 법칙
③ 키르히호프의 법칙 ④ 옴의 법칙

키르히호프의 법칙
1) 제1법칙 : 임의의 점에서 들어오는 전류의 합은 나오는 전류의 합과 같다.
2) 제2법칙 : 임의의 폐회로에서 기전력의 합은 전압강하(전류와 저항의 곱)의 합과 같다.

정답 01 ③ 02 ② 03 ③ 04 ③

05

다음 서로 상호관계가 바르게 연결된 것은?

① 저항열 - 제어벡 효과
② 전기냉동장치 - 펠티어 효과
③ 전기분해 - 톰슨 효과
④ 열전쌍 - 줄의 법칙

> 1) 줄의 법칙
>   어떤 도체에 전류가 흐르면 열(저항열)이 발생하는 현상
> 2) 제어벡 효과
>   서로 다른 금속을 접합하여 두 접합점(열전쌍)에 온도차를 주면 전기가 발생하는 현상
> 3) 전류에 따른 열의 흡수 현상(전기냉동장치)
>   • 다른 두 종류의 금속을 접합 : 펠티어 효과
>   • 동일한 종류의 금속을 접합 : 톰슨 효과

06

변압기를 $\Delta-Y$결선(delta-star connection)한 경우에 대한 설명으로 옳지 않은 것은?

① 1차 변전소의 승압용으로 사용된다.
② 1차 선간전압 및 2차 선간전압의 위상차는 60°이다.
③ 제3고조파에 의한 장해가 적다.
④ Y결선의 중성점을 접지할 수 있다.

> $\Delta-Y$결선의 경우 델타와 Y결선의 특징을 모두 갖고 있는 방식으로 승압용 결선이며, 1차 선간전압과 2차 선간전압의 위상차는 30°이며, 한 상의 고장 시 송전이 불가능하다.

07

옥외용 비닐 절연전선의 약호(기호)는?

① W   ② DV
③ OW   ④ NR

> 전선의 약호
> 1) OW : 옥외용 비닐 절연전선
> 2) NR : 450/750[V] 일반용 단심 비닐 절연전선
> 3) DV : 인입용 비닐 절연전선

08

발전기를 정격전압 100[V]로 운전하다가 무부하로 운전하였더니, 단자 전압이 103[V]가 되었다. 이 발전기의 전압 변동률은 몇 [%]인가?

① 1   ② 2
③ 3   ④ 4

> 전압변동률 $\epsilon = \dfrac{V_0 - V_n}{V_n} \times 100[\%]$
> $= \dfrac{103 - 100}{100} \times 100 = 3[\%]$

09

직류분권 전동기의 계자저항을 운전 중에 증가시키면 회전 속도는?

① 증가한다.   ② 감소한다.
③ 변화 없다.   ④ 정지한다.

> 직류 전동기 회전속도와 자속과의 관계
> $N = K \cdot \dfrac{E}{\phi}$ 로 표현할 수 있다.
> $\therefore \phi \propto \dfrac{1}{N}$
> 자속($\phi\downarrow$) $N\uparrow$ 하므로, 계자전류($I_f\downarrow$) $N\uparrow$, 계자저항($R_f\uparrow$)하면 계자전류($I_f\downarrow$)하므로 $N\uparrow$ 한다.

10

3상 반파 정류회로에서 직류전압의 평균전압은?

① 0.45V   ② 0.9V
③ 1.17V   ④ 1.35V

> 정류방식
> 1) 단상 반파 : 0.45E   2) 단상 전파 : 0.9E
> 3) 3상 반파 : 1.17E   4) 3상 전파 : 1.35E

11
동기 발전기에서 전기자 전류가 무부하 유도기전력보다 $\frac{\pi}{2}$[rad] 앞서 있는 경우에 나타나는 전기자 반작용은?

① 증자 작용
② 감자 작용
③ 교차 자화작용
④ 직축 반작용

동기 발전기의 전기자 반작용

종류	앞선(진상, 진) 전류가 흐를 때	뒤진(지상, 지) 전류가 흐를 때
동기 발전기	증자 작용	감자 작용
동기 전동기	감자 작용	증자 작용

12
직류 전동기의 속도 제어 방법이 아닌 것은?

① 전압 제어
② 계자 제어
③ 위상 제어
④ 저항 제어

직류 전동기의 속도 제어 방법
1) 전압 제어 : 전압 V를 제어하는 방식으로 광범위한 속도 제어가 가능하다. 여기서, 워드레오나드 방식과 일그너 방식, 승압기 방식 등이 있다.
2) 계자 제어 : ϕ의 값을 조절하는 방식으로 정 출력 제어 방식이다.
3) 저항 제어 : 저항 R_a의 값을 조절하는 방식으로 효율이 나쁘다.

13
한국전기설비규정에서 정한 저압 애자사용 공사의 경우 전선 상호 간의 거리는 몇 [m]인가?

① 0.025
② 0.06
③ 0.12
④ 0.25

애자사용 공사 시 전선과 전선 상호, 전선과 조영재와의 이격거리

전압	전선과 전선상호	전선과 조영재
400[V] 이하	0.06[m] 이상	25[mm] 이상
400[V] 초과 저압	0.06[m] 이상	45[mm] 이상 (단, 건조한 장소 25[mm] 이상)
고압	0.08[m] 이상	50[mm] 이상

14
합성수지관을 새들 등으로 지지하는 경우에는 그 지지점 간의 거리를 몇 [m] 이하로 하여야 하는가?

① 1.5
② 2.0
③ 2.5
④ 3.0

합성수지관 공사의 시설기준
1) 전선은 연선일 것. 단, 단면적 10[mm²](알루미늄선 단면적 16[mm²]) 이하의 것은 적용하지 않는다.
2) 전선은 합성수지관 안에서 접속점이 없도록 할 것
3) 관 상호 간, 관과 박스를 접속할 경우 관의 삽입 깊이는 관 바깥지름의 1.2배 이상(단, 접착제를 사용하는 경우 0.8배 이상)
4) 지지점 간 거리는 1.5[m] 이하

15
노출장소 또는 점검 가능한 장소에서 제2종 가요전선관을 시설하고 제거하는 것이 자유로운 경우 곡률 반지름은 안지름의 몇 배 이상으로 하여야 하는가?

① 2배
② 3배
③ 4배
④ 6배

가요전선관 공사 시설기준
1) 가요전선관은 2종 금속제 가요전선관일 것(다만, 전개된 장소 또는 점검할 수 있는 은폐장소에는 1종 가요전선관을 사용할 수 있다.)
2) 관을 구부리는 정도는 2종 가요전선관을 시설하고 제거하는 것이 어려운 장소일 경우 굴곡 반경은 관 안지름의 6배(단, 시설하고 제거하는 것이 자유로울 경우 3배) 이상

16
한국전기설비규정에서 정한 전선의 식별에서 N의 색상은?

① 흑색
② 적색
③ 갈색
④ 청색

전선의 식별
1) L1 : 갈색
2) L2 : 흑색
3) L3 : 회색
4) N : 청색
5) 보호도체 : 녹색 – 노란색

17

다음은 변압기 중성점 접지저항을 결정하는 방법이다. 여기서 k의 값은? (단, I_g란 변압기 고압 또는 특고압 전로의 1선지락전류를 말하며, 자동차단장치는 없도록 한다.)

$$R = \frac{k}{I_g} [\Omega]$$

① 75　　　　　② 150
③ 300　　　　 ④ 600

> **변압기 중성점 접지저항 R**
>
> $R = \dfrac{150,\ 300,\ 600}{1선\ 지락전류} [\Omega]$
>
> 1) 150[V] : 아무 조건이 없는 경우(자동차단장치가 없는 경우)
> 2) 300[V] : 2초 이내에 자동차단하는 장치가 있는 경우
> 3) 600[V] : 1초 이내에 자동차단하는 장치가 있는 경우

18 ⭐빈출

다음 중 과전류 차단기를 설치하는 곳은?

① 간선의 전원 측 전선
② 접지공사의 접지도체
③ 다선식 전로의 중성선
④ 접지공사를 한 저압 가공전선로의 접지 측 전선

> **과전류 차단기 시설제한장소**
>
> 1) 접지공사의 접지도체
> 2) 다선식 전로의 중성선
> 3) 접지공사를 한 저압 가공전선로의 접지 측 전선

19

점착성이 없으나 절연성, 내온성 및 내유성이 있어 연피케이블 접속에 사용되는 테이프는?

① 고무테이프　　　② 자기융착 테이프
③ 비닐테이프　　　④ 리노테이프

> 리노테이프는 점착성이 없으나 절연성, 내온성 및 내유성이 있어 연피케이블 접속에 사용되는 테이프

20

저항 R_1과 R_2를 병렬 접속하여 여기에 전압 100[V]를 가할 때 R_1의 소비전력을 P_1[W], R_2의 소비전력을 P_2[W]라면 $\dfrac{P_1}{P_2}$의 비는 얼마인가?

① $\dfrac{R_2}{R_1}$　　　　② $\dfrac{R_1}{R_2}$

③ $\dfrac{R_2 + R_1}{R_1}$　　④ $\dfrac{R_2}{R_1 + R_2}$

> 병렬회로의 소비전력 : $P = \dfrac{V^2}{R}$ [W]
>
> 각 저항의 전력 : $P_1 = \dfrac{100^2}{R_1}$ [W], $P_2 = \dfrac{100^2}{R_2}$ [W]
>
> 전력비 : $\dfrac{P_1}{P_2} = \dfrac{\frac{100^2}{R_1}}{\frac{100^2}{R_2}} = \dfrac{R_2}{R_1}$

21

정전용량의 단위 [F]과 같은 것은? (단, [V]는 전위, [C]은 전기량, [N]은 힘, [m]는 길이이다.)

① [V/m]　　　② [C/V]
③ [N/V]　　　④ [N/C]

> **정전용량의 단위**
>
> 1) 평행판 콘덴서 : $C = \dfrac{\varepsilon S}{d}$ [F]
> 2) 콘덴서 충전 전하량 : $Q = CV \rightarrow C = \dfrac{Q}{V}$ [C/V]

22 ⭐빈출

금속관을 절단할 때 사용되는 공구는?

① 오스터　　　② 녹아웃 펀치
③ 파이프 커터　④ 파이프렌치

> 금속관 절단 시 사용되는 공구는 파이프 커터이다.

정답　17 ②　18 ①　19 ④　20 ①　21 ②　22 ③

23

한국전기설비규정에서 정한 가공전선로의 지지물에 승탑 또는 승강용으로 사용하는 발판볼트 등은 지표상 몇 [m] 미만에 시설하여서는 안 되는가?

① 1.2
② 1.5
③ 1.6
④ 1.8

발판볼트
지지물에 시설하는 발판볼트의 경우 1.8[m] 이상 높이에 시설한다.

24 ★빈출

콘덴서 $C_1 = 3$[F], $C_2 = 6$[F]를 직렬로 연결하면 합성 정전용량 C[F]은 얼마인가?

① $C = 3 + 6$
② $C = \dfrac{1}{3} + \dfrac{1}{6}$
③ $C = \dfrac{1}{\dfrac{1}{3} + \dfrac{1}{6}}$
④ $C = 3 + \dfrac{1}{6}$

콘덴서 직렬 접속의 합성 정전용량
$C = \dfrac{1}{\dfrac{1}{C_1} + \dfrac{1}{C_2}} = \dfrac{1}{\dfrac{1}{3} + \dfrac{1}{6}}$ [F]

25

상호 인덕턴스가 10[H], 두 코일의 자기 인덕턴스는 각각 20[H], 80[H]일 경우 결합계수는 얼마인가?

① 0.125
② 0.25
③ 0.5
④ 0.75

자기 인덕턴스 : $L_1 = 20$[H], $L_2 = 80$[H]
상호 인덕턴스 : $M = k\sqrt{L_1 L_2} = 10$[H]
결합계수 : $k = \dfrac{M}{\sqrt{L_1 L_2}} = \dfrac{10}{\sqrt{20 \times 80}} = 0.25$

26

부흐홀쯔 계전기로 보호되는 기기는?

① 발전기
② 변압기
③ 전동기
④ 회전변류기

변압기 내부고장 보호
1) 부흐홀쯔 계전기
2) 차동 계전기
3) 비율 차동 계전기

27

어떤 변압기에서 임피던스 강하가 5[%]인 변압기가 운전 중 단락되었을 때 그 단락전류는 정격전류의 몇 배인가?

① 5
② 20
③ 50
④ 500

변압기의 단락전류 $I_s = \dfrac{100}{\%Z}I_n = \dfrac{100}{5} \times I_n$
$\therefore I_s = 20 I_n$

28

3상 농형 유도 전동기의 $Y-\Delta$ 기동 시 기동전류와 기동토크가 전전압 기동 시 몇 배가 되는가?

① 전전압 기동보다 3배가 된다.
② 전전압 기동보다 $\dfrac{1}{3}$ 배가 된다.
③ 전전압 기동보다 $\sqrt{3}$ 배가 된다.
④ 전전압 기동보다 $\dfrac{1}{\sqrt{3}}$ 배가 된다.

농형 유도 전동기의 기동법
1) 직입(전전압) 기동 : 5[kW] 이하
2) Y-Δ 기동 : 5 ~ 15[kW] 이하(이때 전전압 기동 시보다 기동전류가 $\dfrac{1}{3}$ 배로 감소한다.)
3) 기동 보상기법 : 15[kW] 이상(3상 단권변압기 이용)
4) 리액터 기동

정답 23 ④ 24 ③ 25 ② 26 ② 27 ② 28 ②

29

동기 발전기의 전기자 권선을 단절권으로 하면?

① 고조파를 제거한다.
② 절연이 잘된다.
③ 역률이 좋아진다.
④ 기전력을 높인다.

> **동기 발전기의 전기자 권선으로 단절권을 사용하는 이유**
> 1) 고조파를 제거하여 기전력의 파형을 개선한다.
> 2) 동량(권선)이 감소한다.

30

3상 유도 전동기의 운전 중 전압이 90[%]로 저하되면 토크는 몇 [%]가 되는가?

① 90
② 81
③ 72
④ 64

> **유도 전동기의 토크와 전압과의 관계**
> $T \propto V^2 \propto \dfrac{1}{s}$, $s \propto \dfrac{1}{V^2}$
> V : 전압[V], s : 슬립
> $T \propto V^2$
> 전압이 10[%] 감소하였기 때문에 $(0.9V)^2$이 되므로
> $T = 0.81 = 81[\%]$

31

변압기의 퍼센트 저항강하가 3[%], 퍼센트 리액턴스강하가 4[%]이다. 역률이 80[%]라면 이 변압기의 전압변동률[%]은?

① 3.2
② 4.8
③ 5.0
④ 5.6

> 변압기의 전압변동률 $\epsilon = p\cos\theta \pm q\sin\theta$
> $= 3 \times 0.8 + 4 \times 0.6 = 4.8[\%]$
> (여기서 p : %저항강하, q : %리액턴스강하)

32

피시 테이프(fish tape)의 용도는?

① 전선을 테이핑하기 위해 사용
② 전선관의 끝 마무리를 위해서 사용
③ 배관에 전선을 넣을 때 사용
④ 합성수지관을 구부릴 때 사용

> **피시 테이프**
> 배관 공사 시 전선을 넣을 때 사용한다.

33

공기 중에 2개의 같은 점전하가 간격 1[m] 사이에 작용하는 힘이 9×10^{11}[N]이다. 하나의 점전하는 몇 [C]인가?

① 1,000
② 500
③ 100
④ 10

> 두 전하가 크기가 같으면
> $Q_1 = Q_2 = Q[C]$
> 두 점전하 사이에 작용하는 힘(쿨롱의 힘)
> $F = 9 \times 10^9 \times \dfrac{Q_1 Q_2}{r^2} = 9 \times 10^9 \times \dfrac{Q^2}{r^2}$ [N]
> 점전하의 전하량
> $Q = \sqrt{\dfrac{F \times r^2}{9 \times 10^9}} = \sqrt{\dfrac{9 \times 10^{11} \times 1^2}{9 \times 10^9}} = 10[C]$

34

동전선의 접속방법에서 종단접속 방법이 아닌 것은?

① 비틀어 꽂는 형의 전선접속기에 의한 접속
② 종단 겹침용 슬리브(E형)에 의한 접속
③ 직선 맞대기용 슬리브(B형)에 의한 압착접속
④ 직선 겹침용 슬리브(P형)에 의한 접속

> **동전선의 종단접속**
> 1) 비틀어 꽂는 형의 전선접속기에 의한 접속
> 2) 종단 겹침용 슬리브(E형)에 의한 접속
> 3) 직선 겹침용 슬리브(P형)에 의한 접속

정답 29 ① 30 ② 31 ② 32 ③ 33 ④ 34 ③

35

금속관 공사에 대한 설명으로 잘못된 것은?

① 금속관을 콘크리트에 매설할 경우 관의 두께는 1.0[mm] 이상일 것
② 금속관 안에는 전선의 접속점이 없도록 할 것
③ 교류회로에서 전선을 병렬로 사용하는 경우 관 내에 전자적 불평형이 생기지 않도록 할 것
④ 관의 호칭에서 후강 전선관은 짝수, 박강 전선관은 홀수로 표시할 것

> **금속관 공사**
> 1) 1본의 길이 : 3.66(3.6)[m]
> 2) 금속관의 종류와 규격
>   - 후강 전선관(안지름을 기준으로 한 짝수)
>   16, 22, 28, 36, 42, 54, 70, 82, 92, 104[mm] (10종)
>   - 박강 전선관(바깥지름을 기준으로 한 홀수)
>   19, 25, 31, 39, 51, 63, 75[mm] (7종)
> 3) 전선은 연선일 것(단, 단면적 10[mm²](알루미늄선 단면적 16[mm²]) 이하의 것은 적용하지 않는다.)
> 4) 전선은 금속관 안에서 접속점이 없도록 할 것
> 5) 콘크리트에 매설되는 금속관의 두께 1.2[mm] 이상(단, 기타의 것 1[mm] 이상)
> 6) 구부러진 금속관 굽은 부분 반지름은 관 안지름의 6배 이상일 것

36

가공케이블 시설 시 조가용선에 금속테이프 등을 사용하여 케이블 외장을 견고하게 붙여 조가하는 경우 나선형으로 금속테이프를 감는 간격은 몇 [m] 이하를 확보하여 감아야 하는가?

① 0.5
② 0.3
③ 0.2
④ 0.1

> **가공케이블의 시설**
> 조가용선의 시설 : 접지공사를 한다.
> 1) 케이블은 조가용선에 행거로 시설할 것(이 경우 고압인 경우 그 행거의 간격은 50[cm] 이하로 시설하여야 한다.)
> 2) 조가용선은 인장강도 5.93[kN] 이상의 연선 또는 22[mm²] 이상의 아연도철연선일 것
> 3) 금속테이프 등은 20[cm] 이하 간격을 유지하며 나선상으로 감을 것

37

자속밀도 5[Wb/m²]의 자계 중에 20[cm]의 도체를 자계와 직각으로 100[m/s]의 속도로 움직였다면 이때 도체에 유기되는 기전력[V]은?

① 100
② 1,000
③ 200
④ 2,000

> **유기기전력(플레밍의 오른손 법칙)**
> $e = vBl\sin\theta = 100 \times 5 \times 0.2 \times \sin 90° = 100[V]$

38

발전기의 원리로 적용되는 법칙은?

① 플레밍의 왼손 법칙
② 플레밍의 오른손 법칙
③ 패러데이의 법칙
④ 렌츠의 법칙

> 플레밍의 오른손 법칙 : 발전기 원리(전자유도의 기전력)
> 플레밍의 왼손 법칙 : 전동기 원리(전자력)

39 빈출

환상솔레노이드의 코일의 권수를 4배로 증가시키면 인덕턴스는 몇 배가 되는가?

① 2배
② 4배
③ 8배
④ 16배

> 자기 인덕턴스 : $L = \dfrac{\mu S N^2}{l} \rightarrow L \propto N^2$
> 권수가 4배 증가 : $L \propto 4^2 = 16$배(증가)

정답 35 ① 36 ③ 37 ① 38 ② 39 ④

40

$i = 100\sqrt{2}\sin(120\pi t + \frac{\pi}{6})$[A]의 교류 전류에서 주기는 몇 [sec]인가?

① $\frac{1}{50}$
② $\frac{1}{60}$
③ $\frac{1}{90}$
④ $\frac{1}{120}$

> 각주파수 : $\omega = 2\pi f$
> 주파수 : $f = \frac{\omega}{2p} = \frac{120\pi}{2\pi} = 60$[Hz]
> 주기 : $T = \frac{1}{f} = \frac{1}{60}$[sec]

41

인덕턴스 L만의 회로에 기본 교류전압을 가할 때 전류의 위상은?

① 동상이다.
② $\frac{\pi}{2}$만큼 앞선다.
③ $\frac{\pi}{2}$만큼 뒤진다.
④ $\frac{\pi}{3}$만큼 앞선다.

> 단일소자의 교류전류
> 1) R만의 교류회로 : 동상 전류
> 2) L만의 교류회로 : $\frac{\pi}{2}$만큼 뒤진(늦은) 지상전류
> 3) C만의 교류회로 : $\frac{\pi}{2}$만큼 앞선(빠른) 진상전류

42

RLC 직렬회로에서 공진에 대한 설명으로 맞는 것은?

① 임피던스는 최소가 되어 전류는 최대로 흐른다.
② 전압과 전류의 위상차는 90도이다.
③ 직렬 공진이 되면 리액턴스는 증가한다.
④ 직렬 공진 시 역률은 약 0.8이 된다.

> RLC 직렬회로의 공진
> 1) 전압과 전류가 동상
> 2) 합성 임피던스는 최소
> 3) 전류는 최대
> 4) 역률은 최대($\cos\theta = 1$)

43

다음 중 정속도 전동기에 속하는 것은?

① 유도 전동기
② 직권 전동기
③ 분권 전동기
④ 교류 정류자 전동기

> 분권 전동기
> $N = k\dfrac{V - I_a R_a}{\phi}$ 로서 속도는 부하가 증가할수록 감소하는 특성을 가지나 이 감소가 크지 않아 정속도 특성을 나타낸다.

44

농형 유도 전동기의 기동법이 아닌 것은?

① 전전압 기동
② $\Delta - \Delta$ 기동
③ 기동보상기에 의한 기동
④ 리액터 기동

> 농형 유도 전동기의 기동법
> 1) 직입(전전압) 기동 : 5[kW] 이하
> 2) Y-Δ 기동 : 5 ~ 15[kW] 이하(이때 전전압 기동 시보다 기동전류가 $\frac{1}{3}$배로 감소한다.)
> 3) 기동 보상기법 : 15[kW] 이상(3상 단권변압기 이용)
> 4) 리액터 기동

45

기계적인 출력을 P_0, 2차 입력을 P_2, 슬립을 s라고 하면 유도 전동기의 2차 효율은?

① $\dfrac{P_2}{P_0}$
② $1 + s$
③ $\dfrac{sP_0}{P_2}$
④ $1 - s$

> 유도 전동기의 2차 효율 $\eta_2 = \dfrac{P_0}{P_2} = 1 - s = \dfrac{N}{N_s} = \dfrac{\omega}{\omega_s}$
> 여기서 s : 슬립, N_s : 동기속도, N : 회전자속도,
> ω_s : 동기각속도($2\pi N_s$), ω : 회전자각속도($2\pi N$)

정답 40 ② 41 ③ 42 ① 43 ③ 44 ② 45 ④

46
직류 전동기의 규약 효율을 표시하는 식은?

① $\dfrac{출력}{출력+손실}\times 100[\%]$ ② $\dfrac{출력}{입력}\times 100[\%]$

③ $\dfrac{입력-손실}{입력}\times 100[\%]$ ④ $\dfrac{입력}{출력+손실}\times 100[\%]$

> **전기기기의 규약효율**
> 1) $\eta_{발전기}=\dfrac{출력}{출력+손실}\times 100[\%]$
> 2) $\eta_{전동기}=\dfrac{입력-손실}{입력}\times 100[\%]$
> 3) $\eta_{변압기}=\dfrac{출력}{출력+손실}\times 100[\%]$

47
변압기의 임피던스 전압이란?

① 정격전류가 흐를 때의 변압기 내의 전압 강하
② 여자전류가 흐를 때의 2차 측 단자 전압
③ 정격전류가 흐를 때의 2차 측 단자 전압
④ 2차 단락전류가 흐를 때의 변압기 내의 전압 강하

> **변압기의 임피던스 전압**
> $\%Z=\dfrac{IZ}{E}\times 100[\%]$에서 IZ의 크기를 말하며, 정격전류가 흐를 때 변압기 내의 전압 강하를 말한다.

48 ★빈출
전압이 100[V], 전류가 3[A]이고 역률이 0.8일 때 유효전력은 몇 [W]인가?

① 200 ② 220
③ 240 ④ 260

> 유효전력 $P=VI\cos\theta=100\times 3\times 0.8=240[W]$

49 ★빈출
2대의 동기 발전기의 병렬 운전 조건으로 같지 않아도 되는 것은?

① 기전력의 위상
② 기전력의 주파수
③ 기전력의 임피던스
④ 기전력의 크기

> **동기 발전기의 병렬 운전 조건**
> 1) 기전력의 크기가 같을 것 ≠ 무효 순환전류 발생(무효 횡류) = 여자 전류의 변화 때문
> 2) 기전력의 위상이 같을 것 ≠ 유효 순환전류 발생(유효 횡류 = 동기화 전류)
> 3) 기전력의 주파수가 같을 것 ≠ 난조발생 —방지법→ 제동권선 설치
> 4) 기전력의 파형이 같을 것 ≠ 고조파 무효 순환전류 발생
> 5) 상회전 방향이 같을 것

50
한국전기설비규정에서 정한 무대, 오케스트라박스 등 흥행장의 저압 옥내배선 공사의 사용전압은 몇 [V] 이하인가?

① 200 ② 300
③ 400 ④ 600

> **전시회, 쇼 및 공연장의 전기설비**
> 전시회, 쇼 및 공연장 기타 이들과 유사한 장소에 시설하는 저압전기설비에 적용한다.
> 1) 무대·무대마루 밑·오케스트리 박스·영사실 기타 사람이나 무대 도구가 접촉할 우려가 있는 곳에 시설하는 저압 옥내배선, 전구선 또는 이동전선은 사용전압이 400V 이하이어야 한다.
> 2) 비상 조명을 제외한 조명용 분기회로 및 정격 32A 이하의 콘센트용 분기회로는 정격 감도 전류 30mA 이하의 누전 차단기로 보호하여야 한다.

정답 46 ③ 47 ① 48 ③ 49 ③ 50 ③

51
단로기에 대한 설명 중 옳은 것은?

① 전압 개폐 기능을 갖는다.
② 부하전류 차단 능력이 있다.
③ 고장전류 차단 능력이 있다.
④ 전압, 전류 동시 개폐 기능이 있다.

> **단로기(DS)**
> 1) 단로기란 무부하 상태에서 전로를 개폐하는 역할을 한다. 기기의 점검 및 수리 시 전원으로부터 이들 기기를 분리하기 위해 사용한다.
> 2) 단로기는 전압 개폐 능력만 있다.

52 ★
한국전기설비 규정에서 정한 아래 그림 같이 분기회로(S_2)의 보호장치(P_2)는 (P_2)의 전원 측에서 분기점(O) 사이에 다른 분기회로 또는 콘센트의 접속이 없고, 단락의 위험과 화재 및 인체에 대한 위험성이 최소화되도록 시설된 경우, 분기회로의 보호장치(P_2)는 몇 [m]까지 이동 설치가 가능한가?

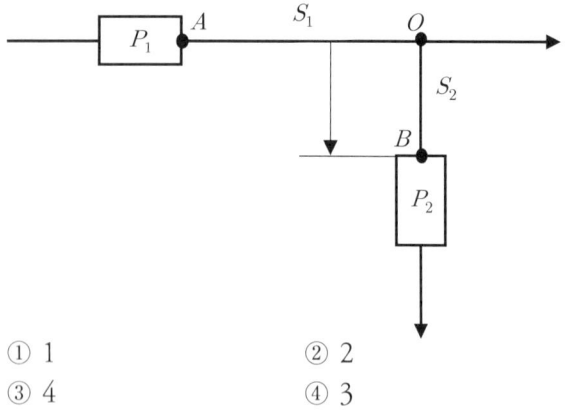

① 1   ② 2
③ 4   ④ 3

> **분기회로 보호장치**
> 분기회로(S_2)의 과부하 보호장치(P_2)의 전원측에서 분기점(O) 사이에 분기회로 또는 콘센트의 접속이 없고 단락의 위험과 화재 및 인체에 대한 위험성이 최소화되도록 시설된 경우 과부하 보호장치(P_2)는 분기점(O)으로부터 3[m]까지 이동하여 설치할 수 있다.

53
한국전기설비규정에서 정한 변압기 중성점 접지도체는 7[kV] 이하의 전로에서는 몇 [mm²] 이상이어야 하는가?

① 6   ② 10
③ 16   ④ 25

> **중성점 접지도체의 굵기**
> 중성점 접지용 지도체는 공칭단면적 16[mm²] 이상의 연동선 또는 동등 이상의 단면적 및 세기를 가져야 한다. 다만, 다음의 경우에는 공칭단면적 6[mm²] 이상의 연동선 또는 동등 이상의 단면적 및 강도를 가져야 한다.
> 1) 7[kV] 이하의 전로
> 2) 사용전압이 25[kV] 이하인 특고압 가공전선로. 다만, 중성선 다중 접지식의 것으로서 전로에 지락이 생겼을 때 2초 이내에 자동적으로 이를 전로로부터 차단하는 장치가 되어 있는 것

54
한국전기설비규정에서 정한 전선접속 방법에 관한 사항으로 옳지 않은 것은?

① 전선의 세기를 80[%] 이상 감소시키지 아니할 것
② 접속부분은 접속관 기타의 기구를 사용할 것
③ 도체에 알미늄을 사용하는 전선과 동을 사용하는 전선을 접속하는 등 전기화학적 성질이 다른 도체를 접속하는 경우에는 접속부분에 전기적 부식이 생기지 않도록 할 것
④ 코드 상호, 캡타이어 케이블 상호 또는 이들 상호를 접속하는 경우에는 코드접속기, 접속함 기타의 기구를 사용할 것

> **전선의 접속 시 유의사항**
> 1) 전선을 접속하는 경우 전기 저항이 증가되지 않도록 할 것
> 2) 전선의 접속 시 전선의 세기를 20[%] 이상 감소시키지 말 것 (80[%] 이상 유지시킬 것)

정답 51 ① 52 ④ 53 ① 54 ①

55

3상 Y결선 회로에서 상전압의 위상은 선간전압에 대하여 어떠한가?

① 상전압은 $\frac{\pi}{6}$ 만큼 앞선다.
② 상전압은 $\frac{\pi}{6}$ 만큼 뒤진다.
③ 상전압은 $\frac{\pi}{3}$ 만큼 앞선다.
④ 상전압은 $\frac{\pi}{3}$ 만큼 뒤진다.

> **Y결선 전압의 특징**
> 1) 선간전압 : $V_l = \sqrt{3}\, V_P \angle \frac{\pi}{6}$ ($\frac{\pi}{6}$ 만큼 앞선다.)
> 2) 상전압 : $V_P = \frac{V_l}{\sqrt{3}} \angle -\frac{\pi}{6}$ ($\frac{\pi}{6}$ 만큼 뒤진다.)

56

변압기를 V결선했을 때 이용률은 얼마인가?

① $\frac{\sqrt{3}}{2}$ ② $\frac{\sqrt{3}}{3}$
③ $\frac{\sqrt{2}}{2}$ ④ $\frac{\sqrt{2}}{3}$

> **V결선**
> 1) V결선 용량 : $P_V = \sqrt{3}\, P_1$
> 2) (3상) 이용률 : $\frac{\sqrt{3}}{2} = 0.866$
> 3) 1대 고장 시 출력비 : $\frac{\sqrt{3}}{3} = 0.577$

57 빈출

전력계 두 대로 3상 전력을 측정할 때의 지시가 $W_1 = 300$ [W], $W_2 = 300$ [W]라면 유효전력은 몇 [W]인가?

① 300   ② $300\sqrt{3}$
③ 600   ④ $600\sqrt{3}$

> 2전력계법의 유효전력 $P = W_1 + W_2 = 300 + 300 = 600$ [W]

58 빈출

다음 그림과 같은 기호의 명칭은?

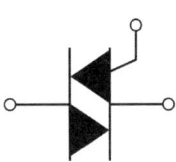

① UJT   ② SCR
③ TRIAC   ④ GTO

> **TRIAC(양방향 3단자 소자)**
>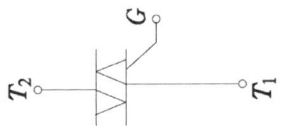
> SCR 2개를 역병렬로 접속한 구조를 가지고 있는 소자를 말한다.

59 빈출

변압기의 1차 전압이 3,300[V]이며, 2차 전압은 330[V]이다. 변압비는 얼마인가?

① $\frac{1}{10}$ ② 10
③ $\frac{1}{100}$ ④ 100

> **변압기의 변압비(권수비)**
> $a = \frac{V_1}{V_2} = \frac{N_1}{N_2} = \frac{I_2}{I_1} = \sqrt{\frac{Z_1}{Z_2}} = \sqrt{\frac{R_1}{R_2}} = \sqrt{\frac{X_1}{X_2}}$
> 따라서 $a = \frac{V_1}{V_2} = \frac{3,300}{330} = 10$

2021년 이전 기출문제의 경우 법률 개정에 따라 일부 문제가 삭제되어 60문항이 되지 않음을 알려드립니다.

정답 55 ② 56 ① 57 ③ 58 ③ 59 ②

2021년 2회 | CBT 기출복원문제

01
저항 R_1, R_2, R_3의 세 개의 저항을 병렬 연결하면 합성저항 $R[\Omega]$은?

① $\dfrac{R_1 + R_2 + R_3}{R_1 R_2 + R_2 R_3 + R_3 R_1}$

② $\dfrac{R_1 R_2 R_3}{R_1 R_2 + R_2 R_3 + R_3 R_1}$

③ $\dfrac{R_1 R_2 R_3}{R_1 + R_2 + R_3}$

④ $\dfrac{R_1 + R_2 + R_3}{R_1 R_2 R_3}$

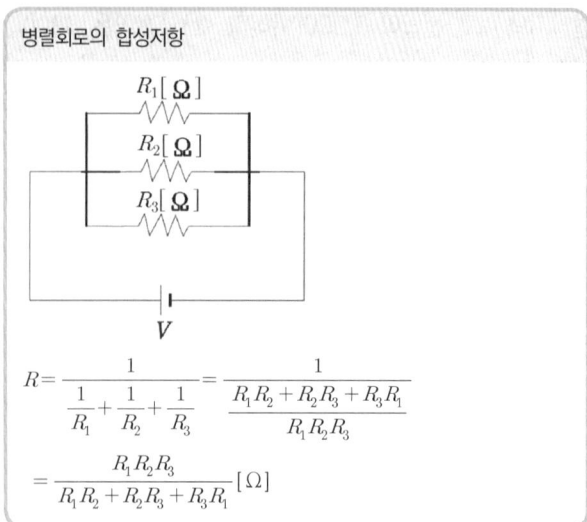

병렬회로의 합성저항

$R = \dfrac{1}{\dfrac{1}{R_1} + \dfrac{1}{R_2} + \dfrac{1}{R_3}} = \dfrac{1}{\dfrac{R_1 R_2 + R_2 R_3 + R_3 R_1}{R_1 R_2 R_3}}$

$= \dfrac{R_1 R_2 R_3}{R_1 R_2 + R_2 R_3 + R_3 R_1}[\Omega]$

02
전선의 굵기를 측정할 때 사용되는 것은?

① 와이어 게이지
② 파이프 포트
③ 스패너
④ 프레셔 툴

와이어 게이지는 전선의 굵기를 측정한다.

03
체적이 일정한 도선의 길이가 l[m]인 저항 R이 있다. 이 도선의 길이를 n배 잡아 늘리면 저항은 처음 저항의 몇 배가 되겠는가?

① n배
② $\dfrac{1}{n}$배
③ n^2배
④ $\dfrac{1}{n^2}$배

직선도체의 체적 일정할 때 전선 단면적(S[m²])

$v = S \times l \ \rightarrow \ S = \dfrac{v}{l} \ \rightarrow \ S \propto \dfrac{1}{l} \propto \dfrac{1}{n}$

길이가 n배 증가

$l' = nl, \quad S' = \dfrac{1}{n}S$

도체의 저항

$R' = \rho \dfrac{l'}{S'} = \rho \dfrac{nl}{\dfrac{1}{n}S} = n^2 \times \rho \dfrac{l}{S} = n^2 R$

04
내부저항 0.5[Ω], 전압 10[V]인 전지 양단에 저항 1.5[Ω]을 연결하면 흐르는 전류는 몇 [A]인가?

① 5　② 10　③ 15　④ 20

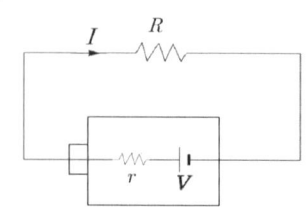

전체 합성저항 : $R' = r + R = 0.5 + 1.5 = 2[\Omega]$

전류 : $I = \dfrac{V}{R} = \dfrac{10}{2} = 5[A]$

정답　01 ②　02 ①　03 ③　04 ①

05

전부하에서 슬립이 4[%], 2차 저항손이 0.4[kW]이다. 3상 유도 전동기의 2차 입력은 몇 [kW]인가?

① 8   ② 10
③ 11 ④ 14

전력변환

1) 2차 입력 $P_2 = P_0 + P_{c2} = \dfrac{P_{c2}}{s}$

$P_2 = \dfrac{P_{c2}}{s} = \dfrac{0.4}{0.04} = 10[\text{kW}]$

2) 2차 출력 $P_0 = P_2 - P_{c2} = (1-s)P_2$

3) 2차 동손 $P_{c2} = P_2 - P_0 = sP_2$

06

60[Hz]의 변압기에 50[Hz] 전압을 가했을 때 자속밀도는 몇 배가 되는가?

① 1.2배 증가   ② 0.8배 증가
③ 1.2배 감소   ④ 0.8배 감소

변압기의 주파수와 자속밀도

$E = 4.44f\phi N$ 으로서 $f \propto \dfrac{1}{\phi} \propto \dfrac{1}{B}$ (여기서 ϕ는 자속, B는 자속밀도) 가 된다.

따라서 주파수가 감소하였으므로 자속밀도는 $\dfrac{60}{50}$배, 즉 1.2배로 증가한다.

07 빈출

다음 중 변압기는 어떤 원리를 이용한 기계기구인가?

① 표피작용   ② 전자유도작용
③ 전기자 반작용 ④ 편자작용

변압기의 원리

변압기는 1개의 철심에 2개의 코일을 감고 한쪽 권선에 교류전압을 가하면 철심에 교번자계에 의한 자속이 흘러 다른 권선에 지나가면서 전자유도작용에 의해 그 권선에 비례하여 유도 기전력이 발생한다.

08

제동방법 중 급정지하는 데 가장 좋은 제동법은?

① 발전제동   ② 회생제동
③ 단상제동   ④ 역전제동

역전(역상, 플러깅)제동은 급제동 시 사용하는 방법으로 전원 3선 중 2선의 방향을 바꾸어 전동기를 역회전시켜 급제동하는 방법이다.

09

3상 동기기에 제동권선을 설치하는 주된 목적은?

① 난조 방지   ② 출력 증가
③ 효율 증가   ④ 역률 개선

제동권선

기전력의 주파수가 다를 경우 난조가 발생하며, 이를 방지하기 위하여 설치한다. 또한 동기 전동기를 기동시키기 위하여 사용하기도 한다.

10 빈출

부흐홀쯔 계전기의 설치 위치로 가장 적당한 것은?

① 주변압기와 콘서베이터 사이
② 변압기 주 탱크 내부
③ 콘서베이터 내부
④ 변압기 고압 측 부싱

부흐홀쯔 계전기는 변압기 내부 고장 보호에 사용되는 부흐홀쯔 계전기는 주변압기와 콘서베이터 사이에 설치한다.

11

변류기 개방 시 2차 측을 단락하는 이유는?

① 2차 측 과전류 보호   ② 2차 측 절연 보호
③ 측정오차 감소   ④ 변류비 유지

2차 측의 과전압에 의한 2차 측 절연을 보호하기 위함이다.

정답 05 ② 06 ① 07 ② 08 ④ 09 ① 10 ① 11 ②

12

다음 중 과전류 차단기를 시설해야 하는 장소로 옳은 것은?

① 접지공사의 접지도체
② 다선식 전로의 중성선
③ 저압가공전선로의 접지 측 전선
④ 인입선

> **과전류 차단기의 시설제한장소**
> 1) 접지공사의 접지도체
> 2) 다선식 전로의 중성선
> 3) 전로 일부에 접지공사를 한 저압가공전선로의 접지 측 전선

13

한국전기설비규정에서 정한 사람이 접촉될 우려가 있는 곳에 시설하는 접지극은 지하 몇 [cm] 이상의 깊이에 매설하여야 하는가?

① 30 ② 45 ③ 50 ④ 75

> **접지극의 시설기준**
> 1) 접지극은 지표면으로부터 지하 0.75[m] 이상으로 하되 동결 깊이를 감안하여 매설 깊이를 정해야 한다.
> 2) 접지도체를 철주 기타의 금속체를 따라서 시설하는 경우에는 접지극을 철주의 밑면으로부터 0.3[m] 이상의 깊이에 매설하는 경우 이외에는 접지극을 지중에서 그 금속체로부터 1[m] 이상 떼어 매설하여야 한다.
> 3) 접지도체는 지하 0.75[m]부터 지표 상 2[m]까지 부분은 합성수지관(두께 2[mm] 미만의 합성수지제 전선관 및 가연성 콤바인덕트관은 제외한다) 또는 이와 동등 이상의 절연효과와 강도를 가지는 몰드로 덮어야 한다.

14

4심 캡타이어 케이블의 심선의 색상으로 옳은 것은?

① 흑, 적, 청, 녹   ② 흑, 청, 적, 황
③ 흑, 적, 백, 녹   ④ 흑, 녹, 청, 백

> **4심 캡타이어 케이블의 색상**
> 흑, 백, 적, 녹

15

가연성 가스가 존재하는 장소의 저압 시설 공사방법으로 옳은 것은?

① 가요전선관 공사   ② 금속관 공사
③ 금속 몰드 공사   ④ 합성수지관 공사

> **가연성 가스가 체류하는 곳의 전기 공사**
> 1) 금속관 공사   2) 케이블 공사

16

절연전선으로 가선된 배전 선로에서 활선 상태인 경우 전선의 피복을 벗기는 것은 매우 곤란한 작업이다. 이런 경우 활선 상태에서 전선의 피복을 벗기는 공구는?

① 전선 피박기   ② 애자커버
③ 와이어통   ④ 데드엔드커버

> 1) 전선 피박기 : 활선 시 전선의 피복을 벗기는 공구
> 2) 애자커버 : 활선 시 애자를 절연하여 작업자의 부주의로 접촉되더라도 안전사고가 발생하지 않도록 하는 절연장구
> 3) 와이어통 : 활선을 작업권 밖으로 밀어낼 때 사용하는 절연봉
> 4) 데드엔드 커버 : 현수애자와 인류클램프의 충전부 방호 시 사용

17

노출장소 또는 점검이 가능한 장소에서 제2종 가요전선관을 시설하고 제거하는 것이 자유로운 경우 곡률 반지름은 안지름의 몇 배 이상으로 하여야 하는가?

① 2배   ② 3배
③ 4배   ④ 6배

> **가요전선관 공사 시설기준**
> 1) 가요전선관은 2종 금속제 가요전선관일 것(다만, 전개된 장소 또는 점검할 수 있는 은폐장소에는 1종 가요전선관을 사용할 수 있다.)
> 2) 관을 구부리는 정도는 2종 가요전선관을 시설하고 제거하는 것이 어려운 장소일 경우 굴곡 반경은 관 안지름의 6배(단, 시설하고 제거하는 것이 자유로울 경우 3배) 이상

정답 12 ④ 13 ④ 14 ③ 15 ② 16 ① 17 ②

18

1[kW]의 전열기를 10분간 사용할 때 발생한 열량은 몇 [kcal]인가?

① 121
② 124
③ 144
④ 244

> 발열량 $H = 0.24Pt = 0.24 \times 1,000 \times (10 \times 60) = 144,000$
> $= 144[Kcal]$

19

100[V]의 직류전원에 10[Ω]의 저항만이 연결된 회로의 설명 중 맞는 것은?

① 저항에 흐르는 전류는 0.1[A]이다.
② 회로를 개방하고 전원 양단의 전압을 측정하면 0[V]이다.
③ 회로를 개방하고 전원 양단의 전압을 측정하면 100[V]이다.
④ 10[Ω] 저항의 양단의 전압은 90[V]이다.

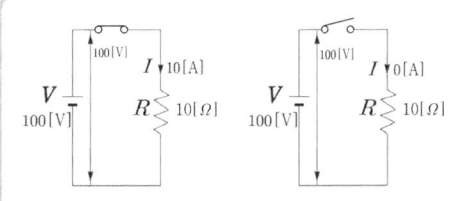

> 1) 전류 : $I = \dfrac{V}{R} = \dfrac{100}{10} = 10[A]$
> 2) 회로를 개방 시 전원 양단의 전압 : 100[V](불변)
> 3) 10[Ω]의 전압 : $V_R = IR = 10 \times 10 = 100[V]$

20

전압을 일정하게 유지하기 위해서 이용되는 다이오드는?

① 제너 다이오드
② 발광 다이오드
③ 바리스터 다이오드
④ 포토 다이오드

> 제너 다이오드는 정전압을 위해 사용되는 다이오드이다.

21

4[F]과 6[F]의 콘덴서를 직렬 연결하고 양단에 100[V]의 전압을 인가할 때 4[F]에 걸리는 전압[V]은?

① 60
② 40
③ 20
④ 10

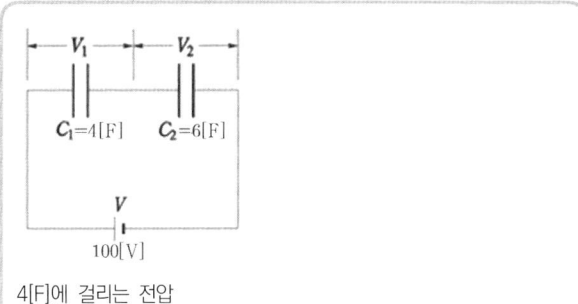

> 4[F]에 걸리는 전압
> $V_1 = \dfrac{C_2}{C_1 + C_2} V = \dfrac{6}{4+6} \times 100 = 60[V]$

22

전기력선의 성질에 대한 설명으로 틀린 것은?

① 전기력선은 양전하에서 나와 음전하로 끝난다.
② 전기력선은 도체 표면과 내부에 존재한다.
③ 전기력선의 밀도는 전장의 세기이다.
④ 전기력선은 등전위면과 수직이다.

> 전기력선은 도체 내부에 존재하지 않는다.

23

정전용량 10[μF]인 콘덴서 양단에 100[V]의 전압을 가했을 때 콘덴서에 축적되는 에너지는?

① 50
② 5
③ 0.5
④ 0.05

> 콘덴서 축적에너지
> $W = \dfrac{1}{2} CV^2 = \dfrac{1}{2} \times 10 \times 10^{-6} \times 100^2 = 0.05$

정답 18 ③ 19 ③ 20 ① 21 ① 22 ② 23 ④

24

직류 무부하 분권 발전기의 계자저항이 50[Ω]이다. 계자에 흐르는 전류가 2[A]이며, 전기자 저항은 5[Ω]이다. 유기기전력은?

① 120
② 110
③ 100
④ 90

> 분권 발전기의 유기기전력 E
> $E = V + I_a R_a$ (여기서 $I_a = I + I_f$이나 무부하이므로 $I=0$)
> $\quad = 100 + 2 \times 5 = 110[V]$
> $I_f = \dfrac{V}{R_f}$
> $V = I_f R_f = 2 \times 50 = 100[V]$

25

동기기의 전기자 반작용 중에서 전기자 전류에 의한 자기장의 축이 항상 주 자속의 축과 수직이 되면서 자극편 왼쪽에 있는 주 자속은 증가시키고, 오른쪽에 있는 주 자속은 감소시켜 편자작용을 하는 전기자 반작용은?

① 감자 작용
② 증자 작용
③ 직축 반작용
④ 교차 자화 작용

> 동기기의 전기자 반작용
> 교차 자화 작용 : 횡축 반작용으로 주자속과 수직이 되는 반작용이며 전압과 전류가 동상인 경우를 말한다.

26

RLC 직렬회로의 공진 주파수 f[Hz]는?

① $f = \dfrac{\sqrt{LC}}{2\pi}$ [Hz]
② $f = \dfrac{2\pi}{\sqrt{LC}}$ [Hz]
③ $f = \dfrac{1}{2\pi\sqrt{LC}}$ [Hz]
④ $f = \dfrac{1}{\pi\sqrt{LC}}$ [Hz]

> RLC 직렬공진 회로
> 1) 공진 각주파수 : $\omega = \dfrac{1}{\sqrt{LC}}$
> 2) 공진 주파수 : $f = \dfrac{1}{2\pi\sqrt{LC}}$ [Hz]

27

동기 임피던스가 5[Ω]인 2대의 3상 동기 발전기의 유도 기전력에 100[V]의 전압 차이가 있다면 무효 순환전류는?

① 10[A]
② 15[A]
③ 20[A]
④ 25[A]

> 동기 발전기의 병렬 운전 시 기전력의 크기가 다르면 무효 순환전류가 흐른다.
> 무효 순환전류 $I_c = \dfrac{E_c}{2Z_s} = \dfrac{100}{2 \times 5} = 10[A]$
> E_c : 양 기기 간 전압차

28 ⭐

교류회로에서 양방향 점호(ON) 및 소호(OFF)를 이용하여 위상 제어를 할 수 있는 소자는?

① SCR
② GTO
③ TRIAC
④ IGBT

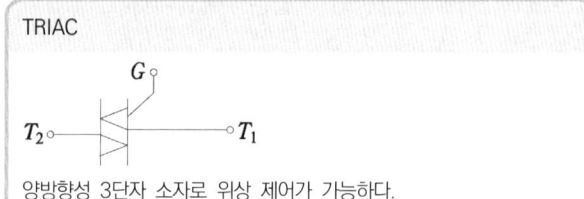

> TRIAC
> 양방향성 3단자 소자로 위상 제어가 가능하다.

29

저압 옥내배선을 보호하는 배선용 차단기의 약호는?

① ACB
② RCD(ELB)
③ VCB
④ MCCB

> 배선용 차단기(MCCB)
> 옥내배선에서 사용하는 대표적 과전류보호 장치로서 MCCB라고도 한다.
> 1) ACB : 기중 차단기
> 2) RCD(ELB) : 누전 차단기
> 3) VCB : 진공 차단기

정답 24 ② 25 ④ 26 ③ 27 ① 28 ③ 29 ④

30
버스 덕트의 종류가 아닌 것은?

① 피더 버스 덕트
② 플러그인 버스 덕트
③ 플로어 버스 덕트
④ 트롤리 버스 덕트

> **버스 덕트의 종류**
> 1) 피더 버스 덕트   2) 플러그인 버스 덕트
> 3) 트롤리 버스 덕트   4) 탭붙이 버스 덕트

31
조명용 백열전등을 호텔 또는 여관 객실의 입구에 설치할 때나 일반 주택 및 아파트 각 호실의 현관에 설치할 때 사용되는 스위치는?

① 누름버튼 스위치
② 타임스위치
③ 토글스위치
④ 로터리스위치

> 조명용 전등을 설치할 때에는 다음에 의하여 타임스위치를 시설하여야 한다.
> 1) 「관광 진흥법」과 「공중위생법」에 의한 관광숙박업 또는 숙박업(여인숙업을 제외한다)에 이용되는 객실의 입구등은 1분 이내에 소등되는 것
> 2) 일반주택 및 아파트 각 호실의 현관등은 3분 이내에 소등되는 것

32 ★빈출
일반적으로 큐비클형(cubicle type)이라 하며, 점유 면적이 좁고 운전, 보수에 안전하므로 공장, 빌딩 등 전기실에 많이 사용되는 조립형, 장갑형이 있는 배전반은?

① 데드 프런트식 배전반
② 폐쇄식 배전반
③ 철제 수직형 배전반
④ 라이브 프런트식 배전반

> **폐쇄식 배전반(큐비클형)**
> 점유 면적이 좁고 운전, 보수에 안전하며 신뢰도가 높아 공장, 빌딩 등의 전기실에 많이 사용된다.

33
분전반에 대한 설명으로 틀린 것은?

① 배선과 기구는 모두 전면에 배치하였다.
② 두께 1.5[mm] 이상의 난연성 합성수지로 제작하였다.
③ 강판제의 분전함은 두께 1.2[mm] 이상의 강판으로 제작하였다.
④ 배선은 모두 분전반 이면으로 하였다.

> **분전반**
> 1) 부하의 배선이 분기하는 곳에 설치
> 2) 이때 분전반의 이면에는 배선 및 기구를 배치하지 말 것
> 3) 강판제의 것은 두께 1.2[mm] 이상

34
저압 가공인입선의 인입구에 사용하며 금속관 공사에서 끝부분의 빗물 침입을 방지하는 데 적당한 것은?

① 플로어 박스
② 엔트런스 캡
③ 부싱
④ 터미널 캡

> 엔트런스 캡은 인입구에 빗물의 침입을 방지할 때 사용한다.

35 ★빈출
설계하중이 6.8[kN] 이하인 철근콘크리트주의 전주의 길이가 10[m]인 지지물을 건주할 경우 묻히는 최소 매설 깊이는 몇 [m] 이상인가?

① 1.67[m]
② 2[m]
③ 3[m]
④ 3.5[m]

> **건주(지지물을 땅에 묻는 공정)**
> 1) 15[m] 이하의 지지물(6.8[kN] 이하의 경우) : 전체 길이 $\times \frac{1}{6}$ 이상 매설, 따라서 15[m] 이하의 지지물이므로 $10 \times \frac{1}{6} = 1.67[m]$ 이상 매설해야만 한다.
> 2) 15[m] 초과 시 : 2.5[m] 이상
> 3) 16[m] 초과 20[m] 이하 : 2.8[m] 이상

정답 30 ③ 31 ② 32 ② 33 ④ 34 ② 35 ①

36

자극의 세기 1[Wb], 길이가 10[cm]인 막대 자석을 100[AT/m]의 평등 자계 내에 자계와 수직으로 놓았을 때 회전력은 몇 [N·m]인가?

① 1
② 10
③ 100
④ 100

> 자계 내 막대 자석의 회전력
> $T = mlH\sin\theta = 1 \times 10 \times 10^{-2} \times 100 \times \sin 90° = 10\,[\text{N·m}]$

37

부하 한 상의 임피던스가 $6 + j8\,[\Omega]$인 3상 Δ결선회로에 $100\,[\text{V}]$의 전압을 인가할 때 선전류[A]는?

① 10
② $10\sqrt{3}$
③ 20
④ $20\sqrt{3}$

> Δ결선
> 1) 전압 : $V_p = V_l = 100\,[\text{V}]$
> 2) 상전류 : $I_p = \dfrac{V_p}{Z} = \dfrac{100}{\sqrt{6^2+8^2}} = \dfrac{100}{10} = 10\,[\text{A}]$
> 3) 선전류 : $I_l = \sqrt{3}\,I_P = \sqrt{3} \times 10 = 10\sqrt{3}\,[\text{A}]$

38

간격 1[m], 전류가 각각 1[A]인 왕복 평행도선에 1[m]당 작용하는 힘 F[N]은?

① 2×10^{-7}[N], 반발력
② 2×10^{-7}[N], 흡인력
③ 20×10^{-7}[N], 반발력
④ 20×10^{-7}[N], 흡인력

> 평행도선의 작용하는 힘
> 1) $F = \dfrac{2I_1I_2}{r} \times 10^{-7} = \dfrac{2 \times 1 \times 1}{1} \times 10^{-7} = 2 \times 10^{-7}\,[\text{N/m}]$
> 2) 반대(왕복) 방향의 전류 : 반발력

39

권수가 N인 코일이 있다. t [sec] 사이에 자속 ϕ[Wb]가 변하였다면 유기기전력 e[V]는?

① $e = -\dfrac{1}{N}\dfrac{d\phi}{dt}$
② $e = -N\dfrac{d\phi}{dt}$
③ $e = -N^2\dfrac{d\phi}{dt}$
④ $e = -N\dfrac{d\phi^2}{dt}$

> 패러데이의 법칙(전자유도)
> 유기기전력 : $e = -N\dfrac{d\phi}{dt}\,[\text{V}]$

40 ★

자체 인덕턴스 L_1, L_2, 상호 인덕턴스 M인 코일을 같은 방향으로 직렬 연결할 경우 합성 인덕턴스 L[H]는?

① $L = L_1 + L_2 + M$
② $L = L_1 + L_2 - M$
③ $L = L_1 + L_2 - 2M$
④ $L = L_1 + L_2 + 2M$

> 직렬접속 콘덴서의 합성 인덕턴스
> 1) 같은 방향(가동) 합성 인덕턴스 : $L_+ = L_1 + L_2 + 2M$
> 2) 반대 방향(차동) 합성 인덕턴스 : $L_- = L_1 + L_2 - 2M$

41

전압 $v = V_m \sin(\omega t + 30°)$[V], 전류 $i = I_m \cos(\omega t - 60°)$ [A]일 때 전압을 기준으로 할 때 전류의 위상차는?

① 전압보다 30도만큼 앞선다.
② 전압과 동상이 된다.
③ 전압보다 30도만큼 뒤진다.
④ 전압보다 60도만큼 뒤진다.

> cos→sin 변환
> $\cos(\omega t + \theta) = \sin(\omega t + (\theta + 90°))$
> 전류 : $i = I_m \cos(\omega t - 60°)$
> $\quad = I_m \sin(\omega t - 60° + 90°)$
> $\quad = I_m \sin(\omega t + 30°) \rightarrow \theta_I = 30°$
> 전압 : $v = V_m \sin(\omega t + 30°) \rightarrow \theta_V = 30°$
> $\theta_V = \theta_I$: 전압과 동상이 된다.

정답 36 ② 37 ② 38 ① 39 ② 40 ④ 41 ②

42

직류 발전기의 철심을 규소강판으로 성층하는 주된 이유는?

① 브러쉬에서의 불꽃 방지 및 정류 개선
② 기계적 강도 개선
③ 전기자 반작용 감소
④ 맴돌이 전류손과 히스테리시스손의 감소

> **철심을 규소강판으로 성층하는 이유**
> 철손을 감소시키는 것이 주된 목적으로 히스테리시스손(규소강판)과 맴돌이(와류)손(성층철심)을 감소시키기 위함이다.

43

변류기 2차 측에 설치되어 부하의 과부하나 단락사고를 보호하는 기기를 무엇이라 하는가?

① 과전압 계전기　　② 과전류 계전기
③ 지락 계전기　　　④ 단로기

> **과전류 계전기(OCR)**
> 설정치 이상의 전류가 흐를 때 동작하며 과부하나 단락사고를 보호하는 기기로서 변류기 2차 측에 설치된다.

44

동기 전동기의 전기자 전류가 최소일 때 역률은?

① 0.5　　　　② 0.707
③ 1　　　　　④ 1.5

> **위상 특성곡선**
> 부하를 일정하게 하고, 계자전류의 변화에 대한 전기자 전류의 변화를 나타낸 곡선을 말한다.
>
>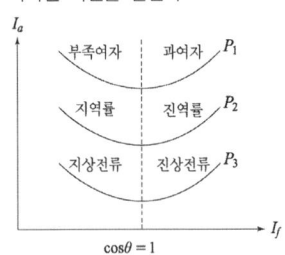
>
> 1) I_a가 최소 $\cos\theta = 1$이 된다.
> 2) 부족여자 시 지상전류를 흘릴 수 있으며, 리액터로 작용할 수 있다.
> 3) 과여자 시 진상전류를 흘릴 수 있으며, 콘덴서로 작용할 수 있다.

45

직류 직권 전동기의 회전수가 $\frac{1}{3}$배로 감소하였다. 토크는 몇 배가 되는가?

① 3배　　　　② $\frac{1}{3}$배
③ 9배　　　　④ $\frac{1}{9}$배

> **직권 전동기의 토크와 회전수**
> $T \propto I_a^2 \propto \dfrac{1}{N^2}$
>
> $\therefore\ T \propto \dfrac{1}{N^2} = \dfrac{1}{\left(\frac{1}{3}\right)^2} = 9(배)$

46

다음 그림은 직류 발전기의 분류 중 어느 것에 해당되는가?

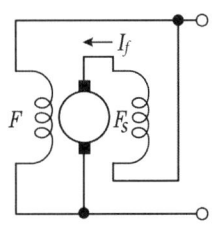

① 분권 발전기　　② 직권 발전기
③ 자석 발전기　　④ 복권 발전기

> 그림의 경우 직권 계자권선과 분권계자권선이 병렬로 연결되어 있으므로 복권 발전기가 된다.

47

전압 100[V], 전류 5[A]이고 역률이 0.8이라면 유효전력은 몇 [W]인가?

① 200　　　　② 300
③ 400　　　　④ 500

> 유효전력 $P = VI\cos\theta = 100 \times 5 \times 0.8 = 400[W]$

정답　42 ④　43 ②　44 ③　45 ③　46 ④　47 ③

48

가공케이블 시설 시 조가용선에 금속테이프 등을 사용하여 케이블 외장을 견고하게 붙여 조가하는 경우 나선형으로 금속테이프를 감는 간격은 몇 [cm] 이하를 확보하여 감아야 하는가?

① 50
② 30
③ 20
④ 10

가공케이블의 시설

조가용선의 시설 : 접지공사를 한다.
1) 케이블은 조가용선에 행거로 시설할 것(이 경우 고압인 경우 그 행거의 간격은 50[cm] 이하로 시설하여야 한다.)
2) 조가용선은 인장강도 5.93[kN] 이상의 연선 또는 22[mm²] 이상의 아연도철연선일 것
3) 금속테이프 등은 20[cm] 이하 간격을 유지하며 나선상으로 감을 것

49

저압 구내 가공인입선에서 사용할 수 있는 전선의 최소 굵기는 몇 [mm] 이상인가? (단, 경간이 15[m]를 초과하는 경우이다.)

① 2.0
② 2.6
③ 4
④ 6

가공인입선의 전선의 굵기

1) 저압인 경우 2.6[mm] 이상 DV(인입용 비닐 절연전선)
   (단, 경간이 15[m] 이하의 경우 2.0[mm] 이상 인입용 비닐 절연전선 사용)
2) 고압인 경우 5.0[mm] 경동선

50

배전반 및 분전반과 연결된 배관을 변경하거나 이미 설치되어 있는 캐비닛에 구멍을 뚫을 때 필요한 공구는?

① 오스터
② 클리퍼
③ 토치램프
④ 녹아웃펀치

녹아웃펀치는 배전반 및 분전반과 연결된 배관을 변경하거나 이미 설치되어 있는 캐비닛에 구멍을 뚫을 때 사용한다.

51

화약류 저장고 내에 조명기구의 전기를 공급하는 배선의 공사방법은?

① 합성수지관 공사
② 금속관 공사
③ 버스 덕트 공사
④ 합성수지몰드 공사

화약류 저장고 내의 조명기구의 전기 공사

1) 전로의 대지전압은 300[V] 이하일 것
2) 전기기계기구는 전폐형의 것일 것
3) 케이블을 전기기계기구에 인입할 때에는 인입구에서 케이블이 손상될 우려가 없도록 시설할 것
4) 차단기는 밖에 두며, 조명기구의 전원을 공급하기 위하여 배선은 금속관, 케이블 공사를 할 것

52

1종 가요전선관을 시설할 수 있는 장소는?

① 점검할 수 없는 장소
② 전개되지 않는 장소
③ 전개된 장소로서 점검이 불가능한 장소
④ 점검할 수 있는 은폐장소

가요전선관 공사 시설기준

1) 가요전선관은 2종 금속제 가요전선관일 것(다만, 전개된 장소 또는 점검할 수 있는 은폐장소에는 1종 가요전선관을 사용할 수 있다.)
2) 관을 구부리는 정도는 2종 가요전선관을 시설하고 제거하는 것이 어려운 장소일 경우 굴곡 반경은 관 안지름의 6배(단, 시설하고 제거하는 것이 자유로울 경우 3배) 이상

53

변압기 내부고장 보호에 쓰이는 계전기는?

① 접지 계전기
② 차동 계전기
③ 과전압 계전기
④ 역상 계전기

변압기 내부고장 보호 계전기

1) 부흐홀쯔 계전기
2) 차동 계전기
3) 비율 차동 계전기

정답 48 ③ 49 ② 50 ④ 51 ② 52 ④ 53 ②

54
다음 중 변압기 무부하손의 대부분을 차지하는 것은?

① 동손　　② 철손
③ 유전체손　　④ 저항손

> 변압기의 무부하 시의 손실 중 대부분을 차지하는 것은 철손이다. 반면 부하 시의 대부분의 손실은 동손(저항손)이다.

55
저항 6[Ω], 유도리액턴스 10[Ω], 용량리액턴스 2[Ω]인 직렬회로의 임피던스의 값은?

① 10[Ω]　　② 8[Ω]
③ 6[Ω]　　④ 5[Ω]

> RLC 직렬회로의 합성 임피던스
> $Z = \sqrt{R^2 + (X_L - X_C)^2} = \sqrt{6^2 + (10-2)^2} = 10[\Omega]$

56
Δ결선 한 변의 저항이 90[Ω]이다. 이를 Y결선으로 변환하면 한 변의 저항은 몇 [Ω]인가?

① 10　② 20　③ 30　④ 40

> 등가 저항 변환(Δ → Y)
> $R_Y = R_\Delta \times \dfrac{1}{3} = 90 \times \dfrac{1}{3} = 30[\Omega]$

57
특고압 수전설비의 결선 기호와 명칭으로 잘못된 것은?

① CB - 차단기　　② DS - 단로기
③ LA - 피뢰기　　④ LF - 전력퓨즈

> 수전설비의 명칭에서 전력퓨즈의 경우 PF(Power Fuse)를 말한다.

58
전류에 의한 자계의 방향을 결정하는 것은?

① 렌츠의 법칙　　② 암페어의 법칙
③ 비오샤바르의 법칙　　④ 패러데이의 법칙

> 암페어의 (오른나사) 법칙
> 전류가 흐르는 방향을 알면 자속(자계)의 방향을 알 수 있는 법칙

59
비정현파의 왜형률이란?

① $\dfrac{\text{전고조파의 실효값}}{\text{기본파의 실효값}}$　　② $\dfrac{\text{전고조파의 실효값}}{\text{기본파의 평균값}}$

③ $\dfrac{\text{전고조파의 평균값}}{\text{기본파의 평균값}}$　　④ $\dfrac{\text{전고조파의 평균값}}{\text{기본파의 실효값}}$

> 왜형률 = $\dfrac{\text{전고조파의 실효값}}{\text{기본파의 실효값}}$

60
변압기의 규약효율은?

① $\dfrac{\text{출력}}{\text{입력}}$　　② $\dfrac{\text{출력}}{\text{출력} + \text{손실}}$

③ $\dfrac{\text{출력}}{\text{입력} + \text{손실}}$　　④ $\dfrac{\text{입력} - \text{손실}}{\text{입력}}$

> 전기기기의 규약효율
> 1) $\eta_{\text{발전기}} = \dfrac{\text{출력}}{\text{출력} + \text{손실}} \times 100[\%]$
> 2) $\eta_{\text{전동기}} = \dfrac{\text{입력} - \text{손실}}{\text{입력}} \times 100[\%]$
> 3) $\eta_{\text{변압기}} = \dfrac{\text{출력}}{\text{출력} + \text{손실}} \times 100[\%]$

정답　54 ②　55 ①　56 ③　57 ④　58 ②　59 ①　60 ②

2021년 3회 | CBT 기출복원문제

01
옴의 법칙에 대하여 맞는 것은?

① 전류는 저항에 비례한다.
② 전압은 전류에 비례한다.
③ 저항은 전압에 반비례한다.
④ 전압은 전류에 반비례한다.

> 옴의 법칙 : $I = \dfrac{V}{R}$[A], $V = IR$[V]
> 1) 전류는 저항에 반비례한다.
> 2) 전압은 전류에 비례한다.
> 3) 저항은 전압에 비례한다.

02
전기량 1[Ah]는 몇 [C]인가?

① 60
② 600
③ 360
④ 3,600

> 전기량 Q[C] $= It$[A·sec]
> 1[Ah] = 1[A] × 3,600[sec] = 1 × 3,600[A·sec] = 3,600[C]

03 ★빈출
부흐홀쯔 계전기의 설치 위치로 가장 적당한 것은?

① 변압기 주 탱크 내부
② 콘서베이터 내부
③ 변압기 고압 측 부싱
④ 변압기 주 탱크와 콘서베이터 사이

> 부흐홀쯔 계전기의 설치 위치
> 변압기 내부고장 보호에 사용되는 부흐홀쯔 계전기는 변압기의 주 탱크와 콘서베이터 사이에 설치한다.

04
내부저항 r[Ω]인 전지 10개가 있다. 이 전지 10개를 연결하여 가장 작은 합성 내부저항을 만들면 얼마인가?

① $\dfrac{r}{10}$
② $10r$
③ r
④ $\dfrac{r}{2}$

> 가장 작은 합성 내부저항
> 1) 모든 내부저항을 병렬로 접속
> 2) 합성 내부저항 $R = \dfrac{r}{n개} = \dfrac{r}{10}$

05
열작용에 관련 법칙은?

① 줄의 법칙
② 패러데이 법칙
③ 비오샤바르의 법칙
④ 플레밍의 법칙

> 줄의 법칙
> 어떤 도체에 전류가 흐르면 열이 발생하는 현상

06
1차 전지로 가장 많이 사용되는 전지는?

① 니켈전지
② 이온전지
③ 폴리머전지
④ 망간전지

> 1차 전지 : 망간전지, 알카라인 전지
> 2차 전지 : 니켈전지, 이온전지, 폴리머전지

정답 01 ② 02 ④ 03 ④ 04 ① 05 ① 06 ④

07
두 개의 서로 다른 금속의 접속점에 온도차를 주면 기전력이 생기는 현상은?

① 제어벡 효과 ② 펠티어 효과
③ 톰슨 효과 ④ 호올 효과

> **제어벡 효과**
> 1) 서로 다른 금속을 접합하여 두 접합점에 온도차를 주면 전기가 발생하는 현상
> 2) 전기온도계, 열전대, 열전쌍 등에 적용

08
변압기 내부고장 보호에 쓰이는 계전기로서 가장 적당한 것은?

① 차동 계전기 ② 접지 계전기
③ 과전류 계전기 ④ 역상 계전기

> **변압기 내부고장 보호 계전기**
> 1) 부흐홀쯔 계전기
> 2) 비율 차동 계전기
> 3) 차동 계전기

09
한국전기설비규정에 따라 관광업 및 숙박업 등에 객실의 입구에 백열 전등을 설치할 경우 몇 분 이내에 소등되는 타임스위치를 시설하여야 하는가?

① 1 ② 2
③ 3 ④ 4

> 조명용 전등을 설치할 때에는 다음에 의하여 타임스위치를 시설하여야 한다.
> 1) 「관광 진흥법」과 「공중위생법」에 의한 관광숙박업 또는 숙박업(여인숙업을 제외한다)에 이용되는 객실의 입구등은 1분 이내에 소등되는 것
> 2) 일반주택 및 아파트 각 호실의 현관등은 3분 이내에 소등되는 것

10
다음 중 변압기의 온도 상승 시험법으로 가장 널리 사용되는 것은?

① 반환부하법 ② 유도시험법
③ 절연내력시험법 ④ 고조파 억제법

> **변압기의 온도 상승 시험(반환부하법)**
> 동일 정격의 변압기가 2대 이상 있을 경우 채용되며, 전력소비가 적으며, 철손과 동손을 따로 공급하는 것으로서 가장 널리 사용된다.

11
회전자 입력이 10[kW], 슬립이 4[%]인 3상 유도 전동기의 2차 동손은 몇 [W]인가?

① 400 ② 300
③ 500 ④ 1,000

> **전력변환**
> 1) 2차 입력 $P_2 = P_0 + P_{c2} = \dfrac{P_{c2}}{s}$
> 2) 2차 출력 $P_0 = P_2 - P_{c2} = (1-s)P_2$
> 3) 2차 동손 $P_{c2} = P_2 - P_0 = sP_2$
> $\qquad = 0.04 \times 10 \times 10^3 = 400[W]$

12
6극의 72홈, 농형 3상 유도 전동기의 매 극 매 상당의 홈 수는?

① 2 ② 3
③ 4 ④ 12

> **매 극 매 상당 슬롯수 q**
> $q = \dfrac{s}{P \times m}$ (s: 슬롯수, P: 극수, m: 상수)
> $\quad = \dfrac{72}{6 \times 3} = 4$

정답 07 ① 08 ① 09 ① 10 ① 11 ① 12 ③

13
단락비가 큰 동기기는?

① 안정도가 높다. ② 기계가 소형이다.
③ 전압변동률이 크다. ④ 전기자 반작용이 크다.

> **단락비가 큰 동기기**
> 1) 안정도가 높다.
> 2) 전기자 반작용이 작다.
> 3) 동기임피던스가 작다.
> 4) 전압변동률이 작다.
> 5) 단락전류가 크다.
> 6) 기계가 대형이며, 무겁고, 가격이 비싸고, 효율이 나쁘다.

14
한국전기설비규정에 따라 저압전로에 사용하는 배선용 차단기(산업용)의 정격전류가 30[A]이다. 여기에 39[A]의 전류가 흐를 때 동작시간은 몇 분 이내가 되어야 하는가?

① 30분 ② 60분
③ 90분 ④ 120분

> **배선용 차단기 정격(산업용)**
>
> | 정격전류 | 동작시간 | 부동작전류 | 동작전류 |
> |---|---|---|---|
> | 63[A] 이하 | 60분 | 1.05배 | 1.3배 |
> | 63[A] 초과 | 120분 | 1.05배 | 1.3배 |

15 ★
노출장소 또는 점검 가능한 장소에서 제2종 가요전선관을 시설하고 제거하는 것이 자유로운 경우 곡률 반지름은 안지름의 몇 배 이상으로 하여야 하는가?

① 2배 ② 3배
③ 4배 ④ 6배

> **가요전선관 공사 시설기준**
> 1) 가요전선관은 2종 금속제 가요전선관일 것(다만, 전개된 장소 또는 점검할 수 있는 은폐장소에는 1종 가요전선관을 사용할 수 있다.)
> 2) 관을 구부리는 정도는 2종 가요전선관을 시설하고 제거하는 것이 어려운 장소일 경우 굴곡 반경은 관 안지름의 6배(단, 시설하고 제거하는 것이 자유로울 경우 3배) 이상

16
고압 가공전선로의 지지물로 철탑을 사용하는 경우 경간은 몇 [m] 이하이어야 하는가?

① 150[m] ② 300[m]
③ 500[m] ④ 600[m]

> **가공전선로의 경간**
>
> | 지지물의 종류 | 표준경간 |
> |---|---|
> | 목주, A종 철주, A종 철근콘크리트주 | 150[m] 이하 |
> | B종 철주, B종 철근콘크리트주 | 250[m] 이하 |
> | 철탑 | 600[m] 이하 |

17 ★
가연성 분진(소맥분, 전분, 유황 기타 가연성 먼지 등)으로 인하여 폭발할 우려가 있는 저압 옥내 설비공사로 적절하지 않은 것은?

① 케이블 공사 ② 금속관 공사
③ 합성수지관 공사 ④ 플로어 덕트 공사

> **가연성 먼지(분진)의 시설공사**
> 1) 금속관 공사
> 2) 케이블 공사
> 3) 합성수지관 공사(두께 2[mm] 미만의 합성수지 전선관 및 난연성이 없는 콤바인 덕트관을 사용하는 것을 제외한다.)

18
한국전기설비규정에 따라 사람이 상시 통행하는 터널 내의 공사방법으로 적절하지 않은 것은?

① 금속관 공사
② 합성수지관 공사
③ 금속제 가요전선관 공사
④ 금속몰드 공사

> **사람이 상시 통행하는 터널 안 공사방법**
> 금속관, 합성수지관, 금속제 가요전선관, 케이블, 애자 공사에 의한다.

정답 13 ① 14 ② 15 ② 16 ④ 17 ④ 18 ④

19
용량을 변화시킬 수 있는 콘덴서는?

① 마일러 콘덴서　　② 바리콘
③ 전해 콘덴서　　　④ 세라믹 콘덴서

> **콘덴서의 종류**
> 1) 바리콘 : 공기를 유전체로 사용한 가변용량 콘덴서
> 2) 전해 콘덴서 : 유전체를 얇게 하여 작은 크기에도 큰 용량을 얻을 수 있는 콘덴서
> 3) 세라믹 콘덴서 : 비유전율이 큰 산화티탄 등을 유전체로 사용한 것으로 극성이 없으며 가격에 비해 성능이 우수하여 널리 사용되고 있는 콘덴서

20
같은 콘덴서가 10개 있다. 이것을 병렬로 접속할 때의 값은 직렬로 접속할 때의 값의 몇 배가 되는가?

① 1배　　② 10배
③ 100배　④ 1,000배

> 직렬 합성 정전용량 : $C_{직렬} = \dfrac{C}{n} = \dfrac{C}{10}$ [F]
> 병렬 합성 정전용량 : $C_{병렬} = nC = 10C$ [F]
> $\dfrac{C_{병렬}}{C_{직렬}} = \dfrac{nC}{\dfrac{C}{n}} = n^2 = 10^2 = 100$ [배]

21
구리 전선과 전기 기계 기구 단자를 접속하는 경우에 진동 등으로 인하여 헐거워질 염려가 있는 곳에는 어떤 것을 사용하여 접속하는가?

① 평와서 2개를 끼운다.
② 스프링 와셔를 끼운다.
③ 코드 패스너를 끼운다.
④ 정 슬리브를 끼운다.

> 스프링 와셔는 전선을 기구 단자에 접속할 때 진동 등의 영향으로 헐거워질 우려가 있는 경우 사용한다.

22
영구 자석으로 알맞은 물질 특성은?

① 잔류자기는 크고 보자력은 작아야 한다.
② 잔류자기는 작고 보자력은 커야 한다.
③ 잔류자기와 보자력 모두 커야 한다.
④ 잔류자기와 보자력 모두 작아야 한다.

> 영구 자석 : 잔류자기와 보자력 모두 커야 한다.
> 전자석 : 잔류자기는 커야 하고, 보자력은 작아야 한다.

23
한국전기설비규정에 따라 변압기 중성점 접지도체는 몇 [mm²] 이상이어야 하는가? (단, 사용전압이 25[kV] 이하인 특고압 가공전선로. 다만, 중성선 다중접지식의 것으로서 전로에 지락이 생겼을 때 2초 이내에 자동적으로 이를 전로로부터 차단하는 장치가 되어 있는 것을 말한다.)

① 6　　② 10　　③ 16　　④ 25

> **중성점 접지도체의 굵기**
> 중성점 접지용 도체는 공칭단면적 16[mm²] 이상의 연동선 또는 동등 이상의 단면적 및 세기를 가져야 한다. 다만, 다음의 경우에는 공칭단면적 6[mm²] 이상의 연동선 또는 동등 이상의 단면적 및 강도를 가져야 한다.
> 1) 7[kV] 이하의 전로
> 2) 사용전압이 25[kV] 이하인 특고압 가공전선로. 다만, 중성선 다중접지식의 것으로서 전로에 지락이 생겼을 때 2초 이내에 자동적으로 이를 전로로부터 차단하는 장치가 되어 있는 것

24
다음 중 전기력선의 성질이 맞지 않는 것은?

① 전기력선은 등전위면과 수직교차한다.
② 전기력선은 상호 간에 교차한다.
③ 전기력선의 접선 방향은 전계의 방향이다.
④ 전기력선은 높은 곳에서 낮은 곳으로 향한다.

> 전기력선은 서로 교차할 수 없다.

정답　19 ②　20 ③　21 ②　22 ③　23 ①　24 ②

25
평행하게 같은 방향으로 전류가 흐르는 도선이 1[m] 떨어져 있을 때 작용하는 힘 $F = 8 \times 10^{-7}$[N]이라면 전류는 몇 [A]인가?

① 1　　② 2
③ 3　　④ 4

평행도선의 작용하는 힘

$F = \dfrac{2I_1I_2}{r} \times 10^{-7} = \dfrac{2I^2}{r} \times 10^{-7}$ [N/m]

$I = \sqrt{\dfrac{F \times r}{2 \times 10^{-7}}} = \sqrt{\dfrac{8 \times 10^{-7} \times 1}{2 \times 10^{-7}}} = 2$ [A]

26
자기저항의 단위는?

① AT/Wb　　② AT/m
③ H/m　　　④ Wb/AT

자기회로의 기자력 : $F = NI$[AT]$= \phi R_m$

자기저항 : $R_m = \dfrac{\ni [\text{AT}]}{\phi [\text{Wb}]} =$ [AT/Wb]

27
직류 발전기가 있다. 자극수는 6, 전기자 총도체수는 400, 회전수는 600[rpm]이다. 전기자에 유도되는 기전력이 120[V]라고 하면, 매 극 매 상당 자속[Wb]은? (단, 전기자 권선은 파권이다.)

① 0.01　　② 0.02
③ 0.05　　④ 0.19

직류 발전기의 유기기전력

$E = \dfrac{PZ\phi N}{60a}$ (파권이므로 $a = 2$)

여기서 $\phi = \dfrac{E \times 60a}{PZN}$ [Wb]

　　　　$= \dfrac{120 \times 60 \times 2}{6 \times 400 \times 600} = 0.01$ [Wb]

28
낙뢰, 수목 접촉, 일시적인 섬락 등 순간적인 사고로 계통에서 분리된 구간을 신속히 계통에 투입시킴으로써 계통의 안정도를 향상시키고 정전 시간을 단축시키기 위해 사용되는 계전기는?

① 차동 계전기　　② 과전류 계전기
③ 거리 계전기　　④ 재폐로 계전기

재폐로 계전기

낙뢰, 수목 접촉, 일시적인 섬락 등 순간적인 사고로 계통에서 분리된 구간을 신속히 계통에 투입시킴으로써 계통의 안정도를 향상시키고 정전 시간을 단축시키기 위해 사용한다.

29
다음 그림에서 직류 분권 전동기의 속도 특성 곡선은?

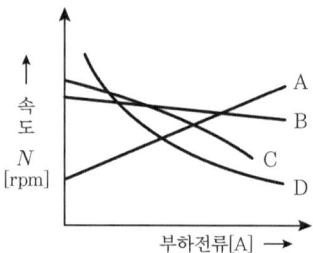

① A　　② B　　③ C　　④ D

전동기의 속도 특성 곡선

1) A : 차동복권　　2) B : 분권
3) C : 가동복권　　4) D : 직권

30
다음 중 비유전율이 가장 작은 것은?

① 산화티탄자기　　② 종이
③ 공기　　　　　　④ 운모

비유전율에 따른 유전체의 분류

진공(공기) < 운모 < 종이 < 산화티탄자기

31
분권 전동기의 토크와 속도(N)는 어떤 관계를 갖는가?

① $T \propto N$
② $T \propto \dfrac{1}{N}$
③ $T \propto N^2$
④ $T \propto \dfrac{1}{N^2}$

> **분권 전동기의 토크와의 관계**
> $T \propto I_a \propto \dfrac{1}{N}$
> 분권 전동기의 토크 $T \propto \dfrac{1}{N}$

32 빈출
전기기계의 철심을 성층하는 이유는?

① 히스테리시스손을 적게 하기 위하여
② 기계손을 적게 하기 위하여
③ 표유부하손을 적게 하기 위하여
④ 맴돌이손을 적게 하기 위하여

> **규소강판 성층철심(철손 감소)**
> 전기기계의 철심을 규소강판을 사용하는 이유는 히스테리시스손을 감소하기 위함이며, 이를 성층하는 이유는 와류(맴돌이)손을 감소하기 위함이다.

33 빈출
나전선 상호를 접속하는 경우 일반적으로 전선의 세기를 몇 [%] 이상 감소시키지 아니하여야 하는가?

① 2
② 3
③ 20
④ 80

> **전선의 접속 시 유의사항**
> 1) 전선을 접속하는 경우 전기 저항이 증가되지 않도록 할 것
> 2) 전선의 접속 시 전선의 세기를 20[%] 이상 감소시키지 말 것 (80[%] 이상 유지시킬 것)

34
폴리에틸렌 절연 비닐 시스 케이블의 약호는?

① DV
② EE
③ EV
④ OW

> **케이블의 약호**
> EV : 폴리에틸렌 절연 비닐 시스 케이블

35
후강 전선관의 호칭은 (ㄱ) 크기로 정하여 (ㄴ)로 표시한다. (ㄱ)과 (ㄴ)에 들어갈 내용으로 옳은 것은?

	(ㄱ)	(ㄴ)
①	안지름	짝수
②	바깥지름	짝수
③	바깥지름	홀수
④	안지름	홀수

> **금속관 공사(접지공사를 할 것)**
> 1) 1본의 길이 : 3.66(3.6)[m]
> 2) 금속관의 종류와 규격
> • 후강 전선관(안지름을 기준으로 한 짝수)
>   16, 22, 28, 36, 42, 54, 70, 82, 92, 104[mm] (10종)
> • 박강 전선관(바깥지름을 기준으로 한 홀수)
>   19, 25, 31, 39, 51, 63, 75[mm] (7종)

36 빈출
옥내배선 공사에서 절연전선의 피복을 벗길 때 사용하면 편리한 공구는?

① 드라이버
② 플라이어
③ 압착펜치
④ 와이어 스트리퍼

> **와이어 스트리퍼**
> 전선의 피복을 벗길 때 자동으로 벗기는 공구를 말한다.

정답 31 ② 32 ④ 33 ③ 34 ③ 35 ① 36 ④

37

한국전기설비규정에 따라 교통신호등 회로의 사용전압이 몇 [V]를 초과하는 경우에는 지락 발생 시 자동적으로 전로를 차단하는 누전 차단기를 시설하여야 하는가?

① 50
② 100
③ 150
④ 200

> **교통신호등의 시설**
> 1) 사용전압 : 교통신호등 제어장치의 2차 측 배선의 최대사용전압은 300[V] 이하
> 2) 교통 신호등의 인하선 : 전선의 지표상의 높이는 2.5[m] 이상일 것
> 3) 교통신호등 회로의 사용전압이 150[V]를 넘는 경우는 전로에 지락이 생겼을 경우 자동적으로 전로를 차단하는 누전 차단기를 시설할 것

38

아웃렛 박스 등의 녹아웃의 지름이 관의 지름보다 클 때 관을 박스에 고정시키기 위해 쓰이는 재료의 명칭은?

① 터미널 캡
② 링 리듀셔
③ 앤트런스 캡
④ C형 엘보

> **링 리듀셔**
> 금속관 공사 시 녹아웃의 지름이 관 지름보다 클 때 관을 박스에 고정하기 위해 사용되는 재료를 말한다.

39

공기 중에서 자기장의 크기가 1,000[AT/m]이라면 자속밀도 B[Wb/m²]는?

① $4\pi \times 10^{-3}$
② $4\pi \times 10^{-4}$
③ $4\pi \times 10^{3}$
④ $4\pi \times 10^{4}$

> 공기중의 투자율 : $\mu_0 = 4\pi \times 10^{-7}$
> 자속밀도 : $B = \mu_0 H$[Wb/m²]
> $= 4\pi \times 10^{-7} \times 1,000 = 4\pi \times 10^{-4}$

40

발전기의 유도 전압을 구하는 법칙은 어느 것인가?

① 플레밍의 오른손 법칙
② 플레밍의 왼손 법칙
③ 암페어의 오른손 법칙
④ 패러데이의 법칙

> 플레밍의 오른손 법칙 : 발전기 원리(전자유도의 기전력)
> 플레밍의 왼손 법칙 : 전동기 원리(전자력)

41

어드미턴스의 실수부분은?

① 인덕턴스
② 서셉턴스
③ 컨덕턴스
④ 리액턴스

> 어드미턴스 : $Y = G + jB$ [℧]
> 어드미턴스의 실수부 : G [℧](컨덕턴스)
> 어드미턴스의 허수부 : B [℧](서셉턴스)

42

전력계 두 대로 3상전력을 측정하여 전력계 두 대의 지시값이 각각 200[W]와 600[W]가 되었다면 유효전력은 몇 [W]인가?

① 300
② 600
③ 800
④ 900

> 2전력계법의 유효전력 $P = 200[W] + 600[W] = 800[W]$

43

특고압 수전설비의 결선 기호와 명칭으로 잘못된 것은?

① CB - 차단기
② DS - 단로기
③ LA - 피뢰기
④ LF - 전력퓨즈

> 전력퓨즈의 경우 약호는 PF(Power Fuse)가 된다.

정답 37 ③ 38 ② 39 ② 40 ① 41 ③ 42 ③ 43 ④

44

단상 유도 전동기에 220[V]의 전압을 공급하여 전류가 10[A]가 흐를 때 전력이 2[kW]가 되었다면 전동기의 역률은 몇 [%]가 되는가?

① 70.5 ② 80.9
③ 85.7 ④ 90.9

> 역률($\cos\theta$)
> $$\cos\theta = \frac{P[\text{W}]}{V[\text{V}] \times I[\text{A}]} \times 100[\%]$$
> $$= \frac{2 \times 10^3}{220 \times 10} \times 100 = 90.9[\%]$$

45

비정현파 전압이 $v = 10 + 30\sqrt{2}\sin\omega t + 40\sqrt{2}\sin3\omega t$ [V]일 때 실효전압 V[V]는?

① 약 41 ② 약 51
③ 약 61 ④ 약 71

> 직류분의 실효값 : $V_0 = 10[\text{V}]$
> 기본파의 실효값 : $V_1 = \frac{V_{m1}}{\sqrt{2}} = \frac{30\sqrt{2}}{\sqrt{2}} = 30[\text{V}]$
> 3고조파의 실효값 : $V_3 = \frac{V_{m3}}{\sqrt{2}} = \frac{40\sqrt{2}}{\sqrt{2}} = 40[\text{V}]$
> 비정현파의 실효값 전압
> $V = \sqrt{V_0^2 + V_1^2 + V_3^2} = \sqrt{10^2 + 30^2 + 40^2} \fallingdotseq 51[\text{V}]$

46

3상 △결선 부하에 선간전압 200[V]를 인가하여 선전류 10[A]가 흘렀다면 상전압과 상전류는 각각 얼마인가?

① 200[V], $10\sqrt{3}$[A] ② $200\sqrt{3}$[V], 10[A]
③ 200[V], $\frac{10}{\sqrt{3}}$[A] ④ $\frac{200}{\sqrt{3}}$[V], 10[A]

> △결선의 특징
> 1) 상전압 : $V_p = V_l = 200[\text{V}]$
> 2) 상전류 : $I_p = \frac{I_l}{\sqrt{3}} = \frac{10}{\sqrt{3}}[\text{A}]$

47

동기조상기가 전력용 콘덴서보다 우수한 점은?

① 진상, 지상역률을 얻는다.
② 손실이 적다.
③ 가격이 싸다.
④ 유지보수가 적다.

> 동기조상기
> 동기조상기는 과여자, 부족여자를 통하여 진상, 지상역률을 얻을 수 있다. 다만 전력용 콘덴서는 진상역률만을 얻을 수 있다.

48

3상 유도 전동기의 회전방향을 바꾸기 위한 방법은?

① 3상의 3선 중 2선의 접속을 바꾼다.
② 3상의 3선 접속을 모두 바꾼다.
③ 3상의 3선 중 1선에 리액턴스를 연결한다.
④ 3상의 3선 중 2선에 같은 값의 리액턴스를 연결한다.

> 3상 유도 전동기의 회전방향을 바꾸는 방법은 전원 3선 중 임의의 2선의 접속을 바꾸는 것이다.

49

단상 전파 사이리스터 정류회로에서 부하가 큰 인덕턴스가 있는 경우, 점호각이 60°일 때 정류전압은 약 몇 [V]인가? (단, 전원 측 전압의 실효값은 100[V]이고 직류 측 전류는 연속이다.)

① 141 ② 100
③ 85   ④ 45

> 단상 전파 정류회로의 정류전압
> $$E_d = \frac{2\sqrt{2}E}{\pi}\cos\alpha = \frac{2\sqrt{2} \times 100}{\pi}\cos 60° = 45[\text{V}]$$

정답 44 ④ 45 ② 46 ③ 47 ① 48 ① 49 ④

50
유도 전동기의 슬립을 측정하는 방법으로 옳은 것은?

① 전압계법
② 스트로보법
③ 평형 브리지법
④ 전류계법

> **슬립측정법**
> 1) DC(직류) 볼트미터계법
> 2) 스트로보법
> 3) 수화기법

51
동기 발전기를 회전계자형으로 하는 이유가 아닌 것은?

① 고전압에 견딜 수 있게 전기자 권선을 절연하기가 쉽다.
② 전기자 단자에 발생한 고전압을 슬립링 없이 간단하게 외부회로에 인가할 수 있다.
③ 기계적으로 튼튼하게 만드는 데 용이하다.
④ 전기자가 고정되어 있지 않아 제작비용이 저렴하다.

> **회전계자형을 사용하는 이유**
> 1) 전기자 권선은 전압이 높고 결선이 복잡하여, 절연이 용이하다.
> 2) 기계적으로 튼튼하게 만드는 데 용이하다.
> 3) 전기자 단자에 발생된 고전압을 슬립링 없이 간단하게 외부로 인가할 수 있다.

52
3상 4극 60[MVA], 역률 0.8, 60[Hz], 22.9[kV]의 수차 발전기의 전부하 손실이 1,600[kW]라면 전부하 시 효율 [%]은?

① 90
② 95
③ 97
④ 99

> **발전기의 효율 η**
> $\eta = \dfrac{출력}{출력+손실} = \dfrac{48}{48+1.6} \times 100 = 96.7[\%]$
> 출력 $= 60 \times 0.8 = 48[MW]$

53
일반적으로 큐비클형(cubicle type)이라 하며, 점유 면적이 좁고 운전, 보수에 안전하므로 공장, 빌딩 등 전기실에 많이 사용되는 조립형, 장갑형이 있는 배전반은?

① 폐쇄식 배전반
② 데드 프런트식 배전반
③ 철제 수직형 배전반
④ 라이브 프런트식 배전반

> **폐쇄식 배전반(큐비클형)**
> 점유 면적이 좁고 운전, 보수에 안전하며 신뢰도가 높아 공장, 빌딩 등의 전기실에 많이 사용된다.

54
ACB의 약호는?

① 기중 차단기
② 유입 차단기
③ 공기 차단기
④ 진공 차단기

> **차단기의 약호**
> 1) 기중 차단기(ACB)
> 2) 유입 차단기(OCB)
> 3) 공기 차단기(ABB)
> 4) 진공 차단기(VCB)

55
가공전선의 지지물에 지선으로 그 강도를 분담하여서는 안 되는 곳은?

① 목주
② 철주
③ 철탑
④ 철근콘크리트주

> **지선의 시설**
> 지지물의 강도를 보강한다. 단, 철탑은 사용 제외한다.
> 1) 안전율 : 2.5 이상
> 2) 허용 인장하중 : 4.31[kN]
> 3) 소선 수 : 3가닥 이상의 연선
> 4) 소선지름 : 2.6[mm] 이상
> 5) 지선이 도로를 횡단할 경우 5[m] 이상 높이에 설치

정답 50 ② 51 ④ 52 ③ 53 ① 54 ① 55 ③

56

한국전기설비규정에 따라 아래 그림 같이 분기회로 (S_2)의 보호장치 (P_2)는 (P_2)의 전원 측에서 분기점(O) 사이에 다른 분기회로 또는 콘센트의 접속이 없고, 단락의 위험과 화재 및 인체에 대한 위험성이 최소화되도록 시설된 경우, 분기회로의 보호장치 (P_2)는 몇 [m]까지 이동 설치가 가능한가?

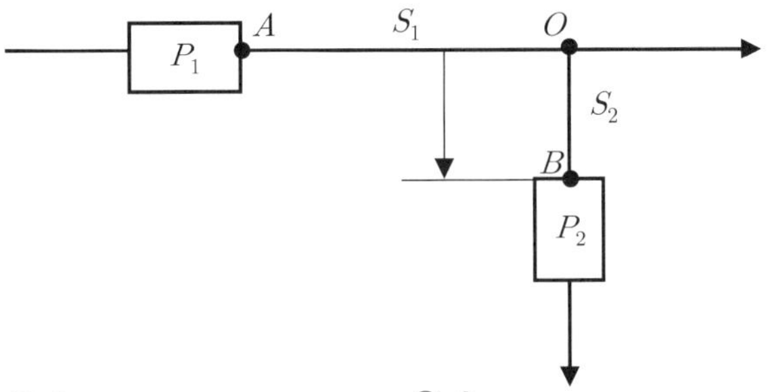

① 1　　② 2
③ 4　　④ 3

> **분기회로 보호장치**
> 분기회로(S_2)의 과부하 보호장치(P_2)의 전원측에서 분기점(O)사이에 분기회로 또는 콘센트의 접속이 없고 단락의 위험과 화재 및 인체에 대한 위험성이 최소화되도록 시설된 경우 과부하 보호장치(P_2)는 분기점(O)으로부터 3[m]까지 이동하여 설치할 수 있다.

57

1차 전압 6,300[V], 2차 전압 210[V], 주파수 60[Hz]의 변압기가 있다. 이 변압기의 권수비는?

① 30　　② 40
③ 50　　④ 60

> **변압기 권수비 a**
> $a = \dfrac{V_1}{V_2} = \dfrac{N_1}{N_2} = \dfrac{I_2}{I_1} = \sqrt{\dfrac{Z_1}{Z_2}} = \sqrt{\dfrac{R_1}{R_2}} = \sqrt{\dfrac{X_1}{X_2}}$
> $a = \dfrac{V_1}{V_2} = \dfrac{6{,}300}{210} = 30$

58

직류를 교류로 변환하는 기기는?

① 변류기　　② 정류기
③ 초퍼　　④ 인버터

> **전력변환 설비**
> 1) 컨버터 : 교류를 직류로 변환한다.
> 2) 인버터 : 직류를 교류로 변환한다.
> 3) 사이클로 컨버터 : 교류를 교류로 변환한다(주파수 변환기).

59

다음 중 2대의 동기 발전기가 병렬 운전하고 있을 때 무효 횡류(무효 순환전류)가 흐르는 경우는?

① 부하 분담의 차가 있을 때
② 기전력의 주파수에 차가 있을 때
③ 기전력의 위상의 차가 있을 때
④ 기전력의 크기의 차가 있을 때

> **동기 발전기의 병렬 운전 조건**
> 1) 기전력의 크기가 같을 것 ≠ 무효 순환전류 발생(무효 횡류) = 여자 전류의 변화 때문
> 2) 기전력의 위상이 같을 것 ≠ 유효 순환전류 발생(유효 횡류 = 동기화 전류)
> 3) 기전력의 주파수가 같을 것 ≠ 난조발생 —방지법→ 제동권선 설치
> 4) 기전력의 파형이 같을 것 ≠ 고조파 무효 순환전류 발생
> 5) 상회전 방향이 같을 것

60

연선의 층수를 n이라 하였을 때 총 소선 수 N은?

① $N = 3n(n+1) + 1$　　② $N = 3n(n+2) + 1$
③ $N = 3n(n+1)$　　④ $N = 3n(n+2)$

> 연선의 총 소선 수 $N = 3n(n+1) + 1$
> n : 연선의 층수

정답　56 ④　57 ①　58 ④　59 ④　60 ①

2021년 4회 | CBT 기출복원문제

01

전기량 $Q=25[C]$을 이동시키는 데 100[J]이 필요하였다. 이때의 기전력은 몇 [V]인가?

① 2　　　　② 4
③ 6　　　　④ 8

> 이동 전기에너지 : $W = QV[J]$
> 기전력(전압) : $V = \dfrac{W}{Q} = \dfrac{100}{25} = 4[V]$

02

동일 저항 $R[\Omega]$을 n개 접속한 회로에 전압 $V[V]$를 인가하였다. 다음 설명 중 틀린 것은?

① 동일 저항을 직렬로 접속하면 합성저항은 nR이 된다.
② 동일 저항을 병렬로 접속하면 합성저항은 $\dfrac{R}{n}$이 된다.
③ 동일 저항을 직렬로 접속하면 각 저항에 전압과 전류는 분배가 된다.
④ 동일 저항을 병렬로 접속하면 각 저항의 전압은 일정하게 된다.

> 직렬회로 : 전압분배, 전류일정
> 병렬회로 : 전류분배, 전압일정

03

전열기에 전압 $V[V]$을 인가하여 $I[A]$ 전류를 $t[sec]$동안 흘렸다. 발생하는 열량[cal]은?

① $0.24V^2It$　　② $0.24VI^2t$
③ $0.24VIt$　　　④ $0.24VIt^2$

> 발열량 $H = 0.24Pt = 0.24VIt = 0.24I^2Rt$ [cal]

04

저항 6[Ω]과 3[Ω]이 병렬 접속된 회로에 전압 100[V]을 인가하면 흐르는 전체 전류는 몇 [A]인가?

① 5　　　　② 50
③ 25　　　④ 90

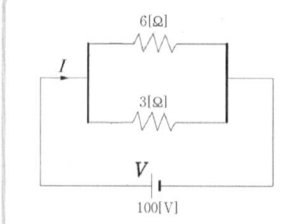

> 병렬 합성저항 : $R' = \dfrac{6 \times 3}{6+3} = \dfrac{18}{9} = 2[\Omega]$
> 전체 전류 : $I = \dfrac{V}{R} = \dfrac{100}{2} = 50[A]$

05

어떤 저항에 10[A]의 전류가 흐를 때의 전력이 50[W]였다면 전류를 20[A]를 흘리면 전력은 몇 [W]가 되는가?

① 50　　　② 150
③ 200　　 ④ 250

> 10[A] 내부저항 : $P = I^2R[W]$
> $\rightarrow R = \dfrac{P}{I^2} = \dfrac{50}{10^2} = 0.5[\Omega]$
> 20[A] 전력 : $P = I^2R$
> $= 20^2 \times 0.5 = 200[W]$

정답　01 ②　02 ③　03 ③　04 ②　05 ③

06

전극에서 석출되는 물질의 양은 통과한 전기량에 비례하고 전기화학당량에 비례하는 법칙은?

① 패러데이의 법칙 ② 가우스의 법칙
③ 암페어의 법칙 ④ 플레밍의 법칙

> **패러데이의 법칙(전기분해)**
> 1) 전극에서 석출되는 물질의 양(W)은 통과한 전기량(Q)에 비례하고 전기화학당량(k)에 비례한다.
> 2) 석출량 $W = kQ = kIt$ [g]

07

직류 발전기에서 계자 철심에 잔류자기가 없어도 발전할 수 있는 발전기는?

① 분권 발전기 ② 직권 발전기
③ 복권 발전기 ④ 타여자 발전기

> **타여자 발전기**
> 1) 계자권선과 전기자 권선이 분리
> 2) 타여자 발전기의 경우 잔류자기가 없어도 발전이 가능한 특성을 가짐

08

동기 발전기의 권선을 분포권으로 사용하는 이유로 옳은 것은?

① 권선의 누설리액턴스가 커진다.
② 전기자 권선이 과열이 되어 소손되기 쉽다.
③ 파형이 좋아진다.
④ 집중권에 비하여 합성 유기전력이 높아진다.

> **동기 발전기의 분포권 사용 이유**
> 1) 기전력의 파형을 개선한다.
> 2) 고조파를 제거하고 누설리액턴스가 감소한다.

09

1차 권수 6,000회, 2차 권수 200회인 변압기의 변압비는?

① 30 ② 60
③ 90 ④ 120

> **변압기의 권수비(변압비)**
> $$a = \frac{V_1}{V_2} = \frac{N_1}{N_2} = \frac{I_2}{I_1} = \sqrt{\frac{Z_1}{Z_2}} = \sqrt{\frac{R_1}{R_2}} = \sqrt{\frac{X_1}{X_2}}$$
> $$= \frac{N_1}{N_2} = \frac{6,000}{200} = 30$$

10

다음 중 단락비가 큰 동기 발전기의 경우 그 값이 작아지는 경우는?

① 동기임피던스와 단락전류
② 기기의 중량
③ 공극
④ 전압변동률과 전기자 반작용

> **단락비가 큰 동기기**
> 1) 안정도가 높다.
> 2) 전기자 반작용이 작다.
> 3) 동기임피던스가 작다.
> 4) 전압변동률이 작다.
> 5) 단락전류가 크다.
> 6) 기계가 대형이며, 무겁고, 가격이 비싸고, 효율이 나쁘다.

11

교류전압의 실효값이 200[V]일 때 단상 반파 정류에 의하여 발생하는 직류전압의 평균값은 약 몇 [V]인가?

① 45 ② 90
③ 105 ④ 110

> **단상 반파 정류회로**
> 직류전압 $E_d = 0.45E = 0.45 \times 200 = 90$ [V]

정답 06 ① 07 ④ 08 ③ 09 ① 10 ④ 11 ②

12 ⭐

변압기유로 쓰이는 절연유에 요구되는 성질인 것은?

① 인화점은 높고 응고점이 낮을 것
② 점도가 클 것
③ 비열이 커서 냉각효과가 적을 것
④ 절연 재료 및 금속 재료에 화학 작용을 일으킬 것

> **변압기 절연유 구비조건**
> 1) 절연내력은 클 것
> 2) 냉각효과는 클 것
> 3) 인화점은 높고, 응고점은 낮을 것
> 4) 점도는 낮을 것

13

가공전선로의 지지물이 아닌 것은?

① 목주   ② 지선
③ 철근콘크리트주   ④ 철탑

> **지지물의 종류**
> 1) 목주   2) 철주
> 3) 철근콘크리트주   4) 철탑

14 ⭐

노출장소 또는 점검이 가능한 장소에서 제2종 가요전선관을 시설하고 제거하는 것이 자유로운 경우 곡률 반지름은 안지름의 몇 배 이상으로 하여야 하는가?

① 2배   ② 3배
③ 4배   ④ 6배

> **가요전선관 공사 시설기준**
> 1) 가요전선관은 2종 금속제 가요전선관일 것(다만, 전개된 장소 또는 점검할 수 있는 은폐장소에는 1종 가요전선관을 사용할 수 있다.)
> 2) 관을 구부리는 정도는 2종 가요전선관을 시설하고 제거하는 것이 어려운 장소일 경우 굴곡 반경은 관 안지름의 6배(단, 시설하고 제거하는 것이 자유로울 경우 3배) 이상

15

한국전기설비규정에서 정한 가공전선로의 지지물에 승탑 또는 승강용으로 사용하는 발판볼트 등은 지표상 몇 [m] 미만에 시설하여서는 안 되는가?

① 1.2   ② 1.5
③ 1.6   ④ 1.8

> 지지물에 시설하는 발판볼트의 경우 1.8[m] 이상 높이에 시설한다.

16 ⭐

간격 d [m], 평행판 면적이 S [m²]인 평행 평판 콘덴서가 있다. 여기서 간격을 2배로 하면 처음의 콘덴서보다 몇 배가 되는가?

① 변하지 않는다.   ② $\frac{1}{2}$배
③ 2배   ④ 4배

> 평행판 콘덴서의 정전용량 : $C = \frac{\varepsilon S}{d}$ [F]
>
> 간격 2배 증가 : $C' = \frac{\varepsilon S}{2d} = \frac{1}{2}\frac{\varepsilon S}{d} = \frac{1}{2}C$ ($\frac{1}{2}$배로 감소)

17

분전반에 대한 설명으로 틀린 것은?

① 배선과 기구는 모두 전면에 배치하였다.
② 두께 1.5[mm] 이상의 난연성 합성수지로 제작하였다.
③ 강판제의 분전함은 두께 1.2[mm] 이상의 강판으로 제작하였다.
④ 배선은 모두 분전반 뒷면에 배치하였다.

> **분전반**
> 1) 부하의 배선이 분기하는 곳에 설치
> 2) 이때 분전반의 이면에는 배선 및 기구를 배치하지 말 것
> 3) 강판제의 것은 두께 1.2[mm] 이상

정답 12 ① 13 ② 14 ② 15 ④ 16 ② 17 ④

18

다음 중 차단기를 시설해야 하는 곳으로 가장 적당한 것은?

① 고압에서 저압으로 변성하는 2차 측의 저압 측 전선
② 접지공사를 한 저압가공전선로의 접지 측 전선
③ 접지공사의 접지도체
④ 다선식 전로의 중성선

> 과전류 차단기 시설제한장소
> 1) 접지공사의 접지도체
> 2) 다선식 전로의 중성선
> 3) 전로 일부에 접지공사를 한 저압가공전선로의 접지 측 전선

19

정션 박스 내에서 전선을 접속할 수 있는 것은?

① s형 슬리브
② 꽂음형 커넥터
③ 와이어 커넥터
④ 매팅타이어

> 와이어 커넥터
> 1) 전선 접속 시 납땜 및 테이프 감기가 필요 없다.
> 2) 박스(접속함) 내에서 전선의 접속 시 사용된다.

20

진공 중의 두 점전하 $+Q_1[C]$, $+Q_2[C]$이 거리 $r[m]$ 사이에 작용하는 정전력 $F[N]$는?

① $F = 9 \times 10^9 \times \dfrac{Q_1 Q_2}{r}$ [N], 흡인력
② $F = 9 \times 10^9 \times \dfrac{Q_1 Q_2}{r^2}$ [N], 반발력
③ $F = 9 \times 10^9 \times \dfrac{Q_1 Q_2}{r}$ [N], 반발력
④ $F = 9 \times 10^9 \times \dfrac{Q_1 Q_2}{r^2}$ [N], 흡인력

> 진공 중의 두 점전하 사이에 작용하는 힘
> 1) 같은(동일) 부호의 전류 : 반발력
> 2) 쿨롱의 힘 : $F = \dfrac{Q_1 Q_2}{4\pi \varepsilon_0 r^2} = 9 \times 10^9 \times \dfrac{Q_1 Q_2}{r^2}$ [N]

21

전기력선 밀도는 무엇과 같은가?

① 전위차
② 전속밀도
③ 정전력
④ 전계의 세기

> 전기력선과 전계의 관계
> 1) 전기력선 밀도는 전계의 세기와 같다.
> 2) 전기력선 방향은 전계의 방향과 같다.

22

특고압 수전설비의 결선 기호와 명칭으로 잘못된 것은?

① CB - 차단기
② LF - 전력퓨즈
③ LA - 피뢰기
④ DS - 단로기

> 전력퓨즈의 경우 PF(Power Fuse)를 말한다.

23

자기장의 세기가 100[AT/m]인 곳에 2[Wb]의 자극을 놓았을 때 작용하는 힘 F[N]는?

① 100
② 200
③ 50
④ 2,000

> 자기장내 자극에 작용하는 힘 $F = mH = 2 \times 100 = 200$[N]

24

동기 발전기에서 앞선 전류가 흐를 때 어느 것이 옳은가?

① 감자 작용을 받는다.
② 증자 작용을 받는다.
③ 속도가 상승한다.
④ 효율이 좋아진다.

> 동기 발전기의 전기자 반작용
>
> | 종류 | 앞선(진상, 진) 전류가 흐를 때 | 뒤진(지상, 지) 전류가 흐를 때 |
> |---|---|---|
> | 동기 발전기 | 증자 작용 | 감자 작용 |
> | 동기 전동기 | 감자 작용 | 증자 작용 |

정답 18 ① 19 ③ 20 ② 21 ④ 22 ② 23 ② 24 ②

25
변류기 개방 시 2차 측을 단락하는 이유는?

① 2차 측 절연 보호
② 2차 측 과전류 보호
③ 측정오차 감소
④ 변류비 유지

> 변류기 점검 시 2차 측을 단락하는 이유
> 2차 측의 과전압에 의한 2차 측 절연을 보호하기 위함이다.

26
전자유도의 현상에 의해 유기기전력이 만들어진다. 유기기전력에 관한 법칙과 거리가 먼 것은?

① 패러데이의 법칙
② 플레밍의 왼손 법칙
③ 렌츠의 법칙
④ 플레밍의 오른손 법칙

> 플레밍의 오른손 법칙 : 발전기 원리(전자유도의 기전력)
> 플레밍의 왼손 법칙 : 전동기 원리(전자력)

27
동일한 인덕턴스 L[H]인 두 코일을 같은 방향으로 직렬 접속하면 합성 인덕턴스는? (단, 결합계수는 0.5이다.)

① $0.5L$
② L
③ $2L$
④ $3L$

> 상호 인덕턴스 : $M = k\sqrt{L_1 L_2} = 0.5 \times \sqrt{L \times L} = 0.5L$
> 두 코일을 같은 방향으로 직렬 접속 시 합성 인덕턴스
> $L' = L_1 + L_2 + 2M = L + L + 2 \times 0.5L = 3L$

28
4심 캡타이어 케이블의 심선의 색상으로 옳은 것은?

① 흑, 적, 청, 녹
② 흑, 청, 적, 황
③ 흑, 백, 적, 녹
④ 흑, 녹, 청, 백

> 4심 캡타이어 케이블의 색상
> 흑, 백, 적, 녹

29
변압기 내부고장 보호에 쓰이는 계전기로서 가장 적당한 것은?

① 차동 계전기
② 접지 계전기
③ 과전류 계전기
④ 역상 계전기

> 변압기 내부고장 보호 계전기
> 1) 부흐홀쯔계전기
> 2) 비율 차동 계전기
> 3) 차동 계전기

30
브리지 정류회로로 알맞은 것은?

①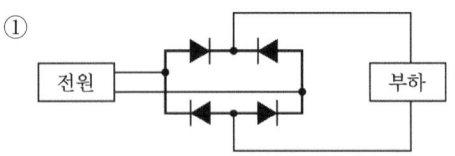

②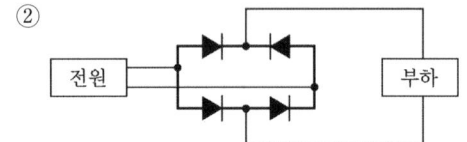

③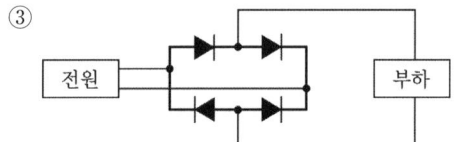

④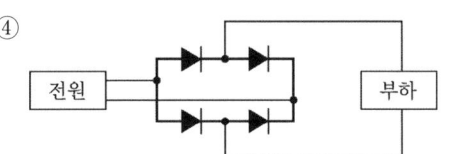

> 브리지 전파형 정류회로
> 전파 정류회로로 2개의 정류기가 아닌 4개의 정류기를 이용한 방법이다. 전류의 방향이 같아지는 결선은 1번 결선이 된다.

정답 25 ① 26 ② 27 ④ 28 ③ 29 ① 30 ①

31
보호 계전기의 시험을 하기 위한 유의사항이 아닌 것은?

① 시험회로 결선 시 교류와 직류 확인
② 영점의 정확성 확인
③ 계전기 시험 장비의 오차 확인
④ 시험회로 결선 시 교류의 극성 확인

> **보호 계전기 시험 시 유의사항**
> 1) 영점의 정확성 확인
> 2) 계전기 시험 장비의 오차 확인
> 3) 시험회로 결선 시 교류와 직류 확인

32
타여자 발전기와 같이 전압변동률이 적고 자여자이므로 다른 여자 전원이 필요 없고, 계자저항기를 사용하여 저항 조정이 가능하므로 전기화학용 전원, 전지의 충전용, 동기기의 여자용으로 쓰이는 발전기는?

① 분권 발전기
② 직권 발전기
③ 과복권 발전기
④ 차동복권 발전기

> **분권 발전기**
> 분권 발전기는 계자저항기를 사용하여 전압을 조정할 수 있으므로 전기화학 공업용 전원, 축전지의 충전용, 동기기의 여자용 및 일반 직류 전원으로 사용된다.

33
자기저항이 100[AT/Wb]인 환상 솔레노이드에 200회 감아 자속이 10[Wb] 발생하려면 몇 [A]의 전류를 흘려야 하는가?

① 5
② 50
③ 2
④ 20

> 자기회로의 기자력 : $F = NI[\text{AT}] = \phi R_m [\text{AT}]$
> 전류 : $I = \dfrac{\phi R_m}{N} = \dfrac{10 \times 100}{200} = 5[\text{A}]$

34
저압 구내 가공인입선의 경우 전선의 굵기는 몇 [mm] 이상이어야 하는가? (단, 전선의 길이가 15[m]를 초과하는 경우를 말한다.)

① 1.6
② 2.0
③ 2.6
④ 3.2

> **가공인입선의 전선의 굵기**
> 1) 저압인 경우 2.6[mm] 이상 DV(인입용 비닐 절연전선)
>   (단, 경간이 15[m] 이하의 경우 2.0[mm] 이상 인입용 비닐 절연전선 사용)
> 2) 고압인 경우 5.0[mm] 경동선

35
다음 중 버스 덕트가 아닌 것은?

① 플로어 버스 덕트
② 피더 버스 덕트
③ 트롤리 버스 덕트
④ 플러그인 버스 덕트

> **버스 덕트의 종류**
> 1) 피더 버스 덕트
> 2) 플러그인 버스 덕트
> 3) 트롤리 버스 덕트
> 4) 탭붙이 버스 덕트

36
일반적으로 큐비클형(cubicle type)이라 하며, 점유 면적이 좁고 운전, 보수에 안전하므로 공장, 빌딩 등 전기실에 많이 사용되는 조립형, 상갑형이 있는 배전반은?

① 데드 프런트식 배전반
② 폐쇄식 배전반
③ 철제 수직형 배전반
④ 라이브 프런트식 배전반

> **폐쇄식 배전반(큐비클형)**
> 점유 면적이 좁고 운전, 보수에 안전하며 신뢰도가 높아 공장, 빌딩 등의 전기실에 많이 사용된다.

정답 31 ④ 32 ① 33 ① 34 ③ 35 ① 36 ②

37
저압 옥내배선을 보호하는 배선용 차단기의 약호는?

① ACB
② RCD(ELB)
③ VCB
④ MCCB

> **차단기의 약호**
> 1) ACB : 기중 차단기
> 2) RCD(ELB) : 누전 차단기
> 3) VCB : 진공 차단기
> 4) MCCB : 배선용 차단기

38
1종 가요전선관을 시설할 수 있는 장소는?

① 점검할 수 없는 장소
② 전개되지 않는 장소
③ 전개된 장소로서 점검이 불가능한 장소
④ 점검할 수 있는 은폐장소

> **가요전선관 공사 시설기준**
> 1) 가요전선관은 2종 금속제 가요전선관일 것(다만, 전개된 장소 또는 점검할 수 있는 은폐장소에는 1종 가요전선관을 사용할 수 있다.)
> 2) 관을 구부리는 정도는 2종 가요전선관을 시설하고 제거하는 것이 어려운 장소일 경우 굴곡 반경은 관 안지름의 6배(단, 시설하고 제거하는 것이 자유로울 경우 3배) 이상

39
저항 6[Ω], 유도리액턴스 8[Ω]을 직렬 접속시키고 100[V]의 교류전압을 인가하면 소비전력은?

① 600[W]
② 1,200[W]
③ 800[W]
④ 1,600[W]

> **직렬회로의 소비전력**
> $P = I^2 R = \left(\dfrac{V}{Z}\right)^2 R = \left(\dfrac{100}{\sqrt{6^2+8^2}}\right)^2 \times 6 = 600[\text{W}]$

40
정현파의 교류 최대 전압이 300[V]이면 평균전압은 몇 [V]인가?

① 181
② 191
③ 211
④ 221

> 정현파의 평균전압 $V_a = \dfrac{2V_m}{\pi} = \dfrac{2 \times 300}{\pi} = 191[\text{V}]$

41
교류전압을 인가할 때 전류에 대한 설명으로 맞는 것은?

① L만의 회로는 전류가 전압보다 위상은 90도 앞선다.
② L만의 회로는 전압과 전류의 위상은 동상이 된다.
③ C만의 회로는 전압보다 전류의 위상은 90도 앞선다.
④ C만의 회로는 전압과 전류의 위상은 동상이 된다.

> **단일소자의 교류전류**
> 1) R만의 교류회로 : 동상 전류
> 2) L만의 교류회로 : 90° 뒤진(늦은) 지상전류
> 3) C만의 교류회로 : 90° 앞선(빠른) 진상전류

42
화약류 저장고 내에 조명기구의 전기를 공급하는 배선의 공사방법은?

① 합성수지관 공사
② 금속관 공사
③ 버스 덕트 공사
④ 합성수지몰드 공사

> **화약류 저장고 내의 조명기구의 전기 공사**
> 1) 전로의 대지전압은 300V 이하일 것
> 2) 전기기계기구는 전폐형의 것일 것
> 3) 케이블을 전기기계기구에 인입할 때에는 인입구에서 케이블이 손상될 우려가 없도록 시설할 것
> 4) 차단기는 밖에 두며, 조명기구의 전원을 공급하기 위하여 배선은 금속관, 케이블 공사를 할 것

정답 37 ④ 38 ④ 39 ① 40 ② 41 ③ 42 ②

43

△결선 변압기가 한 대 고장 시 V결선하여 3상 전력을 공급하였을 때 이용률은 몇 [%]인가?

① 57.7
② 75
③ 86.6
④ 96

V결선
1) V결선 용량 : $P_V = \sqrt{3} P_1$
2) (3상) 이용률 : $\dfrac{\sqrt{3}}{2} = 0.866$
3) 1대 고장 시 출력비 : $\dfrac{\sqrt{3}}{3} = 0.577$

44 ⭐빈출

선간전압이 $100\sqrt{3}$ [V]인 3상 평형 Y결선일 때 상전압의 크기는 몇 [V]인가?

① $100\sqrt{3}$
② 100
③ 200
④ $200\sqrt{3}$

3상 Y결선
상전압 : $V_p = \dfrac{V_l}{\sqrt{3}} = \dfrac{100\sqrt{3}}{\sqrt{3}} = 100$ [V]

45 ⭐빈출

다음 중 비정현파의 푸리에 급수 성분이 맞는 것은?

① 직류분 + 기본파 + 고조파
② 직류분 - 기본파 - 고조파
③ 직류분 + 기본파 - 고조파
④ 직류분 - 기본파 + 고조파

비정현파의 푸리에 급수
비정현파 = 직류분 + 기본파 + 고조파

46

3상 △결선의 각 상의 임피던스가 30[Ω]일 때 Y결선으로 변환하면 각 상의 임피던스는 얼마인가?

① 90
② 30
③ 10
④ 3

임피던스변환(△→Y)
$Z_Y = Z_\Delta \times \dfrac{1}{3} = 30 \times \dfrac{1}{3} = 10$ [Ω]

47 ⭐빈출

보호를 요하는 회로의 전류가 어떤 일정한 값(정정값) 이상으로 흘렀을 때 동작하는 계전기는?

① 비율 차동 계전기
② 과전류 계전기
③ 차동 계전기
④ 과전압 계전기

과전류 계전기(OCR)
설정치 이상의 전류가 흐를 때 동작하며 과부하나 단락사고를 보호하는 기기로서 변류기로 2차 측에 설치된다.

48 ⭐빈출

전기기계의 철심을 규소강판으로 성층하는 이유는?

① 제작이 용이
② 동손 감소
③ 철손 감소
④ 기계손 감소

철심을 규소강판으로 성층하는 이유
철손을 감소시키는 것이 주된 목적으로 히스테리시스손(규소강판)과 맴돌이(와류)손(성층철심)을 감소시키기 위함이다.

정답 43 ③ 44 ② 45 ① 46 ③ 47 ② 48 ③

49
낮은 전압을 높은 전압으로 승압할 때 일반적으로 사용되는 변압기의 3상 결선방식은?

① $\Delta-\Delta$
② $\Delta-Y$
③ $Y-Y$
④ $Y-\Delta$

승압결선
Δ결선은 선간전압과 상전압이 같다. Y결선은 선간전압이 상전압에 $\sqrt{3}$배가 되므로 승압결선이 되어야 한다면 $\Delta-Y$결선을 말한다.

50 ★빈출
100[kVA]의 단상 변압기 2대를 사용하여 V-V결선으로 3상 전원을 얻고자 한다. 이때 여기에 접속시킬 수 있는 3상 부하의 용량은 약 몇 [kVA]인가?

① 34.6
② 300
③ 100
④ 173.2

V결선 출력
$P_V = \sqrt{3}\,P_1 = \sqrt{3}\times 100 = 173.2[\text{kVA}]$

51 ★빈출
설계하중이 6.8[kN] 이하인 철근콘크리트주의 전주의 길이가 10[m]인 지지물을 건주할 경우 묻히는 최소 매설 깊이는 몇 [m] 이상인가?

① 1.67[m]
② 2[m]
③ 3[m]
④ 3.5[m]

건주(지지물을 땅에 묻는 공정)
1) 15[m] 이하의 지지물(6.8[kN] 이하의 경우) : 전체 길이 $\times \dfrac{1}{6}$ 이상 매설
   따라서 15[m] 이하의 지지물이므로
   길이$\times \dfrac{1}{6} = 10 \times \dfrac{1}{6} = 1.67[\text{m}]$
2) 15[m] 초과 시 : 2.5[m] 이상
3) 16[m] 초과 20[m] 이하 : 2.8[m] 이상

52
직류 발전기에서 자극수 6, 전기자 도체수 400, 각 극의 유효자속수 0.01[Wb], 회전수 600[rpm]인 경우 유기기전력은? (단, 전기자권선은 파권이다.)

① 90
② 120
③ 150
④ 180

유기기전력
$E = \dfrac{PZ\phi N}{60a}[\text{V}]$ (파권이므로 $a=2$)
$= \dfrac{6\times 400\times 0.01\times 600}{60\times 2} = 120[\text{V}]$

53 ★빈출
유도 전동기의 원선도를 작성하는 데 필요한 시험이 아닌 것은?

① 저항측정
② 슬립측정
③ 개방시험
④ 구속시험

원선도를 작성 또는 그리기 위해 필요한 시험
1) 저항시험
2) 무부하시험(개방시험)
3) 구속시험

54
직류 발전기의 구조 중 전기자 권선에서 생긴 교류를 직류로 바꾸어 주는 부분을 무엇이라 하는가?

① 계자
② 전기자
③ 브러쉬
④ 정류자

직류 발전기의 구조
1) 계자 : 주 자속을 만드는 부분
2) 전기자 : 주 자속을 끊어 유기기전력을 발생
3) 정류자 : 교류를 직류로 변환
4) 브러쉬 : 내부의 회로와 외부의 회로를 전기적으로 연결

정답 49 ② 50 ④ 51 ① 52 ② 53 ② 54 ④

55
전기자 저항이 0.1[Ω], 전기자 전류가 100[A], 유도기전력이 110[V]인 직류 분권 발전기의 단자전압[V]은?

① 110
② 106
③ 102
④ 100

분권 발전기의 유기기전력
$E = V + I_a R_a$
단자전압 $V = E - I_a R_a = 110 - (100 \times 0.1) = 100[V]$

56 빈출
가연성 가스가 존재하는 장소의 저압 시설 공사 방법으로 옳은 것은?

① 가요전선관 공사
② 합성수지관 공사
③ 금속관 공사
④ 금속 몰드 공사

가연성 가스가 체류하는 곳의 전기 공사
1) 금속관 공사
2) 케이블 공사

57
사람이 접촉될 우려가 있는 곳에 시설하는 경우 접지극은 지하 몇 [cm] 이상의 깊이에 매설하여야 하는가?

① 30
② 45
③ 50
④ 75

접지극의 시설기준
1) 접지극은 지표면으로부터 지하 0.75[m] 이상으로 하되 동결 깊이를 감안하여 매설 깊이를 정해야 한다.
2) 접지도체를 철주 기타의 금속체를 따라서 시설하는 경우에는 접지극을 철주의 밑면으로부터 0.3[m] 이상의 깊이에 매설하는 경우 이외에는 접지극을 지중에서 그 금속체로부터 1[m] 이상 떼어 매설하여야 한다.
3) 접지도체는 지하 0.75[m]부터 지표상 2[m]까지 부분은 합성수지관(두께 2[mm] 미만의 합성수지제 전선관 및 가연성 콤바인덕트관은 제외한다) 또는 이와 동등 이상의 절연효과와 강도를 가지는 몰드로 덮어야 한다.

58 빈출
전선의 굵기를 측정할 때 사용되는 것은?

① 와이어 게이지
② 파이프 포트
③ 스패너
④ 프레셔 툴

와이어 게이지는 전선의 굵기 측정 시 사용된다.

59
절연전선으로 가선된 배전 선로에서 활선 상태인 경우 전선의 피복을 벗기는 것은 매우 곤란한 작업이다. 이런 경우 활선 상태에서 전선의 피복을 벗기는 공구는?

① 전선 피박기
② 애자커버
③ 와이어 통
④ 데드엔드 커버

1) 전선 피박기 : 활선 시 전선의 피복을 벗기는 공구
2) 애자커버 : 활선 시 애자를 절연하여 작업자의 부주의로 접촉되더라도 안전사고가 발생하지 않도록 하는 절연장구
3) 와이어통 : 활선을 작업권 밖으로 밀어낼 때 사용하는 절연봉
4) 데드엔드 커버 : 현수애자와 인류클램프의 충전부를 방호하기 위하여 사용

60
한국전기설비규정에 따라 교통신호등 회로의 사용전압이 몇 [V]를 초과하는 경우에는 지락 발생 시 자동적으로 전로를 차단하는 누전 차단기를 시설하여야 하는가?

① 50
② 100
③ 150
④ 200

교통신호등의 시설
1) 사용전압 : 교통신호등 제어장치의 2차 측 배선의 최대사용전압은 300V 이하
2) 교통 신호등의 인하선 : 전선의 지표상의 높이는 2.5[m] 이상일 것
3) 교통신호등 회로의 사용전압이 150[V]를 넘는 경우는 전로에 지락이 생겼을 경우 자동적으로 전로를 차단하는 누전 차단기를 시설할 것

정답 55 ④ 56 ③ 57 ④ 58 ① 59 ① 60 ③

2022년 1회 | CBT 기출복원문제

01
전류를 흐르게 하는 능력을 무엇이라 하는가?

① 전기량   ② 기전력
③ 기자력   ④ 전자력

> **기전력의 정의**
> 1) 전류를 흐르게 하는 능력
> 2) 전류를 계속 흐르게 하기 위해 전압을 연속적으로 만들어주는 데 필요한 힘

02 빈출
전류에 의한 자장의 방향을 결정하는 것은 무슨 법칙인가?

① 비오 - 샤바르 법칙
② 앙페르의 오른손 법칙
③ 플레밍의 왼손 법칙
④ 렌쯔의 법칙

> **앙페르의 오른손 법칙**
> 전류가 흐르는 방향을 알면 자장(자계)의 방향을 알 수 있는 법칙

03 빈출
저항 2[Ω]과 8[Ω]을 병렬 연결하고 여기에 10[Ω]을 직렬 연결하면 전체 합성저항은 몇 [Ω]인가?

① 10.6   ② 11.6
③ 12.6   ④ 20

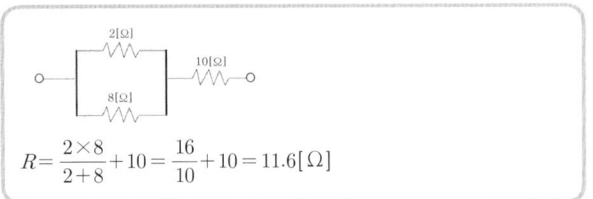

$R = \dfrac{2 \times 8}{2 + 8} + 10 = \dfrac{16}{10} + 10 = 11.6[\Omega]$

04
5[Ω], 6[Ω], 9[Ω]의 저항 3개가 직렬 접속된 회로에 5[A]의 전류가 흐르면 전체 전압은 몇 [V]인가?

① 200   ② 150
③ 100   ④ 50

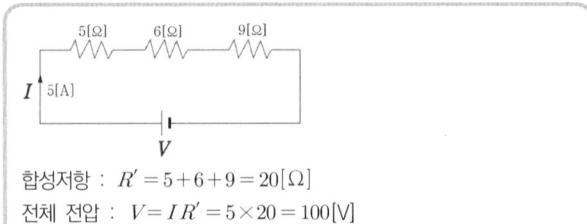

합성저항 : $R' = 5 + 6 + 9 = 20[\Omega]$
전체 전압 : $V = IR' = 5 \times 20 = 100[V]$

05
두 종류의 금속의 접합부에 전류를 흘리면 전류의 방향에 따라 줄열 이외에 열의 흡수 또는 발생 현상이 생긴다. 이 현상을 무슨 효과라 하는가?

① 펠티어 효과   ② 제어벡 효과
③ 볼타 효과   ④ 톰슨 효과

> **전류에 따른 열의 흡수 또는 발생 현상(줄열 제외)**
> 1) 다른 두 종류의 금속을 접합 : 펠티어 효과
> 2) 동일한 종류의 금속을 접합 : 톰슨 효과

정답   01 ② 02 ② 03 ② 04 ③ 05 ①

06

동기 발전기의 전기자 반작용에서 공급전압보다 전기자 전류의 위상이 앞선 경우 어떤 반작용이 일어나는가?

① 교차 자화작용 ② 증자 작용
③ 감자 작용 ④ 횡축 반작용

> **동기 발전기의 전기자 반작용**
>
> | 종류 | 앞선(진상, 진) 전류가 흐를 때 | 뒤진(지상, 지) 전류가 흐를 때 |
> |---|---|---|
> | 동기 발전기 | 증자 작용 | 감자 작용 |
> | 동기 전동기 | 감자 작용 | 증자 작용 |

07

직류 분권 전동기의 자속이 감소하면 회전속도는 어떻게 되는가?

① 감소한다. ② 변함없다.
③ 전동기가 정지한다. ④ 증가한다.

> **직류 전동기 회전속도와 자속과의 관계**
>
> $N = K \cdot \dfrac{E}{\phi}$
>
> $\therefore \phi \propto \dfrac{1}{N}$
>
> 자속($\phi \downarrow$) $N \uparrow$ 하므로, 계자전류($I_f \downarrow$) $N \uparrow$,
> 계자저항($R_f \uparrow$)하면 계자전류($I_f \downarrow$)하므로 $N \uparrow$ 한다.

08

직류 전동기의 속도 제어법이 아닌 것은?

① 전압 제어법 ② 계자 제어법
③ 저항 제어법 ④ 위상 제어법

> 1) 전압 제어 : 전압 V를 제어하는 방식으로 광범위한 속도 제어가 가능하다. 여기서, 워드레오나드 방식과 일그너 방식, 승압기 방식 등이 있다.
> 2) 계자 제어 : ϕ의 값을 조절하는 방식으로 정 출력 제어 방식이다.
> 3) 저항 제어 : 저항 R_a의 값을 조절하는 방식으로 효율이 나쁘다.

09

1차 측의 권수가 3,300회, 2차 측 권수가 330회라면 변압기의 변압비는?

① 33 ② 10
③ $\dfrac{1}{33}$ ④ $\dfrac{1}{10}$

> **변압기 권수비(변압비)**
>
> $a = \dfrac{V_1}{V_2} = \dfrac{N_1}{N_2} = \dfrac{I_2}{I_1} = \sqrt{\dfrac{Z_1}{Z_2}} = \sqrt{\dfrac{R_1}{R_2}} = \sqrt{\dfrac{X_1}{X_2}}$
>
> $a = \dfrac{N_1}{N_2} = \dfrac{3,300}{330} = 10$

10

100[kVA] 변압기 2대를 V결선 시 출력은 몇 [kVA]가 되는가?

① 200 ② 86.6
③ 173.2 ④ 300

> V결선 시 출력 $P_V = \sqrt{3} P_1$
> $\qquad\qquad\qquad = \sqrt{3} \times 100 = 173.2$[kVA]

11

한국전기설비규정에서 정한 무대, 오케스트라박스 등 흥행장의 저압 옥내배선 공사 시 사용전압은 몇 [V] 이하인가?

① 200 ② 300
③ 400 ④ 600

> **전시회, 쇼 및 공연장의 전기설비**
>
> 전시회, 쇼 및 공연장 기타 이들과 유사한 장소에 시설하는 저압전기설비에 적용한다.
> 1) 무대·무대마루 밑·오케스트라 박스·영사실 기타 사람이나 무대 도구가 접촉할 우려가 있는 곳에 시설하는 저압 옥내배선, 전구선 또는 이동전선은 사용전압이 400V 이하이어야 한다.
> 2) 비상 조명을 제외한 조명용 분기회로 및 정격 32A 이하의 콘센트용 분기회로는 정격 감도 전류 30mA 이하의 누전 차단기로 보호하여야 한다.

정답 06 ② 07 ④ 08 ④ 09 ② 10 ③ 11 ③

12

3상 농형 유도 전동기의 $Y-\Delta$ 기동 시의 기동전류와 기동 토크를 전전압 기동 시와 비교하면?

① 전전압 기동의 $\frac{1}{3}$로 된다.
② 전전압 기동의 $\sqrt{3}$ 배가 된다.
③ 전전압 기동의 3배로 된다.
④ 전전압 기동의 9배로 된다.

> **농형 유도 전동기의 기동법**
> 1) 직입(전전압) 기동 : 5[kW] 이하
> 2) Y-Δ 기동 : 5 ~ 15[kW] 이하(이때 전전압 기동 시보다 기동전류가 $\frac{1}{3}$배로 감소한다.)
> 3) 기동 보상기법 : 15[kW] 이상(3상 단권변압기 이용)
> 4) 리액터 기동

13 ★빈출

노출장소 또는 점검이 가능한 장소에서 제2종 가요전선관을 시설하고 제거하는 것이 부자유로운 경우 곡률 반지름은 안지름의 몇 배 이상으로 하여야 하는가?

① 2배 ② 3배
③ 4배 ④ 6배

> **가요전선관 공사 시설기준**
> 1) 가요전선관은 2종 금속제 가요전선관일 것(다만, 전개된 장소 또는 점검할 수 있는 은폐장소에는 1종 가요전선관을 사용할 수 있다.)
> 2) 관을 구부리는 정도는 2종 가요전선관을 시설하고 제거하는 것이 어려운 장소일 경우 굴곡 반경은 관 안지름의 6배(단, 시설하고 제거하는 것이 자유로울 경우 3배) 이상

14

연선 결정에 있어서 중심 소선을 뺀 총수가 3층이다. 소선의 총수 N은 얼마인가?

① 9   ② 19
③ 37 ④ 45

> **연선의 총 소선 수**
> $N = 3n(n+1)+1 = 3 \times 3 \times (3+1)+1 = 37$

15

저압 구내 가공인입선에서 사용할 수 있는 전선의 최소 굵기는 몇 [mm] 이상인가? (단, 경간이 15[m]를 초과하는 경우이다.)

① 2.0 ② 2.6
③ 4   ④ 6

> **가공인입선의 전선의 굵기**
> 1) 저압인 경우 2.6[mm] 이상 DV(인입용 비닐 절연전선)
> (단, 경간이 15[m] 이하의 경우 2.0[mm] 이상 인입용 비닐 절연전선 사용)
> 2) 고압인 경우 5.0[mm] 경동선

16

다음 중 금속관을 박스에 고정시킬 때 사용되는 것은 무엇이라 하는가?

① 로크너트   ② 엔트런스캡
③ 터미널   ④ 부싱

> 로크너트는 관을 박스에 고정시킬 때 사용되는 부속품을 말한다.

17 ★빈출

합성수지관 상호 접속 시 관을 삽입하는 깊이는 관 바깥지름의 몇 배 이상으로 하여야 하는가?

① 0.6 ② 0.8
③ 1.0 ④ 1.2

> **합성수지관 공사의 시설기준**
> 1) 전선은 연선일 것. 단, 단면적 10[mm²](알루미늄선 단면적 16[mm²]) 이하의 것은 적용하지 않는다.
> 2) 전선은 합성수지관 안에서 접속점이 없도록 할 것
> 3) 관 상호 간, 관과 박스를 접속할 경우 관의 삽입 깊이는 관 바깥지름의 1.2배 이상(단, 접착제를 사용하는 경우 0.8배 이상)
> 4) 지지점 간 거리는 1.5[m] 이하

정답 12 ① 13 ④ 14 ③ 15 ② 16 ① 17 ④

18
옥내배선 공사에서 절연전선의 피복을 벗길 때 사용하면 편리한 공구는?

① 드라이버 ② 플라이어
③ 압착펜치 ④ 와이어 스트리퍼

> 와이어 스트리퍼는 절연전선의 피복을 자동으로 벗기는 공구이다.

19
가연성 분진(소맥분, 전분, 유황 기타 가연성 먼지 등)으로 인하여 폭발할 우려가 있는 곳에서의 저압 옥내 설비공사로 옳은 것은?

① 애자 공사
② 금속관 공사
③ 버스 덕트 공사
④ 플로어 덕트 공사

> 가연성 먼지(분진)의 시설공사
> 1) 금속관 공사
> 2) 케이블 공사
> 3) 합성수지관 공사(두께 2[mm] 미만의 합성수지 전선관 및 난연성이 없는 콤바인 덕트관을 사용하는 것을 제외한다.)

20
0.2[kW]를 초과하는 전동기의 과부하 보호장치를 생략할 수 있는 조건으로 몇 [A] 이하의 배선용 차단기를 시설하는 경우 과부하 보호장치를 생략할 수 있는가?

① 16 ② 20
③ 25 ④ 30

> 전동기 과부하 보호장치 생략 조건
> 1) 0.2[kW] 이하의 전동기
> 2) 단상의 것으로 16[A] 이하의 과전류 차단기로 보호 시
> 3) 단상의 것으로 20[A] 이하의 배선용 차단기로 보호 시

21
굵은 전선을 절단할 때 사용하는 전기 공사용 공구는?

① 프레셔 툴 ② 녹 아웃 펀치
③ 파이프 커터 ④ 클리퍼

> 클리퍼는 펜치로 절단하기 어려운 굵은 전선을 절단할 때 사용되는 전기 공사용 공구를 말한다.

22
10[F], 5[F]인 콘덴서 두 개를 병렬 연결하고 양단에 100[V]의 전압을 인가할 때 10[F]에 충전되는 전하량[C]은 얼마인가?

① 1,000 ② 500
③ 2,000 ④ 1,500

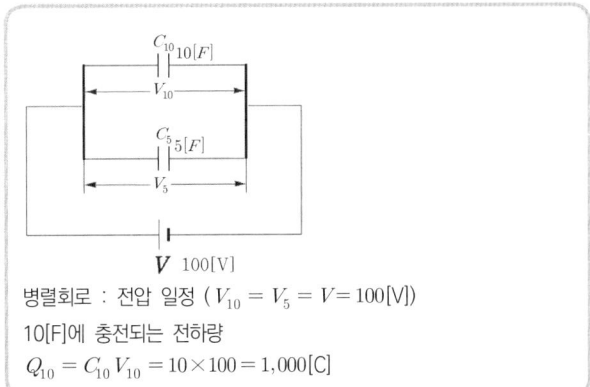

> 병렬회로 : 전압 일정 ($V_{10} = V_5 = V = 100[V]$)
> 10[F]에 충전되는 전하량
> $Q_{10} = C_{10} V_{10} = 10 \times 100 = 1,000[C]$

23
2[F]의 콘덴서에 100[V]의 전압을 인가하면 콘덴서에 축적되는 에너지는 몇 [J]인가?

① 2×10^4 ② 1×10^4
③ 4×10^4 ④ 3×10^4

> 콘덴서 축적 에너지 $W = \frac{1}{2} CV^2 = \frac{1}{2} \times 2 \times 100^2 = 10,000$
> $= 1 \times 10^4 [J]$

정답 18 ④ 19 ② 20 ② 21 ④ 22 ① 23 ②

24

진공 중의 두 자극 사이에 작용하는 힘은 몇 [N]인가? (단, m_1, m_2 : 자극의 세기, r : 자극 간의 거리, K : 진공 중의 비례상수)

① $F = K\dfrac{m_1 m_2}{r}$
② $F = K\dfrac{m_1^2 m_2}{r^2}$
③ $F = K\dfrac{m_1^2 m_2^2}{r}$
④ $F = K\dfrac{m_1 m_2}{r^2}$

> 두 자극 사이에 작용하는 힘(쿨롱의 법칙)
> $$F = \dfrac{m_1 m_2}{4\pi\mu_0 r^2} = \dfrac{1}{4\pi\mu_0} \times \dfrac{m_1 m_2}{r^2} = K\dfrac{m_1 m_2}{r^2}\,[\text{N}]$$

25

정류방식 중 3상 반파 방식의 직류전압의 평균값은 얼마인가? (단, V는 실효값을 말한다.)

① $0.45\,V$
② $0.9\,V$
③ $1.17\,V$
④ $1.35\,V$

> 정류방식
> 1) 단상 반파 : 0.45E
> 2) 단상 전파 : 0.9E
> 3) 3상 반파 : 1.17E
> 4) 3상 전파 : 1.35E

26

동일 저항 4개를 합성하여 양단에 일정 전압을 인가할 때 소비전력이 가장 커지게 되는 저항 합성은?

① 저항 두 개씩 병렬조합하고 직렬로 조합할 때
② 저항 세 개를 병렬조합하고 하나를 직렬로 조합할 때
③ 저항 네 개를 모두 병렬로 조합할 때
④ 저항 네 개를 모두 직렬로 조합할 때

> 합성저항의 전체 소비전력 : $P = \dfrac{V^2}{R'}\,[\text{W}]$
> 1) 4개 모두 직렬 조합 : $R' = 4R$(최대)
> 2) 4개 모두 병렬 조합 : $R' = \dfrac{R}{4}$(최소)
> 3) 모두 병렬로 조합할 때 합성저항(R')이 최소이므로 소비전력이 가장 커진다.

27

히스테리시스 곡선의 종축과 만나는 점은 무엇을 나타내는가?

① 잔류자기
② 보자력
③ 기자력
④ 자기저항

> 히스테리시스 곡선의 만나는 점
> 1) 종축과 만나는 점 : 잔류자기
> 2) 횡축과 만나는 점 : 보자력

28

동기속도 N_s[rpm], 회전속도 N[rpm], 슬립을 s라 하였을 때 2차 효율은?

① $(s-1) \times 100$
② $(1-s)N_s \times 100$
③ $\dfrac{N}{N_s} \times 100$
④ $\dfrac{N_s}{N} \times 100$

> 유도 전동기의 2차 효율 $\eta_2 = \dfrac{P_0}{P_2} = 1 - s = \dfrac{N}{N_s} = \dfrac{\omega}{\omega_s}$
> s : 슬립, N_s : 동기속도, N : 회전자속도,
> ω_s : 동기각속도($2\pi N_s$), ω : 회전자각속도($2\pi N$)

29

사람이 접촉될 우려가 있는 곳에 시설하는 경우 접지극은 지하 몇 [cm] 이상의 깊이에 매설하여야 하는가?

① 30
② 45
③ 50
④ 75

> 접지극의 시설기준
> 1) 접지극은 지표면으로부터 지하 0.75[m] 이상으로 하되 동결 깊이를 감안하여 매설 깊이를 정해야 한다.
> 2) 접지도체를 철주 기타의 금속체를 따라서 시설하는 경우에는 접지극을 철주의 밑면으로부터 0.3[m] 이상의 깊이에 매설하는 경우 이외에는 접지극을 지중에서 그 금속체로부터 1[m] 이상 떼어 매설하여야 한다.
> 3) 접지도체는 지하 0.75[m]부터 지표 상 2[m]까지 부분은 합성수지관(두께 2[mm] 미만의 합성수지제 전선관 및 가연성 콤바인덕트관은 제외한다) 또는 이와 동등 이상의 절연효과와 강도를 가지는 몰드로 덮어야 한다.

정답   24 ④   25 ③   26 ③   27 ①   28 ③   29 ④

30

다음 그림과 같은 기호의 명칭은?

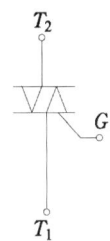

① UJT   ② SCR
③ TRIAC   ④ GTO

> TRIAC(양방향 3단자 소자)
>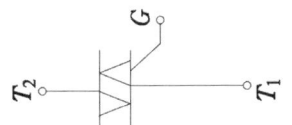
> SCR 2개를 역병렬로 접속한 구조를 가지고 있는 소자를 말한다.

31

동기 발전기의 전기자 권선을 단절권으로 하면?

① 고조파를 제거한다.   ② 절연이 잘 된다.
③ 역률이 좋아진다.   ④ 기전력을 높인다.

> 동기 발전기의 전기자 권선법 단절권 사용 이유
> 1) 고조파를 제거하여 기전력의 파형을 개선한다.
> 2) 동량(권선)이 감소한다.

32

발전기의 정격전압이 100[V]로 운전하다 무부하 시의 운전전압이 103[V]가 되었다. 이 발전기의 전압변동률은 몇 [%]인가?

① 4   ② 3
③ 11   ④ 14

> 전압변동률 $\epsilon = \dfrac{V_0 - V_n}{V_n} \times 100 = \dfrac{103 - 100}{100} \times 100 = 3[\%]$

33

어떤 변압기에서 임피던스 강하가 5[%]인 변압기가 운전 중 단락되었을 때 그 단락전류는 정격전류의 몇 배인가?

① 5   ② 20
③ 50   ④ 500

> 변압기의 단락전류 $I_s = \dfrac{100}{\%Z} I_n = \dfrac{100}{5} \times I_n$ 이므로
> $I_s = 20 I_n$

34

변압기를 $\Delta - Y$결선(delta-star connection)한 경우에 대한 설명으로 옳지 않은 것은?

① 1차 변전소의 승압용으로 사용된다.
② 1차 선간전압 및 2차 선간전압의 위상차는 60°이다.
③ 제3고조파에 의한 장해가 적다.
④ Y결선의 중성점을 접지할 수 있다.

> $\Delta - Y$결선
> $\Delta - Y$결선의 경우 델타와 Y결선의 특징을 모두 갖고 있는 방식으로 승압용 결선이며, 1차 선간전압과 2차 선간전압의 위상차는 30°이며, 한 상의 고장 시 송전이 불가능하다.

35

3상 유도 전동기의 운전 중 전압이 90[%]로 저하되면 토크는 몇 [%]가 되는가?

① 90   ② 81
③ 72   ④ 64

> 유도 전동기의 토크와 전압과의 관계
> $T \propto V^2 \propto \dfrac{1}{s}$, $s \propto \dfrac{1}{V^2}$
> V : 전압[V], s : 슬립
> $T \propto V^2$
> 전압이 10[%] 감소하였기 때문에 $(0.9V)^2$이 되므로
> $T = 0.81 = 81[\%]$

정답   30 ③   31 ①   32 ②   33 ②   34 ②   35 ②

36
다음 전선의 접속 시 유의사항으로 옳은 것은?

① 전선의 강도를 5[%] 이상 감소시키지 말 것
② 전선의 강도를 10[%] 이상 감소시키지 말 것
③ 전선의 강도를 20[%] 이상 감소시키지 말 것
④ 전선의 강도를 40[%] 이상 감소시키지 말 것

전선의 접속 시 유의사항
1) 전선을 접속하는 경우 전기 저항이 증가되지 않도록 할 것
2) 전선의 접속 시 전선의 세기를 20[%] 이상 감소시키지 말 것 (80[%] 이상 유지시킬 것)

37
배전반 및 분전반의 설치 장소로 적합하지 못한 것은?

① 안정된 장소
② 전기회로를 쉽게 조작할 수 있는 장소
③ 개폐기를 쉽게 조작할 수 있는 장소
④ 은폐된 장소

배전반 및 분전반의 설치 장소
쉽게 조작할 수 있어야 하며 안정되며, 노출된 장소

38
저압 가공인입선이 횡단 보도교 위에 시설되는 경우 노면상 몇 [m] 이상의 높이에 설치되어야 하는가?

① 3   ② 4
③ 5   ④ 6

가공인입선의 지표상 높이

구분 \ 전압	저압	고압
도로횡단	5[m] 이상	6[m] 이상
철도횡단	6.5[m] 이상	6.5[m] 이상
위험표시	×	3.5[m] 이상
횡단 보도교	3[m]	3.5[m] 이상

39
지중 또는 수중에 시설하는 양극과 피방식체 간의 전기부식 방지 시설에 대한 설명으로 틀린 것은?

① 지중에 매설하는 양극은 75[cm] 이상의 깊이일 것
② 수중에 시설하는 양극과 그 주위 1[m] 안의 임의의 점과의 전위차는 10[V]를 넘지 않을 것
③ 사용전압은 직류 60[V]를 초과할 것
④ 지표에서 1[m] 간격의 임의의 2점 간의 전위차가 5[V]를 넘지 않을 것

전기부식방지설비
1) 전기부식방지 회로(전기부식방지용 전원장치로부터 양극 및 피방식체까지의 전로를 말한다)의 사용전압은 직류 60V 이하일 것
2) 수중에 시설하는 양극과 그 주위 1m 이내의 거리에 있는 임의점과의 사이의 전위차는 10V를 넘지 아니할 것(다만, 양극의 주위에 사람이 접촉되는 것을 방지하기 위하여 적당한 울타리를 설치하고 또한 위험 표시를 하는 경우에는 그러하지 아니하다.)
3) 지표 또는 수중에서 1m 간격의 임의의 2점(제4의 양극의 주위 1m 이내의 거리에 있는 점 및 울타리의 내부점을 제외한다) 간의 전위차가 5V를 넘지 아니할 것

40
분기회로에 설치하여 개폐 및 고장을 차단할 수 있는 것은 무엇인가?

① 전력퓨즈   ② COS
③ 배선용 차단기   ④ 피뢰기

배선용 차단기(MCCB)는 분기회로를 개폐하고 고장을 차단하기 위해 설치한다.

41
배전선로의 보안장치로서 주상변압기의 2차 측, 저압 분기회로에서 분기점 등에 설치되는 것은?

① 콘덴서   ② 캐치홀더
③ 컷아웃 스위치   ④ 피뢰기

배전선로의 주상변압기 보호장치
1) 1차 측 : COS(컷아웃 스위치)   2) 2차 측 : 캐치홀더

정답 36 ③ 37 ④ 38 ① 39 ③ 40 ③ 41 ②

42

다음 공사 방법 중 옳은 것은 무엇인가?

① 금속몰드 공사 시 몰드 내부에서 전선을 접속하였다.
② 합성수지관 공사 시 관 내부에서 전선을 접속하였다.
③ 합성수지 몰드 공사 시 몰드 내부에서 전선을 접속하였다.
④ 접속함 내부에서 전선을 쥐꼬리 접속을 하였다.

> **전선의 접속**
> 전선의 접속 시 몰드나 관, 덕트 내부에서는 시행하지 않는다. 접속은 접속함에서 이루어져야 한다.

43

각각 1[A]의 전류가 흐르는 두 평행 도선에 작용하는 힘이 2×10^{-7}[N/m]이라면 두 도선의 떨어진 거리는 몇 [m]인가?

① 0.5
② 1
③ 1.5
④ 2.0

> 평행도선의 작용하는 힘 : $F = \dfrac{2I_1 I_2}{r} \times 10^{-7}$[N/m]
> 두 도선의 떨어진 거리(r[m])
> $r = \dfrac{2I_1 I_2}{F} \times 10^{-7} = \dfrac{2 \times 1 \times 1}{2 \times 10^{-7}} \times 10^{-7} = 1$[m]

44

10[Wb/m²]의 평등 사상 중에 길이 2[m]의 도선을 자장의 방향과 30°의 각도로 놓고 이 도체에 10[A]의 전류가 흐르면 도선에 작용하는 힘은 몇 [N]인가?

① 1,000
② 500
③ 200
④ 100

> 자기장 안에 전류가 흐르는 도선을 놓으면 작용하는 힘
> $F = IBl\sin\theta = 10 \times 10 \times 2 \times \sin 30° = 100$[N]
> 자속밀도 : B[Wb/m²], 도선의 길이 : l[m]

45

자로 길이가 l[m], 면적이 A[m²]인 철심의 투자율이 μ라면 자기저항 R_m [AT/Wb]은?

① $\dfrac{l^2}{\mu A}$
② $\dfrac{l}{\mu A}$
③ $\dfrac{\mu l}{A}$
④ $\dfrac{lA}{\mu}$

> 자기저항
> $R_m = \dfrac{l}{\mu A}$ [AT/Wb]

46

교류 실효 전압 100[V], 주파수 60[Hz]인 교류 순시값 전압 표현으로 맞는 것은?

① $v = 100\sin 120\pi t$[V]
② $v = 100\sqrt{2}\sin 60\pi t$[V]
③ $v = 100\sqrt{2}\sin 120\pi t$[V]
④ $v = 100\sin 60\pi t$[V]

> 최대값 : $V_m = \sqrt{2}\,V = 100\sqrt{2}$
> 각속도 : $\omega = 2\pi f = 2\pi \times 50 = 100\pi$
> 실효값 : $v(t) = V_m \sin\omega t = 100\sqrt{2}\sin(120\pi)t$[V]

47

어떤 정현파 교류 평균 전압이 191[V]이면 실효값은 몇 [V]인가?

① 212
② 300
③ 119
④ 416

> 정현파의 파형률 = $\dfrac{\text{실효값}}{\text{평균값}} = 1.11$
> 실효값 = 평균값 × 파형률 = 191 × 1.11 ≒ 212[V]

48
10[W]의 백열 전구에 100[V]의 교류전압을 사용하고 있다. 이 교류전압의 최대값은 몇 [V]인가?

① 200　　② 164
③ 141　　④ 70

> 정현파의 파고율 = $\dfrac{\text{최대값}}{\text{실효값}} = \sqrt{2}$
> 최대값 = 실효값 × 파고율 = $100 \times \sqrt{2} \fallingdotseq 141[V]$

49
다음 중 정속도 전동기에 속하는 것은?

① 유도 전동기　　② 직권 전동기
③ 분권 전동기　　④ 교류 정류자전동기

> **분권 전동기**
> $N = k\dfrac{V - I_a R_a}{\phi}$ 로서 속도는 부하가 증가할수록 감소하는 특성을 가지나 이 감소가 크지 않아 정속도 특성을 나타낸다.

50
농형 유도 전동기의 기동법이 아닌 것은?

① 전전압 기동
② $\Delta - \Delta$ 기동
③ 기동보상기에 의한 기동
④ 리액터 기동

> **농형 유도 전동기의 기동법**
> 1) 직입(전전압) 기동 : 5[kW] 이하
> 2) Y-Δ 기동 : 5~15[kW] 이하(이때 전전압 기동 시보다 기동전류가 $\dfrac{1}{3}$배로 감소한다.)
> 3) 기동 보상기법 : 15[kW] 이상(3상 단권변압기 이용)
> 4) 리액터 기동

51
변압기의 임피던스 전압이란?

① 정격전류가 흐를 때의 변압기 내의 전압강하
② 여자전류가 흐를 때의 2차 측 단자전압
③ 정격전류가 흐를 때의 2차 측 단자전압
④ 2차 단락전류가 흐를 때의 변압기 내의 전압강하

> **변압기의 임피던스 전압**
> $\%Z = \dfrac{IZ}{E} \times 100[\%]$ 에서 IZ의 크기를 말하며, 정격의 전류가 흐를 때 변압기 내의 전압강하를 말한다.

52
다음은 분권 발전기를 말한다. 전기자 전류는 100[A]이다. 이때 계자에 흐르는 전류가 6[A]라면 부하에 흐르는 전류는 어떻게 되는가?

① 106　② 100　③ 94　④ 90

> **분권 발전기의 부하전류**
> $I_a = I + I_f$ 이므로 $I_a = 100[A]$
> $\therefore I = 100 - 6 = 94[A]$

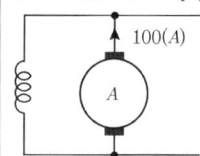

53
한국전기설비규정에서 정한 가공전선로의 지지물에 승탑 또는 승강용으로 사용하는 발판볼트 등은 지표상 몇 [m] 미만에 시설하여서는 안 되는가?

① 1.2　② 1.5　③ 1.6　④ 1.8

> **발판볼트**
> 지지물에 시설하는 발판볼트의 경우 1.8[m] 이상 높이에 시설한다.

정답 48 ③　49 ③　50 ②　51 ①　52 ③　53 ④

54
일반적으로 큐비클형(cubicle type)이라 하며, 점유 면적이 좁고 운전, 보수에 안전하므로 공장, 빌딩 등 전기실에 많이 사용되는 조립형, 장갑형이 있는 배전반은?

① 데드 프런트식 배전반
② 폐쇄식 배전반
③ 철제 수직형 배전반
④ 라이브 프런트식 배전반

> 폐쇄식 배전반(큐비클형)
> 점유 면적이 좁고 운전, 보수에 안전하며 신뢰도가 높아 공장, 빌딩 등의 전기실에 많이 사용된다.

55
대칭 3상의 주파수와 전압이 같다면 각 상이 이루는 위상차는 몇 라디안[rad]인가?

① 2π
② $\dfrac{2\pi}{3}$
③ π
④ $\dfrac{3\pi}{2}$

> 대칭 3상의 각 상의 위상차 : $120°$
> 호도법($360° = 2\pi$ [rad]) : $120° = \dfrac{360°}{3} = \dfrac{2\pi}{3}$ [rad]

56
비정현파의 일그러짐율을 나타내는 왜형률은?

① $\dfrac{\text{전고조파의 실효값}}{\text{기본파의 실효값}}$
② $\dfrac{\text{기본파의 실효값}}{\text{전고조파의 실효값}}$
③ $\dfrac{\text{전고조파의 실효값}}{\text{제3고조파의 실효값}}$
④ $\dfrac{\text{전고조파의 평균값}}{\text{기본파의 평균값}}$

> 왜형률 = $\dfrac{\text{전고조파의 실효값}}{\text{기본파의 실효값}}$

57
용량 100[kVA]인 단상 변압기 3대로 △결선하여 3상 전력을 공급하던 중 1대가 고장으로 V결선하였다면 3상 전력 공급은 몇 [kVA]인가?

① 100
② $100\sqrt{2}$
③ $100\sqrt{3}$
④ 300

> V결선 출력 $P_V = \sqrt{3} P_1 = \sqrt{3} \times 100 = 100\sqrt{3}$ [kVA]

58
변압기 내부고장 보호에 쓰이는 계전기는?

① 접지 계전기
② 차동 계전기
③ 과전압 계전기
④ 역상 계전기

> 변압기 내부고장 보호
> 1) 부흐홀쯔 계전기
> 2) 차동 계전기
> 3) 비율 차동 계전기

59
자극의 세기가 m[Wb]이고 길이가 l[m]인 자석의 자기 모멘트[Wb·m]는?

① ml^2
② ml
③ $\dfrac{m}{l}$
④ $\dfrac{m^2}{l}$

> 자기 모멘트 또는 자기쌍극자 모멘트 $M = ml$ [Wb·m]

60
보호를 요하는 회로의 전압이 일정한 값 이상으로 인가되었을 때 동작하는 계전기는 무엇인가?

① 과전류 계전기
② 과전압 계전기
③ 비율 차동 계전기
④ 차동 계전기

> 과전압 계전기는 회로의 전압이 설정치 이상으로 인가 시 동작한다.

정답 54 ② 55 ② 56 ① 57 ③ 58 ② 59 ② 60 ②

Chapter 18

2022년 2회 | CBT 기출복원문제

01
다음 중 가장 무거운 것은?

① 양성자의 질량과 중성자의 질량의 합
② 양성자의 질량과 전자의 질량의 합
③ 원자핵의 질량과 전자의 질량의 합
④ 중성자의 질량과 전자의 질량의 합

> 원자핵은 양성자와 중성자가 모두 포함되어 있다. 그러므로 원자핵과 전자의 질량의 합이 가장 무겁다.

02
저항 $R_1[\Omega]$, $R_2[\Omega]$ 두 개를 병렬 연결하면 합성저항은 몇 $[\Omega]$인가?

① $\dfrac{1}{R_1 + R_2}$ ② $\dfrac{R_1}{R_1 + R_2}$

③ $\dfrac{R_1 R_2}{R_1 + R_2}$ ④ $\dfrac{R_2}{R_1 + R_2}$

> 저항 병렬의 합성저항
> $R' = \dfrac{1}{\dfrac{1}{R_1} + \dfrac{1}{R_2}} = \dfrac{R_1 R_2}{R_1 + R_2} [\Omega]$

03
저항 2[Ω]과 8[Ω]의 저항을 직렬 연결하였다. 이때 합성 콘덕턴스는 몇 [℧]인가?

① 10   ② 0.1
③ 4   ④ 1.6

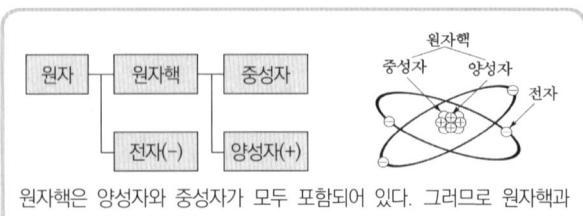

> 저항: $R = 2 + 8 = 10[\Omega]$
> 콘덕턴스: $G = \dfrac{1}{R} = \dfrac{1}{10} = 0.1[\mho]$

04 ★빈출
1[m]의 전선의 저항은 10[Ω]이다. 이 전선을 2[m]로 잡아 늘리면 처음의 저항보다 얼마의 저항으로 변하게 되는가? (단, 전선의 체적은 일정하다.)

① 40[Ω]   ② 20[Ω]
③ 10[Ω]   ④ 0.1[Ω]

> 직선도체의 체적이 일정할 때
> $v = S \cdot l \rightarrow S = \dfrac{v}{l} \rightarrow S \propto \dfrac{1}{l}$
> 도체의 길이(2배 증가): $l' = 2l$
> 도체의 단면적: $S' \propto \dfrac{1}{l'} \propto \dfrac{1}{2}$, $S' = \dfrac{1}{2}S$
> 도체의 저항
> $R' = \rho \dfrac{l'}{S'} = \rho \dfrac{2l}{\dfrac{1}{2}S} = 4 \times \rho \dfrac{l}{S} = 4R = 4 \times 10 = 40[\Omega]$

정답 01 ③ 02 ③ 03 ② 04 ①

05

직류 전동기의 규약효율을 표시하는 식은?

① $\dfrac{출력}{출력+손실} \times 100[\%]$ ② $\dfrac{출력}{입력} \times 100[\%]$

③ $\dfrac{입력}{출력+손실} \times 100[\%]$ ④ $\dfrac{입력-손실}{입력} \times 100[\%]$

> **전기기기의 규약효율**
> 1) $\eta_{발전기} = \dfrac{출력}{출력+손실} \times 100[\%]$
> 2) $\eta_{전동기} = \dfrac{입력-손실}{입력} \times 100[\%]$
> 3) $\eta_{변압기} = \dfrac{출력}{출력+손실} \times 100[\%]$

06

변압기유의 열화 방지와 관계가 가장 먼 것은?

① 브리더방식   ② 불활성 질소
③ 콘서베이터   ④ 부싱

> **변압기(절연)유의 열화 방지 대책**
> 1) 콘서베이터 방식
> 2) 질소봉입 방식
> 3) 브리더 방식

07

부흐홀쯔 계전기의 설치 위치로 가장 적당한 것은?

① 변압기 주 탱크 내부
② 콘서베이터 내부
③ 변압기 고압 측 부싱
④ 변압기 주 탱크와 콘서베이터 사이

> **부흐홀쯔 계전기 설치 위치**
> 주변압기와 콘서베이터 사이에 설치되는 계전기로서 변압기 내부고장을 보호한다.

08

반도체로 만든 PN접합은 주로 무슨 작용을 하는가?

① 변조작용   ② 발진작용
③ 증폭작용   ④ 정류작용

> PN접합은 정류작용을 한다.

09

직류 직권 전동기에서 벨트를 걸고 운전하면 안 되는 이유는?

① 벨트가 마멸보수가 곤란하므로
② 벨트가 벗겨지면 위험속도에 도달하므로
③ 손실이 많아지므로
④ 직결하지 않으면 속도 제어가 곤란하므로

> **직류 직권 전동기의 특성**
> 직권 전동기 : 기동 토크가 클 때 속도가 작다(기중기, 전차, 크레인 등 적합).
> 1) 무부하 운전하지 말 것
> 2) 벨트 운전하지 말 것
> 무부하 운전과 벨트 운전을 할 경우 위험속도에 도달할 수 있다.
> $T \propto I_a^2 \propto \dfrac{1}{N^2}$

10

활선 상태에서 전선의 피복을 벗기는 공구는?

① 전선 피박기
② 애자 커버
③ 와이어 통
④ 데드엔드 커버

> 1) 전선 피박기 : 활선 시 전선의 피복을 벗기는 공구
> 2) 애자 커버 : 활선 시 애자를 절연하여 작업자의 부주의로 접촉되더라도 안전사고가 발생하지 않도록 하는 절연장구
> 3) 와이어통 : 활선을 작업권 밖으로 밀어낼 때 사용하는 절연봉
> 4) 데드엔드 커버 : 현수애자와 인류클램프의 충전부를 방호

정답 05 ④   06 ④   07 ④   08 ④   09 ②   10 ①

11

전주의 외등 설치 시 조명기구를 전주에 부착하는 경우 설치 높이는 몇 [m] 이상으로 하여야 하는가?

① 3.5 ② 4
③ 4.5 ④ 5

전주의 외등 설치 시 그 높이는 4.5[m] 이상으로 하여야 한다.

12

직류 분권 전동기의 계자 저항을 운전 중에 증가시키면 회전속도는?

① 증가한다. ② 감소한다.
③ 변화없다. ④ 정지한다.

직류 전동기 회전속도와 자속과의 관계

$N = K \cdot \dfrac{E}{\phi}$

$\therefore \phi \propto \dfrac{1}{N}$

자속($\phi \downarrow$) $N \uparrow$ 하므로, 계자전류($I_f \downarrow$) $N \uparrow$,
계자저항($R_f \uparrow$)하면 계자전류($I_f \downarrow$)하므로 $N \uparrow$ 한다.

13

박강 전선관에서 그 호칭이 잘못된 것은?

① 19[mm] ② 16[mm]
③ 25[mm] ④ 31[mm]

금속관 공사(접지공사를 할 것)

1) 1본의 길이 : 3.66(3.6)[m]
2) 금속관의 종류와 규격
 • 후강 전선관(안지름을 기준으로 한 짝수)
  16, 22, 28, 36, 42, 54, 70, 82, 92, 104[mm] (10종)
 • 박강 전선관(바깥지름을 기준으로 한 홀수)
  19, 25, 31, 39, 51, 63, 75[mm] (7종)

14

하나의 콘센트에 둘 또는 세 가지의 기구를 사용할 때 끼우는 플러그는?

① 테이블탭
② 멀티탭
③ 코드 접속기
④ 아이언플러그

멀티탭
하나의 콘센트에 둘 또는 세 가지 기구를 접속할 때 사용된다.

15

단상 3선식 전원(100/200[V])에 100[V]의 전구와 콘센트 및 200[V]의 모터를 시설하고자 한다. 전원 분배가 옳게 결선된 회로는?

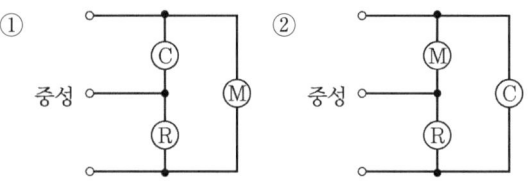
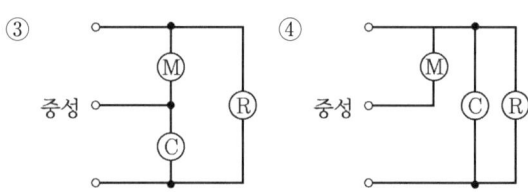

단상 3선식

단상 3선식의 전기방식이란 외선과 중성선 간에서 전압을 얻을 수 있으며 외선과 외선 사이에서 전압을 얻을 수 있다.
조건에서 100[V]는 외선과 중성선 사이 전압을 말하고 200[V]는 외선과 외선 사이의 전압을 말한다.
이때 ⓡ은 전구를 말하고, ⓒ는 콘센트, ⓜ은 모터를 말한다.
따라서 100[V] 라인에는 ⓡ, ⓒ가 연결되어야 하며 200[V] 라인에는 ⓜ이 연결되어야 옳은 결선이 된다.

정답 11 ③ 12 ① 13 ② 14 ② 15 ①

16

동기 발전기의 병렬 운전 중에 기전력의 위상차가 생기면?

① 위상이 일치하는 경우보다 출력이 감소한다.
② 부하 분담이 변한다.
③ 무효 순환전류가 흘러 전기자 권선이 과열된다.
④ 유효 순환전류가 흐른다.

동기 발전기의 병렬 운전 조건

1) 기전력의 크기가 같을 것 ≠ 무효 순환전류 발생(무효 횡류) = 여자 전류의 변화 때문
2) 기전력의 위상이 같을 것 ≠ 유효 순환전류 발생(유효 횡류 = 동기화 전류)
3) 기전력의 주파수가 같을 것 ≠ 난조발생 —방지법→ 제동권선 설치
4) 기전력의 파형이 같을 것 ≠ 고조파 무효 순환전류 발생
5) 상회전 방향이 같을 것

17

220[V], 100[W] 백열전구와 220[V], 200[W] 백열전구를 직렬 연결하고 220[V] 전원에 연결할 때 어느 전구가 더 밝은가?

① 100[W] 백열전구가 더 밝다.
② 200[W] 백열전구가 더 밝다.
③ 같은 밝기다.
④ 수시로 변동한다.

100[W] 전구의 저항 : $R_{100} = \dfrac{V^2}{P_{100}} = \dfrac{220^2}{100} = 484[\Omega]$

200[W] 전구의 저항 : $R_{200} = \dfrac{V^2}{P_{200}} = \dfrac{220^2}{200} = 242[\Omega]$

$\dfrac{100[W]\ 전구의\ 밝기}{200[W]\ 전구의\ 밝기} = \dfrac{100[W]\ 전구의\ 소비전력}{200[W]\ 전구의\ 소비전력}$

$\dfrac{P_{100}{'}}{P_{200}{'}} = \dfrac{I^2 R_{100}}{I^2 R_{200}} = \dfrac{484}{242} = 2$

$P_{100}{'} = 2P_{200}{'}$

100[W]의 전구가 200[W]의 전구보다 2배 밝다.

18

비유전율이 큰 산화티탄 등을 유전체로 사용한 것으로 극성이 없으며 가격에 비해 성능이 우수하여 널리 사용되고 있는 콘덴서의 종류는?

① 마일러 콘덴서
② 마이카 콘덴서
③ 세라믹 콘덴서
④ 전해 콘덴서

콘덴서의 종류

1) 바리콘 : 공기를 유전체로 사용한 가변용량 콘덴서
2) 전해 콘덴서 : 유전체를 얇게 하여 작은 크기에도 큰 용량을 얻을 수 있는 콘덴서
3) 세라믹 콘덴서 : 비유전율이 큰 산화티탄 등을 유전체로 사용한 것으로 극성이 없으며 가격에 비해 성능이 우수하여 널리 사용되고 있는 콘덴서

---

19 ★

다음 중 큰 값일수록 좋은 것은?

① 접지저항
② 접촉저항
③ 도체저항
④ 절연저항

---

1) 저항값이 클수록 좋은 것 : 절연저항
2) 저항값이 작을수록 좋은 것 : 도체저항, 접촉저항, 접지저항

20

평행 평판 도체의 정전용량에 대한 설명 중 틀린 것은?

① 평행 평판 간격에 비례한다.
② 평행 평판 사이의 유전율에 비례한다.
③ 평행 평판 면적에 비례한다.
④ 평행 평판 비유전율에 비례한다.

평행판 콘덴서의 정전용량

$C = \dfrac{\varepsilon S}{d}$ [F]

1) 간격에 반비례 : $C \propto \dfrac{1}{d}$
2) (비)유전율에 비례 : $C \propto \varepsilon$
3) 면적에 비례 : $C \propto S$

정답 16 ④ 17 ① 18 ③ 19 ④ 20 ①

21

3상 권선형 유도 전동기의 기동 시 2차 측에 저항을 접속하는 이유는?

① 기동 토크를 크게 하기 위해
② 회전수를 감소시키기 위해
③ 기동 전류를 크게 하기 위해
④ 역률을 개선하기 위해

> **권선형 유도 전동기의 운전**
> 2차 측에 저항을 접속시키는 이유는 슬립을 조정하여 기동 토크를 크게 하고 기동전류를 작게 하기 위함이다.

22 빈출

두 종류의 금속의 접합부에 전류를 흘리면 전류의 방향에 따라 줄열 이외의 열의 흡수 또는 발생 현상이 생긴다. 이 현상을 무슨 효과라 하는가?

① 펠티어 효과
② 제어벡 효과
③ 볼타 효과
④ 톰슨 효과

> **전류에 따른 열의 흡수 또는 발생 현상(줄열 제외)**
> 1) 다른 두 종류의 금속을 접합 : 펠티어 효과
> 2) 동일한 종류의 금속을 접합 : 톰슨 효과

23

전주에서 cos 완철 설치 시 최하단 전력용 완철에서 몇 [m] 하부에 설치하여야 하는가?

① 1.2　　　　② 0.9
③ 0.75　　　 ④ 0.3

> **cos 완철의 설치**
> 최하단 전력용 완철에서 0.75[m] 하부에 설치하여야 한다.

24

3상 전파 정류회로에서 출력전압의 평균값은? (단, V는 선간전압의 실효값이다.)

① $0.45\,V$　　② $0.9\,V$
③ $1.17\,V$　　④ $1.35\,V$

> **정류방식**
> 1) 단상 반파 : 0.45E　　2) 단상 전파 : 0.9E
> 3) 3상 반파 : 1.17E　　4) 3상 전파 : 1.35E

25

동기 발전기에서 전기자 전류가 무부하 유도기전력보다 $\dfrac{\pi}{2}$ rad 앞서는 경우에 나타나는 전기자 반작용은?

① 증자 작용
② 감자 작용
③ 교차 자화 작용
④ 직축 반작용

> **동기 발전기의 전기자 반작용**
>
> | 종류 | 앞선(진상, 진) 전류가 흐를 때 | 뒤진(지상, 지) 전류가 흐를 때 |
> |---|---|---|
> | 동기 발전기 | 증자 작용 | 감자 작용 |
> | 동기 전동기 | 감자 작용 | 증자 작용 |

26 빈출

전기기계에서 있어 와전류손(eddy current loss)을 감소하기 위한 적절한 방법은?

① 보상권선을 설치한다.
② 규소강판에 성층철심을 사용한다.
③ 교류전원을 사용한다.
④ 냉각 압연한다.

> 철심을 규소강판으로 성층하는 것은 철손을 감소시키는 것이 주된 목적으로 히스테리시스손(규소강판)과 맴돌이(와류)손(성층철심)을 감소시키기 위함이다.

정답　21 ①　22 ①　23 ③　24 ④　25 ①　26 ②

27
동기 발전기의 병렬 운전에 필요한 조건이 아닌 것은?

① 기전력의 크기가 같을 것
② 기전력의 위상이 같을 것
③ 기전력의 파형이 같을 것
④ 기전력의 임피던스가 같을 것

> **동기 발전기의 병렬 운전 조건**
> 1) 기전력의 크기가 같을 것 ≠ 무효 순환전류 발생(무효 횡류) = 여자전류의 변화 때문
> 2) 기전력의 위상이 같을 것 ≠ 유효 순환전류 발생(유효 횡류 = 동기화전류)
> 3) 기전력의 주파수가 같을 것 ≠ 난조발생 —방지법→ 제동권선 설치
> 4) 기전력의 파형이 같을 것 ≠ 고조파 무효 순환전류 발생
> 5) 상회전 방향이 같을 것

28
가공전선로의 지지물에서 출발하여 다른 지지물을 거치지 아니하고 수용장소의 인입구에 이르는 부분의 전선을 무엇이라 하는가?

① 가공인입선 ② 옥외 배선
③ 연접인입선 ④ 연접가공선

> **가공인입선**
> 지지물에서 출발하여 다른 지지물을 거치지 않고 한 수용장소 인입구에 이르는 전선을 가공인입선이라 한다.

29
전선 6[mm²] 이하의 가는 단선을 직선 접속할 때 어느 접속 방법으로 하여야 하는가?

① 브리타니어 접속 ② 우산형 접속
③ 트위스트 접속   ④ 슬리브 접속

> **전선의 접속**
> 1) 6[mm²] 이하의 가는 단선 접속 시 트위스트 접속방법을 사용한다.
> 2) 10[mm²] 이상의 굵은 단선 접속 시 브리타니어 접속방법을 사용한다.

30
최대사용전압이 70[kV]인 중성점 직접 접지식 전로의 절연내력 시험전압은 몇 [V]인가?

① 35,000[V]   ② 42,000[V]
③ 44,800[V]   ④ 50,400[V]

> 1) 절연내력시험 전압(일정배수의 전압을 10분간 시험대상에 가함)
>
> | 구분 | | 배수 | 최저전압 |
> |---|---|---|---|
> | 7[kV] 이하 | | 최대사용전압×1.5배 | 500[V] |
> | 비접지식 | 7[kV] 초과 | 최대사용전압×1.25배 | 10,500[V] |
> | 중성점 다중 접지식 | 7[kV] 초과 25[kV] 이하 | 최대사용전압×0.92배 | × |
> | 중성점 접지식 | 60[kV] 초과 | 최대사용전압×1.1배 | 75,000[V] |
> | 중성점 직접 접지식 | 170[kV] 이하 | 최대사용전압×0.72배 | × |
> | | 170[kV] 초과 | 최대사용전압×0.64배 | × |
>
> 2) 직접 접지이며 170[kV] 이하이므로
> $V \times 0.72$, $70 \times 10^3 \times 0.72 = 50,400[V]$

31 빈출
다음 [보기] 중 금속관, 애자, 합성수지 및 케이블 공사가 모두 가능한 특수 장소를 옳게 나열한 것은?

―[보기]―
㉠ 화약고 등의 위험장소
㉡ 부식성 가스가 있는 장소
㉢ 위험물 등이 존재하는 장소
㉣ 습기가 많은 장소

① ㉠, ㉡   ② ㉡, ㉣
③ ㉡, ㉢   ④ ㉠, ㉣

> **특수장소의 공사 시설**
> 위 조건에서 애자 공사의 경우 폭연성 및 위험물 등이 존재하는 장소에 시설이 불가하다. 따라서 화약고 및 위험물이 존재하는 장소가 제외된다.

정답 27 ④ 28 ① 29 ③ 30 ④ 31 ②

32
접지저항 측정방법으로 가장 적당한 것은?

① 절연저항계
② 전력계
③ 교류의 전압, 전류계
④ 콜라우시 브리지

> **접지저항 측정법**
> 접지저항을 측정하기 위한 방법은 어스테스터 또는 콜라우시 브리지법을 말한다.

33 빈출
전류에 의한 자기장의 방향을 결정하는 법칙은?

① 플레밍의 오른손 법칙
② 암페어의 오른손 법칙
③ 플레밍의 왼손 법칙
④ 렌쯔 법칙

> **암페어(암페르)의 오른손(오른나사) 법칙**
> 전류가 흐르는 방향을 알면 자기장(자계)의 방향을 알 수 있는 법칙

34
가공전선로에 사용되는 지선의 안전율은 2.5 이상이어야 한다. 이때 사용되는 지선의 허용 최저 인장하중은 몇 [kN] 이상인가?

① 2.31
② 3.41
③ 4.31
④ 5.21

> **지선**
> 지지물의 강도를 보강한다. 단, 철탑은 사용 제외한다.
> 1) 안전율 : 2.5 이상
> 2) 허용 인장하중 : 4.31[kN]
> 3) 소선 수 : 3가닥 이상의 연선
> 4) 소선지름 : 2.6[mm] 이상
> 5) 지선이 도로를 횡단할 경우 5[m] 이상 높이에 설치

35
전류 I[A]의 전류가 흐르고 있는 도체의 미소 부분 Δl의 전류에 의해 이 부분이 r[m] 떨어진 지점의 미소 자기장 ΔH[AT/m]를 구하는 비오-샤바르 법칙은?

① $\Delta H = \dfrac{I\Delta l}{4\pi r^2}\sin\theta$
② $\Delta H = \dfrac{I\Delta l}{4\pi r^2}\cos\theta$
③ $\Delta H = \dfrac{I\Delta l}{4\pi r}\sin\theta$
④ $\Delta H = \dfrac{I\Delta l}{4\pi r}\cos\theta$

> 비오-샤바르의 법칙 : $\Delta H = \dfrac{I\Delta l}{4\pi r^2}\sin\theta$[AT/m]

36
자기장 안에 전류가 흐르는 도선을 놓으면 힘이 작용하는데 이 전자력을 응용한 대표적인 것은?

① 전열기
② 전동기
③ 축전지
④ 전등

> **플레밍의 왼손 법칙**
> 1) 자기장 내에 전류가 흐르는 도선을 놓았을 때 작용하는 힘이 발생하는 방향 및 크기를 구하는 법칙
> 2) 전동기의 원리(전자력)

37
B[Wb/m²]의 평등 자장 중에 길이 l[m]의 도선을 자장의 방향과 직각으로 놓고 이 도체에 I[A]의 전류가 흐르면 도선에 작용하는 힘은 몇 [N]인가?

① $\dfrac{I}{Bl}$
② $\dfrac{1}{IBl}$
③ $I^2 Bl$
④ IBl

> **자기장 안에 전류가 흐르는 도선을 놓으면 작용하는 힘**
> $F = IBl\sin\theta = IBl\sin 90° = IBl$[N]

정답 32 ④ 33 ② 34 ③ 35 ① 36 ② 37 ④

38

2개의 코일을 서로 근접시켰을 때 한 쪽 코일의 전류가 변화하면 다른 쪽 코일에 유도기전력이 발생하는 현상을 무엇이라 하는가?

① 상호 결합
② 상호 유도
③ 자체 유도
④ 자체 결합

상호 유도 현상
1) 2개의 코일을 서로 근접시켰을 때 한 쪽 코일의 전류가 변화하면 다른 쪽 코일에 유도기전력이 발생하는 현상
2) $e_2 = -M \dfrac{dI_1}{dt}$ (M : 상호 인덕턴스)

39

비투자율이 100인 철심의 자속밀도가 1[Wb/m²]이었다면 단위 체적당 에너지 밀도[J/m³]는?

① $\dfrac{10^5}{2\pi}$
② $\dfrac{10^5}{4\pi}$
③ $\dfrac{10^5}{8\pi}$
④ $\dfrac{10^5}{16\pi}$

단위 체적당 에너지 밀도
$W = \dfrac{1}{2}\mu H^2 = \dfrac{B^2}{2\mu} = \dfrac{1}{2}HB$ [J/m³]
$W = \dfrac{B^2}{2\mu} = \dfrac{1^2}{2\mu_0 \mu_s} = \dfrac{1}{2 \times 4\pi \times 10^{-7} \times 100} = \dfrac{10^5}{8\pi}$ [J/m³]

40 ★

발전기를 정격전압 100[V]로 운전하다 무부하 시의 운전 전압이 103[V]가 되었다. 이 발전기의 전압변동률은 몇 [%]인가?

① 3
② 6
③ 8
④ 10

전압변동률 $\epsilon = \dfrac{V_0 - V_n}{V_n} \times 100 = \dfrac{103 - 100}{100} \times 100 = 3$ [%]

41

병렬 운전 중인 두 동기 발전기의 유도기전력이 2,000[V], 위상차 60°, 동기리액턴스를 100[Ω]이라면 유효 순환전류는?

① 5
② 10
③ 15
④ 20

유효 순환전류
$I_c = \dfrac{E}{Z_s} \sin\dfrac{\delta}{2}$
$= \dfrac{2000}{100} \sin\dfrac{60}{2} = 10$ [A]
동기기의 경우 동기 임피던스는 동기리액턴스를 실용상 같게 해석한다.

42

다음 중 회전의 방향을 바꿀 수 없는 단상 유도 전동기는 무엇인가?

① 반발 기동형
② 콘덴서 기동형
③ 분상 기동형
④ 셰이딩 코일형

단상 유도 전동기별 특징
1) 반발 기동형 : 브러쉬를 이용
2) 콘덴서 기동형 : 기동 토크 우수, 역률 우수
3) 분상 기동형 : 기동권선 저항(R) 大, 리액턴스(X) 小
4) 셰이딩 코일형 : 회전방향을 바꿀 수 없음

43

불연성 먼지가 많은 장소에서 시설할 수 없는 저압 옥내배선 방법은?

① 플로어 덕트 공사
② 금속관 공사
③ 금속덕트 공사
④ 애자 공사

불연성 먼지가 많은 장소의 시설
금속관 공사, 금속덕트 공사, 애자 공사, 케이블 공사가 가능하다.

정답 38 ② 39 ③ 40 ① 41 ② 42 ④ 43 ①

44

교류 전동기를 기동할 때 그림과 같은 기동특성을 가지는 전동기는? (단, 곡선 (1)~(5)는 기동단계에 대한 토크 특성 곡선이다.)

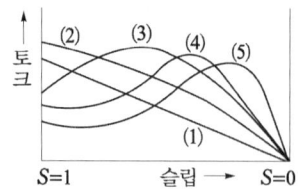

① 3상 권선형 유도 전동기
② 반발 유도 전동기
③ 3상 분권 정류자 전동기
④ 2중 농형 유도 전동기

> **비례추이**
> 그림의 곡선은 비례추이 곡선을 말하며 비례추이 가능한 전동기는 권선형 유도 전동기를 말한다.

45

13,200/220인 단상 변압기가 있다. 조명부하에 전원을 공급하는데 2차 측에 흐르는 전류가 120[A]라고 한다. 1차 측에 흐르는 전류는 몇 [A]인가?

① 2
② 20
③ 60
④ 120

> **변압기의 권수비 a**
> $$a = \frac{V_1}{V_2} = \frac{N_1}{N_2} = \frac{I_2}{I_1} = \sqrt{\frac{Z_1}{Z_2}} = \sqrt{\frac{R_1}{R_2}} = \sqrt{\frac{X_1}{X_2}}$$
> $$a = \frac{V_1}{V_2} = \frac{13,200}{220} = 60$$
> 1차 전류 $I_1 = \frac{I_2}{a} = \frac{120}{60} = 2[A]$

46

커플링을 사용하여 금속관을 서로 접속할 경우 사용되는 공구는?

① 파이프커터
② 파이프바이스
③ 파이프벤더
④ 파이프렌치

> **파이프렌치**
> 금속관 공사 시 커플링 사용 시 조이는 공구를 말한다.

47

가연성 분진(소맥분, 전분, 유황 기타 가연성 먼지 등)으로 인하여 폭발할 우려가 있는 저압 옥내 설비공사로 적절한 것은?

① 금속관 공사
② 애자 공사
③ 가요전선관 공사
④ 금속 몰드 공사

> **가연성 먼지(분진)의 시설공사**
> 1) 금속관 공사
> 2) 케이블 공사
> 3) 합성수지관 공사(두께 2[mm] 미만의 합성수지 전선관 및 난연성이 없는 콤바인 덕트관을 사용하는 것을 제외한다.)

48

보호를 요하는 회로의 전류가 어떤 일정한 값 이상으로 흘렀을 때 동작하는 계전기는?

① 과전류 계전기
② 과전압 계전기
③ 차동 계전기
④ 비율 차동 계전기

> **과전류 계전기(OCR)**
> 설정치 이상의 전류가 흐를 때 동작하며 과부하나 단락사고를 보호하는 기기로서 변류기 2차 측에 설치된다.

정답: 44 ① 45 ① 46 ④ 47 ① 48 ①

49

과전류 차단기를 꼭 설치해야 하는 곳은?

① 접지공사의 접지도체
② 저압 옥내 간선의 전원측 전로
③ 다선식 전로의 중성선
④ 전로의 일부에 접지공사를 한 저압 가공전선로의 접지측 전선

> **과전류 차단기 시설제한장소**
> 1) 접지공사의 접지도체
> 2) 다선식 전로의 중성선
> 3) 전로의 일부에 접지공사를 한 저압 가공전선로의 접지측 전선

50

다음 중 소세력 회로의 전선을 조영재에 붙여 시설할 경우 옳지 않은 것은?

① 전선이 손상을 받을 우려가 있는 곳에 시설하는 경우 적절한 방호장치를 할 것
② 전선은 금속제의 수관 및 가스관 또는 이와 유사한 것과 접촉되지 않아야 한다.
③ 전선은 케이블인 경우 이외에 공칭 단면적 2.5[mm²] 이상의 연동선 또는 이와 동등 이상의 세기 또는 굵기일 것
④ 전선은 금속망 또는 금속판을 목조 조영재에 시설하는 경우 전선을 방호장치에 넣어 시설할 것

> **소세력 회로**
> 전자 개폐기의 조작회로 또는 초인벨·경보벨 등에 접속하는 전로로서 최대 사용전압이 60[V] 이하인 것
> 1) 소세력 회로에 전기를 공급하기 위한 절연변압기의 사용전압은 대지전압 300[V] 이하로 하여야 한다.
> 2) 소세력 회로의 전선을 조영재에 붙여 시설하는 경우에는 다음에 의하여 시설하여야 한다.
>   전선은 케이블(통신용 케이블을 포함한다)인 경우 이외에는 공칭단면적 1[mm²] 이상의 연동선 또는 이와 동등 이상의 세기 및 굵기의 것일 것

51

매초 1[A]의 비율로 전류가 변하여 100[V]의 기전력이 유도될 때 코일의 자기 인덕턴스는 몇 [H]인가?

① 100 ② 10
③ 1   ④ 0.1

> 자기 인덕턴스의 유기기전력 : $e = -L\dfrac{di}{dt}$ [V]
> 자기 인덕턴스 : $L = \left| e \times \dfrac{dt}{di} \right| = 100 \times \dfrac{1}{1} = 100$ [H]

52

자기 인턱턴스 L_1[H]의 코일에 전류 I_1[A]를 흘릴 때 코일 축적에너지가 W_1[J]이었다. 전류를 $I_2 = 3I_1$[A]으로 흘리고 축적에너지를 일정하게 하려면 L_2[H]는 얼마인가?

① $L_2 = \dfrac{1}{9}L_1$ ② $L_2 = \dfrac{1}{3}L_1$
③ $L_2 = 9L_1$ ④ $L_2 = 3L_1$

> 코일 축적에너지 : $W_1 = \dfrac{1}{2}L_1 I_1^2$ [H], $W_2 = \dfrac{1}{2}L_2 I_2^2$ [H]
> 조건 : $W_1 = W_2$, $I_2 = 3I_1$
> $\dfrac{1}{2}L_1 I_1^2 = \dfrac{1}{2}L_2 I_2^2 \rightarrow L_2 = \left(\dfrac{I_1}{I_2}\right)^2 L_1 = \left(\dfrac{I_1}{3I_1}\right)^2 L_1 = \dfrac{1}{9}L_1$

53

Δ결선된 3대의 변압기로 공급되는 전력에서 1대를 없애고 V결선으로 바꾸어 전력을 공급하면 출력비는 몇 [%]인가?

① 47.7   ② 57.7
③ 67.7   ④ 86.6

> **V결선**
> 1) V결선 용량 : $P_V = \sqrt{3}\,P_1$
> 2) (3상) 이용률 : $\dfrac{\sqrt{3}}{2} = 0.866 = 86.6$ [%]
> 3) 1대 고장 시 출력비 : $\dfrac{\sqrt{3}}{3} = 0.577 = 57.7$ [%]

정답 49 ② 50 ③ 51 ① 52 ① 53 ②

54

비정현파를 여러 개의 정현파의 합으로 표시하는 방법은?

① 푸리에 분석 ② 키르히호프의 법칙
③ 노튼의 정리 ④ 테일러의 분석

> **푸리에 급수(푸리에 분석)**
> 1) 비정현파를 여러 개의 정현파의 합으로 표시하는 방법
> 2) 비사인파 교류를 직류분와 기본파와 고조파의 합으로 표시

55

⊿결선의 전원에서 선전류가 40[A], 선간전압이 220[V]일 때 상전류[A]는?

① 약 13[A] ② 약 23[A]
③ 약 42[A] ④ 약 64[A]

> **⊿결선의 특징**
> 1) 상전압 : $V_p = V_l = 220[V]$
> 2) 상전류 : $I_p = \dfrac{I_l}{\sqrt{3}} = \dfrac{40}{\sqrt{3}} \fallingdotseq 23[A]$

56

다음 중 자기 소호 능력이 우수한 제어용 소자는?

① SCR   ② TRIAC
③ DIAC   ④ GTO

> **GTO(Gate Turn Off)**
> 게이트 신호로 정지가 가능하며 자기 소호기능을 갖는다.

57

지선의 중간에 넣는 애자의 명칭은?

① 구형애자 ② 곡핀애자
③ 인류애자 ④ 핀애자

> 지선의 중간에 넣는 애자는 구형애자를 말한다.

58

유도 전동기의 주파수가 60[Hz]에서 운전하다 50[Hz]로 감소 시 회전속도는 몇 배가 되는가?

① 변함이 없다. ② 1.2배로 증가
③ 1.4배로 증가 ④ 0.83배로 감소

> **유도 전동기의 속도**
> $N \propto f$ 이므로 $\dfrac{50}{60} = 0.83$배로 감소한다.

59

1차 측의 권수가 3,300회, 2차 측의 권수가 330회라면 변압기의 권수비는?

① 33   ② 10
③ $\dfrac{1}{33}$ ④ $\dfrac{1}{10}$

> **변압기 권수비(변압비)**
> $a = \dfrac{V_1}{V_2} = \dfrac{N_1}{N_2} = \dfrac{I_2}{I_1} = \sqrt{\dfrac{Z_1}{Z_2}} = \sqrt{\dfrac{R_1}{R_2}} = \sqrt{\dfrac{X_1}{X_2}}$
> $a = \dfrac{N_1}{N_2} = \dfrac{3,300}{330} = 10$

60

450/750 일반용 단심 비닐 절연전선의 약호는?

① RI   ② DV
③ NR   ④ ACSR

명칭(약호)	용도
인입용 비닐 절연전선(DV)	저압 가공 인입용으로 사용
옥외용 비닐 절연전선(OW)	저압 가공 배전선(옥외용)
옥외용 가교폴리에틸렌 절연전선(OC)	고압 가공전선로에 사용
450/750[V] 일반용 단심 비닐 절연전선(NR)	옥내배선용으로 주로 사용
형광등 전선(FL)	형광등용 안정기의 2차배선

정답 54 ① 55 ② 56 ④ 57 ① 58 ④ 59 ② 60 ③

2022년 3회 | CBT 기출복원문제

01

저항이 $R[\Omega]$인 도체의 반지름을 $\frac{1}{2}$배로 할 때의 저항을 $R_1[\Omega]$이라고 한다면 R_1과 R의 관계는?

① $R_1 = R$ ② $R_1 = 2R$
③ $R_1 = 4R$ ④ $R_1 = 11R$

> 반지름 $\frac{1}{2}$배로 감소 : $S' = \pi\left(\frac{r}{2}\right)^2 = \frac{1}{4}\pi r^2 = \frac{S}{4}$
> 저항 : $R_1 = \frac{\rho l}{S'} = \frac{\rho l}{\frac{s}{4}} = 4\frac{\rho l}{s} = 4R$

02

접지시스템의 종류가 아닌 것은?

① 단독접지 ② 통합접지
③ 공통접지 ④ 보호접지

> 접지시스템의 종류
> 1) 단독접지
> 2) 공통접지
> 3) 통합접지

03 ★빈출

보호를 요하는 회로의 전류가 어떤 일정한 값(정정값) 이상으로 흘렀을 때 동작하는 계전기는?

① 과전류 계전기 ② 과전압 계전기
③ 차동 계전기 ④ 비율 차동 계전기

> 과전류 계전기(OCR)
> 설정치 이상의 전류가 흐를 때 동작하며 과부하나 단락사고를 보호하는 기기로서 변류기 2차 측에 설치된다.

04

어떤 물질을 서로 마찰시키면 물질의 전자의 수가 많아지거나 적어지는 현상이 생긴다. 이를 무엇이라 하는가?

① 방전 ② 충전
③ 대전 ④ 감전

> 대전은 물질의 정상 상태에서 마찰에 의해 전자의 수가 많아지거나 적어져 전기를 띠는 현상

05

용량 120[Ah]의 축전지가 있다. 10[A] 전류를 사용하는 부하가 있다면 몇 시간을 사용할 수 있는가?

① 12[h] ② 10[h]
③ 6[h] ④ 4[h]

> 축전지 용량 : $Q = It[Ah]$
> 축전지 사용시간 : $t = \frac{Q[Ah]}{I[Ah]} = \frac{120}{10} = 12[h]$

06 ★빈출

두 종류의 금속의 접합부에 전류를 흘리면 전류의 방향에 따라 줄열 이외의 열의 흡수 또는 발생 현상이 생긴다. 이 현상을 무슨 효과라 하는가?

① 톰슨 효과 ② 제어벡 효과
③ 볼타 효과 ④ 펠티어 효과

> 전류에 따른 열의 흡수 또는 발생 현상(줄열 제외)
> 1) 다른 두 종류의 금속을 접합 : 펠티어 효과
> 2) 동일한 종류의 금속을 접합 : 톰슨 효과

정답 01 ③ 02 ④ 03 ① 04 ③ 05 ① 06 ④

07

220[V], 50[W] 백열전구 10개를 하루에 10시간만 사용하였다면 일일 전력량은 몇 [kWh]인가?

① 5
② 10
③ 15
④ 20

> 일일 전력량 $W = Pt$ [kWh]
> $= 50[W] \times 10[h] \times 10[개] = 5,000[Wh] = 5[kWh]$

08 ⭐

전압과 전류의 측정범위를 높이기 위해 배율기와 분류기를 사용한다면 전압계와 전류계의 연결 방법 중 맞는 것은?

① 배율기는 전압계와 병렬 연결, 분류기는 전류계와 직렬 연결한다.
② 배율기는 전압계와 직렬 연결, 분류기는 전류계와 병렬 연결한다.
③ 배율기는 전압계와 직렬 연결, 분류기도 전류계와 직렬 연결한다.
④ 배율기는 전압계와 병렬 연결, 분류기도 전류계와 병렬 연결한다.

> 1) 배율기 : 전압계와 직렬로 연결
> 2) 분류기 : 전류계와 병렬로 연결

09

3상 유도 전동기의 운전 중 전압이 80[%]로 저하되면 토크는 몇 [%]가 되는가?

① 90
② 81
③ 72
④ 64

> 유도 전동기의 토크와 전압과의 관계
> $T \propto V^2 \propto \dfrac{1}{s}$, $s \propto \dfrac{1}{V^2}$
> V : 전압[V], s : 슬립
> $T \propto V^2$
> 전압이 20[%] 감소하였기 때문에
> $(0.8V)^2$이 되므로 $T = 0.64 = 64[\%]$

10

직류 발전기가 있다. 자극 수는 6, 전기자 총도체수는 400, 회전수는 600[rpm]이다. 전기자에 유도되는 기전력이 120[V]라고 하면, 매 극 매 상당 자속[Wb]는? (단, 전기자 권선은 파권이다.)

① 0.01
② 0.02
③ 0.05
④ 0.19

> 직류 발전기의 유기기전력
> $E = \dfrac{PZ\phi N}{60a}$ (파권이므로 $a = 2$)
> 여기서 $\phi = \dfrac{E \times 60a}{PZN}$ [Wb] $= \dfrac{120 \times 60 \times 2}{6 \times 400 \times 600} = 0.01$ [Wb]

11 ⭐

동기 전동기의 자기 기동에서 계자권선을 단락하는 이유는?

① 기동이 쉽다.
② 고전압이 유도된다.
③ 기동 권선을 이용한다.
④ 전기자 반작용을 방지한다.

> 동기 전동기의 기동법
> 1) 자기 기동법 : 제동권선
>   이때 기동 시 계자권선을 단락하여야 한다. 고전압에 따른 절연파괴 우려가 있다.
> 2) 기동 전동기법 : 3상 유도 전동기
>   유도 전동기를 기동 전동기로 사용 시 동기 전동기보다 2극을 적게 한다.

12

동기 발전기의 전기자 권선을 단절권으로 하면?

① 기전력을 높인다.
② 절연이 잘 된다.
③ 역률이 좋아진다.
④ 고조파를 제거한다.

> 동기 발전기의 전기자 권선법 중 단절권 사용 이유
> 1) 고조파를 제거하여 기전력의 파형을 개선한다.
> 2) 동량(권선)이 감소한다.

정답 07 ① 08 ② 09 ④ 10 ① 11 ② 12 ④

13

유도 전동기의 2차 측 저항을 2배로 하면 그 최대 회전력은 어떻게 되는가?

① $\sqrt{2}$ 배
② 변하지 않는다.
③ 2배
④ 4배

> 2차 측의 저항 증가 시 기동 토크가 커지고 기동의 전류가 작아진다. 그러나 최대토크는 불변이다.

14 ★

다음 중 변압기는 어떤 원리를 이용한 기계기구인가?

① 전기자 반작용
② 전자유도작용
③ 정전유도작용
④ 교차 자화 작용

> 변압기의 원리
> 변압기는 철심에 2개의 코일을 감고 한쪽 권선에 교류전압을 인가 시 철심의 자속이 흘러 다른 권선을 지나가면서 전자유도작용에 의해 유도기전력이 발생된다.

15

지지물에 완금, 완목, 애자 등의 장치를 하는 것을 무엇이라 하는가?

① 목주
② 건주
③ 장주
④ 가선

> 장주
> 지지물에 완목, 완금 애자 등을 장치하는 공정을 말한다.

16

발전기 권선의 층간단락보호에 가장 적합한 계전기는?

① 과부하 계전기
② 차동 계전기
③ 접지 계전기
④ 온도 계전기

> 발전기의 내부고장 보호 계전기
> 1) 차동 계전기
> 2) 비율 차동 계전기

17

한국전기설비규정에서 정한 저압 애자사용 공사의 경우 전선 상호 간의 거리는 몇 [m]인가?

① 0.025
② 0.06
③ 0.12
④ 0.25

> 애자사용 공사 시 시설기준
>
> | 전압 | 전선과 전선 상호 | 전선과 조영재 |
> |---|---|---|
> | 400[V] 이하 | 0.06[m] 이상 | 25[mm] 이상 |
> | 400[V] 초과 저압 | 0.06[m] 이상 | 45[mm] 이상 (단, 건조한 장소 25[mm] 이상) |
> | 고압 | 0.08[m] 이상 | 50[mm] 이상 |

18

주위온도가 일정 상승률 이상이 되는 경우에 작동하는 것으로 일정한 장소의 열에 의하여 작동하는 화재 감지기는?

① 차동식 분포형 감지기
② 광전식 연기 감지기
③ 이온화식 연기 감지기
④ 차동식 스포트형 감지기

> 차동식 스포트형 감지기
> 온도상승률이 어느 한도 이상일 때 동작하는 감지기를 말한다.

19

2개의 코일을 서로 근접시켰을 때 한 쪽 코일의 전류가 변화하면 다른 쪽 코일에 유도 기전력이 발생하는 현상을 무엇이라 하는가?

① 상호 결합
② 상호 유도
③ 자체 유도
④ 자체 결합

> 상호 유도 현상
> 1) 2개의 코일을 서로 근접시켰을 때 한 쪽 코일의 전류가 변화하면 다른 쪽 코일에 유도 기전력이 발생하는 현상
> 2) $e_2 = -M\dfrac{dI_1}{dt}$ (M : 상호 인덕턴스)

정답 13 ② 14 ② 15 ③ 16 ② 17 ② 18 ④ 19 ②

20

교류 배전반에서 전류가 많이 흘러 전류계를 직접 주 회로에 연결할 수 없을 때 사용하는 기기는?

① 전류계용 전환개폐기
② 계기용 변류기
③ 전압계용 전환개폐기
④ 계기용 변압기

> **CT(계기용 변류기)**
> 교류 전류계의 측정범위를 확대하기 위해 사용되며, 대전류를 소전류로 변류한다.

21

아웃렛 박스 등의 녹아웃의 지름이 관의 지름보다 클 때 관을 박스에 고정시키기 위해 쓰이는 재료의 명칭은?

① 터미널 캡
② 링 리듀서
③ 앤트런스 캡
④ C형 엘보

> **링 리듀서**
> 금속관 공사 시 녹아웃의 지름이 관 지름보다 클 때 관을 박스에 고정하기 위해 사용되는 재료를 링 리듀서라 한다.

22

1종 가요전선관을 시설할 수 있는 장소는?

① 점검할 수 없는 장소
② 전개되지 않는 장소
③ 전개된 장소로서 점검이 불가능한 장소
④ 점검할 수 있는 은폐장소

> **가요전선관 공사 시설기준**
> 1) 가요전선관은 2종 금속제 가요전선관일 것(다만, 전개된 장소 또는 점검할 수 있는 은폐장소에는 1종 가요전선관을 사용할 수 있다.)
> 2) 관을 구부리는 정도는 2종 가요전선관을 시설하고 제거하는 것이 어려운 장소일 경우 굴곡 반경은 관 안지름의 6배(단, 시설하고 제거하는 것이 자유로울 경우 3배) 이상

23

내부저항이 0.5[Ω], 전압 1.5[V]인 전지 5개를 직렬 연결하고 양단에 외부저항 2.5[Ω]을 연결하면 흐르는 전류는 몇 [A]인가?

① 1.0
② 1.25
③ 1.5
④ 2.0

> **전지의 직렬회로 전류**
> $$I = \frac{nV_1}{nr_1 + R} = \frac{5 \times 1.5}{5 \times 0.5 + 2.5} = \frac{7.5}{5} = 1.5[A]$$

24

전기장의 세기의 단위는?

① H/m
② F/m
③ N/m
④ V/m

> **전계(전기장, 전장)의 세기의 단위**
> 1) $V = Ed \rightarrow E = \frac{V[V]}{r[m]} \rightarrow E[V/m]$
> 2) $F = EQ \rightarrow E = \frac{F[N]}{Q[C]} \rightarrow E[N/C]$

25

평행 평판 도체의 정전용량을 증가시키는 방법 중 잘못된 것은?

① 평행 평판 사이의 유전율을 감소시킨다.
② 평행 평판 면적을 증가시킨다.
③ 평행 평판 사이의 간격을 감소시킨다.
④ 평행 평판 사이의 비유전율이 큰 것을 사용한다.

> **평행판 콘덴서의 정전용량을 증가시키는 방법**
> $C = \frac{\varepsilon S}{d}$ [F]
> 1) $C \propto \varepsilon$: 유전율이 클수록 정전용량 증가
> 2) $C \propto S$: 면적이 클수록 정전용량 증가
> 3) $c \propto \frac{1}{d}$: 간격이 작을수록 정전용량 증가

정답 20 ② 21 ② 22 ④ 23 ③ 24 ④ 25 ①

26
임의의 도체를 접지된 다른 도체가 완전 포위시켜 정전유도 현상을 완전 차단하는 것을 무엇이라 하는가?

① 전자차폐 ② 정전차폐
③ 자기차폐 ④ 전파차폐

정전차폐
1) 외부 전기장이 내부에 영향을 미치지 않도록 접지된 도체로 둘러싸는 방법
2) 정전유도 현상의 완전차단이 가능

27 ⭐
정전용량이 7[F]과 3[F]인 콘덴서 2개를 병렬 연결하고 양단에 1,000[V]를 인가하면 전기량 Q[C]는 얼마인가?

① 1×10^4 ② 1×10^{-4}
③ 1×10^2 ④ 1×10^{-2}

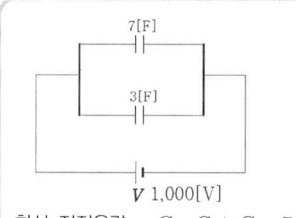

합성 정전용량 : $C = C_1 + C_2 = 7 + 3 = 10$[F]
충전되는 전기량 : $Q = CV = 10 \times 1,000 = 1 \times 10^4$[C]

28
물질을 자계 안에 놓았는데 아무 반응이 없었다. 이 물질은 어느 자성체인가?

① 강자성체 ② 반자성체
③ 상자성체 ④ 반강자성체

반강자성체
1) 내부의 자기 모멘트들이 서로 상쇄되어 자계 안에 놓아도 반응하지 않는 비자성체
2) 종류 : 크롬, 철 산화물(FeO), 구리 산화물(CuO)

29
50[Hz]의 변압기에 60[Hz] 전압을 가했을 때 자속밀도는 50[Hz]일 때의 몇 배가 되는가?

① 1.2배 증가 ② 0.83배 증가
③ 1.2배 감소 ④ 0.83배 감소

변압기의 주파수와 자속밀도
$E = 4.44 f \phi N$ 으로서 $f \propto \dfrac{1}{\phi} \propto \dfrac{1}{B}$ (여기서 ϕ : 자속, B는 자속밀도)

따라서 주파수가 증가하였으므로 자속밀도는 $\dfrac{50}{60}$ 으로 0.83배로 감소한다.

30
직류 전동기 중 무부하 운전이나 벨트운전을 하면 안 되는 전동기는?

① 직권 ② 가동복권
③ 분권 ④ 차동복권

직류 직권 전동기의 특성
직권 전동기 : 기동 토크가 클 때 속도가 작다(기중기, 전차, 크레인 등 적합).
1) 무부하 운전하지 말 것
2) 벨트 운전하지 말 것
무부하 운전과 벨트 운전을 할 경우 위험속도에 도달할 수 있다.
$T \propto I_a^2 \propto \dfrac{1}{N^2}$

31
속도를 광범위하게 조정할 수 있으므로 압연기나 엘리베이터 등에 사용되는 직류 전동기는?

① 직권 전동기 ② 분권 전동기
③ 타여자 전동기 ④ 가동 복권 전동기

타여자 전동기
속도를 광범위하게 조정가능하며, 압연기, 엘리베이터 등에 사용된다.

정답 26 ② 27 ① 28 ④ 29 ④ 30 ① 31 ③

32
변압기 V결선의 특징으로 틀린 것은?

① V결선 시 출력은 △결선 시 출력과 그 크기가 같다.
② 단상 변압기 2대로 3상 전력을 공급한다.
③ V결선 시 이용률은 86.6[%]이다.
④ 고장 시 응급처치 방법으로도 쓰인다.

> **V결선**
> △-△ 운전 중 1대가 고장이 날 경우 V결선으로 3상 전력을 공급할 수 있다. 이때 출력은 △결선 시의 57.7[%]가 된다.

33
농형 회전자에 비뚤어진 홈을 쓰는 이유는?

① 출력을 높인다.   ② 회전수를 증가시킨다.
③ 미관상 좋다.   ④ 소음을 줄인다.

> **농형 유도 전동기**
> 회전자에 비뚤어진 홈을 쓰는 이유는 전동기의 소음을 경감시키기 위함이다.

34
15[kW], 50[Hz], 4극의 3상 유도 전동기가 있다. 전부하가 걸렸을 때의 슬립이 4[%]라면 이때의 2차(회전자) 측 동손은 몇 [W]인가?

① 625   ② 1,000
③ 417   ④ 250

> **전력변환**
> 1) 2차 입력 $P_2 = P_0 + P_{c2} = \dfrac{P_{c2}}{s}$
> 2) 2차 출력 $P_0 = P_2 - P_{c2} = (1-s)P_2$
> 3) 2차 동손 $P_{c2} = P_2 - P_0 = sP_2$
> $P_{c2} = sP_2 = 0.04 \times 15{,}625 = 625[W]$
> 출력 $P_0 = (1-s)P_2$이므로
> $P_2 = \dfrac{15 \times 10^3}{(1-0.04)} = 15{,}625[W]$

35
다음 중 경질비닐전선관의 규격이 아닌 것은?

① 22   ② 36   ③ 50   ④ 70

> **합성수지관(경질비닐전선관) 공사**
> 1) 내부식성 특성
> 2) 금속관에 비하여 기계적 강도 약함
> 3) 1본의 길이 : 4[m]
> 4) 종류(안지름을 기준으로 한 짝수호칭)
>   14, 16, 22, 28, 36, 42, 54, 70, 82[mm]

36 빈출
금속전선관을 구부릴 때 금속관은 단면이 심하게 변형이 되지 않도록 구부려야 하며, 일반적으로 그 안 측의 반지름은 관 안지름의 몇 배 이상이 되어야 하는가?

① 2배   ② 4배   ③ 6배   ④ 8배

> **금속관 공사의 시설기준**
> 1) 전선은 절연전선(옥외용 비닐 절연전선을 제외한다)일 것
> 2) 전선은 연선일 것. 단, 다음의 것은 적용하지 않는다.
>   단면적 10[mm²](알루미늄선 단면적 16[mm²]) 이하의 것
> 3) 전선은 금속관 안에서 접속점이 없도록 할 것
> 4) 콘크리트에 매설되는 금속관의 두께 1.2[mm] 이상(단, 기타의 것 1[mm] 이상)
> 5) 구부러진 금속관 굽은 부분 반지름은 관 안지름의 6배 이상일 것

37
한국전기설비규정에 따라 캡타이어 케이블을 조영재에 시설하는 경우 그 지지점 간의 거리는 얼마 이하로 하여야 하는가?

① 1.0[m] 이하   ② 1.5[m] 이하
③ 2.0[m] 이하   ④ 2.5[m] 이하

> **케이블 공사의 시설기준**
> 1) 전선은 케이블 및 캡타이어 케이블일 것
> 2) 전선을 조영재의 아랫면 또는 옆면에 붙이는 경우 지지점 간 거리는 2[m] 이하, 캡타이어 케이블의 경우 1[m] 이하

정답 32 ① 33 ④ 34 ① 35 ③ 36 ③ 37 ①

38

셀룰로이드, 성냥, 석유류 등 기타 가연성 위험물질을 제조 또는 저장하는 장소의 배선 방법이 아닌 것은?

① 배선은 금속관 배선, 합성수지관 배선 또는 케이블에 의할 것
② 합성수지관 배선에 사용하는 합성수지관 및 박스 기타 부속품은 손상될 우려가 없도록 시설할 것
③ 금속관은 박강 전선관 또는 이와 동등 이상의 강도가 있는 것을 사용할 것
④ 두께가 2[mm] 미만의 합성수지제 전선관을 사용할 것

> 위험물을 저장 또는 제조하는 장소의 전기 공사
> 1) 금속관 공사
> 2) 케이블 공사
> 3) 합성수지관 공사(두께 2[mm] 미만의 합성수지 전선관 및 난연성이 없는 콤바인덕트관을 사용하는 것을 제외한다.)

39

고압 전선로에서 사용되는 옥외용 가교폴리에틸렌 절연전선의 약칭은?

① DV
② OW
③ OC
④ HIV

명칭(약호)	용도
인입용 비닐 절연전선(DV)	저압 가공 인입용으로 사용
옥외용 비닐 절연전선(OW)	저압 가공 배전선(옥외용)
옥외용 가교폴리에틸렌 절연전선(OC)	고압 가공전선로에 사용
450/750[V] 일반용 단심 비닐 절연전선(NR)	옥내배선용으로 주로 사용
형광등 전선(FL)	형광등용 안정기의 2차배선

40

절연전선 중 OW전선이라 함은?

① 옥외용 비닐 절연전선
② 인입용 비닐 절연전선
③ 450/750[V] 일반용 단심비닐 절연전선
④ 내열용 비닐 절연전선

명칭(약호)	용도
인입용 비닐 절연전선(DV)	저압 가공 인입용으로 사용
옥외용 비닐 절연전선(OW)	저압 가공 배전선(옥외용)
옥외용 가교폴리에틸렌 절연전선(OC)	고압 가공전선로에 사용
450/750[V] 일반용 단심 비닐 절연전선(NR)	옥내배선용으로 주로 사용
형광등 전선(FL)	형광등용 안정기의 2차배선

41

히스테리시스 곡선에서 종축과 횡축의 항목으로 맞는 것은?

① 종축 : 자속밀도와 잔류자기, 횡축 : 자계와 보자력
② 종축 : 자계와 보자력, 횡축 : 자속밀도와 잔류자기
③ 종축 : 전속밀도와 잔류자기, 횡축 : 전계와 보자력
④ 종축 : 전계와 보자력, 횡축 : 전속밀도와 잔류자기

> 히스테리시스 곡선
> 1) 종축 : 자속밀도(B), 종축과 만나는 점 : 잔류자기
> 2) 횡축 : 자계(H), 횡축과 만나는 점 : 보자력

42

조명기구를 배광에 따라 분류하는 경우 특정한 장소만을 고조도로 하기 위한 조명기구는?

① 직접 조명기구
② 전반확산 조명기구
③ 광천장 조명기구
④ 반직접 조명기구

> 직접 조명기구는 특정 장소만을 고조도로 하기 위한 조명기구이다.

43

코일의 권수가 100회인 코일에 1초 동안 자속이 0.8[Wb]가 변하였다면 코일에 유기되는 기전력은 몇 [V]인가?

① 40 ② 60
③ 80 ④ 100

> **기전력의 크기(페러데이 법칙)**
> $e = -N\dfrac{d\phi}{dt} = -100 \times \dfrac{0.8}{1} = -80[V]$
> 기전력의 크기는 절대값으로 표현 : $e = 80[V]$

44

인덕턴스가 100[H]인 코일에 전류 I[A]를 흘려 전자 에너지가 800[J]이 되었다면 이에 해당하는 전류는 몇 [A]인가?

① 1 ② 2
③ 4 ④ 8

> 전자에너지 : $W = \dfrac{1}{2}LI^2$ [J]
> 전류 : $I = \sqrt{\dfrac{2W}{L}} = \sqrt{\dfrac{2 \times 800}{100}} = 4$[A]

45 ★

교류 30[W], 220[V] 백열전구를 사용하고 있다. 이 백열전구의 평균값은 몇 [V]인가?

① 198 ② 220
③ 238 ④ 298

> 정형파 교류의 파형률 : 파형률 = $\dfrac{실효값}{평균값} = 1.11$
> 정형파 교류의 평균값 : 평균값 = $\dfrac{실효값}{1.11} = \dfrac{220}{1.11} ≒ 198$[V]

46

파형률의 공식으로 맞는 것은?

① $\dfrac{평균값}{실효값}$ ② $\dfrac{실효값}{평균값}$

③ $\dfrac{최댓값}{실효값}$ ④ $\dfrac{최댓값}{평균값}$

> 파형률 = $\dfrac{실효값}{평균값}$, 파고율 = $\dfrac{최댓값}{실효값}$

47

복잡한 전기회로를 등가 임피던스를 사용하여 간단히 변화시킨 회로는?

① 유도회로 ② 전개회로
③ 등가회로 ④ 단순회로

> **등가회로**
> 등가 임피던스를 이용하여 복잡한 전기회로를 간단히 변화시킨 회로를 말한다.

48 ★

6,600/220[V]인 변압기의 1차에 2,850[V]를 가하면 2차 전압[V]는?

① 90 ② 95
③ 120 ④ 105

> **변압기 권수비 a**
> $a = \dfrac{V_1}{V_2} = \dfrac{N_1}{N_2} = \dfrac{I_2}{I_1} = \sqrt{\dfrac{Z_1}{Z_2}} = \sqrt{\dfrac{R_1}{R_2}} = \sqrt{\dfrac{X_1}{X_2}}$
> ∴ $V_2 = \dfrac{V_1}{a} = \dfrac{2,850}{30} = 95$[V]

정답 43 ③ 44 ③ 45 ① 46 ② 47 ③ 48 ②

49

실리콘 제어 정류기(SCR)의 게이트는 어떤 형의 반도체인가?

① N형 ② P형
③ NP형 ④ PN형

SCR의 게이트는 P형 반도체를 말한다.

50 ★빈출

굵은 전선을 절단할 때 사용하는 전기 공사용 공구는?

① 프레셔 툴 ② 녹아웃 펀치
③ 클리퍼 ④ 파이프 커터

클리퍼는 펜치로 절단하기 어려운 굵은 전선을 절단할 때 사용한다.

51

점착성이 없으나 절연성, 내온성 및 내유성이 있어 연피케이블 접속에 사용되는 테이프는?

① 고무테이프 ② 리노테이프
③ 비닐테이프 ④ 자기융착테이프

리노테이프는 점착성이 없으나 절연성, 내온성 및 내유성이 있어 연피케이블 접속에 사용되는 테이프

52

비정현파의 실효값은?

① 최댓값의 실효값
② 각 고조파의 실효값의 합
③ 각 고조파 실효값의 합의 제곱근
④ 각 파의 실효값의 제곱의 합의 제곱근

비정현파의 실효값 : $V = \sqrt{V_1^2 + V_2^2 + V_3^2 + \cdots}$

53 ★빈출

일반적으로 큐비클형(cubicle type)이라 하며, 점유 면적이 좁고 운전, 보수에 안전하므로 공장, 빌딩 등 전기실에 많이 사용되는 조립형, 장갑형이 있는 배전반은?

① 데드 프런트식 배전반
② 폐쇄식 배전반
③ 철제 수직형 배전반
④ 라이브 프런트식 배전반

폐쇄식 배전반(큐비클형)
점유 면적이 좁고 운전, 보수에 안전하며 신뢰도가 높아 공장, 빌딩 등의 전기실에 많이 사용된다.

54

다음 중 반도체 소자가 아닌 것은?

① LED ② TRIAC
③ GTO ④ SCR

반도체 소자
LED의 경우 발광 소자를 말한다.

55

대지와의 사이의 전기저항값이 몇 [Ω] 이하인 값을 유지하는 건축물·구조물의 철골 기타의 금속제는 접지공사의 접지극으로 사용할 수 있는가?

① 2 ② 3
③ 10 ④ 100

철골접지
건축물 및 구조물의 철골 기타의 금속제는 이를 비접지식 고압전로에 시설하는 기계기구의 철대 또는 금속제 외함의 접지공사 또는 비접지식 고압전로와 저압전로를 결합하는 변압기의 저압전로의 접지공사의 접지극으로 사용할 수 있다. 이 경우 대지와의 사이에 전기저항 값이 2[Ω] 이하의 값을 유지하는 경우에만 한한다.

정답 49 ② 50 ③ 51 ② 52 ④ 53 ② 54 ① 55 ①

56

RL 직렬회로에 직류전압 100[V]을 인가했을 때 전류 25[A]가 흘렀다. 여기에 교류전압 250[V]를 인가했을 때 전류 50[A]가 흘렀다. 저항 $R[\Omega]$과 $X_L[\Omega]$은 각각 얼마인가?

① $R=4$, $X_L=3$
② $R=3$, $X_L=4$
③ $R=5$, $X_L=4$
④ $R=8$, $X_L=6$

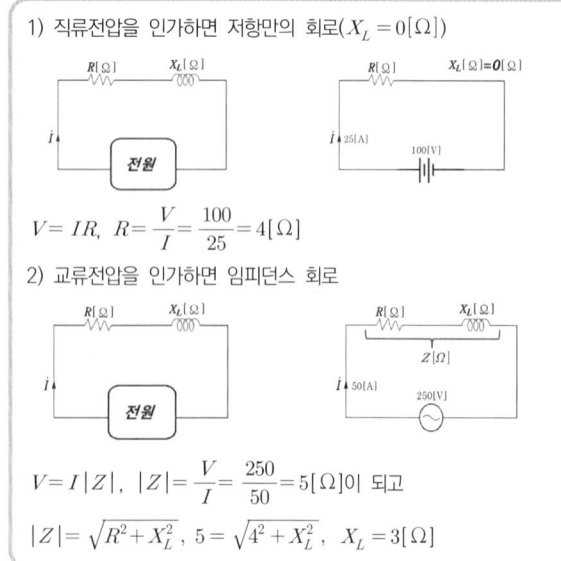

1) 직류전압을 인가하면 저항만의 회로($X_L=0[\Omega]$)

    $V=IR$, $R=\dfrac{V}{I}=\dfrac{100}{25}=4[\Omega]$

2) 교류전압을 인가하면 임피던스 회로

    $V=I|Z|$, $|Z|=\dfrac{V}{I}=\dfrac{250}{50}=5[\Omega]$이 되고

    $|Z|=\sqrt{R^2+X_L^2}$, $5=\sqrt{4^2+X_L^2}$, $X_L=3[\Omega]$

57

다음 전선의 접속 시 유의사항으로 옳은 것은?

① 전선의 강도를 5[%] 이상 감소시키지 말 것
② 전선의 강도를 10[%] 이상 감소시키지 말 것
③ 전선의 강도를 20[%] 이상 감소시키지 말 것
④ 전선의 강도를 40[%] 이상 감소시키지 말 것

전선의 접속 시 유의사항
1) 전선을 접속하는 경우 전기 저항이 증가되지 않도록 할 것
2) 전선의 접속 시 전선의 세기를 20[%] 이상 감소시키지 말 것 (80[%] 이상 유지시킬 것)

58

가공전선에 케이블을 사용할 경우 케이블은 조가용선으로 지지하고자 한다. 이때 조가용선은 몇 [mm²] 이상이어야 하는가? (단, 조가용선은 아연도강연선이다.)

① 22
② 50
③ 100
④ 120

가공 케이블의 시설

조가용선 시설 : 접지공사를 한다.
1) 케이블은 조가용선에 행거로 시설할 것. 이 경우 고압인 경우 그 행거의 간격은 50[cm] 이하로 시설하여야 한다.
2) 조가용선은 인장강도 5.93[kN] 이상의 연선 또는 22[mm²] 이상의 아연도철연선이어야 한다.
3) 금속테이프 등은 20[cm] 이하 간격을 유지하며 나선상으로 감는다.

59

변압기 보호 계전기 중 부흐홀쯔 계전기의 설치 위치는?

① 변압기 주 탱크 내부
② 콘서베이터 내부
③ 변압기 고압 측 부싱
④ 변압기 주 탱크와 콘서베이터 사이

부흐홀쯔 계전기는 변압기 주 탱크와 콘서베이터 사이에 설치되며 변압기 내부고장을 보호한다.

60

동기 발전기의 돌발단락전류를 주로 제한하는 것은?

① 누설리액턴스
② 동기리액턴스
③ 권선 저항
④ 역상리액턴스

단락전류의 특성
1) 발전기 단락 시 단락전류 : 처음에는 큰 전류이나 점차 감소
2) 순간이나 돌발단락전류를 제한하는 것 : 누설리액턴스
3) 지속 또는 영구단락전류를 제한하는 것 : 동기리액턴스

정답 56 ① 57 ③ 58 ① 59 ④ 60 ①

2022년 4회 | CBT 기출복원문제

01

전선에 일정량 이상의 전류가 흘러서 온도가 높아지면 절연물은 열화되고 나빠진다. 각 전선 도체에는 안전하게 흘릴 수 있는 최대전류가 있다. 이 전류를 무엇이라 하는가?

① 평형 전류
② 허용 전류
③ 불평형 전류
④ 줄 전류

> 허용 전류
> 전선에 안전하게 흘릴 수 있는 최대전류

02

다음 설명 중 잘못된 것은?

① 양전하를 많이 가진 물질은 전위가 낮다.
② 1초 동안에 1[C]의 전기량이 이동하면 전류는 1[A]이다.
③ 전위차가 높으면 높을수록 전류는 잘 흐른다.
④ 직류에서 전류의 방향은 전자의 이동방향과는 반대방향이다.

> 양전하를 많이 가진 물질은 전위가 높다.

03

20분간에 876,000[J]의 일을 할 때 전력은 몇 [kW]인가?

① 0.73
② 90
③ 120
④ 135

> 일(에너지=전력량) : $W[J] = Pt[W \cdot sec]$
> 전력 : $P = \dfrac{W[J]}{t[sec]} = \dfrac{876,000}{20 \times 60} = 730[W] = 0.73[kW]$

04

20[Ω], 30[Ω], 60[Ω]의 저항 3개를 병렬로 접속하고 여기에 60[V]의 전압을 가했을 때, 이 회로에 흐르는 전체 전류는 몇 [A]인가?

① 3[A]
② 6[A]
③ 30[A]
④ 60[A]

> 병렬회로의 합성저항
> $R = \dfrac{1}{\dfrac{1}{R_1} + \dfrac{1}{R_2} + \dfrac{1}{R_3}} = \dfrac{1}{\dfrac{1}{20} + \dfrac{1}{30} + \dfrac{1}{60}} = 10[\Omega]$
> 전체 전류 $I = \dfrac{V}{R} = \dfrac{60}{10} = 6[A]$

05

분권 전동기에 대한 설명으로 옳지 않은 것은?

① 계자회로에 퓨즈를 넣어서는 안 된다.
② 부하전류에 따른 속도 변화가 거의 없다.
③ 토크는 전기자 전류의 자승에 비례한다.
④ 계자권선과 전기자권선이 전원에 병렬로 접속되어 있다.

> 분권 전동기(정속도 전동기)
> 1) 무여자 운전하지 말 것
> 2) 계자권선을 단선시키지 말 것
> 무여자 운전을 하거나 계자권선을 단선시킬 경우 위험속도에 도달할 수 있다.
> $T \propto I_a \propto \dfrac{1}{N}$
> 토크는 전기자 전류에 비례한다.

정답 01 ② 02 ① 03 ① 04 ② 05 ③

06

정격전압에서 1[kW]의 전력을 소비하는 저항에 정격의 90[%] 전압을 가했을 때, 전력은 몇 [W]가 되는가?

① 630[W] ② 780[W]
③ 810[W] ④ 900[W]

전력과 전압의 관계 : $P = \dfrac{V^2}{R} = 1[kW] = 1,000[W]$

정격의 90[%] 전압을 가했을 때($0.9V$)

$P' = \dfrac{(0.9V)^2}{R} = 0.9^2 \times \dfrac{V^2}{R} = 0.81 \times 1,000 = 810[W]$

07

1차 전압 13,200[V], 2차 전압 220[V]인 단상 변압기의 1차에 6,000[V]의 전압을 가하면 2차 전압은 몇 [V]인가?

① 100 ② 200
③ 50   ④ 250

변압기의 권수비

$a = \dfrac{V_1}{V_2} = \dfrac{N_1}{N_2} = \dfrac{I_2}{I_1} = \sqrt{\dfrac{Z_1}{Z_2}} = \sqrt{\dfrac{R_1}{R_2}} = \sqrt{\dfrac{X_1}{X_2}}$

$V_2 = \dfrac{V_1}{a} = \dfrac{6,000}{60} = 100[V]$

08

기전력 1.5, 내부저항 0.1[Ω]인 전지 10개를 직렬로 연결하여 2[Ω]의 저항을 가진 전구에 연결할 때 전구에 흐르는 전류는 몇 [A]인가?

① 2 ② 3
③ 4 ④ 5

전지의 직렬회로 전류

$I = \dfrac{nV_1}{nr_1 + R} = \dfrac{10 \times 1.5}{10 \times 0.1 + 2} = 5[A]$

09

다음 중 단상 유도 전동기의 기동 방법 중 기동 토크가 가장 큰 것은?

① 분상 기동형   ② 반발 유도형
③ 콘덴서 기동형 ④ 반발 기동형

단상 유도 전동기의 기동 토크가 큰 순서

반발 기동형 > 반발 유도형 > 콘덴서 기동형 > 분상 기동형 > 셰이딩 코일형

10

동기기의 전기자 권선법이 아닌 것은?

① 2층권 ② 단절권
③ 중권   ④ 전절권

동기기의 전기자 권선법

고상권, 폐로권, 이층권, 중권으로서 분포권, 단절권을 사용한다.

11

6극 1,200[rpm] 동기 발전기로 병렬 운전하는 극수 8극의 교류 발전기의 회전수는 몇 [rpm]인가?

① 3,600 ② 1,800
③ 900   ④ 750

동기 발전기의 병렬 운전

병렬 운전 시 주파수가 같아야 하므로 6극과 8극의 발전기는 주파수가 같다.

∴ $N_s = \dfrac{120}{P}f$

여기서 $f = \dfrac{N_s \times P}{120} = \dfrac{1,200 \times 6}{120} = 60[Hz]$

8극의 회전수 $N_s = \dfrac{120}{P}f = \dfrac{120}{8} \times 60 = 900[rpm]$

정답 06 ③ 07 ① 08 ④ 09 ④ 10 ④ 11 ③

12
반도체 내에서 정공은 어떻게 생성되는가?

① 결합 전자의 이탈
② 자유 전자의 이동
③ 접합 불량
④ 확산 용량

> 결합 전자의 이탈로 전자의 빈자리가 생길 경우 그 빈자리를 정공이라 한다.

13
다음 중 지중전선로의 매설 방법이 아닌 것은?

① 관로식
② 암거식
③ 행거식
④ 직접 매설식

> **지중전선로의 케이블**
> 1) 매설 방법 : 직접 매설식, 관로식, 암거식
> 2) 매설 깊이
>   • 관로식의 매설 깊이
>   1[m] 이상(단, 중량물의 압력을 받을 우려가 없는 경우라면 0.6[m] 이상 매설)
>   • 직접 매설식의 매설 깊이
>   차량 및 중량물의 압력의 우려가 있다면 1[m], 기타의 경우 0.6[m] 이상

14 ★빈출
한국전기설비규정에 따라 합성수지관 상호 접속 시 관을 삽입하는 깊이는 관 바깥지름의 몇 배 이상으로 하여야 하는가? (단, 접착제를 사용하는 경우가 아니다.)

① 0.6
② 0.8
③ 1.0
④ 1.2

> **합성수지관 공사**
> 1) 1본의 길이 : 4[m]
> 2) 관 상호 간, 관과 박스를 접속할 경우 관의 삽입 깊이는 관 바깥지름의 1.2배 이상(단, 접착제를 사용하는 경우 0.8배 이상)
> 3) 지지점 간 거리는 1.5[m] 이하

15 ★빈출
금속관에 나사를 내는 공구는?

① 오스터
② 파이프 커터
③ 리머
④ 스패너

> 금속관에 나사를 낼 때 사용되는 공구는 오스터이다.

16
한국전기설비규정에 따라 저압전로에 사용하는 배선용 차단기(산업용)의 정격전류가 30[A]이다. 여기에 39[A]의 전류가 흐를 때 동작시간은 몇 분 이내가 되어야 하는가?

① 30분
② 60분
③ 90분
④ 120분

배선용 차단기 정격(산업용)			
정격전류	동작시간	부동작전류	동작전류
63[A] 이하	60분	1.05배	1.3배
63[A] 초과	120분	1.05배	1.3배

17
2[μF]과 3[μF]의 직렬회로에서 3[μF]의 양단에 60[V]의 전압이 가해졌다면, 이 회로의 전 전기량은 몇 [μC]인가?

① 60
② 180
③ 24
④ 360

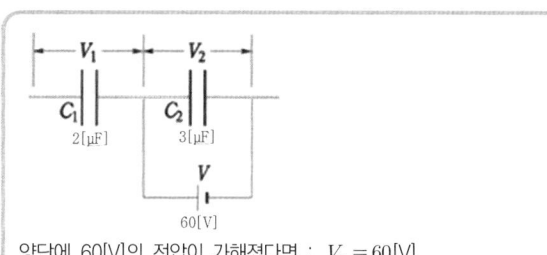

> 양단에 60[V]의 전압이 가해졌다면 : $V_2 = 60[V]$
> 전기량 : $Q = C_2 V_2 = 3 \times 60 = 180[\mu C]$

18

4×10^{-5}[C]과 6×10^{-5}[C]의 두 전하가 자유공간에 2[m]의 거리에 있을 때, 그 사이에 작용하는 힘은?

① 5.4[N], 흡입력이 작용한다.
② 5.4[N], 반발력이 작용한다.
③ 7.9[N], 흡인력이 작용한다.
④ 7.9[N], 반발력이 작용한다.

> 진공 중의 두 점전하 사이에 작용하는 힘
> 1) 같은(동일) 부호의 전류 : 반발력
> 2) 쿨롱의 힘 : $F = \dfrac{Q_1 Q_2}{4\pi \varepsilon_0 r^2} = 9 \times 10^9 \times \dfrac{Q_1 Q_2}{r^2}$ [N]
> $= 9 \times 10^9 \times \dfrac{4 \times 10^{-5} \times 6 \times 10^{-5}}{2^2} = 5.4$[N]

19

전기장에 대한 설명으로 옳지 않은 것은?

① 대전된 무한장 원통의 내부 전기장은 0이다.
② 대전된 구의 내부 전기장은 0이다.
③ 대전된 도체 내부의 전하 및 전기장은 모두 0이다.
④ 도체 표면의 전기장은 그 표면에 평행이다.

> 도체 표면의 전기장은 그 표면에 수직방향이다.

20

고압 가공전선로의 지지물로 철탑을 사용하는 경우 경간은 몇 [m] 이하이어야 하는가?

① 150[m] ② 300[m]
③ 500[m] ④ 600[m]

> 가공전선로의 경간
>
> | 지지물의 종류 | 표준경간 |
> | --- | --- |
> | 목주, A종 철주, A종 철근콘크리트주 | 150[m] 이하 |
> | B종 철주, B종 철근콘크리트주 | 250[m] 이하 |
> | 철탑 | 600[m] 이하 |

21

C_1, C_2를 직렬로 접속한 회로에 C_3를 병렬로 접속하였다. 이 회로의 합성 정전용량[F]은?

① $\dfrac{1}{\dfrac{1}{C_1} + \dfrac{1}{C_2}} + C_3$ ② $\dfrac{1}{\dfrac{1}{C_2} + \dfrac{1}{C_3}} + C_1$

③ $\dfrac{C_1 + C_2}{C_3}$ ④ $C_1 + C_2 + \dfrac{1}{C_3}$

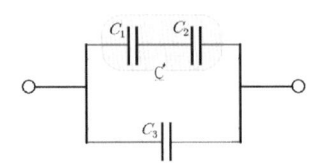

> C_1, C_2를 직렬 접속 시 합성 정전용량 : $C' = \dfrac{1}{\dfrac{1}{C_1} + \dfrac{1}{C_2}}$
>
> C', C_3를 병렬 접속 시 합성 정전용량
> $C' + C_3 = \dfrac{1}{\dfrac{1}{C_1} + \dfrac{1}{C_2}} + C_3$

22

다음은 3상 유도 전동기의 고정자 권선의 결선도를 나타낸 것이다. 옳은 것은?

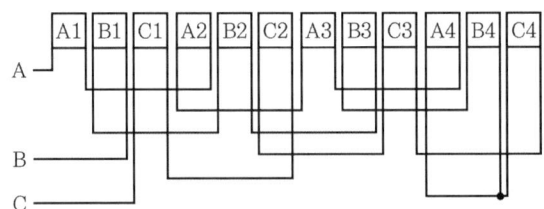

① 3상 4극, △결선   ② 3상 2극, △결선
③ 3상 4극, Y결선   ④ 3상 2극, Y결선

> 그림은 3상(A, B, C) 4극(1, 2, 3, 4)이 하나의 접점에 연결되어 있으므로 Y결선이다.

정답 18 ② 19 ④ 20 ④ 21 ① 22 ③

23

2대의 동기 발전기가 병렬 운전하고 있을 때 동기화 전류가 흐르는 경우는?

① 기전력의 크기에 차가 있을 때
② 기전력의 위상에 차가 있을 때
③ 부하분담에 차가 있을 때
④ 기전력의 파형에 차가 있을 때

동기 발전기의 병렬 운전 조건
1) 기전력의 크기가 같을 것 ≠ 무효 순환전류 발생(무효 횡류) = 여자 전류의 변화 때문
2) 기전력의 위상이 같을 것 ≠ 유효 순환전류 발생(유효 횡류 = 동기화 전류)
3) 기전력의 주파수가 같을 것 ≠ 난조발생 —방지법→ 제동권선 설치
4) 기전력의 파형이 같을 것 ≠ 고조파 무효 순환전류 발생
5) 상회전 방향이 같을 것

24

옥내의 건조한 콘크리트 또는 신더 콘크리트 플로어 내에 매입할 경우에 시설할 수 있는 공사방법은?

① 라이팅 덕트
② 플로어 덕트
③ 버스 덕트
④ 금속 덕트

플로어 덕트
옥내의 건조한 콘크리트 또는 신더 콘크리트 플로어 내에 매입할 경우에 시설할 수 있는 공사방법이다.

25

전기자 저항이 0.1[Ω], 전기자 전류 104[A], 유도 기전력 110.4[V]인 직류 분권 발전기의 단자전압은 몇 [V]인가?

① 98
② 100
③ 102
④ 105

직류 분권 발전기의 유기기전력 E
$E = V + I_a R_a$
단자전압 V
$V = E - I_a R_a = 110.4 - 104 \times 0.1 = 100[V]$

26

공기 중에서 m[Wb]으로부터 나오는 자력선의 총수는?

① $\dfrac{\mu_0}{m}$
② $\dfrac{m}{\mu_s}$
③ $\dfrac{m}{\mu_0}$
④ $\mu_0 m$

자기력선 수
1) 공기 중 : $N = \dfrac{m}{\mu_0}$ (μ_0 : 공기 중의 투자율)
2) 자성체 : $N = \dfrac{m}{\mu} = \dfrac{m}{\mu_r \mu_0}$ ($\mu = \mu_r \mu_0$: 자성체의 투자율)

27

변압기의 1차 권회수 80회, 2차 권회수 320회일 때 2차측 전압이 100[V]이면 1차 전압은?

① 15
② 25
③ 50
④ 100

변압기의 권수비
$a = \dfrac{V_1}{V_2} = \dfrac{N_1}{N_2} = \dfrac{I_2}{I_1} = \sqrt{\dfrac{Z_1}{Z_2}} = \sqrt{\dfrac{R_1}{R_2}} = \sqrt{\dfrac{X_1}{X_2}}$
$a = \dfrac{N_1}{N_2} = \dfrac{80}{320} = 0.25$
$a = \dfrac{V_1}{V_2}$ 이므로 $V_1 = a \times V_2 = 0.25 \times 100 = 25[V]$

28

다음 중 전력 제어용 반도체 소자가 아닌 것은?

① TRIAC
② LED
③ IGBT
④ GTO

전력 제어용 반도체 소자는 LED는 발광소자이다.

정답 23 ② 24 ② 25 ② 26 ③ 27 ② 28 ②

29

전압 $v = \sqrt{2}\,V\sin\left(\omega t - \dfrac{\pi}{3}\right)$[V]를 공급하여 전류 $i = \sqrt{2}\,I\sin\left(\omega t - \dfrac{\pi}{6}\right)$[A]가 흘렀다면 위상차는 어떻게 되는가?

① 전류가 $\pi/3$만큼 앞선다.
② 전압이 $\pi/3$만큼 앞선다.
③ 전압이 $\pi/6$만큼 앞선다.
④ 전류가 $\pi/6$만큼 앞선다.

> 전압의 위상 (θ_v) : $\theta_v = -\dfrac{\pi}{3}$
> 전류의 위상 (θ_i) : $\theta_i = -\dfrac{\pi}{6}$
> 전압의 위상차
> $\theta_{v-i} = \theta_v - \theta_i = -\dfrac{\pi}{3} - \left(-\dfrac{\pi}{6}\right) = -\dfrac{\pi}{6}$ (뒤진다.)
> 전류의 위상차
> $\theta_{i-v} = \theta_i - \theta_v = -\dfrac{\pi}{6} - \left(-\dfrac{\pi}{3}\right) = \dfrac{\pi}{6}$ (앞선다.)

30

금속관 공사에 대한 설명으로 잘못된 것은?

① 금속관을 콘크리트에 매설할 경우 관의 두께는 1.0[mm] 이상일 것
② 금속관 안에는 전선의 접속점이 없도록 할 것
③ 교류회로에서 전선을 병렬로 사용하는 경우 관내에 전자적 불평형이 생기지 않도록 할 것
④ 관의 호칭에서 후강 전선관은 짝수, 박강 전선관은 홀수로 표시할 것

> **금속관 공사**
> 1) 1본의 길이 : 3.66(3.6)[m]
> 2) 금속관의 종류와 규격
>   • 후강 전선관(안지름을 기준으로 한 짝수)
>   16, 22, 28, 36, 42, 54, 70, 82, 92, 104[mm] (10종)
>   • 박강 전선관(바깥지름을 기준으로 한 홀수)
>   19, 25, 31, 39, 51, 63, 75[mm] (7종)
> 3) 전선은 연선일 것. 단, 다음의 것은 적용하지 않는다.
>   단면적 10[mm²](알루미늄선 단면적 16[mm²]) 이하의 것
> 4) 전선은 금속관 안에서 접속점이 없도록 할 것
> 5) 콘크리트에 매설되는 금속관의 두께 1.2[mm] 이상(단, 기타의 것 1[mm] 이상)
> 6) 구부러진 금속관 굽은 부분 반지름은 관 안지름의 6배 이상일 것

31

옥외용 비닐 절연전선의 약호(기호)는?

① W   ② DV
③ OW ④ NR

명칭(약호)	용도
인입용 비닐 절연전선(DV)	저압 가공 인입용으로 사용
옥외용 비닐 절연전선(OW)	저압 가공 배전선(옥외용)
옥외용 가교폴리에틸렌 절연전선(OC)	고압 가공전선로에 사용
450/750[V] 일반용 단심 비닐 절연전선(NR)	옥내배선용으로 주로 사용
형광등 전선(FL)	형광등용 안정기의 2차배선

32

대지와의 사이에 전기저항값이 몇 [Ω] 이하인 값을 유지하는 건축물·구조물의 철골 기타의 금속제는 접지공사의 접지극으로 사용할 수 있는가?

① 2   ② 3
③ 10   ④ 100

> **철골접지**
> 건축물 및 구조물의 철골 기타의 금속제는 이를 비접지식 고압전로에 시설하는 기계기구의 철대 또는 금속제 외함의 접지공사 또는 비접지식 고압전로와 저압전로를 결합하는 변압기의 저압전로의 접지공사의 접지극으로 사용할 수 있다. 이 경우 대지와의 사이에 전기저항 값이 2[Ω] 이하의 값을 유지하는 경우에만 한한다.

33

동전선 접속에 S형 슬리브를 직선 접속할 경우 전선을 몇 회 이상 비틀어 사용하여야 하는가?

① 2회   ② 4회
③ 5회   ④ 7회

> **동전선의 S형 슬리브의 직선 접속**
> 전선을 2회 이상 비틀어 접속한다.

정답 29 ④ 30 ① 31 ③ 32 ① 33 ①

34

터널·갱도 기타 유사한 장소에서 사람이 상시 통행하는 터널 내의 배선방법으로 적절하지 않은 것은? (단, 저압의 경우를 말한다.)

① 라이팅 덕트 배선
② 금속제 가요전선관 배선
③ 합성수지관 배선
④ 애자사용 배선

> 사람이 상시 통행하는 터널 안 배선
> 금속관, 합성수지관, 금속제 가요전선관, 애자, 케이블 배선이 가능하다.

35 ★

무한장 솔레노이드의 단위길이당 권수가 n[회/m]이고 전류가 I[A]가 흐르면 솔레노이드 중심의 자계 H[AT/m]는?

① $\dfrac{I}{n}$
② nI
③ $\dfrac{n}{I}$
④ nI^2

> 무한장 솔레노이드
> 1) 권수(N) : $H = \dfrac{NI}{l}$ [AT/m]
> 2) 단위 길이당 권수 $\left(n = \dfrac{N}{l}\right)$: $H = nI$ [AT/m]

36

"자기저항은 자기회로의 길이에 (ⓐ)하고 자로의 단면적과 투자율의 곱에 (ⓑ)한다." ( ) 안에 들어갈 말은?

① ⓐ 비례, ⓑ 반비례
② ⓐ 반비례, ⓑ 비례
③ ⓐ 비례, ⓑ 비례
④ ⓐ 반비례, ⓑ 반비례

> 자기저항 : $R_m = \dfrac{l}{\mu S}$ [AT/Wb]
> 1) $R_m \propto l$: 길이에 비례
> 2) $R_m \propto \dfrac{1}{S \times \mu}$: 단면적과 투자율의 곱에 반비례

37

평등자장 내에 있는 도선에 전류가 흐를 때 자장의 방향과 어떤 각도로 되어 있으면 작용하는 힘이 최대가 되는가?

① 30°
② 45°
③ 60°
④ 90°

> 자기장 안에 전류가 흐르는 도선을 놓으면 작용하는 힘
> 1) 전자력 : $F = BIl \sin\theta \rightarrow F \propto \sin\theta$
> 2) $\sin 90° = 1$일 때가 최대 $\rightarrow \theta = 90°$

38

전기저항 25[Ω]에 50[V]의 사인파 전압을 가할 때 전류의 순시값은? (단, 각속도 ω=377[rad/sec])

① $2\sin 377t$
② $2\sqrt{2}\sin 377t$
③ $4\sin 377t$
④ $4\sqrt{2}\sin 377t$

> 전류의 실효값 : $I = \dfrac{V}{R} = \dfrac{50}{25} = 2$[A]
> 순시값 : $i = I_m \sin\omega t = \sqrt{2}\, I \sin\omega t = 2\sqrt{2}\sin 377t$ [A]

39

직류 발전기의 구조 중 전기자 권선에서 생긴 교류를 직류로 바꾸어 주는 부분을 무엇이라 하는가?

① 계자
② 전기자
③ 브러쉬
④ 정류자

> 직류 발전기의 구조
> 1) 계자 : 주 자속을 만드는 부분
> 2) 전기자 : 주 자속을 끊어 유기기전력을 발생
> 3) 정류자 : 교류를 직류로 변환
> 4) 브러쉬 : 내부의 회로와 외부의 회로를 전기적으로 연결

정답 34 ① 35 ② 36 ① 37 ④ 38 ② 39 ④

40

20[kVA]의 단상 변압기 2대를 사용하여 V-V결선으로 하고 3상 전원을 얻고자 한다. 이때 여기에 접속시킬 수 있는 3상 부하의 용량은 약 몇 [kVA]인가?

① 34.6
② 44.6
③ 54.6
④ 66.6

> **V결선 출력**
> $P_V = \sqrt{3}\,P_1 = \sqrt{3} \times 20 = 34.6\,[\text{kVA}]$

41

동기속도 1,800[rpm], 주파수 60[Hz]인 동기 발전기의 극수는 몇 극인가?

① 10
② 8
③ 4
④ 2

> **동기 발전기의 극수**
> 동기속도 $N_s = \dfrac{120}{P}f$
> 극수 $P = \dfrac{120}{N_s}f = \dfrac{120}{1,800} \times 60 = 4$극

42

동기속도 N_s[rpm], 회전속도 N[rpm], 슬립을 s라 하였을 때 2차 효율은?

① $(s-1) \times 100$
② $(1-s)N_s \times 100$
③ $\dfrac{N}{N_s} \times 100$
④ $\dfrac{N_s}{N} \times 100$

> **유도 전동기의 2차 효율 η_2**
> 효율 $\eta_2 = \dfrac{P_0}{P_2} = 1 - s = \dfrac{N}{N_s} = \dfrac{\omega}{\omega_s}$
> s : 슬립, N_s : 동기속도, N : 회전자속도,
> ω_s : 동기각속도($2\pi N_s$), ω : 회전자각속도($2\pi N$)

43

3상 유도 전동기의 원선도를 그리는 데 필요하지 않는 것은?

① 저항측정
② 무부하시험
③ 구속시험
④ 슬립측정

> **원선도를 작성 또는 그리기 위해 필요한 시험**
> 1) 저항시험
> 2) 무부하시험(개방시험)
> 3) 구속시험

44

일반적으로 전압을 높은 전압으로 승압할 때 사용되는 변압기의 3상 결선방식은?

① $\Delta-\Delta$
② $\Delta-Y$
③ $Y-Y$
④ $Y-\Delta$

> **승압결선**
> Δ결선은 선간전압과 상전압이 같다. Y결선은 선간전압이 상전압의 $\sqrt{3}$배가 되므로 승압결선이 되어야 한다면 $\Delta-Y$결선을 말한다.

45

농형 유도 전동기의 기동법이 아닌 것은?

① 전전압 기동
② $\Delta-\Delta$ 기동
③ 기동보상기에 의한 기동
④ 리액터 기동

> **농형 유도 전동기의 기동법**
> 1) 직입(전전압) 기동 : 5[kW] 이하
> 2) Y-Δ 기동 : 5~15[kW] 이하(이때 전전압 기동 시보다 기동전류가 $\dfrac{1}{3}$배로 감소한다.)
> 3) 기동 보상기법 : 15[kW] 이상(3상 단권변압기 이용)
> 4) 리액터 기동

정답 40 ① 41 ③ 42 ③ 43 ④ 44 ② 45 ②

46

저압 가공인입선이 도로를 횡단하는 경우 노면상 높이는 몇 [m] 이상인가?

① 4[m]   ② 5[m]
③ 6[m]   ④ 6.5[m]

가공인입선의 지표상 높이

구분 \ 전압	저압	고압
도로횡단	5[m] 이상	6[m] 이상
철도횡단	6.5[m] 이상	6.5[m] 이상
위험표시	×	3.5[m] 이상
횡단 보도교	3[m]	3.5[m] 이상

47

수전전력 500[kW] 이상인 고압 수전설비의 인입구에 낙뢰나 혼촉 사고에 의한 이상전압으로부터 선로와 기기를 보호할 목적으로 시설하는 것은?

① 피뢰기   ② 단로기
③ 누전 차단기   ④ 배선용 차단기

피뢰기 시설장소

1) 발전소, 변전소 또는 이에 준하는 장소의 가공전선 인입구 및 인출구
2) 고압 및 특고압 가공전선로로부터 공급을 받는 수용장소의 인입구
3) 가공전선로와 지중전선로가 접속되는 곳
4) 특고압가공전선로에 접속하는 특고압 배전용 변압기의 고압 및 특고압 측

48

다음 중 금속관을 박스에 고정시킬 때 사용되는 것은 무엇이라 하는가?

① 로크너트   ② 엔트런스캡
③ 터미널   ④ 부싱

로크너트
관을 박스에 고정시킬 때 사용되는 부속품

49

티탄을 제조하는 공장으로 먼지가 쌓여진 상태에서 착화된 때에 폭발할 우려가 있는 곳에 저압 옥내배선을 설치하고자 한다. 알맞은 공사방법은?

① 합성수지 몰드 공사   ② 라이팅 덕트 공사
③ 금속몰드 공사   ④ 금속관 공사

폭연성 먼지(분진)의 전기 공사

1) 금속관 공사(폭연성 분진이 존재하는 곳의 금속관 공사에 있어서 관 상호 간 및 관과 박스의 접속은 5턱 이상의 나사조임을 한다.)
2) 케이블 공사(전선은 개장된 케이블 또는 무기물 절연 케이블을 사용)

50

큰 건물의 공사에서 콘크리트에 구멍을 뚫어 드라이브 핀을 경제적으로 고정하는 공구는?

① 스패너   ② 드라이브이트 툴
③ 오스터   ④ 록 아웃 펀치

드라이브이트 툴
콘크리트에 구멍을 뚫어 드라이브 핀을 고정하는 공구를 말한다.

51

한국전기설비규정에 따라 전원측에서 분기점 사이에 다른 분기회로 또는 콘센트의 접속이 없고, 단락의 위험과 화재 및 인체에 내한 위험성이 최소화되도록 시설되는 경우, 분기회로의 보호장치는 분기회로의 분기점으로부터 몇 [m] 까지 이동하여 설치할 수 있는가?

① 2   ② 3
③ 4   ④ 5

과부하 보호장치의 설치 위치
전원 측에서 분기점 사이에 다른 분기회로 또는 콘센트의 접속이 없고, 단락의 위험과 화재 및 인체에 대한 위험성이 최소화되도록 시설되는 경우, 분기회로의 보호장치는 분기회로의 분기점으로부터 3[m]까지 이동하여 설치할 수 있다.

정답   46 ② 47 ① 48 ① 49 ④ 50 ② 51 ②

52

저항 8[Ω]과 코일이 직렬로 접속된 회로에 200[V]의 교류전압을 가하면, 20[A]의 전류가 흐른다. 코일의 리액턴스는 몇 [Ω]인가?

① 2
② 4
③ 6
④ 8

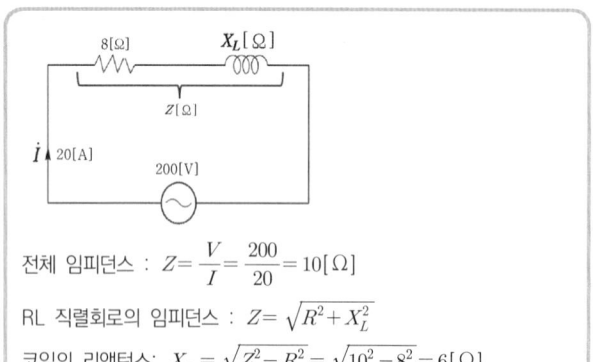

> 전체 임피던스 : $Z = \dfrac{V}{I} = \dfrac{200}{20} = 10[\Omega]$
> RL 직렬회로의 임피던스 : $Z = \sqrt{R^2 + X_L^2}$
> 코일의 리액턴스: $X_L = \sqrt{Z^2 - R^2} = \sqrt{10^2 - 8^2} = 6[\Omega]$

53

한국전기설비규정에 의해 저압전로 중의 전동기 보호용 과전류 차단기의 시설에서 과부하 보호장치와 단락보호 전용 퓨즈를 조합한 장치는 단락보호 전용 퓨즈의 정격전류가 어떻게 되어야 하는가?

① 과부하 보호장치의 설정 전류값 이하가 되도록 시설한 것일 것
② 과부하 보호장치의 설정 전류값 이상이 되도록 시설한 것일 것
③ 과부하 보호장치의 설정 전류값 미만이 되도록 시설한 것일 것
④ 과부하 보호장치의 설정 전류값 초과가 되도록 시설한 것일 것

> 저압전로 중의 전동기 보호용 과전류 차단기의 시설에서 과부하 보호장치와 단락보호 전용 퓨즈를 조합한 장치는 단락보호 전용 퓨즈의 정격전류가 과부하 보호장치의 설정 전류값 이하가 되도록 시설한 것이어야 한다.

54

어느 회로의 전류가 다음과 같을 때, 이 회로에 대한 전류의 실효값은?

$$i = 3 + 10\sqrt{2}\sin\omega t + 5\sqrt{2}\sin 3\omega t [A]$$

① 11.6
② 22.3
③ 44
④ 50.6

> 직류분의 실효값 : $I_0 = 3[A]$
> 기본파의 실효값 : $I_1 = \dfrac{I_{m1}}{\sqrt{2}} = \dfrac{10\sqrt{2}}{\sqrt{2}} = 10[A]$
> 3고조파의 실효값 : $I_3 = \dfrac{I_{m3}}{\sqrt{2}} = \dfrac{5\sqrt{2}}{\sqrt{2}} = 5[A]$
> 비정현파의 실효값 전류
> $I = \sqrt{I_0^2 + I_1^2 + I_3^2} = \sqrt{3^2 + 10^2 + 5^2} = 11.6[A]$

55

보호를 요하는 회로의 전류가 어떤 일정한 값(정정값) 이상으로 흘렀을 때 동작하는 계전기는?

① 비율 차동 계전기
② 과전류 계전기
③ 차동 계전기
④ 과전압 계전기

> 과전류 계전기(OCR)
> 설정치 이상의 전류가 흐를 때 동작하며 과부하나 단락사고를 보호하는 기기로서 변류기 2차 측에 설치된다.

56

배전선로의 보안장치로서 주상변압기의 2차 측, 저압 분기 회로에서 분기점 등에 설치되는 것은?

① 콘덴서
② 캐치홀더
③ 컷아웃 스위치
④ 피뢰기

> 배전선로의 주상변압기 보호장치
> 1) 1차 측 : COS(컷아웃 스위치)
> 2) 2차 측 : 캐치홀더

57
부흐홀츠 계전기의 설치 위치로 가장 적당한 것은?

① 변압기 주 탱크 내부
② 콘서베이터 내부
③ 변압기 고압 측 부싱
④ 변압기 주 탱크와 콘서베이터 사이

> **부흐홀츠 계전기**
> 변압기 내부 고장 보호에 사용되는 부흐홀츠 계전기는 변압기의 주 탱크와 콘서베이터 사이에 설치한다.

58
200[V]의 교류전원에 선풍기를 접속하고 전력과 전류를 측정하였더니 600[W], 5[A]이었다. 이 선풍기의 역률은?

① 0.5
② 0.6
③ 0.7
④ 0.8

> 소비전력 : $P = VI\cos\theta$ [W]
> 역률 : $\cos\theta = \dfrac{P}{VI} = \dfrac{600}{200 \times 5} = 0.6$

59
평형 3상 교류회로의 Y회로로부터 △회로로 등가 변환하기 위해서는 어떻게 하여야 하는가?

① 각 상의 임피던스를 3배로 한다.
② 각 상의 임피던스를 $\sqrt{3}$ 배로 한다.
③ 각 상의 임피던스를 $\sqrt{2}$ 배로 한다.
④ 각 상의 임피던스를 $\dfrac{1}{3}$ 로 한다.

> **임피던스 변환($Y \to \Delta$)**
> $Z_\Delta = Z_Y \times 3 [\Omega]$: 3배로 한다.

60
한국전기설비규정에 의해 교통신호등 제어장치의 2차 측 배선의 최대 사용전압은 몇 [V] 이하이어야 하는가?

① 150
② 200
③ 300
④ 400

> **교통신호등의 시설기준**
> 1) 사용전압 : 교통신호등 제어장치의 2차 측 배선의 최대사용전압은 300V 이하
> 2) 교통신호등의 인하선 : 전선의 지표상의 높이는 2.5m 이상일 것
> 3) 교통신호등 회로의 사용전압이 150V를 넘는 경우는 전로에 지락이 생겼을 경우 자동적으로 전로를 차단하는 누전 차단기를 시설할 것

정답 57 ④ 58 ② 59 ① 60 ③

2023년 1회 | CBT 기출복원문제

01
다음 중 전류의 발열작용을 이용한 것이 아닌 것은?

① 전기난로　　② 토스터기
③ 다리미　　　④ 전자기 모터

> 전류의 발열작용(줄의 법칙) : 전기난로, 토스터기, 다리미
> 전류의 자기작용(전자력) : 전자기 모터

02 ★빈출
동기 발전기의 돌발 단락전류를 주로 제한하는 것은?

① 권선 저항　　② 동기리액턴스
③ 누설리액턴스　④ 역상리액턴스

> 단락전류의 특성
> 1) 발전기 단락 시 단락전류 : 처음에는 큰 전류이나 점차 감소
> 2) 순간이나 돌발단락전류를 제한하는 것 : 누설리액턴스
> 3) 지속 또는 영구단락전류를 제한하는 것 : 동기리액턴스

03
동기속도 1,800[rpm], 주파수 60[Hz]인 동기 발전기의 극수는 몇 극인가?

① 2　　② 4
③ 8　　④ 10

> 동기속도 $N_s = \dfrac{120}{P}f$ [rpm]
> 극수 $P = \dfrac{120}{N_s}f$
> $= \dfrac{120}{1,800} \times 60$
> $= 4$[극]

04
기전력이 3[V], 내부저항이 0.1[Ω]인 전지 10개를 직렬 연결 후 양단에 외부저항 2[Ω]을 연결하면 흐르는 전류는 몇 [A]인가?

① 5　　② 10
③ 15　 ④ 20

> 전지의 직렬회로 전류 $I = \dfrac{nV_1}{nr_1 + R} = \dfrac{10 \times 3}{10 \times 0.1 + 2} = 10$[A]

05
1[℧]인 컨덕턴스 3개를 직렬 연결한 후 양단에 전압 120[V]를 가하면 흐르는 전류는 몇 [A]인가?

① 40　　② 140
③ 230　 ④ 360

> n개의 직렬 합성컨덕턴스 : $G_n = \dfrac{G_1}{n} = \dfrac{1}{3}$[℧]
> 전류 : $I = \dfrac{V}{R} = GV = \dfrac{1}{3} \times 120 = 40$[A]

06
전기장 내에 1[C]의 전하를 놓았을 때 그것에 200[N]의 힘이 작용하였다면 전계의 세기[V/m]는?

① 200　　② 400
③ 20　　 ④ 40

> 전기장 내 전하에 작용하는 힘 : $F = EQ$[N]
> 전계의 세기 : $E = \dfrac{F[\text{N}]}{Q[\text{C}]} = \dfrac{200}{1} = 200$[V/m]

정답　01 ④　02 ③　03 ②　04 ②　05 ①　06 ①

07

어떤 물체에 충격 또는 마찰에 의해 전자들이 이동하여 전기를 띠게 되는 현상을 무엇이라 하는가?

① 대전
② 기자력
③ 전위
④ 기전력

> 대전은 물질의 전자가 정상 상태에서 마찰에 의해 전자수가 많아지거나 적어져 전기를 띠는 현상이다.

08

양방향으로 전류를 흘릴 수 있는 소자는?

① SCR
② GTO
③ MOSFET
④ TRIAC

> TRIAC(양방향 3단자 소자)
>
>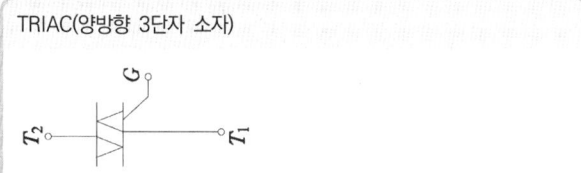
>
> SCR 2개를 역병렬로 접속한 구조를 가지고 있는 소자를 말한다.
> SCR, GTO, MOSFET 모두 단방향 소자이다.

09

저항 10[Ω], 20[Ω] 두 개를 직렬 연결하고 여기에 30[Ω]을 병렬로 연결하면 합성저항은 몇 [Ω]인가?

① 5
② 10
③ 15
④ 20

>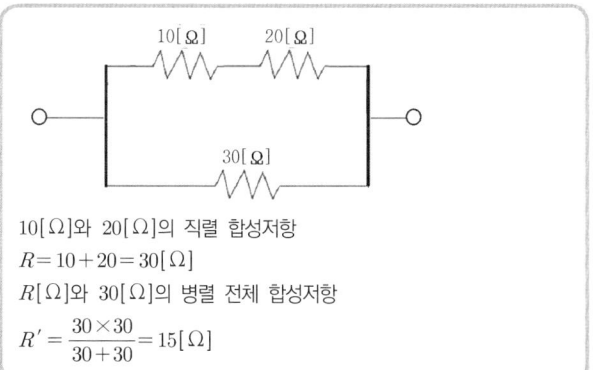
>
> 10[Ω]와 20[Ω]의 직렬 합성저항
> $R = 10 + 20 = 30[\Omega]$
> $R[\Omega]$와 30[Ω]의 병렬 전체 합성저항
> $R' = \dfrac{30 \times 30}{30 + 30} = 15[\Omega]$

10

전기자를 고정자로 하고 자극 N, S를 회전시키는 동기 발전기를 무엇이라 하는가?

① 회전전기자형
② 회전계자형
③ 유도자형
④ 회전발전기형

> 동기 발전기의 경우 전기자를 고정자로 하고 계자를 회전자로 사용하는 동기 발전기를 회전계자형 기기라고 한다.

11

농형 유도 전동기의 기동법이 아닌 것은?

① 기동 보상기에 의한 기동법
② 2차 저항 기동법
③ 리액터 기동법
④ Y-Δ 기동법

> 농형 유도 전동기의 기동법
> 1) 직입(전전압) 기동 : 5[kW] 이하
> 2) Y-Δ 기동 : 5 ~ 15[kW] 이하(이때 전전압 기동 시보다 기동전류가 $\dfrac{1}{3}$배로 감소한다.)
> 3) 기동 보상기법 : 15[kW] 이상(3상 단권변압기 이용)
> 4) 리액터 기동

12

변압기를 Δ-Y 결선(Delta-star connection)한 경우에 대한 설명으로 옳지 않은 것은?

① 1차 선간전압 및 2차 선간전압의 위상차는 60°이다.
② 1차 변전소의 승압용으로 사용된다.
③ 제3고조파에 의한 장해가 적다.
④ Y결선의 중성점을 접지할 수 있다.

> Δ-Y 결선은 Δ결선의 특징과 Y결선의 특징을 모두 가지고 있다. 승압용 결선으로 사용되며, 1차 선간전압과 2차 선간전압의 위상차는 30°이며, 한 상의 고장 시 송전이 불가능하다.

정답 07 ① 08 ④ 09 ③ 10 ② 11 ② 12 ①

13

직류 전동기에 있어서 무부하일 때의 회전수 n_0은 1,200 [rpm], 정격부하일 때의 회전수 n_n은 1,150[rpm]이라 한다. 속도 변동률은 약 몇 [%]인가?

① 3.45
② 4.16
③ 4.35
④ 5

속도변동률 ϵ

$$\epsilon = \frac{N_0 - N_n}{N_n} \times 100[\%]$$

$$= \frac{1,200 - 1,150}{1,150} \times 100 = 4.35[\%]$$

14 ★

합성수지관 상호 및 관과 박스를 접속 시 삽입하는 깊이는 관 바깥지름의 몇 배 이상으로 하여야 하는가? (단, 접착제를 사용하는 경우가 아니다.)

① 0.6배
② 0.8배
③ 1.2배
④ 1.6배

합성수지관 공사의 시설기준

1) 전선은 연선일 것. 단, 단면적 10[mm²](알루미늄선 단면적 16[mm²]) 이하의 것은 적용하지 않는다.
2) 전선은 합성수지관 안에서 접속점이 없도록 할 것
3) 관 상호 간, 관과 박스를 접속할 경우 관의 삽입 깊이는 관 바깥지름의 1.2배 이상(단, 접착제를 사용하는 경우 0.8배 이상)
4) 지지점 간 거리는 1.5[m] 이하

15

터널·갱도 기타 유사한 장소에서 사람이 상시 통행하는 터널 내의 공사방법으로 적절하지 않은 것은?

① 금속제 가요전선관 공사
② 금속관 공사
③ 합성수지관 공사
④ 금속몰드 공사

사람이 상시 통행하는 터널 내 공사

금속관 공사, 합성수지관 공사, 금속제 가요전선관 공사, 케이블 공사, 애자 공사가 가능하다.

16

합성수지제 가요전선관의 호칭은?

① 홀수인 안지름
② 짝수인 바깥지름
③ 짝수인 안지름
④ 홀수인 바깥지름

합성수지제 가요전선관의 호칭

안지름의 크기를 기준으로 한 짝수 호칭을 갖는다(14, 16, 22, 28 등).

17 ★

금속덕트 내에 절연전선을 넣을 경우 금속덕트의 크기는 전선의 피복절연물을 포함한 단면적의 총 합계가 금속덕트 내 단면적의 몇 [%] 이하가 되도록 선정하여야 하는가?

① 20
② 32
③ 48
④ 50

금속덕트 공사의 시설기준

접지공사를 하여야 한다.
1) 전선은 절연전선(옥외용 비닐 절연전선을 제외한다)일 것
2) 금속덕트 안에는 전선에 접속점이 없도록 할 것
3) 덕트를 조영재에 붙이는 경우에는 덕트의 지지점 간의 거리는 3[m] 이하
4) 덕트의 끝 부분은 막고, 물이 고이는 부분이 만들어지지 않도록 할 것
5) 금속덕트에 넣는 전선의 단면적(절연피복의 단면적을 포함한다)의 합계는 덕트의 내부 단면적의 20[%] 이하(단, 전광표시장치 기타 이와 유사한 장치 또는 제어회로 등의 배선만을 넣는 경우 50[%] 이하)

18 ★

어떤 평형 3상 부하에 220[V]의 3상을 가하니 전류는 10[A]가 흘렀다. 역률이 0.8일 때 피상전력은 약 몇 [VA]인가?

① 2,700
② 3,810
③ 4,320
④ 6,710

3상 피상전력 P_a

$$P_a = \sqrt{3}\, VI = \sqrt{3} \times 220 \times 10 \fallingdotseq 3,810[\text{VA}]$$

정답 13 ③ 14 ③ 15 ④ 16 ③ 17 ① 18 ②

19

관광업 및 숙박시설의 객실 입구등을 시설하는 경우 몇 분 이내에 소등되는 타임스위치를 시설하여야만 하는가?

① 1분 ② 2분
③ 3분 ④ 5분

> 조명용 전등을 설치할 때에는 다음에 의하여 타임스위치를 시설하여야 한다.
> 1) 「관광 진흥법」과 「공중위생법」에 의한 관광숙박업 또는 숙박업(여 인숙업을 제외한다)에 이용되는 객실의 입구등은 1분 이내에 소등 되는 것
> 2) 일반주택 및 아파트 각 호실의 현관등은 3분 이내에 소등되는 것

20

유전율이 큰 재료를 사용하며 전극에 극성이 없고 온도특 성과 고주파에 대한 특성이 우수하여 온도보상용으로 많이 사용되는 콘덴서는?

① 바리콘 콘덴서 ② 마이카 콘덴서
③ 세라믹 콘덴서 ④ 전해 콘덴서

> 콘덴서의 종류
> 1) 바리콘 : 공기를 유전체로 사용한 가변용량 콘덴서
> 2) 전해 콘덴서 : 유전체를 얇게 하여 작은 크기에도 큰 용량을 얻을 수 있는 콘덴서
> 3) 세라믹 콘덴서 : 비유전율이 큰 산화티탄 등을 유전체로 사용한 것 으로 극성이 없으며 가격에 비해 성능이 우수하여 널리 사용되고 있는 콘덴서

21

같은 크기의 두 개의 인덕턴스를 같은 방향으로 직렬 연 결, 합성 인덕턴스와 반대 방향으로 직렬 연결하면 두 합 성 인덕턴스의 차는 얼마인가?

① M ② $2M$
③ $3M$ ④ $4M$

> 직렬접속 콘덴서의 합성 인덕턴스
> 1) 같은 방향(가동접속) : $L_{가동} = L_1 + L_2 + 2M$
> 2) 반대 방향(차동접속) : $L_{차동} = L_1 + L_2 - 2M$
> 3) 두 합성 인덕턴스의 차 : $L_{가동} - L_{차동} = 4M$

22

저항 $R[\Omega]$, 유도성 리액턴스 $X_L[\Omega]$, 용량성 리액턴스 $X_C[\Omega]$를 직렬로 연결하면 합성 임피던스 $Z[\Omega]$의 크기는?

① $\sqrt{R^2+(X_L+X_C^2)}$
② $\sqrt{R^2+(X_L+X_C)^2}$
③ $\sqrt{R^2+(X_C-X_L^2)}$
④ $\sqrt{R^2+(X_L-X_C)^2}$

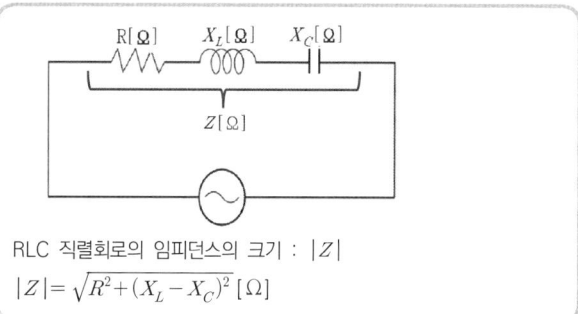

> RLC 직렬회로의 임피던스의 크기 : $|Z|$
> $|Z| = \sqrt{R^2+(X_L-X_C)^2}\ [\Omega]$

23 빈출

자기 인덕턴스가 각각 L_1, L_2이고 결합계수가 1일 때 상 호 인덕턴스 $M[H]$를 만족하는 것은?

① $M = \sqrt{L_1-L_2}$ ② $M = \sqrt{L_1 \times L_2}$
③ $M = L_1 \times L_2$ ④ $M = 2\sqrt{L_1 \times L_2}$

> 상호 인덕턴스 : $M = k\sqrt{L_1 \times L_2}\ [H]$
> 결합계수 $k=1$일 때 : $M = \sqrt{L_1 \times L_2}\ [H]$

24

슬립이 5[%], 2차 저항 $r_1 = 0.1[\Omega]$인 유도 전동기의 등 가저항 $r[\Omega]$은 얼마인가?

① 0.4 ② 0.5
③ 1.9 ④ 2.0

> 등가저항 $R = r_2\left(\dfrac{1}{s}-1\right) = 0.1 \times \left(\dfrac{1}{0.05}-1\right) = 1.9[\Omega]$

정답 19 ① 20 ③ 21 ④ 22 ④ 23 ② 24 ③

25
다음은 자기회로와 전기회로의 대응 관계이다. 잘못 짝지은 것은?

① 투자율 - 유전율
② 자기저항 - 전기저항
③ 기자력 - 기전력
④ 자속 - 전류

> **자기회로와 전기회로의 대응관계**
> 1) 투자율 - 도전율
> 2) 자기저항 - 전기저항
> 3) 기자력 - 기전력
> 4) 자속 - 전류

26
권선저항과 온도와의 관계는?

① 온도가 상승함에 따라 권선의 저항은 감소한다.
② 온도가 상승함에 따라 권선의 저항은 증가한다.
③ 온도와 무관하다.
④ 온도가 상승함에 따라 권선의 저항은 증가와 감소를 반복한다.

> **권선의 저항의 온도계수**
> (+) 온도계수를 가지며, 온도가 상승하면 저항이 증가한다.

27
그림과 같은 분상 기동형 단상 유도 전동기를 역회전시키기 위한 방법이 아닌 것은?

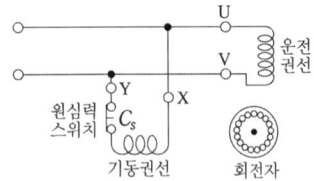

① 기동권선을 반대로 접속한다.
② 운전권선의 접속을 반대로 한다.
③ 기동권선이나 운전권선의 어느 한 권선의 단자의 접속을 반대로 한다.
④ 원심력 스위치를 개로 또는 폐로한다.

> **분상 기동형 전동기의 역회전 방법**
> 기동권선이나 운전권선의 어느 한 권선의 단자의 접속을 반대로 한다.

28
측정이나 계산으로 구할 수 없는 손실로 부하전류가 흐를 때 도체 또는 철심의 내부에서 생기는 손실을 무엇이라 하는가?

① 구리손
② 표류부하손
③ 맴돌이 전류손
④ 히스테리시스손

> **표류부하손**
> 측정이나 계산으로 구할 수 없는 손실로 부하전류가 흐를 때 도체 또는 철심의 내부에서 생기는 손실을 말한다.

29
병렬 운전 중인 동기 발전기의 난조를 방지하기 위하여 자극 면에 유도 전동기의 농형권선과 같은 권선을 설치하는데 이 권선의 명칭은 무엇인가?

① 계자권선
② 제동권선
③ 전기자권선
④ 보상권선

> 동기 발전기의 난조를 방지하기 위해 자극 면에 제동권선을 설치한다.

30
3상 동기 발전기 병렬 운전 조건이 아닌 것은?

① 전압의 크기가 같을 것
② 회전수가 같을 것
③ 주파수가 같을 것
④ 전압의 위상이 같을 것

> **동기 발전기의 병렬 운전 조건**
> 1) 기전력의 크기가 같을 것 ≠ 무효 순환전류 발생(무효 횡류) = 여자 전류의 변화 때문
> 2) 기전력의 위상이 같을 것 ≠ 유효 순환전류 발생(유효 횡류 = 동기화 전류)
> 3) 기전력의 주파수가 같을 것 ≠ 난조발생 —방지법→ 제동권선 설치
> 4) 기전력의 파형이 같을 것 ≠ 고조파 무효 순환전류 발생
> 5) 상회전 방향이 같을 것

정답 25 ① 26 ② 27 ④ 28 ② 29 ② 30 ②

31
3상 유도 전동기의 토크를 일정하게 하고 2차 저항을 2배로 하면 슬립은 몇 배가 되는가?

① $\sqrt{2}$ 배
② 2배
③ $\sqrt{3}$ 배
④ 3배

> 유도 전동기의 2차 저항과 슬립
> 2차 저항과 슬립은 비례 관계이므로 저항이 2배가 되면 슬립도 2배가 된다.

32
고압 가공인입선이 도로를 횡단할 경우 설치 높이는?

① 3[m] 이상
② 3.5[m] 이상
③ 5[m] 이상
④ 6[m] 이상

가공인입선의 지표상 높이

구분	전압	저압	고압
도로횡단		5[m] 이상	6[m] 이상
철도횡단		6.5[m] 이상	6.5[m] 이상
위험표시		×	3.5[m] 이상
횡단 보도교		3[m]	3.5[m] 이상

33 ★
변압기유로 쓰이는 절연유에 요구되는 성질이 아닌 것은?

① 점도가 클 것
② 인화점이 높고 응고점이 낮을 것
③ 절연내력이 클 것
④ 비열이 커서 냉각효과가 클 것

> 변압기 절연(변압기)유 구비조건
> 1) 절연내력은 클 것
> 2) 냉각효과는 클 것
> 3) 인화점은 높고, 응고점은 낮을 것
> 4) 점도는 낮을 것

34
금속전선관 공사에서 사용하는 후강 전선관의 규격이 아닌 것은?

① 16
② 22
③ 28
④ 48

> 금속관 공사(접지공사를 할 것)
> 1) 1본의 길이 : 3.66(3.6)[m]
> 2) 금속관의 종류와 규격
> • 후강 전선관(안지름을 기준으로 한 짝수)
>   16, 22, 28, 36, 42, 54, 70, 82, 92, 104[mm] (10종)
> • 박강 전선관(바깥지름을 기준으로 한 홀수)
>   19, 25, 31, 39, 51, 63, 75[mm] (7종)

35
배전반 및 분전반과 연결된 배관을 변경하거나 이미 설치되어 있는 캐비닛에 구멍을 뚫을 때 필요한 공구는?

① 오스터
② 클리퍼
③ 토치램프
④ 녹아웃펀치

> 녹아웃펀치는 배전반 및 분전반과 연결된 배관을 변경하거나 이미 설치되어 있는 캐비닛에 구멍을 뚫을 때 사용한다.

36
한국전기설비규정에 의한 사용전압이 400[V] 이하의 애자 사용 공사를 할 경우 전선과 조영재 사이의 이격거리는 최소 몇 [mm] 이상이어야만 하는가?

① 15
② 25
③ 45
④ 120

애자 공사

전압	전선과 전선상호	전선과 조영재
400[V] 이하	0.06[m] 이상	25[mm] 이상
400[V] 초과 저압	0.06[m] 이상	45[mm] 이상 (단, 건조한 장소 25[mm] 이상)
고압	0.08[m] 이상	50[mm] 이상

정답 31 ② 32 ④ 33 ① 34 ④ 35 ④ 36 ②

37

세탁기에 사용하는 콘센트로 적합한 것은?

① 접지극이 없는 15[A]의 2극 콘센트
② 접지극이 있는 15[A]의 2극 콘센트
③ 접지극이 없는 15[A]의 3극 콘센트
④ 접지극이 있는 15[A]의 3극 콘센트

> 콘센트의 시설
> 주택의 옥내전로에는 접지극이 있는 콘센트를 사용하며, 가정용의 경우 2극 콘센트를 사용한다.

38

한국전기설비규정에 의하여 가공전선에 케이블을 사용하는 경우 케이블은 조가용선에 시설하여야 한다. 조가용선의 굵기는 몇 [mm²] 이상이어야만 하는가?

① 16　　② 20
③ 22　　④ 24

> 가공 케이블의 시설
> 조가용선 시설 : 접지공사를 한다.
> 1) 케이블은 조가용선에 행거로 시설할 것. 이 경우 고압인 경우 그 행거의 간격은 50[cm] 이하로 시설하여야 한다.
> 2) 조가용선은 인장강도 5.93[kN] 이상의 연선 또는 22[mm²] 이상의 아연도철연선이어야 한다.
> 3) 금속테이프 등은 20[cm] 이하 간격을 유지하며 나선상으로 감는다.

39 ★

450/750[V] 일반용 단심 비닐 절연전선의 약호는?

① NRI　　② NR
③ OW　　④ OC

명칭(약호)	용도
인입용 비닐 절연전선(DV)	저압 가공 인입용으로 사용
옥외용 비닐 절연전선(OW)	저압 가공 배전선(옥외용)
옥외용 가교폴리에틸렌 절연전선(OC)	고압 가공전선로에 사용
450/750[V] 일반용 단심 비닐 절연전선 (NR)	옥내배선용으로 주로 사용
형광등 전선(FL)	형광등용 안정기의 2차배선

40

다음 중 유효전력은 어느 것인가? (단, 전압 E[V], 전류 I[A], 역률 $\cos\theta$, 무효율 $\sin\theta$이다.)

① $P = EI$　　② $P = EI\cos\theta$
③ $P = EI\sin\theta$　　④ $P = EI^2\cos\theta$

> 1) 유효전력 : $P = EI\cos\theta$[W]
> 2) 무효전력 : $P_r = EI\sin\theta$[VAR]

41

$R = 40[\Omega]$, $L = 80$[mH]인 직렬회로에 주파수 60[Hz]인 전압 200[V]를 인가하면 흐르는 전류는 몇 [A]인가?

① 1　　② 2
③ 3　　④ 4

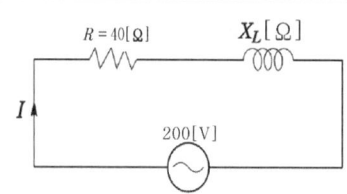

> 코일의 리액턴스
> $X_L = \omega L = 2\pi f L = 2\pi \times 60 \times 80 \times 10^{-3} \fallingdotseq 30[\Omega]$
> 전체 합성 임피던스
> $|Z| = \sqrt{R^2 + X_L^2} = \sqrt{40^2 + 30^2} = 50[\Omega]$
> 전류 $I = \dfrac{V}{|Z|} = \dfrac{200}{50} = 4$[A]

42

작업대로부터 광원의 높이가 2.4[m]인 위치에 조명기구를 배치할 경우 등과 등 사이 간격은 최대 몇 [m]로 배치하여 설치하는가?

① 1.8　　② 2.4
③ 3.6　　④ 4.8

> 등과 등 사이 간격은 등고의 1.5배 이하가 되어야 한다.
> ∴ 등 사이 간격 $s = 2.4 \times 1.5 = 3.6$[m]

정답　37 ②　38 ③　39 ②　40 ②　41 ④　42 ③

43

공기 중 어느 지점의 자계의 세기가 200[A/m]이라면 자속밀도 B[Wb/m²]은?

① $4\pi \times 10^{-5}$
② $8\pi \times 10^{-5}$
③ $2\pi \times 10^{-7}$
④ $6\pi \times 10^{-7}$

> 공기 중 투자율 : $\mu_0 = 4\pi \times 10^{-7}$[H/m]
> 공기 중 자속밀도
> $B = \mu_0 H = 4\pi \times 10^{-7} \times 200 = 8\pi \times 10^{-5}$[Wb/m²]

44 빈출

진공 중의 투자율 값은 몇 [H/m]인가?

① 8.855×10^{-12}
② 9×10^9
③ $4\pi \times 10^{-7}$
④ 6.33×10^4

> 진공 중의 투자율 ≒ 공기 중의 투자율 : μ_0
> $\mu_0 = 4\pi \times 10^{-7}$[H/m]

45

자극의 세기가 m[Wb], 길이가 l[m]인 자석의 자기 모멘트 M[Wb·m]는?

① ml
② ml^2
③ $\dfrac{m}{l}$
④ $\dfrac{l}{m}$

> 자기 쌍극자 모멘트 : $M = ml$[Wb·m]

46

접지의 목적과 거리가 먼 것은?

① 감전의 방지
② 보호 계전기의 확실한 동작 확보
③ 이상전압의 억제
④ 송전용량의 증대

> 접지를 하는 이유는 안전을 확보하기 위함이며 용량 증대와는 무관하다.

47 빈출

200회를 감은 어떤 코일에 2,000[AT]의 기자력이 생겼다면 흐른 전류는 몇 [A]인가?

① 10
② 20
③ 30
④ 40

> 기자력 : $F = NI$[AT]
> 전류 : $I = \dfrac{F}{N} = \dfrac{2,000}{200} = 10$[A]

48 빈출

어느 단상 변압기의 2차 무부하전압이 104[V]이며, 정격의 부하시 2차 단자전압이 100[V]이었다. 전압변동률은 몇 [%]인가?

① 2
② 3
③ 4
④ 5

> 전압변동률 $\epsilon = \dfrac{V_{20} - V_{2n}}{V_{2n}} \times 100$
> $= \dfrac{104 - 100}{100} \times 100$
> $= 4$[%]

49

셀룰로이드, 성냥, 석유류 및 기타 가연성 위험물질을 제조 또는 저장하는 장소의 공사 방법으로 잘못된 것은?

① 금속관 공사
② 두께 2[mm] 이상의 합성수지관 공사
③ 플로어 덕트 공사
④ 케이블 공사

> 위험물을 저장 또는 제조하는 장소의 전기 공사
> 1) 금속관 공사
> 2) 케이블 공사
> 3) 합성수지관 공사(두께 2[mm] 미만의 합성수지 전선관 및 난연성이 없는 콤바인덕트관을 사용하는 것을 제외한다.)

정답 43 ② 44 ③ 45 ① 46 ④ 47 ① 48 ③ 49 ③

50

TRIAC의 기호는?

① 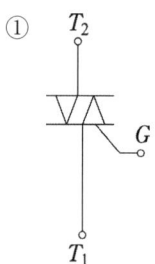   ②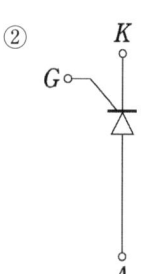

③ 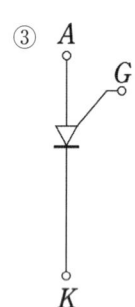   ④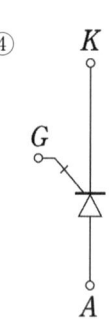

> **TRIAC(양방향 3단자 소자)**
>
>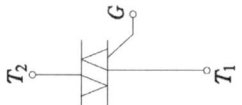
>
> SCR 2개를 역병렬로 접속한 구조를 가지고 있는 소자를 말한다.

51

점유 면적이 좁고 운전 및 보수에 안전하므로 공장 등의 전기실에서 많이 사용되는 배전반은?

① 큐비클형 배전반
② 철제 수직형 배전반
③ 데드프런트식 배전반
④ 라이브 프런트식 배전반

> **큐비클형**
>
> 가장 많이 사용되는 유형으로 폐쇄식 배전반이라고도 하며 공장, 빌딩 등의 전기실에 널리 이용된다.

52

직류 전동기의 규약효율을 표시하는 식은?

① $\dfrac{출력}{출력+손실}\times 100[\%]$ ② $\dfrac{출력}{입력}\times 100[\%]$

③ $\dfrac{입력-손실}{입력}\times 100[\%]$ ④ $\dfrac{입력}{출력+손실}\times 100[\%]$

> **전기기기의 규약효율**
>
> 1) $\eta_{발전기} = \dfrac{출력}{출력+손실} \times 100[\%]$
>
> 2) $\eta_{전동기} = \dfrac{입력-손실}{입력} \times 100[\%]$
>
> 3) $\eta_{변압기} = \dfrac{출력}{출력+손실} \times 100[\%]$

53

무대·무대마루 밑, 오케스트라 박스 및 영사실의 전로에는 전용의 개폐기 및 과전류 차단기를 시설하여야 한다. 이때 비상조명을 제외한 조명용 분기회로 및 정격 32[A] 이하의 콘센트용 분기회로는 정격 감도전류[mA] 몇 이하의 누전 차단기로 보호하여야 하는가?

① 20   ② 30
③ 40   ④ 100

> **전시회, 쇼 및 공연장의 전기설비**
>
> 전시회, 쇼 및 공연장 기타 이들과 유사한 장소에 시설하는 저압전기설비에 적용한다.
>
> 1) 무대·무대마루 밑·오케스트라 박스·영사실 기타 사람이나 무대도구가 접촉할 우려가 있는 곳에 시설하는 저압 옥내배선, 전구선 또는 이동전선은 사용전압이 400[V] 이하이어야 한다.
> 2) 비상 조명을 제외한 조명용 분기회로 및 정격 32[A] 이하의 콘센트용 분기회로는 정격 감도 전류 30[mA] 이하의 누전 차단기로 보호하여야 한다.

정답 50 ① 51 ① 52 ③ 53 ②

54

전동기의 과부하, 결상, 구속운전에 대해 보호하며, 차단 등의 시간특성을 조절 가능한 보호설비는 무엇인가?

① 과전압 계전기 ② 전자식 과전류 계전기
③ 온도 계전기   ④ 압력 계전기

> 전자식 과전류 계전기(EOCR)
> 전동기의 과부하, 결상, 구속운전에 대해 보호하며, 차단 등의 시간특성 조절이 가능한 보호설비이다.

55 ⭐빈출

옥내배선 공사에서 절연전선의 피복을 벗길 때 사용하면 편리한 공구는?

① 와이어 스트리퍼 ② 롱로즈
③ 압착펜치   ④ 플라이어

> 와이어 스트리퍼는 전선의 피복을 자동으로 벗기는 경우에 사용한다.

56

UPS에 대한 설명으로 옳은 것은?

① 교류를 직류로 변환하는 장치이다.
② 직류를 교류로 변환하는 장치이다.
③ 무정전전원 공급장치이다.
④ 회전수를 조절하는 장치이다.

> UPS는 무정전전원을 공급하는 장치를 말한다.

57

일정 방향으로 일정 값 이상의 전류가 흐를 때 동작하는 계전기는?

① 방향 단락 계전기 ② 비율 차동 계전기
③ 거리 계전기   ④ 과전압 계전기

> 방향 단락 계전기(DSR)
> 일정한 방향으로 일정 값 이상의 고장전류가 흐를 때 동작한다.

58

저항이 3[Ω], 유도성 리액턴스가 X_L[Ω]인 직렬회로에 $v = 100\sqrt{2}\sin\omega t$[V]의 교류전압을 인가하였을 때 20[A]의 전류가 흘렀다면 X_L[Ω]은 얼마인가?

① 2   ② 4
③ 20 ④ 40

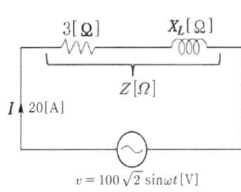

> 전압의 실효값 : $V = \dfrac{V_m}{\sqrt{2}} = \dfrac{100\sqrt{2}}{\sqrt{2}} = 100$[V]
>
> 전체 임피던스 : $Z = \dfrac{V}{I} = \dfrac{100}{20} = 5$[Ω], $Z = \sqrt{R^2 + X_L^2}$
>
> 코일의 리액턴스 : $X_L = \sqrt{Z^2 - R^2} = \sqrt{5^2 - 3^2} = 4$[Ω]

59

RLC 직렬회로의 공진 조건이 아닌 것은?

① $\omega L = \omega C$ ② $\omega L = \dfrac{1}{\omega C}$
③ $\omega^2 LC = 1$ ④ $\omega L - \dfrac{1}{\omega C} = 0$

> RLC 직렬회로의 공진 조건
> 1) $\omega L = \dfrac{1}{\omega C} \to \omega^2 LC = 1$
> 2) $\omega L = \dfrac{1}{\omega C} \to \omega L - \dfrac{1}{\omega C} = 0$

60

자속을 흐르게 하는 원동력은?

① 전자력 ② 정전력
③ 기자력 ④ 기전력

> 기자력은 자속을 발생시키는 원동력을 말한다.

정답 54 ② 55 ① 56 ③ 57 ① 58 ② 59 ① 60 ③

2023년 2회 | CBT 기출복원문제

01
저항 2[Ω]과 6[Ω]을 직렬 연결하고 r[Ω]의 저항을 추가로 직렬 연결하였다. 이 회로 양단에 전압 100[V]를 인가하였더니 10[A]의 전류가 흘렀다면 r[Ω]의 값은?

① 2　　　　② 4
③ 6　　　　④ 8

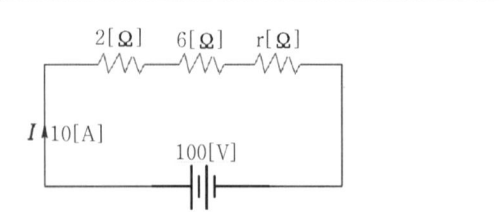

전압과 전류의 합성저항 : $R = \dfrac{V}{I} = \dfrac{100}{10} = 10[\Omega]$
각 저항의 직렬 합성저항 : $R = 2 + 6 + r = 8 + r = 10[\Omega]$
저항 : $r = 2[\Omega]$

02 ⭐
저항이 $R[\Omega]$인 전선을 3배로 잡아 늘리면 저항은 몇 배가 되는가? (단, 전선의 체적은 일정하다.)

① 3배 감소　　② 3배 증가
③ 9배 감소　　④ 9배 증가

직선도체의 체적이 일정할 때
$v = S \cdot l \rightarrow S = \dfrac{v}{l} \rightarrow S \propto \dfrac{1}{l}$
도체의 길이(3배 증가) : $l' = 3l$
도체의 단면적 : $S' \propto \dfrac{1}{l'} \propto \dfrac{1}{3} = \dfrac{1}{3}S$
도체의 저항 : $R' = \rho\dfrac{l'}{S'} = \rho\dfrac{3l}{\frac{1}{3}S} = 9 \times \rho\dfrac{l}{S} = 9R$(9배 증가)

03
전류계와 전압계의 측정범위를 확대하기 위해 전류계에는 분류기를, 전압계에는 배율기를 연결하려고 할 때 맞는 연결은?

① 분류기는 전류계와 직렬 연결, 배율기는 전압계와 병렬 연결
② 분류기는 전류계와 병렬 연결, 배율기는 전압계와 직렬 연결
③ 분류기는 전류계와 직렬 연결, 배율기는 전압계와 직렬 연결
④ 분류기는 전류계와 병렬 연결, 배율기는 전압계와 병렬 연결

1) 분류기 : 전류계와 병렬로 연결
2) 배율기 : 전압계와 직렬로 연결

04 빈출
전극에서 석출되는 물질의 양은 통과한 전기량에 비례하고 전기화학당량에 비례한다는 법칙은?

① 패러데이의 법칙　　② 가우스의 법칙
③ 암페어의 법칙　　　④ 플레밍의 법칙

패러데이의 법칙(전기분해)
1) 전극에서 석출되는 물질의 양(W)은 통과한 전기량(Q)에 비례하고 전기화학당량(k)에 비례한다.
2) 석출량 $W = kQ = kIt$[g]

정답　01 ①　02 ④　03 ②　04 ①

05

동기 전동기의 자기 기동에서 계자권선을 단락하는 이유는?

① 기동이 쉽다.
② 기동 권선을 이용한다.
③ 고전압이 유도된다.
④ 전기자 반작용을 방지한다.

> **동기 전동기의 기동법**
> 1) 자기 기동법 : 제동권선
>   이때 기동 시 계자권선을 단락하여야 한다. 고전압에 따른 절연파괴 우려가 있다.
> 2) 기동 전동기법 : 3상 유도 전동기
>   유도 전동기를 기동 전동기로 사용 시 동기 전동기보다 2극을 적게 한다.

06

변압기, 동기기 등 층간 단락 등의 내부고장 보호에 사용되는 계전기는?

① 역상 계전기
② 접지 계전기
③ 과전압 계전기
④ 차동 계전기

> **발전기 및 변압기 내부고장 보호 계전기**
> 1) 차동 계전기
> 2) 비율 차동 계전기

07

인버터의 용도로 가장 적합한 것은?

① 직류 - 직류 변환
② 직류 - 교류 변환
③ 교류 - 증폭교류 변환
④ 직류 - 증폭직류 변환

> **전력변환 설비**
> 1) 컨버터 : 교류를 직류로 변환한다.
> 2) 인버터 : 직류를 교류로 변환한다.
> 3) 사이클로 컨버터 : 교류를 교류로 변환한다(주파수 변환기).

08

낙뢰, 수목 접촉, 일시적인 섬락 등 순간적인 사고로 계통에서 분리된 구간을 신속히 계통에 투입시킴으로써 계통의 안정도를 향상시키고 정전 시간을 단축시키기 위해 사용되는 계전기는?

① 차동 계전기
② 과전류 계전기
③ 거리 계전기
④ 재폐로 계전기

> **재폐로 계전기**
> 낙뢰, 수목 접촉, 일시적인 섬락 등 순간적인 사고로 계통에서 분리된 구간을 신속히 계통에 투입시킴으로써 계통의 안정도를 향상시키고 정전 시간을 단축시키기 위해 사용한다.

09

단상 유도 전압 조정기의 단락권선의 역할은?

① 철손 경감
② 절연 보호
③ 전압조정 용이
④ 전압강하 경감

> **단상 유도 전압 조정기(교번자계 원리)**
> 1) 단상 유도 전압 조정기는 단락권선을 필요로 한다. 누설리액턴스에 의한 전압강하를 경감한다.
> 2) 전압조정 범위 : $V_2 = V_1 \pm E_2$
> 3) 출력 $P_2 = E_2 I_2$
> V_2 : 출력전압, V_1 : 입력전압, E_2 : 조정전압, I_2 : 2차 전류

10

200[kVA] 단상 변압기 2대를 이용하여 V-V결선하여 3상 전력을 공급할 경우 공급 가능한 최대전력은 몇 [kVA]가 되는가?

① 173.2
② 200
③ 346.41
④ 400

> **V결선 출력**
> $P_V = \sqrt{3} P_1$
> $= \sqrt{3} \times 200 = 346.41 [kVA]$

정답 05 ③ 06 ④ 07 ② 08 ④ 09 ④ 10 ③

11

합성수지관을 새들 등으로 지지하는 경우에는 그 지지점 간의 거리를 몇 [m] 이하로 하여야 하는가?

① 1.5
② 2.0
③ 2.5
④ 3.0

> **합성수지관 공사**
> 1) 1본의 길이 : 4[m]
> 2) 관 상호 간, 관과 박스를 접속할 경우 관의 삽입 깊이는 관 바깥지름의 1.2배 이상(단, 접착제를 사용하는 경우 0.8배 이상)
> 3) 지지점 간 거리는 1.5[m] 이하

12

노출장소 또는 점검 가능한 장소에서 제2종 가요전선관을 시설하고 제거하는 것이 자유로운 경우 곡률 반지름은 안지름의 몇 배 이상으로 하여야 하는가?

① 2배
② 3배
③ 4배
④ 6배

> **가요전선관 공사 시설기준**
> 1) 가요전선관은 2종 금속제 가요전선관일 것(다만, 전개된 장소 또는 점검할 수 있는 은폐장소에는 1종 가요전선관을 사용할 수 있다.)
> 2) 관을 구부리는 정도는 2종 가요전선관을 시설하고 제거하는 것이 어려운 장소일 경우 굴곡 반경은 관 안지름의 6배(단, 시설하고 제거하는 것이 자유로울 경우 3배) 이상

13

한국전기설비규정에서 정한 가공전선로의 지지물에 승탑 또는 승강용으로 사용하는 발판 볼트 등은 지표상 몇 [m] 미만에 시설하여서는 안 되는가?

① 1.2
② 1.5
③ 1.6
④ 1.8

> **발판 볼트**
> 지지물에 시설하는 발판 볼트의 경우 1.8[m] 이상 높이에 시설한다.

14

다음 중 과전류 차단기를 설치하는 곳은?

① 간선의 전원측 전선
② 접지공사의 접지도체
③ 다선식 전로의 중성선
④ 접지공사를 한 저압 가공전선로의 접지측 전선

> **과전류 차단기 시설 제한 장소**
> 1) 접지공사의 접지도체
> 2) 다선식 전로의 중성선
> 3) 접지공사를 한 저압 가공전선로의 접지측 전선

15

200[V] 전압을 공급하여 일정한 저항에서 소비되는 전력이 1[kW]였다. 전압을 300[V]를 가하면 소비되는 전력은 몇 [kW]인가?

① 1
② 1.5
③ 2.25
④ 3.6

> 전력과 전압의 관계 : $P = \dfrac{V^2}{R} = 1[kW]$
>
> 전압비 : $\dfrac{300[V]}{200[V]} = 1.5$배 → $V' = 1.5V$
>
> $P' = \dfrac{(1.5V)^2}{R} = 1.5^2 \times \dfrac{V^2}{R} = 2.25 \times 1[kW] = 2.25[kW]$

16

피시 테이프(fish tape)의 용도는?

① 전선을 테이핑하기 위해 사용
② 전선관의 끝 마무리를 위해서 사용
③ 배관에 전선을 넣을 때 사용
④ 합성수지관을 구부릴 때 사용

> **피시 테이프(fish tape)**
> 배관 공사 시 전선을 넣을 때 사용한다.

정답 11 ① 12 ② 13 ④ 14 ① 15 ③ 16 ③

17

점착성이 없으나 절연성, 내온성 및 내유성이 있어 연피케이블 접속에 사용되는 테이프는?

① 고무테이프　　② 자기융착 테이프
③ 비닐테이프　　④ 리노테이프

> 리노테이프는 점착성이 없으나 절연성, 내열성 및 내유성이 있어 연피케이블 접속에 주로 사용된다.

18

콘덴서 3[F]과 6[F]을 직렬 연결하고 양단에 300[V]의 전압을 가할 때 3[F]에 걸리는 전압 V_1[V]은?

① 100　　② 200
③ 450　　④ 600

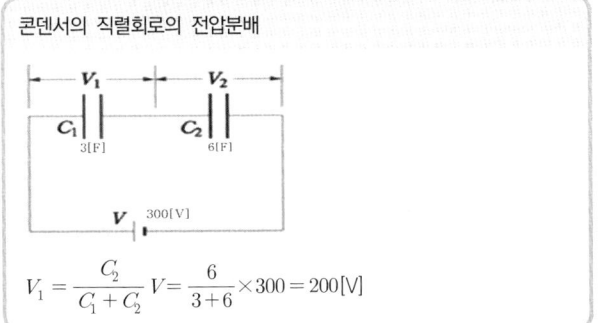

$$V_1 = \frac{C_2}{C_1 + C_2} V = \frac{6}{3+6} \times 300 = 200[V]$$

19

3상 Δ결선의 각 상의 임피던스가 30[Ω]일 때 Y결선으로 변환하면 각 상의 임피던스는 얼마인가?

① 10[Ω]　　② 30[Ω]
③ 60[Ω]　　④ 90[Ω]

> 임피던스 변환(Δ→Y)
> $Z_Y = Z_\Delta \times \frac{1}{3} = 30 \times \frac{1}{3} = 10[\Omega]$

20

콘덴서 C[F]이란?

① 전기량 × 전위차　　② $\frac{전위차}{전기량}$

③ $\frac{전기량}{전위차}$　　④ 전기량 × 전위차²

> 콘덴서의 전기량 : $Q = CV$[C]
> 콘덴서의 정전용량 : $C = \frac{Q}{V} = \frac{전기량}{전위차}$ [F]

21

용량이 같은 콘덴서가 10개 있다. 이것을 병렬로 접속할 때의 값은 직렬로 접속할 때의 값보다 어떻게 되는가?

① 1/10배로 감소한다.
② 1/100배로 감소한다.
③ 10배로 증가한다.
④ 100배로 증가한다.

> 병렬 연결 합성 정전용량 : 병렬 $C = mC = 10C$
> 직렬 연결 합성 정전용량 : 직렬 $C = \frac{C}{m} = \frac{C}{10}$
> $\frac{병렬 C}{직렬 C} = \frac{10C}{\frac{C}{10}} = 100$[배] (증가)

22

동기기의 전기자 권선법이 아닌 것은?

① 전층권　　② 분포권
③ 2층권　　④ 중권

> 동기기의 전기자 권선법은 고상권, 폐로권, 이층권, 중권으로서 분포권, 단절권을 사용한다.

정답　17 ④　18 ②　19 ①　20 ③　21 ④　22 ①

23 빈출

10[AT/m]의 자계 중에 자극의 세기가 50[Wb]인 자극을 놓았을 때 힘 F[N]은 얼마인가?

① 150
② 300
③ 500
④ 750

> **자계 중에 자극을 놓았을 때 작용하는 힘**
> $F = mH = 50 \times 10 = 500$[N]

24

변압기 내부고장 시 급격한 유류 또는 Gas의 이동이 생기면 동작하는 부흐홀쯔 계전기의 설치 위치는?

① 변압기 본체
② 변압기의 고압측 부싱
③ 콘서베이터 내부
④ 변압기의 본체와 콘서베이터를 연결하는 파이프

> **부흐홀쯔 계전기**
> 변압기 내부고장으로 보호로 사용되며 변압기의 주탱크와 콘서베이터 연결관 사이에 설치한다.

25

계자 권선과 전기자 권선이 병렬로 접속되어 있는 직류기는?

① 직권기
② 분권기
③ 복권기
④ 타여자기

> **분권기**
> 분권의 경우 계자와 전기자가 병렬로 연결된 직류기를 말한다.

26 빈출

다음 중 3단자 사이리스터가 아닌 것은?

① SCR
② SCS
③ GTO
④ TRIAC

> SCS는 단방향 4단자 소자를 말한다.

27 빈출

동기 발전기에서 전기자 전류가 무부하 유도기전력보다 $\frac{\pi}{2}$[rad] 앞서 있는 경우에 나타나는 전기자 반작용은?

① 증자 작용
② 감자 작용
③ 교차 자화 작용
④ 직축 반작용

> **동기 발전기의 전기자 반작용**
>
> | 종류 | 앞선(진상, 진) 전류가 흐를 때 | 뒤진(지상, 지) 전류가 흐를 때 |
> | --- | --- | --- |
> | 동기 발전기 | 증자 작용 | 감자 작용 |
> | 동기 전동기 | 감자 작용 | 증자 작용 |

28 빈출

진공 중에 Q_1[C]과 Q_2[C]의 두 전하를 거리 d[m] 간격에 놓았을 때 그 사이에 작용하는 힘은 몇 [N]인가?

① $9 \times 10^9 \times \dfrac{Q_1 Q_2}{d^2}$
② $9 \times 10^9 \times \dfrac{Q_1 Q_2}{d}$
③ $9 \times 10^9 \times \dfrac{Q_1^2 Q_2}{d}$
④ $9 \times 10^9 \times Q_1 Q_2 d$

> **진공 중의 두 점전하 사이에 작용하는 힘**
> $F = \dfrac{Q_1 Q_2}{4\pi \varepsilon_0 d^2} = 9 \times 10^9 \times \dfrac{Q_1 Q_2}{d^2}$ [N]

29

변압기의 임피던스 전압이란?

① 정격전류가 흐를 때의 변압기 내의 전압강하
② 여자전류가 흐를 때의 2차 측 단자전압
③ 정격전류가 흐를 때의 2차 측 단자전압
④ 2차 단락전류가 흐를 때의 변압기 내의 전압강하

> **변압기의 임피던스 전압**
> $\%Z = \dfrac{IZ}{E} \times 100$[%]에서 IZ의 크기를 말하며, 정격의 전류가 흐를 때 변압기 내의 전압강하를 말한다.

정답 23 ③ 24 ④ 25 ② 26 ② 27 ① 28 ① 29 ①

30

슬립 $s = 5[\%]$, 2차 저항 $r_2 = 0.1[\Omega]$인 유도 전동기의 등가저항 $R[\Omega]$은 얼마인가?

① 0.4
② 0.5
③ 1.9
④ 2.0

> **유도 전동기의 등가저항**
> $$R_2 = r_2\left(\frac{1}{s} - 1\right)$$
> $$= 0.1 \times \left(\frac{1}{0.05} - 1\right) = 1.9[\Omega]$$

31

다음은 변압기 중성점 접지저항을 결정하는 방법이다. 여기서 k의 값은? (단, I_g란 변압기 고압 또는 특고압 전로의 1선 지락전류를 말하며, 자동차단장치는 없도록 한다.)

$$R = \frac{k}{I_g}[\Omega]$$

① 75
② 150
③ 300
④ 600

> **변압기 중성점 접지저항 R**
> $$R = \frac{150, 300, 600}{1\text{선 지락전류}}[\Omega]$$
> 1) 150[V] : 아무 조건이 없는 경우(자동차단장치가 없는 경우)
> 2) 300[V] : 2초 이내에 자동차단하는 장치가 있는 경우
> 3) 600[V] : 1초 이내에 자동차단하는 장치가 있는 경우

32

유도 전동기의 속도 제어 방법이 아닌 것은?

① 극수 제어
② 2차 저항 제어
③ 일그너 제어
④ 주파수 제어

> **유도 전동기의 속도 제어**
> 극수 제어, 주파수 제어의 경우 농형 유도 전동기의 속도 제어 방법이며, 2차 저항 제어는 권선형 유도 전동기의 속도 제어 방법이다. 다만 일그너 제어의 경우 직류 전동기의 속도 제어 방법에 해당한다.

33

동전선의 접속방법에서 종단접속 방법이 아닌 것은?

① 비틀어 꽂는 형의 전선접속기에 의한 접속
② 종단 겹침용 슬리브(E형)에 의한 접속
③ 직선 맞대기용 슬리브(B형)에 의한 압착접속
④ 직선 겹침용 슬리브(P형)에 의한 접속

> **동전선의 종단접속**
> 1) 비틀어 꽂는 형의 전선접속기에 의한 접속
> 2) 종단 겹침용 슬리브(E형)에 의한 접속
> 3) 직선 겹침용 슬리브(P형)에 의한 접속

34

은행, 상점에서 사용하는 표준부하[VA/m²]는?

① 5
② 10
③ 20
④ 30

> **표준부하**
> 은행, 상점 사무실, 이발소, 미장원 등의 표준부하는 30[VA/m²]이다.

35

가공케이블 시설 시 조가용선에 금속테이프 등을 사용하여 케이블 외장을 견고하게 붙여 조가하는 경우 나선형으로 금속테이프를 감는 간격은 몇 [m] 이하를 확보하여 감아야 하는가?

① 0.5
② 0.3
③ 0.2
④ 0.1

> **가공 케이블의 시설**
> 조가용선 시설 : 접지공사를 한다.
> 1) 케이블은 조가용선에 행거로 시설할 것. 이 경우 고압인 경우 그 행거의 간격은 50[cm] 이하로 시설하여야 한다.
> 2) 조가용선은 인장강도 5.93[kN] 이상의 연선 또는 22[mm²] 이상의 아연도철연선이어야 한다.
> 3) 금속테이프 등은 20[cm] 이하 간격을 유지하며 나선상으로 감는다.

정답 30 ③ 31 ② 32 ③ 33 ③ 34 ④ 35 ③

36

한국전기설비규정에서 정한 무대, 오케스트라박스 등 흥행장의 저압 옥내배선 공사의 사용전압은 몇 [V] 이하인가?

① 200
② 300
③ 400
④ 600

> **전시회, 쇼 및 공연장의 전기설비**
>
> 전시회, 쇼 및 공연장 기타 이들과 유사한 장소에 시설하는 저압전기설비에 적용한다.
> 1) 무대·무대마루 밑·오케스트라 박스·영사실 기타 사람이나 무대 도구가 접촉할 우려가 있는 곳에 시설하는 저압 옥내배선, 전구선 또는 이동전선은 사용전압이 400[V] 이하이어야 한다.
> 2) 비상 조명을 제외한 조명용 분기회로 및 정격 32[A] 이하의 콘센트용 분기회로는 정격 감도 전류 30[mA] 이하의 누전 차단기로 보호하여야 한다.

37

반지름이 r[m], 권수가 N 회 감긴 환상 솔레노이드가 있다. 코일에 전류 I[A]를 흘릴 때 환상 솔레노이드의 자계 H [AT/m]는?

① 0
② $\dfrac{NI}{2r}$
③ $\dfrac{NI}{2\pi r}$
④ $\dfrac{NI}{4\pi r}$

> **환상솔레노이드의 자계**
>
> $H = \dfrac{NI}{2\pi r}$ [AT/m]

38

100[kVA]의 용량을 갖는 2대의 변압기를 이용하여 V-V 결선하는 경우 출력은 어떻게 되는가?

① 100
② $100\sqrt{3}$
③ 200
④ 300

> **V결선 시 출력**
>
> $P_V = \sqrt{3}\,P_1 = \sqrt{3} \times 100$

39

1[A]의 전류가 흐르는 코일의 인덕턴스가 20[H]일 때 이 코일에 저축된 전자 에너지는 몇 [J]인가?

① 10
② 20
③ 0.1
④ 0.2

> **코일에 저축된 전자 에너지 W**
>
> $W = \dfrac{1}{2}LI^2 = \dfrac{1}{2} \times 20 \times 1^2 = 10[J]$

40

파형률이란 무엇인가?

① $\dfrac{\text{최댓값}}{\text{평균값}}$
② $\dfrac{\text{실효값}}{\text{최댓값}}$
③ $\dfrac{\text{실효값}}{\text{평균값}}$
④ $\dfrac{\text{평균값}}{\text{실효값}}$

> 파형률 = $\dfrac{\text{실효값}}{\text{평균값}}$, 파고율 = $\dfrac{\text{최댓값}}{\text{실효값}}$

41

변압기의 권수비가 60일 때 2차 측 저항이 0.1[Ω]이다. 이것을 1차로 환산하면 몇 [Ω]인가?

① 310
② 360
③ 390
④ 41

> **변압기의 권수비**
>
> $a = \dfrac{V_1}{V_2} = \dfrac{N_1}{N_2} = \dfrac{I_2}{I_1} = \sqrt{\dfrac{Z_1}{Z_2}} = \sqrt{\dfrac{R_1}{R_2}} = \sqrt{\dfrac{X_1}{X_2}}$
>
> $a = \sqrt{\dfrac{R_1}{R_2}}$
>
> $R_1 = a^2 R_2 = 60^2 \times 0.1 = 360[\Omega]$

정답 36 ③ 37 ③ 38 ② 39 ① 40 ③ 41 ②

42

교류 순시전압 $v = 100\sqrt{2}\sin\left(100\pi t - \dfrac{\pi}{6}\right)$[V]일 때 다음 설명 중 틀린 것은?

① 실효전압 $V=100$[V]이다.
② 주파수는 50[Hz]이다.
③ 전압의 위상은 30도 뒤진다.
④ 주기는 0.2[sec]이다.

> 순시값 : $v = 100\sqrt{2}\sin\left(100\pi t - \dfrac{\pi}{6}\right)$
> $\qquad = V_m \sin(\omega t - \theta)$
> 최대값 : $V_m = 100\sqrt{2}$ [V]
> 실효전압 : $V = \dfrac{V_m}{\sqrt{2}} = \dfrac{100\sqrt{2}}{\sqrt{2}} = 100$[V]
> 각 주파수 : $\omega = 2\pi f = 100\pi$
> 주파수 : $f = \dfrac{100\pi}{2\pi} = 50$[Hz]
> 위상 : $\theta = -\dfrac{\pi}{6} = -30° = 30°$ 뒤진다.
> 주기 : $T = \dfrac{1}{f} = \dfrac{1}{50} = 0.02$[sec]

43

한국전기설비규정에서 정한 전선 접속 방법에 관한 사항으로 옳지 않은 것은?

① 도체에 알미늄을 사용하는 전선과 동을 사용하는 전선을 접속하는 등 전기화학적 성질이 다른 도체를 접속하는 경우에는 접속 부분에 전기적 부식이 생기지 않도록 할 것
② 접속 부분은 접속관 기타의 기구를 사용할 것
③ 전선의 세기를 80[%] 이상 감소시키지 아니할 것
④ 코드 상호, 캡타이어 케이블 상호 또는 이들 상호를 접속하는 경우에는 코드접속기, 접속함 기타의 기구를 사용할 것

> 전선의 접속 시 유의사항
> 1) 전선을 접속하는 경우 전기 저항이 증가되지 않도록 할 것
> 2) 전선의 접속 시 전선의 세기를 20[%] 이상 감소시키지 말 것 (80[%] 이상 유지시킬 것)

44

3상 유도 전동기에서 2차 측 저항을 2배로 하면 그 최대 토크는 어떻게 되는가?

① 변하지 않는다.   ② 2배로 된다.
③ $\sqrt{2}$ 배로 된다.   ④ $\dfrac{1}{2}$ 배로 된다.

> 3상 권선형 유도 전동기의 최대토크는 2차 측의 저항을 2배로 하더라도 변하지 않는다.

45

동일한 인덕턴스 L[H]인 두 코일을 같은 방향으로 감고 직렬 연결했을 때의 합성 인덕턴스[H]는? (단, 두 코일의 결합계수는 0.5이다.)

① $2L$ ② $3L$
③ $4L$ ④ $5L$

> 상호 인덕턴스 : $M = k\sqrt{L_1 L_2} = 0.5 \times \sqrt{L \times L} = 0.5L$
> 두 코일의 같은 방향 직렬 접속 합성 인덕턴스
> $L' = L_1 + L_2 + 2M = L + L + 2 \times 0.5L = 3L$

46

유도 전동기의 회전수가 1,164[rpm]일 경우 슬립이 3[%]이었다. 이 전동기의 극수는? (단, 주파수는 60[Hz]라고 한다.)

① 2   ② 4
③ 6   ④ 8

> 동기속도 $N_s = \dfrac{N}{1-s} = \dfrac{1,164}{1-0.03} = 1,200$[rpm]
> 극수 $P = \dfrac{120}{N_s}f = \dfrac{120}{1,200} \times 60 = 6$

정답 42 ④ 43 ③ 44 ① 45 ② 46 ③

47

다음의 변압기 극성에 관한 설명에서 틀린 것은?

① 우리나라는 감극성이 표준이다.
② 1차와 2차 권선에 유기되는 전압의 극성이 서로 반대이면 감극성이다.
③ 3상 결선 시 극성을 고려해야 한다.
④ 병렬 운전 시 극성을 고려해야 한다.

> **변압기의 감극성**
> 1차 측 전압과 2차 측 전압의 발생 방향이 같을 경우 감극성이라고 한다.

48

일정 방향으로 일정 값 이상의 전류가 흐를 때 동작하는 계전기는?

① 방향 단락 계전기
② 비율 차동 계전기
③ 거리 계전기
④ 과전압 계전기

> **방향 단락 계전기(DSR)**
> 일정한 방향으로 일정 값 이상의 고장전류가 흐를 때 동작한다.

49

단로기에 대한 설명 중 옳은 것은?

① 전압 개폐 기능을 갖는다.
② 부하전류 차단 능력이 있다.
③ 고장전류 차단 능력이 있다.
④ 전압, 전류 동시 개폐 기능이 있다.

> **단로기(DS)**
> 단로기란 무부하 상태에서 전로를 개폐하는 역할을 한다. 기기의 점검 및 수리 시 전원으로부터 이들 기기를 분리하기 위해 사용한다. 단로기는 전압 개폐 능력만 있다.

50

한국전기설비규정에서 정한 저압 애자사용 공사의 경우 전선 상호 간의 거리는 몇 [m]인가?

① 0.025
② 0.06
③ 0.12
④ 0.25

애자사용 공사

전압	전선과 전선상호	전선과 조영재
400[V] 이하	0.06[m] 이상	25[mm] 이상
400[V] 초과 저압	0.06[m] 이상	45[mm] 이상 (단, 건조한 장소 25[mm] 이상)
고압	0.08[m] 이상	50[mm] 이상

51

한국전기설비규정에서 정한 아래 그림 같이 분기회로 (S_2)의 보호장치(P_2)는 (P_2)의 전원 측에서 분기점(O) 사이에 다른 분기회로 또는 콘센트의 접속이 없고, 단락의 위험과 화재 및 인체에 대한 위험성이 최소화되도록 시설된 경우, 분기회로의 보호장치 (P_2)는 몇 [m]까지 이동 설치가 가능한가?

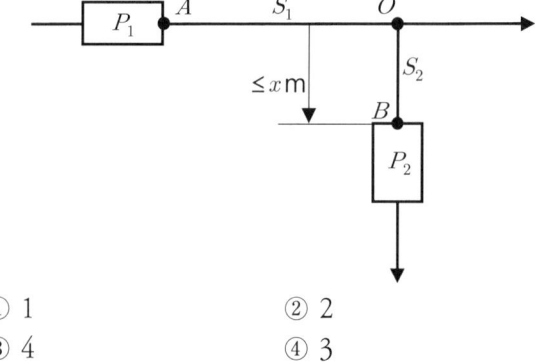

① 1
② 2
③ 4
④ 3

> **분기회로 보호장치**
> 분기회로(S_2)의 과부하 보호장치(P_2)의 전원측에서 분기점(O)사이에 분기회로 또는 콘센트의 접속이 없고 단락의 위험과 화재 및 인체에 대한 위험성이 최소화되도록 시설된 경우 과부하 보호장치(P_2)는 분기점(O)으로부터 3[m]까지 이동하여 설치할 수 있다.

정답 47 ② 48 ① 49 ① 50 ② 51 ④

52

저압 가공인입선이 횡단 보도교 위에 시설되는 경우 노면상 몇 [m] 이상의 높이에 설치되어야 하는가?

① 3 ② 4
③ 5 ④ 6

가공인입선의 지표상 높이		
구분 \ 전압	저압	고압
도로횡단	5[m] 이상	6[m] 이상
철도횡단	6.5[m] 이상	6.5[m] 이상
위험표시	×	3.5[m] 이상
횡단 보도교	3[m]	3.5[m] 이상

53

한국전기설비규정에서 정한 변압기 중성점 접지도체는 7[kV] 이하의 전로에서는 몇 [mm²] 이상이어야 하는가?

① 6   ② 10
③ 16 ④ 25

중성점 접지도체의 굵기

중성점 접지용 접지도체는 공칭단면적 16[mm²] 이상의 연동선 또는 동등 이상의 단면적 및 세기를 가져야 한다. 다만, 다음의 경우에는 공칭단면적 6[mm²] 이상의 연동선 또는 동등 이상의 단면적 및 강도를 가져야 한다.
1) 7[kV] 이하의 전로
2) 사용전압이 25[kV] 이하인 특고압 가공전선로. 다만, 중성선 다중 접지식의 것으로서 전로에 지락이 생겼을 때 2초 이내에 자동적으로 이를 전로로부터 차단하는 장치가 되어 있는 것

54 빈출

금속관을 절단할 때 사용되는 공구는?

① 오스터   ② 녹아웃 펀치
③ 파이프 커터 ④ 파이프렌치

파이프 커터는 금속관을 절단할 때 사용되는 공구이다.

55 빈출

인입용 비닐 절연전선의 약호(기호)는?

① W   ② DV
③ OW ④ NR

명칭(약호)	용도
인입용 비닐 절연전선(DV)	저압 가공 인입용으로 사용
옥외용 비닐 절연전선(OW)	저압 가공 배전선(옥외용)
옥외용 가교폴리에틸렌 절연전선(OC)	고압 가공전선로에 사용
450/750[V] 일반용 단심 비닐 절연전선 (NR)	옥내배선용으로 주로 사용
형광등 전선(FL)	형광등용 안정기의 2차배선

56

단상 교류 피상전력이 P_a, 무효전력이 P_r일 때 유효전력 P [W]는?

① $\sqrt{P_a^2 - P_r^2}$ ② $\sqrt{P_a^2 + P_r^2}$
③ $\sqrt{P_r^2 - P_a^2}$ ④ $\sqrt{P_r^2 + P_a^2}$

1) 피상전력 : $P_a = \sqrt{P^2 + P_r^2}$ [VA]
2) 유효전력 : $P = \sqrt{P_a^2 - P_r^2}$ [W]

57 빈출

한 상의 저항 6[Ω]과 리액턴스 8[Ω]인 평형 3상 △결선의 선간전압이 100[V]일 때 선전류는 몇 [A]인가?

① $20\sqrt{3}$ ② $10\sqrt{3}$
③ $2\sqrt{3}$ ④ $100\sqrt{3}$

△결선의 상전류
$I_p = \dfrac{V_p}{|Z|} = \dfrac{V_l}{\sqrt{R^2 + X^2}} = \dfrac{100}{\sqrt{6^2 + 8^2}} = 10$ [A]

△결선의 선전류
$I_l = \sqrt{3}\, I_p = \sqrt{3} \times 10 = 10\sqrt{3}$ [A]

정답 52 ① 53 ① 54 ③ 55 ② 56 ① 57 ②

58

비정현파 전압 $v = 30\sin\omega t + 40\sin 3\omega t$ [V]의 실효전압은 몇 [V]인가?

① 50
② $\dfrac{50}{\sqrt{2}}$
③ $50\sqrt{2}$
④ 25

> 기본파의 실효값 : $V_1 = \dfrac{V_{m1}}{\sqrt{2}} = \dfrac{30}{\sqrt{2}}$ [V]
>
> 3고조파의 실효값 : $V_3 = \dfrac{V_{m3}}{\sqrt{2}} = \dfrac{40}{\sqrt{2}}$ [V]
>
> 비정현파의 실효값 전압
> $V = \sqrt{V_1^2 + V_3^2} = \sqrt{\left(\dfrac{30}{\sqrt{2}}\right)^2 + \left(\dfrac{40}{\sqrt{2}}\right)^2} = \dfrac{50}{\sqrt{2}}$ [V]

59

저항 6[Ω]과 용량성 리액턴스 8[Ω]의 직렬회로에 전류가 10[A]가 흘렀다면 이 회로 양단에 인가된 교류전압은 몇 [V]인가?

① $60 - j80$
② $60 + j80$
③ $80 - j60$
④ $80 + j60$

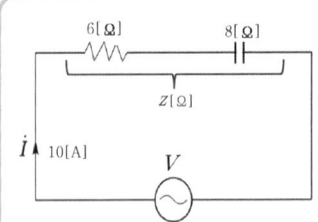

> RL 직렬회로의 합성 임피던스 : $Z = R - jX_C = 6 - j8$ [Ω]
> 교류전압 : $V = IZ = 10 \times (6 - j8) = 60 - j80$ [V]

60

금속관 공사에 대한 설명으로 잘못된 것은?

① 교류회로에서 전선을 병렬로 사용하는 경우 관내에 전자적 불평형이 생기지 않도록 할 것
② 금속관 안에는 전선의 접속점이 없도록 할 것
③ 금속관을 콘크리트에 매설할 경우 관의 두께는 1.0[mm] 이상일 것
④ 관의 호칭에서 후강 전선관은 짝수, 박강 전선관은 홀수로 표시할 것

> 금속관 공사
> 1) 1본의 길이 : 3.66(3.6)[m]
> 2) 금속관의 종류와 규격
>   • 후강 전선관(안지름을 기준으로 한 짝수)
>   16, 22, 28, 36, 42, 54, 70, 82, 92, 104[mm] (10종)
>   • 박강 전선관(바깥지름을 기준으로 한 홀수)
>   19, 25, 31, 39, 51, 63, 75[mm] (7종)
> 3) 전선은 연선일 것. 단, 단면적 10[mm²](알루미늄선 단면적 16[mm²]) 이하의 것은 적용하지않는다.
> 4) 전선은 금속관 안에서 접속점이 없도록 할 것
> 5) 콘크리트에 매설되는 금속관의 두께 1.2[mm] 이상(단, 기타의 것 1[mm] 이상)
> 6) 구부러진 금속관 굽은 부분 반지름은 관 안지름의 6배 이상일 것

정답 58 ② 59 ① 60 ③

2023년 3회 | CBT 기출복원문제

01
파형률은 어느 것인가?

① $\dfrac{평균값}{실효값}$ ② $\dfrac{실효값}{최댓값}$

③ $\dfrac{실효값}{평균값}$ ④ $\dfrac{최댓값}{실효값}$

> 파형률 = $\dfrac{실효값}{평균값}$, 파고율 = $\dfrac{최댓값}{실효값}$

02
Y결선에서 상전압이 220[V]이면 선간전압은 약 몇 [V]인가?

① 110 ② 220
③ 380 ④ 440

> 3상 Y결선
> 선간전압 : $V_l = \sqrt{3}\,V_P = \sqrt{3} \times 220 = 380[V]$

03
저항 9[Ω], 용량 리액턴스 12[Ω]인 직렬회로의 임피던스는 몇 [Ω]인가?

① 3   ② 15
③ 21 ④ 32

> 직렬 합성 임피던스
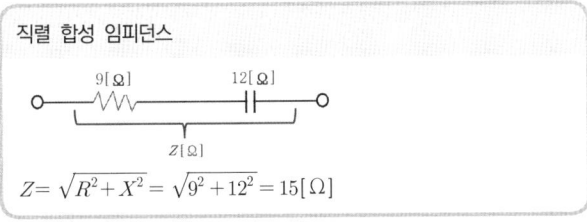
> $Z = \sqrt{R^2 + X^2} = \sqrt{9^2 + 12^2} = 15[\Omega]$

04
출력 P[kVA]의 단상 변압기 전원 2대를 V결선한 때의 3상 출력[kVA]은?

① P ② $\sqrt{3}\,P$
③ $2P$ ④ $3P$

> V결선의 출력
> $P_V = \sqrt{3}\,P$ (P : 단상 변압기 1대의 용량)

05
한국전기설비규정에 따라 폭연성, 가연성 분진을 제외한 장소로서 먼지가 많은 장소에서 시설할 수 없는 저압 옥내배선 방법은?

① 애자 공사   ② 금속관 공사
③ 금속덕트 공사   ④ 플로어 덕트 공사

> 먼지가 많은 장소의 시설
> 금속관 공사, 금속덕트 공사, 애자 공사, 케이블 공사가 가능하다.

06
코드 및 캡타이어 케이블을 전기기계 기구와 접속 시 연선의 경우 몇 [mm²]를 초과하는 경우 터미널러그(압착단자)를 접속하여야 하는가?

① 2.5 ② 4
③ 6   ④ 16

> 코드 및 캡타이어 케이블과 전기기계 기구와의 접속
> 연선의 경우 6[mm²]를 초과하는 경우 터미널러그에 접속하여야 한다.

정답 01 ③ 02 ③ 03 ② 04 ② 05 ④ 06 ③

07

플레밍의 왼손 법칙에서 엄지손가락이 뜻하는 것은?

① 자기력선속의 방향   ② 힘의 방향
③ 기전력의 방향   ④ 전류의 방향

플레밍의 왼손 법칙
자기장 내에 전류가 흐르는 도선을 놓았을 때 작용하는 힘이 발생하는 방향 및 크기를 구하는 법칙
1) 엄지 : 작용하는 힘의 방향
2) 검지 : 자기력선속(자속밀도)의 방향
3) 중지 : 전류가 흐르는 방향

08

다이오드 중 디지털 계측기, 탁상용 계산기 등에 숫자 표시기 등으로 사용되는 것은 무엇인가?

① 터널 다이오드   ② 제너 다이오드
③ 광 다이오드   ④ 발광 다이오드

발광 다이오드
발광 다이오드의 경우 가시광을 방사하여 디지털 계측기, 탁상용 계산기 등에 숫자 표시기 등으로 사용된다.

09

변압기 내부고장 시 급격한 유류 또는 Gas의 이동이 생기면 동작하는 부흐홀쯔 계전기의 설치 위치는?

① 변압기 본체
② 변압기의 고압측 부싱
③ 콘서베이터 내부
④ 변압기의 본체와 콘서베이터를 연결하는 파이프

부흐홀쯔 계전기
변압기 내부고장을 보호하며 변압기의 주탱크와 콘서베이터 연결관 사이에 설치한다.

10

변압기, 발전기의 층간 단락 및 상간 단락 보호에 사용되는 계전기는?

① 역상 계전기   ② 접지 계전기
③ 과전압 계전기   ④ 차동 계전기

발전기 및 변압기 내부고장 보호 계전기
1) 차동 계전기
2) 비율 차동 계전기

11

다음의 변압기 극성에 관한 설명에서 틀린 것은?

① 3상 결선 시 극성을 고려해야 한다.
② 1차와 2차 권선에 유기되는 전압의 극성이 서로 반대이면 감극성이다.
③ 우리나라는 감극성이 표준이다.
④ 병렬 운전 시 극성을 고려해야 한다.

변압기의 감극성
1차 측 전압과 2차 측 전압의 발생 방향이 같을 경우 감극성이라고 한다.

12

인버터의 용도로 가장 적합한 것은?

① 직류 - 직류 변환
② 직류 - 교류 변환
③ 교류 - 증폭교류 변환
④ 직류 - 증폭직류 변환

전력변환 설비
1) 컨버터 : 교류를 직류로 변환한다.
2) 인버터 : 직류를 교류로 변환한다.
3) 사이클로 컨버터 : 교류를 교류로 변환한다(주파수 변환기).

정답 07 ② 08 ④ 09 ④ 10 ④ 11 ② 12 ②

13

변압기의 권수비가 60일 때 2차 측 저항이 0.1[Ω]이다. 이것을 1차로 환산하면 몇 [Ω]인가?

① 310　② 360
③ 390　④ 41

변압기의 권수비
$$a = \frac{V_1}{V_2} = \frac{N_1}{N_2} = \frac{I_2}{I_1} = \sqrt{\frac{Z_1}{Z_2}} = \sqrt{\frac{R_1}{R_2}} = \sqrt{\frac{X_1}{X_2}}$$
$$a = \sqrt{\frac{R_1}{R_2}}$$
$$R_1 = a^2 R_2 = 60^2 \times 0.1 = 360[\Omega]$$

14

계자 권선과 전기자 권선이 병렬로 접속되어 있는 직류기는?

① 직권기　② 복권기
③ 분권기　④ 타여자기

분권기
분권의 경우 계자와 전기자가 병렬로 연결된 직류기를 말한다.

15

다음 [보기] 중 금속관, 애자, 합성수지 및 케이블 공사가 모두 가능한 특수 장소를 옳게 나열한 것은?

[보기]
Ⓐ 화약고 등의 위험장소
Ⓑ 위험물 등이 존재하는 장소
Ⓒ 부식성 가스가 있는 장소
Ⓓ 습기가 많은 장소

① Ⓐ, Ⓑ　② Ⓐ, Ⓒ
③ Ⓒ, Ⓓ　④ Ⓑ, Ⓓ

특수장소의 공사 시설
위 조건에서 애자 공사의 경우 폭연성 및 위험물 등이 존재하는 장소에 시설이 불가하다. 따라서 화약고 및 위험물이 존재하는 장소가 제외된다.

16

다음은 소세력 회로의 전선을 조영재를 붙여 시설할 경우 옳지 않은 것은?

① 전선은 케이블인 경우 이외에 공칭단면적 2.5[mm²] 이상의 연동선 또는 이와 동등 이상의 세기 또는 굵기일 것
② 전선은 금속제의 수관 및 가스관 또는 이와 유사한 것과 접촉되지 않을 것
③ 전선이 손상을 받을 우려가 있는 곳에 시설하는 경우 적절한 방호장치를 할 것
④ 전선은 금속망 또는 금속판을 목조 조영재에 시설하는 경우 전선을 방호장치에 넣어 시설할 것

소세력 회로
전자 개폐기의 조작회로 또는 초인벨·경보벨 등에 접속하는 전로로서 최대 사용전압이 60[V] 이하인 것
1) 소세력 회로에 전기를 공급하기 위한 절연변압기의 사용전압은 대지전압 300[V] 이하로 하여야 한다.
2) 소세력 회로의 전선을 조영재에 붙여 시설하는 경우에는 다음에 의하여 시설하여야 한다.
3) 전선은 케이블(통신용 케이블을 포함한다)인 경우 이외에는 공칭단면적 1[mm²] 이상의 연동선 또는 이와 동등 이상의 세기 및 굵기여야 한다.

17

2[Ω]의 저항과 3[Ω]의 저항을 직렬로 접속할 때 합성 컨덕턴스는 몇 [℧]인가?

① 5　② 2.5
③ 1.5　④ 0.2

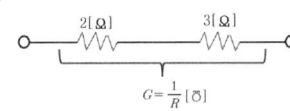

직렬 합성저항 : $R = 2 + 3 = 5[\Omega]$
컨덕턴스 : $G = \frac{1}{R} = \frac{1}{5} = 0.2[℧]$

정답　13 ②　14 ③　15 ③　16 ①　17 ④

18

접지저항 측정방법으로 가장 적당한 것은?

① 전력계
② 절연저항계
③ 콜라우시 브리지
④ 교류의 전압, 전류계

> 접지저항을 측정하기 위한 방법에는 어스테스터 또는 콜라우시 브리지법이 적당하다.

19

커플링을 사용하여 금속관을 서로 접속할 경우 사용되는 공구는?

① 파이프 렌치
② 파이프 바이스
③ 파이프 벤더
④ 파이프 커터

> 파이프 렌치는 커플링 사용 시 조이는 공구를 말한다.

20 ⭐빈출

단상 3선식 전원(100/200[V])에 100[V]의 전구와 콘센트 및 200[V]의 모터를 시설하고자 한다. 전원 분배가 옳게 결선된 회로는?

①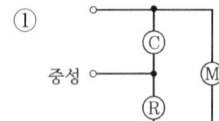
②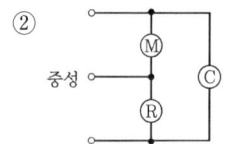
③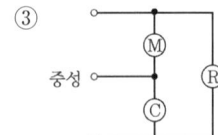
④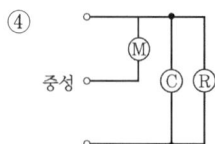

> **단상 3선식**
> 1) 단상 3선식의 전기방식은 외선과 중성선 사이에서 전압을 얻을 수 있으며 외선과 외선 사이에서 전압을 얻을 수 있다.
> 2) 조건에서 100[V]는 외선과 중성선 사이 전압을 말하고 200[V]는 외선과 외선 사이의 전압을 말한다.
> 3) 이때 ®은 전구를 말하고, ©는 콘센트, ⓜ은 모터를 말한다. 따라서 100[V] 라인에는 ®, ©가 연결되어야 하며 200[V] 라인에는 ⓜ이 연결되어야 옳은 결선이 된다.

21

기전력 4[V], 내부저항 0.2[Ω]의 전지 10개를 직렬로 접속하고 두 극 사이에 부하저항을 접속하였더니 4[A]의 전류가 흘렀다. 이때의 외부저항은 몇 [Ω]이 되겠는가?

① 6
② 7
③ 8
④ 9

> 전지의 직렬회로 전류
> $I = \dfrac{nV_1}{nr_1 + R} = \dfrac{10 \times 4}{10 \times 0.2 + R} = 4[A]$
> $\rightarrow \dfrac{40}{2+R} = 4 \rightarrow \dfrac{40}{4} = 2+R$
> 외부저항
> $R = \dfrac{40}{4} - 2 = 8[\Omega]$

22

최댓값이 V_m[V]인 사인파 교류에서 평균값 V_a[V] 값은?

① $0.557 V_m$
② $0.637 V_m$
③ $0.707 V_m$
④ $0.866 V_m$

> 최대값(V_m) → 평균값(V_a)
> $V_a = \dfrac{2V_m}{\pi} = \dfrac{2}{\pi} V_m = 0.637 V_m [V]$

23

전류를 계속 흐르게 하려면 전압을 연속적으로 만들어주는 어떤 힘이 필요하게 되는데, 이 힘을 무엇이라 하는가?

① 자기력
② 전자력
③ 기전력
④ 전기장

> **기전력의 정의**
> 1) 전류를 흐르게 하는 능력
> 2) 전류를 계속 흐르게 하기 위한 전압을 연속적으로 만들어주는 데 필요한 힘

24
30[μF]과 40[μF]의 콘덴서를 병렬로 접속한 다음 100[V]의 전압을 가했을 때 전 전하량은 몇 [C]인가?

① 17×10^{-4}
② 34×10^{-4}
③ 56×10^{-4}
④ 70×10^{-4}

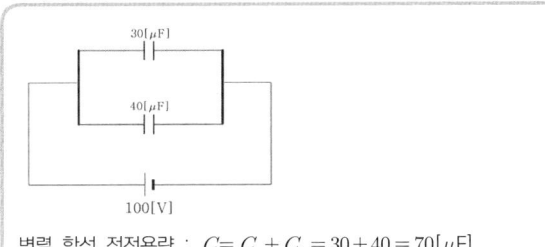

병렬 합성 정전용량 : $C = C_1 + C_2 = 30 + 40 = 70[\mu F]$
전체 전하량 : $Q = CV = 70 \times 10^{-6} \times 100 = 70 \times 10^{-4}[C]$

25
비오-사바르의 법칙은 어떤 관계를 나타낸 것인가?

① 기전력과 회전력
② 기자력과 자화력
③ 전류와 자장의 세기
④ 전압과 전장의 세기

전류와 자장에 관련된 법칙
1) 비오 – 사바르의 법칙
2) 암페어(앙페르)의 법칙
3) 플레밍의 왼손 법칙

26
규격이 같은 축전지 2개를 병렬로 연결하였다. 다음 설명 중 옳은 것은?

① 용량과 전압이 모두 2배가 된다.
② 용량과 전압이 모두 1/2배가 된다.
③ 용량은 불변이고 전압은 2배가 된다.
④ 용량은 2배가 되고 전압은 불변이다.

n개 축전지의 용량 및 전압
1) 병렬로 연결할 경우 : 용량은 n배 증가, 전압은 불변
2) 직렬로 연결할 경우 : 전압은 n배 증가, 용량은 불변

27
보극이 없는 직류기의 운전 중 중성점의 위치가 변하지 않은 경우는?

① 무부하일 때
② 중부하일 때
③ 과부하일 때
④ 전부하일 때

전기자 반작용에 의해 운전 중 중성점의 위치가 변화한다. 하지만 전기자에 전류가 흐르지 않는 상태인 무부하일 경우는 중성점의 위치가 변하지 않는다.

28
동기기의 전기자 권선법이 아닌 것은?

① 전층권
② 분포권
③ 2층권
④ 중권

동기기의 전기자 권선법은 고상권, 폐로권, 2층권에서 중권을 사용하며, 단절권과 전절권을 사용한다.

29
3상 유도 전동기에서 2차 측 저항을 2배로 하면 그 최대 토크는 어떻게 되는가?

① 2배로 된다.
② 변하지 않는다.
③ $\sqrt{2}$ 배로 된다.
④ $\frac{1}{2}$ 배로 된다.

3상 권선형 유도 전동기의 최대토크는 2차 측의 저항을 2배로 하더라도 변하지 않는다.

30
일정 방향으로 정정값 이상의 전류가 흐를 때 동작하는 계전기는?

① 방향 단락 계전기
② 부흐홀쯔 계전기
③ 거리 계전기
④ 과전압 계전기

방향 단락 계전기(DSR)
일정한 방향으로 일정 값 이상의 고장전류가 흐를 때 동작한다.

정답 24 ④ 25 ③ 26 ④ 27 ① 28 ① 29 ② 30 ①

31
450/750 일반용 단심 비닐 절연전선의 약호는?

① RI
② NR
③ DV
④ ACSR

명칭(약호)	용도
인입용 비닐 절연전선(DV)	저압 가공 인입용으로 사용
옥외용 비닐 절연전선(OW)	저압 가공 배전선(옥외용)
옥외용 가교폴리에틸렌 절연전선(OC)	고압 가공전선로에 사용
450/750[V] 일반용 단심 비닐 절연전선 (NR)	옥내배선용으로 주로 사용
형광등 전선(FL)	형광등용 안정기의 2차배선

32
유도 전동기의 회전수가 1,164[rpm]일 경우 슬립이 3[%]이었다. 이 전동기의 극수는? (단, 주파수는 60[Hz]라고 한다.)

① 2
② 4
③ 6
④ 8

동기속도 $N_s = \dfrac{N}{1-s} = \dfrac{1,164}{1-0.03} = 1,200$[rpm]

$P = \dfrac{120}{N_s}f = \dfrac{120}{1,200} \times 60 = 6$

33
단상 유도 전압 조정기의 단락권선의 역할은?

① 전압조정 용이
② 절연 보호
③ 철손 경감
④ 전압강하 경감

단상 유도 전압 조정기(교번자계 원리)
1) 단상 유도 전압 조정기는 단락권선을 필요로 한다. 누설리액턴스에 의한 전압강하를 경감한다.
2) 전압조정 범위 : $V_2 = V_1 \pm E_2$
3) 출력 $P_2 = E_2 I_2$
V_2 : 출력전압, V_1 : 입력전압, E_2 : 조정전압, I_2 : 2차 전류

34
낙뢰, 수목 접촉, 일시적인 섬락 등 순간적인 사고로 계통에서 분리된 구간을 신속히 계통에 투입시킴으로써 계통의 안정도를 향상시키고 정전 시간을 단축시키기 위해 사용되는 계전기는?

① 재폐로 계전기
② 과전류 계전기
③ 거리 계전기
④ 차동 계전기

재폐로 계전기는 낙뢰, 수목 접촉, 일시적인 섬락 등 순간적인 사고로 계통에서 분리된 구간을 신속히 계통에 투입시킴으로써 계통의 안정도를 향상시키고 정전 시간을 단축시키기 위해 사용한다.

35
활선 상태에서 전선의 피복을 벗기는 공구는?

① 데드엔드 커버
② 애자커버
③ 와이어 통
④ 전선 피박기

1) 전선 피박기 : 활선 시 전선의 피복을 벗기는 공구
2) 애자커버 : 활선 시 애자를 절연하여 작업자의 부주의로 접촉되더라도 안전사고가 발생하지 않도록 하는 절연장구
3) 와이어통 : 활선을 작업권 밖으로 밀어낼 때 사용하는 절연봉
4) 데드엔드 커버 : 현수애자와 인류클램프의 충전부 방호

36
동기 발전기에서 전기자 전류가 무부하 유도기전력보다 $\dfrac{\pi}{2}$[rad] 앞서 있는 경우에 나타나는 전기자 반작용은?

① 증자 작용
② 감자 작용
③ 교차 자화 작용
④ 직축 반작용

동기 발전기의 전기자 반작용

종류	앞선(진상, 진) 전류가 흐를 때	뒤진(지상, 지) 전류가 흐를 때
동기 발전기	증자 작용	감자 작용
동기 전동기	감자 작용	증자 작용

37
100[kVA]의 용량을 갖는 2대의 변압기를 이용하여 V-V 결선하는 경우 출력은 어떻게 되는가?

① 100
② $100\sqrt{3}$
③ 200
④ 300

> **V결선 시 출력**
> $P_V = \sqrt{3}P_1 = \sqrt{3} \times 100$

38
전주의 외등 설치 시 조명기구를 전주에 부착하는 경우 설치 높이는 몇 [m] 이상으로 하여야 하는가?

① 3.5
② 4
③ 4.5
④ 5

> 전주의 외등 설치 시 그 높이는 4.5[m] 이상으로 하여야 한다.

39
하나의 콘센트에 여러 기구를 사용할 때 끼우는 플러그는?

① 테이블탭
② 코드 접속기
③ 멀티탭
④ 아이언플러그

> **멀티탭**
> 하나의 콘센트에 둘 또는 세 가지 기구를 접속할 때 사용된다.

40
다음 중 도전율의 단위는?

① [Ω · m]
② [℧ · m]
③ [Ω/m]
④ [℧/m]

> 도전율 : σ[℧/m]
> 고유저항 : ρ[Ω · m]

41
가공전선로에 사용되는 지선의 안전율은 2.5 이상이어야 한다. 이때 사용되는 지선의 허용 최저 인장하중은 몇 [kN] 이상인가?

① 2.31
② 3.41
③ 4.31
④ 5.21

> **지선의 시설**
> 지지물의 강도를 보강한다. 단, 철탑은 사용 제외한다.
> 1) 안전율 : 2.5 이상
> 2) 허용 인장하중 : 4.31[kN]
> 3) 소선 수 : 3가닥 이상의 연선
> 4) 소선지름 : 2.6[mm] 이상
> 5) 지선이 도로를 횡단할 경우 5[m] 이상 높이에 설치

42
최대 사용전압이 70[kV]인 중성점 직접 접지식 전로의 절연내력 시험전압은 몇 [V]인가?

① 35,000[V]
② 42,000[V]
③ 44,800[V]
④ 50,400[V]

> **절연내력시험 전압**
> 일정배수의 전압을 10분간 시험대상에 가한다.
>
> | 구분 | | 배수 | 최저전압 |
> |---|---|---|---|
> | 7[kV] 이하 | | 최대사용전압×1.5배 | 500[V] |
> | 비접지식 | 7[kV] 초과 | 최대사용전압×1.25배 | 10,500[V] |
> | 중성점 다중 접지시 | 7[kV] 초과 25[kV] 이하 | 최대사용전압×0.02배 | × |
> | 중성점 접지식 | 60[kV] 초과 | 최대사용전압×1.1배 | 75,000[V] |
> | 중성점 직접 접지식 | 170[kV] 이하 | 최대사용전압×0.72배 | × |
> | | 170[kV] 초과 | 최대사용전압×0.64배 | × |
>
> 중성점 직접 접지식 전로의 절연내력 시험전압
> 170[kV] 이하의 경우
> $V \times 0.72 = 70,000 \times 0.72 = 50,400$[V]

정답 37 ② 38 ③ 39 ③ 40 ④ 41 ③ 42 ④

43

100[μF]의 콘덴서에 1,000[V]의 전압을 가하여 충전한 뒤 저항을 통하여 방전시키면 저항에 발생하는 열량은 몇 [cal]인가?

① 3[cal] ② 5[cal]
③ 12[cal] ④ 43[cal]

콘덴서의 충전에너지

$W = \dfrac{1}{2}CV^2 = \dfrac{1}{2} \times 100 \times 10^{-6} \times 1,000^2 = 50[J]$

방전 열량 : 1[J] = 0.24[cal]
$Q = 0.24W = 0.24 \times 50 = 12[cal]$

44

용량이 45[Ah]인 납축전지에서 3[A]의 전류를 연속하여 얻는다면 몇 시간 동안 축전지를 이용할 수 있는가?

① 10시간 ② 15시간
③ 30시간 ④ 45시간

축전지 용량 : $Q = It$ [Ah]

축전지 사용시간 : $t = \dfrac{Q[Ah]}{I[Ah]} = \dfrac{45}{3} = 15[h]$

45

박강 전선관에서 그 호칭이 잘못된 것은?

① 19[mm] ② 31[mm]
③ 25[mm] ④ 16[mm]

금속관 공사(접지공사를 할 것)

1) 1본의 길이 : 3.66(3.6)[m]
2) 금속관의 종류와 규격
 - 후강 전선관(안지름을 기준으로 한 짝수)
  16, 22, 28, 36, 42, 54, 70, 82, 92, 104[mm] (10종)
 - 박강 전선관(바깥지름을 기준으로 한 홀수)
  19, 25, 31, 39, 51, 63, 75[mm] (7종)

46

0.02[μF], 0.03[μF] 2개의 콘덴서를 병렬로 접속할 때의 합성용량은 몇 [μF]인가?

① 0.05[μF] ② 0.012[μF]
③ 0.06[μF] ④ 0.016[μF]

콘덴서의 병렬 합성용량

$C_0 = C_1 + C_2 = 0.02 + 0.03 = 0.05[\mu F]$

47

전류에 의해 만들어지는 자기장의 자력선의 방향을 간단하게 알아보는 법칙은?

① 앙페르의 오른나사의 법칙
② 플레밍의 오른손 법칙
③ 플레밍의 왼손 법칙
④ 렌쯔의 법칙

앙페르의 오른나사의 법칙

전류가 흐르는 방향을 알면 자기장(자계)의 방향을 알 수 있는 법칙

48

평행판 전극에 일정 전압을 가하면서 극판의 간격을 2배로 하면 내부 전기장의 세기는 몇 배가 되는가?

① 4배로 커진다.
② $\dfrac{1}{2}$배로 작아진다.
③ 2배로 커진다.
④ $\dfrac{1}{4}$배로 작아진다.

전압(전위차) : $V = Er$ [V]

전기장의 세기 : $E' = \dfrac{V}{r'} = \dfrac{V}{2r} = \dfrac{1}{2}\dfrac{V}{r} = \dfrac{1}{2}E$

정답 43 ③ 44 ② 45 ④ 46 ① 47 ① 48 ②

49

공기 중에 10[μC]과 20[μC]를 1[m] 간격으로 놓을 때 발생되는 정전력[N]은?

① 1.8[N]
② 2×10^{-10}[N]
③ 200[N]
④ 98×10^9[N]

> **정전력(쿨롱의 법칙)**
> $$F = \frac{Q_1 Q_2}{4\pi \varepsilon_0 r^2} = 9 \times 10^9 \times \frac{Q_1 Q_2}{r^2} \text{[N]}$$
> $$= 9 \times 10^9 \times \frac{(10 \times 10^{-6}) \times (20 \times 10^{-6})}{1^2}$$
> $$= 1.8 \text{[N]}$$

50

두 코일이 있다. 한 코일에 매초 전류가 150[A]의 비율로 변할 때 다른 코일에 60[V]의 기전력이 발생하였다면, 두 코일의 상호 인덕턴스는 몇 [H]인가?

① 0.4[H]
② 2.5[H]
③ 4.0[H]
④ 25[H]

> 상호 인덕턴스의 유기기전력 : $e = M\dfrac{di}{dt}$
> 상호 인덕턴스 : $M = \left| e\dfrac{dt}{di} \right| = 60 \times \dfrac{1}{150} = 0.4$[H]

51

직류 발전기의 단자전압을 조정하려면 어느 것을 조정하여야 하는가?

① 기동저항
② 계자저항
③ 방전저항
④ 전기자저항

> **발전기의 전압조정**
> 발전기의 전압을 조정하려면 계자에 흐르는 전류를 조정하여야 하므로 계자저항을 조정하여야 한다.

52

동기 전동기의 자기 기동에서 계자권선을 단락하는 이유는?

① 기동이 쉽다.
② 기동권선을 이용한다.
③ 고전압이 유도되어 절연파괴 우려가 있다.
④ 전기자 반작용을 방지한다.

> **동기 전동기의 기동법**
> 1) 자기 기동법 : 제동권선
>   이때 기동 시 계자권선을 단락하여야 한다. 고전압에 따른 절연파괴 우려가 있다.
> 2) 기동 전동기법 : 3상 유도 전동기
>   유도 전동기를 기동 전동기로 사용 시 동기 전동기보다 2극을 적게 한다.

53

슬립 $s = 5$[%], 2차 저항 $r_2 = 0.1$[Ω]인 유도 전동기의 등가저항 R[Ω]은 얼마인가?

① 0.4
② 0.3
③ 1.9
④ 2.5

> **유도 전동기의 등가저항 R**
> $$R_2 = r_2\left(\frac{1}{s} - 1\right) = 0.1 \times \left(\frac{1}{0.05} - 1\right) = 1.9[\Omega]$$

54

저압 가공인입선에서 금속관으로 옮겨지는 곳 또는 금속관으로부터 전선을 뽑아 전동기 단자부분에 접속할 때 사용하는 것은 무엇인가?

① 유니버셜 엘보
② 유니온 커플링
③ 터미널캡
④ 픽스쳐스터드

> 터미널캡은 저압 가공인입선에서 금속관으로 옮겨지는 곳 또는 금속관으로부터 전선을 뽑아 전동기 단자 부분에 접속할 때 사용한다.

정답 49 ① 50 ① 51 ② 52 ③ 53 ③ 54 ③

55
지선의 중간에 넣는 애자의 명칭은?

① 곡핀애자 ② 구형애자
③ 인류애자 ④ 핀애자

> 지선의 중간에 넣는 애자는 구형애자이다.

56 빈출
다음 중 3단자 사이리스터가 아닌 것은?

① SCR ② TRIAC
③ GTO ④ SCS

> SCS의 경우 단방향 4단자 소자를 말한다.

57
동 전선 6[mm²] 이하의 가는 단선을 직선 접속할 때 어느 접속 방법으로 하여야 하는가?

① 브리타니어 접속 ② 우산형 접속
③ 트위스트 접속 ④ 슬리브 접속

> 전선의 접속
> 1) 6[mm²] 이하의 가는 단선 접속 시 트위스트 접속 방법을 사용한다.
> 2) 10[mm²] 이상의 굵은 단선 접속 시 브리타니어 접속 방법을 사용한다.

58
전주에서 cos 완철 설치 시 최하단 전력용 완철에서 몇 [m] 하부에 설치하여야 하는가?

① 0.9 ② 0.95
③ 0.8 ④ 0.75

> cos 완철의 설치
> 최하단 전력용 완철에서 0.75[m] 하부에 설치하여야 한다.

59 빈출
가공전선로의 지지물에서 출발하여 다른 지지물을 거치지 아니하고 수용장소의 인입구에 이르는 부분의 전선을 무엇이라 하는가?

① 가공인입선 ② 옥외배선
③ 연접인입선 ④ 연접가공선

> 가공인입선
> 지지물에서 출발하여 다른 지지물을 거치지 않고 한 수용장소의 인입구에 이르는 전선을 말한다.

60 빈출
과전류 차단기를 꼭 설치해야 하는 곳은?

① 접지공사의 접지도체
② 전로의 일부에 접지공사를 한 저압 가공전선로의 접지측 전선
③ 다선식 전로의 중성선
④ 저압 옥내 간선의 전원측 전로

> 과전류 차단기 시설 제한 장소
> 1) 접지공사의 접지도체
> 2) 다선식 전로의 중성선
> 3) 전로의 일부에 접지공사를 한 저압 가공전선로의 접지측 전선

정답 55 ② 56 ④ 57 ③ 58 ④ 59 ① 60 ④

Chapter 24

2023년 4회 | CBT 기출복원문제

01

그림과 같은 회로를 고주파 브리지로 인덕턴스를 측정하였더니 그림 (a)는 40[mH], 그림 (b)는 24[mH]이었다. 이 회로의 상호 인덕턴스 M은?

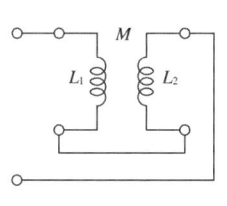
(a)

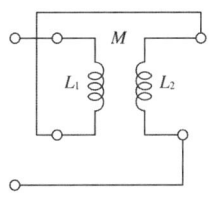
(b)

① 2[mH]
② 4[mH]
③ 6[mH]
④ 8[mH]

> 직렬 합성 인덕턴스
> 그림 (a) 가동결합 : $L_+ = L_1 + L_2 + 2M = 40[mH]$
> 그림 (b) 차동결합 : $L_- = L_1 + L_2 - 2M = 24[mH]$
> 상호 인덕턴스 : $M = \dfrac{L_+ - L_-}{4} = \dfrac{40-24}{4} = 4[mH]$

02

△결선의 전원에서 선전류가 40[A]이고 선간전압이 220[V]일 경우 상전류는?

① 13[A]
② 23[A]
③ 69[A]
④ 120[A]

> △결선의 특징
> 1) 상전압 : $V_p = V_l = 220[V]$
> 2) 상전류 : $I_p = \dfrac{I_l}{\sqrt{3}} = \dfrac{40}{\sqrt{3}} ≒ 23[A]$

03

길이 1[m]인 도선의 저항값이 20[Ω]이었다. 이 도선을 고르게 2[m]로 늘렸을 때 저항값은?

① 10[Ω]
② 40[Ω]
③ 80[Ω]
④ 140[Ω]

> 도선의 길이(2배 증가) : $l' = 2l$
> 체적이 일정할 때 단면적
> $v = S \cdot l \to S = \dfrac{v}{l} \to S \propto \dfrac{1}{l}$
> $S' \propto \dfrac{1}{l'} \propto \dfrac{1}{2}$
> $\therefore S' = \dfrac{1}{2} S$
> 도체의 저항
> $R' = \rho \dfrac{l'}{S'} = \rho \dfrac{2l}{\frac{1}{2}S} = 4 \times \rho \dfrac{l}{S} = 4R = 4 \times 20 = 80[Ω]$

04

어떤 전지에서 5[A]의 전류가 10분간 흘렀다면 이 전지에서 나온 전기량은?

① 0.83[C]
② 50[C]
③ 250[C]
④ 3,000[C]

> 시간 $t = 10[분] = 10 \times 60[sec] = 600[sec]$
> 전기량 $Q = It[C]$
> $Q = 5[A] \times 600[sec] = 3,000[C]$

정답 01 ② 02 ② 03 ③ 04 ④

05

$R = 4[\Omega]$, $X = 3[\Omega]$인 R-L-C 직렬회로에서 5[A]의 전류가 흘렀다면 이때의 전압은?

① 15[V] ② 20[V]
③ 25[V] ④ 125[V]

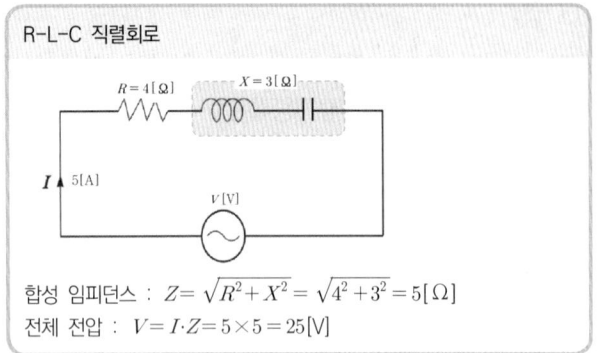

R-L-C 직렬회로

합성 임피던스 : $Z = \sqrt{R^2 + X^2} = \sqrt{4^2 + 3^2} = 5[\Omega]$
전체 전압 : $V = I \cdot Z = 5 \times 5 = 25[V]$

06

PN접합 다이오드의 대표적 응용 작용은?

① 증폭 작용 ② 발진 작용
③ 정류 작용 ④ 변조 작용

정류 작용
PN접합 다이오드를 이용하여 교류를 직류로 변환하는 작용

07

가공전선로의 지지물에 시설하는 지선에 연선을 사용할 경우 소선 수는 몇 가닥 이상이어야 하는가?

① 3가닥 ② 5가닥
③ 7가닥 ④ 9가닥

지선
지지물의 강도를 보강한다. 단, 철탑은 사용 제외한다.
1) 안전율 : 2.5 이상
2) 허용 인장하중 : 4.31[kN]
3) 소선 수 : 3가닥 이상의 연선
4) 소선지름 : 2.6[mm] 이상
5) 지선이 도로를 횡단할 경우 5[m] 이상 높이에 설치

08

전부하 시 슬립이 4[%], 2차 동손이 0.4[kW]인 3상 유도전동기의 2차 입력은 몇 [kW]인가?

① 0.1 ② 10
③ 20   ④ 30

전력변환

1) 2차 입력 $P_2 = P_0 + P_{c2} = \dfrac{P_{c2}}{s}$

$P_2 = \dfrac{P_{c2}}{s} = \dfrac{0.4}{0.04} = 10[kW]$

2) 2차 출력 $P_0 = P_2 - P_{c2} = (1-s)P_2$
3) 2차 동손 $P_{c2} = P_2 - P_0 = sP_2$

09

다음 중 변압기의 원리와 관계있는 것은?

① 전기자 반작용
② 전자 유도 작용
③ 플레밍의 오른손 법칙
④ 플레밍의 왼손 법칙

변압기의 경우 1개의 철심에 2개의 코일을 감고 한쪽 권선에 교류전압을 가하면 철심에 교번 자계에 의한 자속이 흘러 다른 권선에 지나가면서 전자유도 작용에 의해 그 권선에 비례하여 유도 기전력이 발생한다.

10

다음 중 후강 전선관의 호칭이 아닌 것은?

① 36 ② 28
③ 20 ④ 16

금속관 공사(접지공사를 할 것)

1) 1본의 길이 : 3.66(3.6)[m]
2) 금속관의 종류와 규격
  • 후강 전선관(안지름을 기준으로 한 짝수)
    16, 22, 28, 36, 42, 54, 70, 82, 92, 104[mm] (10종)
  • 박강 전선관(바깥지름을 기준으로 한 홀수)
    19, 25, 31, 39, 51, 63, 75[mm] (7종)

정답 05 ③ 06 ③ 07 ① 08 ② 09 ② 10 ③

11

동기기의 전기자 반작용 중에서 전기자 전류에 의한 자기장의 축이 항상 주자속의 축과 수직이 되면서 자극편 왼쪽에 있는 주자속은 증가시키고, 오른쪽에 있는 주자속은 감소시켜 편자 작용을 하는 것은?

① 증자 작용
② 감자 작용
③ 교차 자화 작용
④ 직축 반작용

> **동기기의 전기자 반작용**
> 교차 자화 작용 : 횡축 반작용, 주자속과 수직이 되는 반작용, 전압과 전류가 동상인 경우를 말한다.

12

제동 방법 중 급정지하는 데 가장 좋은 제동법은?

① 발전제동
② 회생제동
③ 단상제동
④ 역전제동

> **역전(역상, 플러깅)제동**
> 전동기 급제동 시 사용되는 방법으로 전원 3선 중 2선의 방향을 바꾸어 급정지하는 데 사용되는 제동법을 말한다.

13 ★

철근 콘크리트 전주의 길이가 7[m]인 지지물을 건주할 경우 땅에 묻히는 깊이로 가장 옳은 것은? (단, 설계하중은 6.8[kN] 이하이다.)

① 0.6[m]
② 0.8[m]
③ 1.0[m]
④ 1.2[m]

> **건주**
> 지지물을 땅에 묻는 공정이다.
> 1) 15[m] 이하의 지지물(6.8[kN] 이하의 경우) : 전체 길이 $\times \frac{1}{6}$ 이상 매설, 따라서 $7 \times \frac{1}{6} = 1.16$[m] 이상 매설해야만 한다.
> 2) 15[m] 초과 시 : 2.5[m] 이상
> 3) 16[m] 초과 20[m] 이하 : 2.8[m] 이상

14

변전소의 전력기기를 시험하기 위하여 회로를 분리하거나 또는 계통의 접속을 바꾸는 경우에 사용되는 것은?

① 단로기
② 퓨즈
③ 나이프스위치
④ 차단기

> **단로기(DS)**
> 단로기란 무부하 상태에서 전로를 개폐하는 역할을 한다. 기기의 점검 및 수리 시 전원으로부터 이들 기기를 분리하기 위해 사용한다. 단로기는 전압 개폐 능력만 있다.

15

건축물의 종류가 사무실, 은행, 상점인 경우 표준부하는 몇 [VA/m²]인가?

① 10
② 20
③ 30
④ 40

> **표준부하**
> 사무실, 은행, 상점의 경우 표준부하는 30[VA/m²]이다.

16

가요전선관과 금속관의 상호 접속에 쓰이는 것은?

① 스프리트 커플링
② 앵글 박스 커넥터
③ 스트레이트 박스 커넥터
④ 콤비네이션 커플링

> 콤비네이션 커플링은 가요전선관과 금속관의 상호 접속에 사용된다.

17

박스나 접속함 내에서 전선의 접속 시 사용되는 방법은?

① 슬리브 접속
② 트위스트 접속
③ 종단 접속
④ 브리타니어 접속

> 종단 접속은 박스나 접속함 내에서 전선의 접속 시 사용된다.

정답 11 ③ 12 ④ 13 ④ 14 ① 15 ③ 16 ④ 17 ③

18

가공전선로의 지지물에 취급자가 오르고 내리는 데 사용하는 발판 볼트 등은 지표상 몇 [m] 이상 높이에 시설하여야만 하는가?

① 0.75
② 1.2
③ 1.8
④ 2.0

> **발판 볼트의 높이**
> 지표상 1.8[m] 이상 높이에 시설하여야만 한다.

19

코드 상호, 캡타이어 케이블 상호 접속 시 사용하여야 하는 것은?

① 와이어 커넥터
② 코드 접속기
③ 케이블타이
④ 테이블 탭

> **코드 접속기**
> 코드 및 캡타이어 케이블 상호 접속 시 사용하는 것을 말한다.

20

합성수지관의 장점이 아닌 것은?

① 기계적 강도가 높다
② 절연이 우수하다.
③ 시공이 쉽다.
④ 내부식성이 우수하다.

> **합성수지관의 특징**
> 절연성과 내부식성이 우수하고 시공이 쉬우나 기계적 강도는 약하다.

21

비사인파 교류의 일반적인 구성이 아닌 것은?

① 기본파
② 직류분
③ 고조파
④ 삼각파

> 비사인파(비정현파) = 직류분 + 기본파 + 고조파

22

한 개의 전등을 두 곳에서 점멸할 수 있는 배선으로 옳은 것은?

①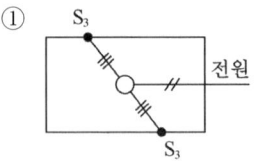
②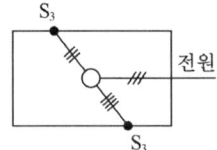
③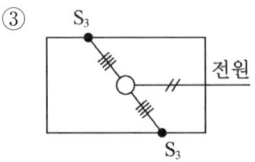
④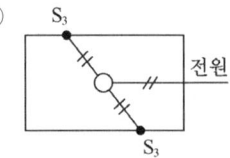

> 도면의 2개소 점멸 시 전원 앞은 2가닥이 되며, 3로 스위치 앞은 3가닥으로 배선이 된다.

23

길이 5[cm]의 균일한 자로에 10회의 도선을 감고 1[A]의 전류를 흘릴 때 자로의 자장의 세기[AT/m]는?

① 5[AT/m]
② 50[AT/m]
③ 200[AT/m]
④ 500[AT/m]

> **솔레노이드의 자장의 세기**
> $H = \dfrac{NI}{l} = \dfrac{10 \times 1}{5 \times 10^{-2}} = 200[AT/m]$

24

내부 저항이 0.1[Ω]인 전지 10개를 병렬 연결하면, 전체 내부 저항은?

① 0.01[Ω]
② 0.05[Ω]
③ 0.1[Ω]
④ 1[Ω]

> **전지의 병렬 합성내부저항**
> $R = \dfrac{r_1}{n개} = \dfrac{0.1}{10} = 0.01[\Omega]$

정답 18 ③ 19 ② 20 ① 21 ④ 22 ① 23 ③ 24 ①

25

$1[\Omega \cdot m]$는?

① $10^3[\Omega \cdot cm]$
② $10^6[\Omega \cdot cm]$
③ $10^3[\Omega \cdot mm^2/m]$
④ $10^6[\Omega \cdot mm^2/m]$

> 단위 환산 : $1[m^2] = 10^6[mm^2]$
> 고유저항 : $1[\Omega \cdot m] = 1[\Omega \cdot m^2/m] = 10^6[\Omega \cdot mm^2/m]$

26 ★빈출

종류가 다른 두 금속을 접합하여 폐회로를 만들고 두 접합점의 온도를 다르게 하면 이 폐회로에 기전력이 발생하여 전류가 흐르게 되는데 이 현상을 지칭하는 것은?

① 줄의 법칙(Joule's law)
② 톰슨 효과(Thomson effect)
③ 펠티어 효과(Peltier effect)
④ 제어벡 효과(Seeback effect)

> 제어벡 효과
> 1) 서로 다른 금속을 접합하여 두 접합점에 온도차를 주면 전기가 발생하는 현상
> 2) 전기온도계, 열전대, 열전쌍 등에 적용

27

합성수지관 공사에 대한 설명 중 옳지 않은 것은?

① 습기가 많은 장소 또는 물기가 있는 장소에 시설하는 경우에는 방습 장치를 한다.
② 관 상호 간, 관과 박스를 접속할 경우 관을 삽입하는 길이를 관 바깥지름의 1.2배 이상으로 한다.
③ 관의 지지점 간의 거리는 3[m] 이하로 한다.
④ 합성수지관 안에는 전선의 접속점이 없도록 한다.

> 합성수지관 공사
> 1) 1본의 길이 : 4[m]
> 2) 관 상호 간, 관과 박스를 접속할 경우 관의 삽입 깊이는 관 바깥지름의 1.2배 이상(단, 접착제를 사용하는 경우 0.8배 이상)
> 3) 지지점 간 거리는 1.5[m] 이하

28

다음 중 반자성체는?

① 안티몬
② 알루미늄
③ 코발트
④ 니켈

> 반자성체
> 1) 자석을 가까이 하면 반발하는 물체로 자화되는 자성체
> 2) 금, 은, 동(구리), 안티몬, 아연, 비스무트 등

29

$R = 4[\Omega]$, $X_L = 8[\Omega]$, $X_C = 5[\Omega]$가 직렬로 연결된 회로에 $100[V]$의 교류를 가했을 때 흐르는 ㉠ 전류와 ㉡ 임피던스는?

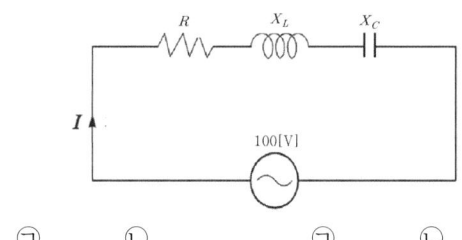

	㉠	㉡		㉠	㉡
①	5.9[A],	용량성	②	5.9[A],	유도성
③	20[A],	용량성	④	20[A],	유도성

> ㉠ 전류
> $$I = \frac{V}{Z} = \frac{100}{\sqrt{R^2 + (X_L - X_C)^2}} = \frac{100}{\sqrt{4^2 + (8-5)^2}}$$
> $$= \frac{100}{5} = 20[A]$$
> ㉡ RLC 직렬회로에서 $X_L > X_C$이면 유도성 임피던스

30

같은 회로의 두 점에서 전류가 같을 때에는 동작하지 않으나 고장 시에 전류의 차가 생기면 동작하는 계전기는?

① 과전류 계전기
② 거리 계전기
③ 접지 계전기
④ 차동 계전기

> 차동 계전기는 1차와 2차의 전류 차에 의해 동작한다.

정답 25 ④ 26 ④ 27 ③ 28 ① 29 ④ 30 ④

31
다음 중 변압기 무부하손의 대부분을 차지하는 것은?

① 유전체손　　② 철손
③ 동손　　　　④ 저항손

> **변압기의 손실**
> 1) 무부하손 : 철손(히스테리시스손 + 와류손)
> 2) 부하손 : 동손

32
교류회로에서 양방향 점호(ON)가 가능하며, 위상 제어를 할 수 있는 소자는?

① TRIAC　　② SCR
③ GTO　　　④ IGBT

> **TRIAC(양방향 3단자 소자)**
>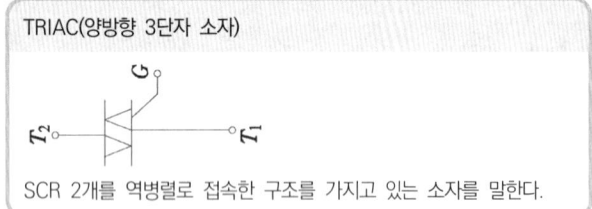
> SCR 2개를 역병렬로 접속한 구조를 가지고 있는 소자를 말한다.

33
고압전로에 지락사고가 생겼을 때 지락전류를 검출하는 데 사용하는 것은?

① CT　　② ZCT
③ MOF　④ PT

> **ZCT(영상변류기)**
> 비접지 회로에 지락사고 시 지락(영상)전류를 검출한다.

34
3상 동기기에 제동권선을 설치하는 주된 목적은?

① 출력 증가　　② 효율 증가
③ 난조 방지　　④ 역률 개선

> 제동권선은 동기기의 난조가 발생하는 것을 방지한다.

35
그림은 동기기의 위상 특성 곡선을 나타낸 것이다. 전기자 전류가 가장 작게 흐를 때의 역률은?

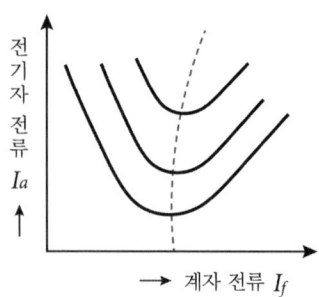

① 1　　　　　② 0.9[진상]
③ 0.9[지상]　④ 0

> **위상 특성 곡선**
> 부하를 일정하게 하고, 계자전류의 변화에 대한 전기자 전류의 변화를 나타낸 곡선을 말한다.
>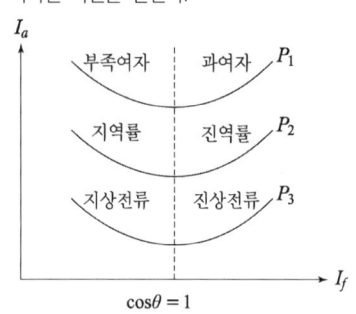
> 1) I_a가 최소 $\cos\theta = 1$이 된다.
> 2) 부족여자 시 지상전류를 흘릴 수 있으며, 리액터로 작용할 수 있다.
> 3) 과여자 시 진상전류를 흘릴 수 있으며, 콘덴서로 작용할 수 있다.

36
주로 변류기 2차 측에 접속되어 과부하에 대한 사고나 단락 등에 동작하는 계전기는 무엇을 말하는가?

① 과전압 계전기　② 지락 계전기
③ 과전류 계전기　④ 거리 계전기

> **과전류 계전기(OCR)**
> 설정치 이상의 전류가 흐를 때 동작하며 과부하나 단락사고를 보호하는 기기로서 변류기 2차 측에 설치된다.

정답　31 ②　32 ①　33 ②　34 ③　35 ①　36 ③

37
접지저항을 측정하는 방법으로 가장 적당한 것은?

① 절연 저항계
② 교류의 전압, 전류계
③ 전력계
④ 콜라우시 브리지

> **접지저항 측정법**
> 어스테스터 또는 콜라우시 브리지법으로 접지저항을 측정한다.

38
옥내배선 공사에서 절연전선의 피복을 벗길 때 사용하면 편리한 공구는?

① 드라이버
② 플라이어
③ 압착펜치
④ 와이어 스트리퍼

> **와이어 스트리퍼**
> 전선의 피복을 자동으로 벗길 때 사용되는 공구를 말한다.

39
그림에서 a-b 간의 합성 정전용량은 10[μF]이다. C_s의 정전용량은?

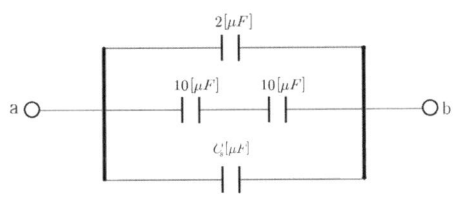

① 3[μF]
② 4[μF]
③ 5[μF]
④ 6[μF]

> 10[μF]와 10[μF]의 직렬 정전용량
> $C_{직} = \dfrac{C_{10} \times C_{10}}{C_{10} + C_{10}} = \dfrac{10 \times 10}{10+10} = 5[\mu F]$
> 전체 병렬 정전용량
> $C_{ab} = C_2 + C_{직} + C_s = 2 + 5 + C_s = 10$
> ∴ $C_s = 10 - 2 - 5 = 3[\mu F]$

40
화약류 저장고 내의 조명기구의 전기를 공급하는 배선의 공사방법은?

① 합성수지관 공사
② 금속관 공사
③ 버스 덕트 공사
④ 합성 수지몰드 공사

> **화약류 저장고 내의 조명기구의 전기 공사**
> 1) 전로의 대지전압은 300V 이하일 것
> 2) 전기기계기구는 전폐형의 것일 것
> 3) 케이블을 전기기계기구에 인입할 때에는 인입구에서 케이블이 손상될 우려가 없도록 시설할 것
> 4) 차단기는 밖에 두며, 조명기구의 전원을 공급하기 위하여 배선은 금속관, 케이블 공사를 할 것

41
분기회로에 사용되는 것으로서 개폐기와 자동차단기의 역할을 하는 것은 무엇인가?

① 유입 차단기
② 컷아웃 스위치
③ 배선용 차단기
④ 통형 퓨즈

> **배선용 차단기(MCCB)**
> 분기회로의 보호장치로서 개폐기 및 자동차단기의 역할을 한다.

42
다음은 무엇을 나타내는가?

① 접지단자
② 전류 제한기
③ 누전 경보기
④ 지진 감지기

> 지진 감지기를 나타낸다.

정답 37 ④ 38 ④ 39 ① 40 ② 41 ③ 42 ④

43

용량이 250[kVA]인 단상 변압기 3대를 △결선으로 운전 중 1대가 고장나서 V결선으로 운전하는 경우 출력은 약 몇 [kVA]인가?

① 144[kVA]   ② 353[kVA]
③ 433[kVA]   ④ 525[kVA]

V결선 출력
$P_V = \sqrt{3}\, P_1 = \sqrt{3} \times 250 ≒ 433[kVA]$

44

세 변의 저항 $R_a = R_b = R_c = 15[\Omega]$인 Y결선 회로가 있다. 이것과 등가인 △결선 회로의 각 변의 저항은?

① $\dfrac{15}{\sqrt{3}}[\Omega]$ ② $\dfrac{15}{3}[\Omega]$
③ $15\sqrt{3}\,[\Omega]$ ④ $45[\Omega]$

저항변환 ($Y \to \Delta$)
$R_\Delta = R_Y \times 3 = R_a \times 3 = 15 \times 3 = 45[\Omega]$

45

기계적인 출력을 P_0, 2차 입력을 P_2, 슬립을 s라고 하면 유도 전동기의 2차 효율은?

① $\dfrac{P_2}{P_0}$ ② $1+s$
③ $\dfrac{sP_0}{P_2}$ ④ $1-s$

유도 전동기의 2차 효율 η_2
효율 $\eta_2 = \dfrac{P_0}{P_2} = 1 - s = \dfrac{N}{N_s} = \dfrac{\omega}{\omega_s}$
s : 슬립, N_s : 동기속도, N : 회전자속도,
ω_s : 동기각속도($2\pi N_s$), ω : 회전자각속도($2\pi N$)

46

자체 인덕턴스 20[mH]의 코일에 30[A]의 전류를 흘릴 때 저축되는 에너지는?

① 1.5[J]   ② 3[J]
③ 9[J]   ④ 18[J]

코일에 저축되는 에너지
$W = \dfrac{1}{2}LI^2 = \dfrac{1}{2} \times 20 \times 10^{-3} \times 30^2 = 9[J]$

47

히스테리시스 곡선의 ㉠ 가로축(횡축)과 ㉡ 세로축(종축)은 무엇을 나타내는가?

	㉠	㉡
①	자속밀도	투자율
②	자기장의 세기	자속밀도
③	자화의 세기	자기장의 세기
④	자기장의 세기	투자율

히스테리시스 곡선
1) 가로축(횡축) : 자기장의 세기(H)
2) 세로축(종축) : 자속밀도(B)

48

동기 임피던스가 5[Ω]인 2대의 3상 동기 발전기의 유도 기전력에 100[V]의 전압 차이가 있다면 무효 순환 전류는?

① 10[A]   ② 15[A]
③ 20[A]   ④ 25[A]

무효 순환 전류
기전력의 크기가 다를 경우 흐른다.
$I_c = \dfrac{E_c}{2Z_s} = \dfrac{100}{2 \times 5} = 10[A]$
E_c : 양 기기 간의 전압차[V]

정답   43 ③   44 ④   45 ④   46 ③   47 ②   48 ①

49

발전기를 정격전압 100[V]로 운전하다가 무부하로 운전하였더니, 단자전압이 103[V]가 되었다. 이 발전기의 전압변동률은 몇 [%]인가?

① 1
② 2
③ 3
④ 4

전압변동률 $\epsilon = \dfrac{V_0 - V_n}{V_n} \times 100[\%]$
$= \dfrac{103 - 100}{100} \times 100 = 3[\%]$

50

직류 발전기의 철심을 규소 강판으로 성층하여 사용하는 주된 이유는?

① 브러쉬에서의 불꽃 방지 및 정류 개선
② 전기자 반작용의 감소
③ 기계적 강도 개선
④ 맴돌이 전류손과 히스테리시스손의 감소

철심의 재료(규소강판 성층철심 = 철손 감소)
1) 규소강판 : 히스테리시스손을 줄이기 위해 사용한다(4[%]).
2) 성층철심 : 와류손을 줄이기 위해 사용한다(0.35 ~ 0.5[mm]).

51

다음 그림은 직류 발전기의 분류 중 어느 것에 해당되는가?

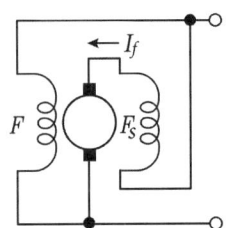

① 분권 발전기
② 직권 발전기
③ 자속발전기
④ 복권 발전기

그림은 복권 발전기에 해당한다.

52

변압기 Y-Y결선의 특징이 아닌 것은?

① 고조파 포함
② 절연 용이
③ V-V결선 가능
④ 중성점 접지

Y-Y결선에서 V결선의 경우 $\Delta - \Delta$결선이 가능하다.

53

무부하 분권 발전기의 계자저항이 50[Ω]이며, 계자전류는 2[A], 전기자 저항이 5[Ω]이라 하였을 때 유도기전력은 약 몇 [V]인가?

① 100
② 110
③ 120
④ 130

분권 발전기의 유도기전력 E
$E = V + I_a R_a = 100 + 2 \times 5 = 110[V]$
$I_a = I + I_f$ (무부하이므로 $I = 0$)
$V = I_f R_f = 2 \times 50 = 100[V]$

54

동기 발전기의 전기자 권선을 단절권으로 하면?

① 고조파를 제거한다.
② 절연이 잘된다.
③ 역률이 좋아진다.
④ 기전력을 높인다.

동기 발전기의 전기자 권선법으로 단절권을 사용하는 이유
1) 고조파를 제거하여 기전력의 파형을 개선한다.
2) 동량(권선)이 감소한다.

55

직류 직권 전동기의 회전수가 $\frac{1}{3}$ 배로 감소하였다. 토크는 몇 배가 되는가?

① 3배
② $\frac{1}{3}$ 배
③ 9배
④ $\frac{1}{9}$ 배

직권 전동기의 토크와 회전수

$T \propto \dfrac{1}{N^2} = \dfrac{1}{\left(\frac{1}{3}\right)^2} = 9 [배]$

56

유도 전동기 기동 시 회전자 측에 저항을 넣는 이유는 무엇인가?

① 기동 토크 감소
② 회전수 감소
③ 기동전류 감소
④ 역률 개선

기동 시 회전자에 저항을 넣는 이유

기동 시 기동전류를 감소시키고, 기동 토크를 크게 하기 위함이다.

57

비유전율 2.5의 유전체 내부의 전속밀도가 2×10^{-6} [C/m²]되는 점의 전기장의 세기는?

① $18 \times 10^4 [\text{V/m}]$
② $9 \times 10^4 [\text{V/m}]$
③ $6 \times 10^4 [\text{V/m}]$
④ $3.6 \times 10^4 [\text{V/m}]$

전속밀도 : $D = \varepsilon E = \varepsilon_0 \varepsilon_s E$
전기장의 세기
$E = \dfrac{D}{\varepsilon_0 \varepsilon_s} = \dfrac{2 \times 10^{-6}}{8.855 \times 10^{-12} \times 2.5} = 90{,}344 \fallingdotseq 9 \times 10^4 [\text{V/m}]$

58

$Z_1 = 2 + j11[\Omega]$, $Z_2 = 4 - j3[\Omega]$의 직렬회로에서 교류전압 100[V]를 가할 때 합성 임피던스는?

① $6[\Omega]$
② $8[\Omega]$
③ $10[\Omega]$
④ $14[\Omega]$

직렬 합성 임피던스

1) $Z_0 = Z_1 + Z_2 = (2+j11) + (4-j3) = 6 + j8 [\Omega]$
2) $|Z_0| = \sqrt{6^2 + 8^2} = 10 [\Omega]$

59

한국전기설비규정에서 정하는 접지공사에 대한 보호도체의 색상은?

① 흑색
② 회색
③ 녹색-노란색
④ 녹색-흑색

전선의 색상

1) L1 : 갈색
2) L2 : 흑색
3) L3 : 회색
4) N : 청색
5) 보호도체 : 녹색 – 노란색

60

옥외 백열전등의 인하선의 경우 2.5[m] 미만 부분의 경우 몇 [mm²] 이상의 전선을 사용하여야 하는가? (단, 옥외용 비닐 절연전선은 제외한다.)

① 1.5
② 2.5
③ 4
④ 6

옥외 백열전등 인하선의 시설

2.5[mm²] 이상의 전선을 사용하여야 한다.

정답 55 ③ 56 ③ 57 ② 58 ③ 59 ③ 60 ②

2024년 1회 | CBT 기출복원문제

01
220[V], 3[kW] 전구를 20시간 점등했다면 전력량[kWh]은?

① 15　　　　② 20
③ 30　　　　④ 60

전력량
$W = Pt$ [kWh]
$= 3$[kW] $\times 20$[h] $= 60$[kWh]

02
회로의 전압, 전류를 측정할 때 전압계와 전류계의 접속 방법은?

① 전압계 - 직렬, 전류계 - 직렬
② 전압계 - 직렬, 전류계 - 병렬
③ 전압계 - 병렬, 전류계 - 직렬
④ 전압계 - 병렬, 전류계 - 병렬

1) 전압계 : 병렬 연결(전압 일정)
2) 전류계 : 직렬 연결(전류 일정)

03
다음 중 자기저항의 단위에 해당되는 것은?

① AT/Wb　　　② Wb/AT
③ H/m　　　　④ Ω

자기저항
$R_m = \dfrac{\text{기자력}(F)}{\text{자속}(\phi)} = \dfrac{NI[\text{AT}]}{\phi[\text{Wb}]} = [\text{AT/Wb}]$

04
전류의 열작용과 관계가 있는 법칙은?

① 키르히호프의 법칙　　② 줄의 법칙
③ 플레밍의 법칙　　　　④ 전류 옴의 법칙

줄의 법칙
어떤 도체에 전류가 흐르면 열이 발생하는 현상

05
자체 인덕턴스 0.2[H]의 코일에 전류가 0.01초 동안에 3[A]로 변화하였을 때 이 코일에 유도되는 기전력은?

① 40　　　　② 50
③ 60　　　　④ 70

인덕턴스의 유기기전력
$e = -L\dfrac{di}{dt}$ [V] $= -0.2 \times \dfrac{3}{0.01} = -60$[V]
기전력의 크기는 절대값으로 표현 : $|e| = 60$[V]

06
지선의 허용 최저 인장하중은 몇 [kN] 이상인가?

① 2.31　　　② 3.41
③ 4.31　　　④ 5.21

지선의 시설
지지물의 강도를 보강한다. 단, 철탑은 사용 제외한다.
1) 안전율 : 2.5 이상
2) 허용 인장하중 : 4.31[kN] 이상
3) 소선 수 : 3가닥 이상의 연선
4) 소선지름 : 2.6[mm] 이상
5) 지선이 도로를 횡단할 경우 5[m] 이상 높이에 설치

정답　01 ④　02 ③　03 ①　04 ②　05 ③　06 ③

07

선간전압이 $380[V]$인 전원에 $Z=8+j6$의 부하를 Y결선 접속했을 때 선전류는 약 몇 [A]인가?

① 12
② 22
③ 28
④ 38

Y결선

1) 상전압 : $V_p = \dfrac{V_l}{\sqrt{3}} = \dfrac{380}{\sqrt{3}} ≒ 220[V]$

2) 상전류 : $I_p = \dfrac{V_p}{Z} = \dfrac{220}{\sqrt{6^2+8^2}} = \dfrac{220}{10} = 22[A]$

3) 선전류 : $I_l = I_p = 22[A]$

08 ★빈출

평균 길이 40[cm]의 환상 철심에 200회 코일을 감고, 여기에 5[A]의 전류를 흘렸을 때 철심 내의 자기장의 세기는 몇 [AT/m]인가?

① $25 \times 10^2 [AT/m]$
② $2.5 \times 10^2 [AT/m]$
③ $200 [AT/m]$
④ $8,000 [AT/m]$

솔레노이드의 자장의 세기

$H = \dfrac{NI}{l} = \dfrac{200 \times 5}{40 \times 10^{-2}} = 2,500 = 25 \times 10^2 [AT/m]$

09

보호 계전기의 동작시한 특성 중 동작 값 이상의 전류가 흐를 경우 일정한 시간 후에 동작하는 계전기는?

① 반한시 계전기
② 정한시 계전기
③ 반한시 - 정한시 계전기
④ 순한시 계전기

보호 계전기의 동작시한 특성

1) 순한시 : 조건이 맞으면 즉시 동작한다.
2) 정한시 : 조건이 맞으면 정해진 시간 후 동작한다.
3) 반한시 : 크기와 시간이 반대 특성을 갖는다. (크기가 크면 시간이 짧다.)
4) 반한시 - 정한시 : 일정 구간은 반한시 특성을 갖으며, 일정 구간 이후 정한시 특성을 갖는다.

10

4극의 36홈수(슬롯)의 3상 유도 전동기의 매 극 매 상당의 홈(슬롯) 수는?

① 2
② 3
③ 4
④ 6

매 극 매 상당 홈(슬롯) 수 q

$q = \dfrac{s(홈수)}{P(극수) \times m(상수)} = \dfrac{36}{4 \times 3} = 3$

11

유도 전동기의 동기속도가 1,200[rpm]이고 회전수가 1,176[rpm]이라면 슬립은?

① 0.01
② 0.02
③ 0.03
④ 0.04

슬립 s

$s = \dfrac{N_s - N}{N_s}$

$= \dfrac{1,200 - 1,176}{1,200} = 0.02$

12

4극의 중권으로 도체수 284, 극당자속 0.02[Wb], 회전수 900[rpm]인 직류 전동기가 있다. 부하전류가 80[A]이며, 토크가 72.4[N·m]라면 출력은 약 몇 [W]인가?

① 6,860
② 6,840
③ 6,880
④ 6,820

직류 전동기 출력

토크 $T = \dfrac{60P}{2\pi N}[N \cdot m]$

$P = \dfrac{T \times 2\pi N}{60}$

$= \dfrac{72.4 \times 2\pi \times 900}{60} = 6,823[W]$

정답 07 ② 08 ① 09 ② 10 ② 11 ② 12 ④

13
동기 전동기의 자기 기동에서 계자권선을 단락하는 이유는?

① 고전압 유도에 의한 절연파괴 위험방지
② 기동이 쉽다.
③ 기동 권선을 이용한다.
④ 전기자 반작용을 방지한다.

> **자기 기동법**
> 제동권선의 경우 난조를 방지하는 목적도 있지만 동기 전동기의 기동 시 기동 토크를 발생시킨다. 이때 계자회로를 단락시켜 고전압이 유기되는 것을 방지한다.

14
변압기 내부 고장 보호에 쓰이는 계전기는?

① 접지 계전기
② 과전압 계전기
③ 부흐홀쯔 계전기
④ 역상 계전기

> **변압기 내부고장 보호 계전기**
> 1) 부흐홀쯔 계전기
> 2) 차동 계전기
> 3) 비율 차동 계전기

15
한국 전기설비규정에 의한 화약고 등의 위험장소의 배선공사에서 전로의 대지전압은 몇 [V] 이하로 하여야 하는가?

① 600
② 400
③ 300
④ 220

> **화약류 저장고의 시설기준**
> 1) 전로의 대지전압은 300V 이하일 것
> 2) 전기기계기구는 전폐형의 것일 것
> 3) 케이블을 전기기계기구에 인입할 때에는 인입구에서 케이블이 손상될 우려가 없도록 시설할 것
> 4) 차단기는 밖에 두며, 조명기구의 전원을 공급하기 위하여 배선은 금속관, 케이블 공사를 할 것

16
저압 옥내배선의 경우 단면적 몇 [mm²] 이상의 연동선을 사용하여야 하는가?

① 1.5
② 2
③ 2.5
④ 4

> **저압 옥내배선의 사용전선**
> 단면적 2.5[mm²] 이상의 연동선 또는 이와 동등 이상의 강도 및 굵기일 것

17
특고압 가공전선로의 전선의 조수가 3조일 때 완금의 길이는?

① 1,200[mm]
② 1,400[mm]
③ 1,800[mm]
④ 2,400[mm]

> **가공전선로의 완금의 표준길이**
> 단, 전선의 조수는 3조인 경우이다.
> 1) 고압 : 1,800[mm]
> 2) 특고압 : 2,400[mm]

18
전선에 압착단자를 접속 시 사용되는 공구는?

① 와이어 스트리퍼
② 프레셔툴
③ 클리퍼
④ 펜치

> 프레셔툴은 솔더리스 커넥터 또는 터미널을 압착하는 것이다.

19
3상 4선식 380/220[V] 전로에서 전원의 중성극에 접속된 전선을 무엇이라 하는가?

① 접지선
② 중성선
③ 전원선
④ 접지측선

> 중성선은 다선식 전로의 중성극에 접속된 전선을 말한다.

정답 13 ① 14 ③ 15 ③ 16 ③ 17 ④ 18 ② 19 ②

20

450/750[V] 일반용 단심 비닐 절연전선의 약호는?

① NRI
② NF
③ NFI
④ NR

> **NR**
> 450/750[V] 일반용 단심 비닐 절연전선을 말한다.

21

220[V]용 100[W] 전구와 200[W] 전구를 직렬로 연결하여 전압을 인가하면 어떻게 되겠는가?

① 두 전구의 밝기는 같다.
② 100[W]의 전구가 더 밝다.
③ 200[W]의 전구가 더 밝다.
④ 두 전구 모두 점등되지 않는다.

> 100[W] 전구의 저항 : $R_{100} = \dfrac{V^2}{P_{100}} = \dfrac{220^2}{100} = 484[\Omega]$
>
> 200[W] 전구의 저항 : $R_{200} = \dfrac{V^2}{P_{200}} = \dfrac{220^2}{200} = 242[\Omega]$
>
> $\dfrac{100[W]\ 전구의\ 밝기}{200[W]\ 전구의\ 밝기} = \dfrac{100[W]\ 전구의\ 소비전력}{200[W]\ 전구의\ 소비전력}$
>
> $\dfrac{P_{100}'}{P_{200}'} = \dfrac{I^2 R_{100}}{I^2 R_{200}} = \dfrac{484}{242} = 2$
>
> $P_{100}' = 2 P_{200}'$
>
> 100[W]의 전구가 200[W]의 전구보다 2배 밝다.

22

절연전선을 동일 금속덕트 내에 넣을 경우 금속덕트의 크기는 전선의 피복절연물을 포함한 단면적의 총합계가 금속덕트 내 단면적의 몇 [%] 이하가 되도록 하여야 하는가?

① 20[%]
② 30[%]
③ 40[%]
④ 50[%]

> **금속덕트**
> 덕트 내에 넣는 전선의 단면적의 합계는 덕트 내부 단면적의 20[%] 이하로 하여야 한다(단, 전광표시, 제어회로용의 경우 50[%] 이하).

23

그림과 같은 회로 AB에서 본 합성저항은 몇 [Ω]인가?

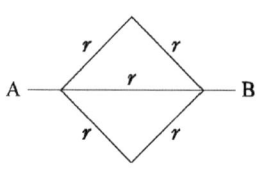

① $\dfrac{r}{2}$
② r
③ $\dfrac{3}{2}r$
④ $2r$

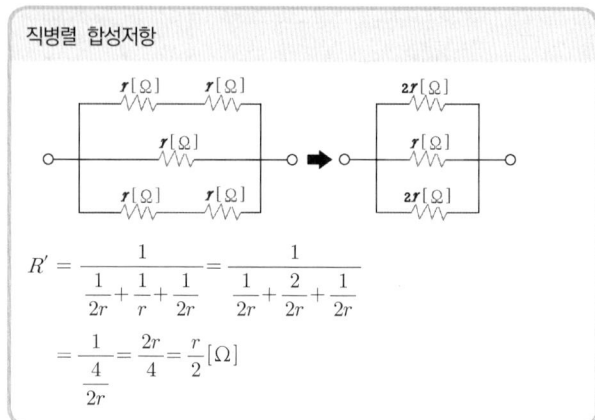

> **직병렬 합성저항**
>
> $R' = \dfrac{1}{\dfrac{1}{2r}+\dfrac{1}{r}+\dfrac{1}{2r}} = \dfrac{1}{\dfrac{1}{2r}+\dfrac{2}{2r}+\dfrac{1}{2r}}$
>
> $= \dfrac{1}{\dfrac{4}{2r}} = \dfrac{2r}{4} = \dfrac{r}{2}[\Omega]$

24

금속 내부를 지나는 자속의 변화로 금속 내부에 생기는 맴돌이 전류를 작게 하려면 어떻게 하여야 하는가?

① 두꺼운 철판을 사용한다.
② 높은 전류를 가한다.
③ 얇은 철판을 성층하여 사용한다.
④ 철판 양면에 절연지를 부착한다.

> **맴돌이 전류(와전류)**
> 1) 철심 내 자속의 변화에 따른 전자유도에 의해 발생하는 소용돌이 형태의 전류
> 2) 방지법(경감법) : 철심을 성층

정답 20 ④ 21 ② 22 ① 23 ① 24 ③

25
자체 인덕턴스 20[mH]의 코일에 30[A]의 전류를 흘릴 때 저축되는 에너지는?

① 1.5[J] ② 3[J]
③ 9[J] ④ 18[J]

> 코일에 저축된 전자 에너지 W
> $W = \frac{1}{2}LI^2 = \frac{1}{2} \times 20 \times 10^{-3} \times 30^2 = 9[J]$

26
$V = 200[V]$, $C_1 = 10[\mu F]$, $C_2 = 5[\mu F]$인 2개의 콘덴서가 병렬로 접속되어 있다. 콘덴서 C_1에 축적되는 전하[μC]는?

① 100[μC] ② 200[μC]
③ 1,000[μC] ④ 2,000[μC]

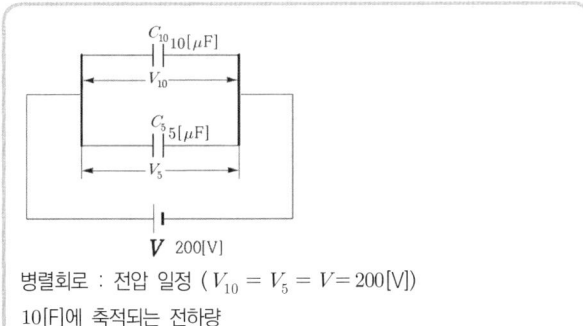

> 병렬회로 : 전압 일정 ($V_{10} = V_5 = V = 200[V]$)
> 10[F]에 축적되는 전하량
> $Q_{10} = C_{10}V_{10} = 10 \times 200 = 2,000[\mu C]$

27
전기기계의 철심을 규소강판으로 성층하는 이유는?

① 제작이 용이 ② 동손 감소
③ 철손 감소 ④ 기계손 감소

> 철심을 규소강판으로 성층하는 것은 철손을 감소시키는 것이 주된 목적으로 히스테리시스손(규소강판)과 맴돌이(와류)손(성층철심)을 감소시키기 위함이다.

28
자체 인덕턴스 L_1, L_2, 상호 인덕턴스 M인 두 코일을 같은 방향으로 직렬 연결한 경우 합성 인덕턴스는?

① $L_1 + L_2 + M$
② $L_1 + L_2 - M$
③ $L_1 + L_2 + 2M$
④ $L_1 + L_2 - 2M$

> 직렬접속 콘덴서의 합성 인덕턴스
> 1) 같은 방향(가동) 합성 인덕턴스 : $L_+ = L_1 + L_2 + 2M$
> 2) 반대 방향(차동) 합성 인덕턴스 : $L_- = L_1 + L_2 - 2M$

29
접착제를 사용하는 합성수지관 상호 및 관과 박스의 접속 시 삽입 깊이는 관 바깥지름의 몇 배 이상으로 하여야 하는가?

① 0.6배 ② 0.8배
③ 1.2배 ④ 1.6배

> 합성수지관 공사
> 1) 1본의 길이 : 4[m]
> 2) 관 상호 간, 관과 박스를 접속할 경우 관의 삽입 깊이는 관 바깥지름의 1.2배 이상(단, 접착제를 사용하는 경우 0.8배 이상)
> 3) 지지점 간 거리는 1.5[m] 이하

30
자속밀도 5[Wb/m²]의 자계 중에 20[cm]의 도체를 자계와 직각으로 100[m/s]의 속도로 움직였다면 이때 도체에 유기되는 기전력[V]은?

① 100 ② 1,000
③ 200 ④ 2,000

> 유기기전력(플레밍의 오른손 법칙)
> $e = vBl\sin\theta = 100 \times 5 \times 0.2 \times \sin 90° = 100[V]$

31
변압기는 어떤 원리를 이용한 것인가?

① 표피작용
② 전자유도작용
③ 전기자 반작용
④ 편자작용

> **변압기의 원리**
> 변압기는 철심에 2개의 코일을 감고 한쪽 권선에 교류전압을 인가 시 철심의 자속이 흘러 다른 권선을 지나가면서 전자유도작용에 의해 유도기전력이 발생된다.

32
3상 동기기에 제동권선의 역할은?

① 출력증대와 효율증가
② 기동작용과 출력증대
③ 출력증대와 난조방지
④ 기동작용과 난조방지

> **제동권선**
> 제동권선의 경우 난조를 방지하는 목적도 있지만 동기 전동기의 기동 시 기동 토크를 발생시킨다. 이때 계자회로를 단락시켜 고전압이 유기되는 것을 방지한다.

33
다음 제동 방법 중 급정지하는 데 가장 좋은 제동법은?

① 발전제동
② 회생제동
③ 역전제동
④ 단상제동

> **역상(역전, 플러깅)제동**
> 전원 3선 중 2선의 방향을 바꾸어 전동기를 역회전시켜 급제동하는 방법을 말한다.

34
변압기유의 열화 방지와 관계가 없는 것은?

① 컨서베이터
② 질소봉입
③ 브리더
④ 방열판

> **변압기(절연)유의 열화 방지대책**
> 1) 컨서베이터 방식
> 2) 질소봉입 방식
> 3) 브리더 방식

35
반도체 내에서 정공은 어떻게 생성되는가?

① 자유 전자의 이동
② 접합 불량
③ 확산 용량
④ 결합 전자의 이탈

> **정공**
> 결합 전자의 이탈로 전자의 빈자리가 생길 경우 그 빈자리를 정공이라 한다.

36
수전설비의 특고압 배전반의 경우 배전반 앞에서 계측기를 판독하기 위하여 앞면과 최소 몇 [m] 이상 유지하는 것을 원칙으로 하고 있는가?

① 0.6[m]
② 1.2[m]
③ 1.5[m]
④ 1.7[m]

> **특고압 배전반의 유지거리**
> 앞 계측기의 판독 시 앞면과 최소 1.7[m] 이상

정답 31 ② 32 ④ 33 ③ 34 ④ 35 ④ 36 ④

37

전선의 접속법에서 2개 이상의 전선을 병렬로 사용하는 경우의 시설기준으로 틀린 것은?

① 같은 극인 각 전선의 터미널 러그는 동일한 도체에 2개 이상의 리벳 또는 2개 이상의 나사로 접속할 것
② 같은 극의 각 전선은 동일한 터미널러그에 완전히 접속할 것
③ 병렬로 사용하는 전선에는 각각에 퓨즈를 설치할 것
④ 교류회로에서 병렬로 사용하는 전선은 금속관 안에 전자적 불평형이 생기지 않도록 시설할 것

2개 이상의 전선을 병렬로 사용하는 경우
병렬로 사용하는 전선에는 각각에 퓨즈를 설치하지 말 것

38

정크션 박스 내에서 전선의 접속 시 사용되는 재료는?

① 슬리브
② 코오드놋트
③ 와이어커넥터
④ 매팅타이어

와이어커넥터
박스 내에서 사용되는 전선의 접속 방식은 와이어커넥터이다.

39 빈출

철근 콘크리트주의 길이가 12[m]인 지지물을 건주하는 경우 땅에 묻히는 깊이로 가장 옳은 것은? (단, 설계하중은 6.8[kN] 이하이다.)

① 1.2
② 1.5
③ 1.8
④ 2

지지물의 매설 깊이
15[m] 이하 시 $\frac{1}{6}$ 이상 매설, 따라서 $12 \times \frac{1}{6} = 2$[m] 이상

40

전력용 콘덴서를 회로로부터 개방하였을 때 전하가 잔류함으로써 일어나는 위험의 방지와 재투입을 할 때 콘덴서에 걸리는 과전압을 방지하기 위하여 무엇을 설치하는가?

① 직렬리액터
② 전력용 콘덴서
③ 방전코일
④ 피뢰기

DC(방전코일)
방전코일의 경우 잔류전하를 방전하여 인체의 감전 사고를 방지하고 전원 재투입 시 과전압이 발생되는 것을 방지하기 위해 설치한다.

41 빈출

다음 중 과전류 차단기를 시설하여서는 안 되는 곳은?

① 전로의 전원측
② 분기회로의 부하측
③ 인입구 측
④ 접지측

과전류차단기 시설제한 장소
1) 접지공사의 접지도체
2) 다선식 전로의 중성선
3) 전로 일부에 접지공사를 한 저압가공전선로의 접지측 전선

42 빈출

다음 물질 중 강자성체로만 짝지어진 것은?

① 철, 니켈, 아연, 망간
② 구리, 비스무트, 코발트, 망간
③ 철, 구리, 니켈, 아연
④ 철, 니켈, 코발트

1) 강자성체 : 철, 니켈, 코발트
2) 상자성체 : 알루미늄, 백금, 산소, 주석

정답 37 ③ 38 ③ 39 ④ 40 ③ 41 ④ 42 ④

43

평형 3상 교류회로에서 Δ부하의 한 상의 임피던스가 Z_Δ일 때, 등가 변환한 Y부하의 한 상의 임피던스 Z_Y는 얼마인가?

① $Z_Y = \sqrt{3}\, Z_\Delta$
② $Z_Y = 3Z_\Delta$
③ $Z_Y = \dfrac{1}{\sqrt{3}} Z_\Delta$
④ $Z_Y = \dfrac{1}{3} Z_\Delta$

> **3상 임피던스 변환**
> $\Delta \to Y : Z_Y = \dfrac{1}{3} Z_\Delta [\Omega]$
> $Y \to \Delta : Z_\Delta = 3\, Z_Y [\Omega]$

44

공기 중에 10[μC]과 20[μC]을 1[m] 간격으로 놓을 때 발생되는 정전력[N]은?

① 1.8
② 2.2
③ 4.4
④ 6.3

> **정전력(쿨롱의 법칙)**
> $F = \dfrac{Q_1 Q_2}{4\pi \varepsilon_0 r^2} = 9 \times 10^9 \times \dfrac{Q_1 Q_2}{r^2} [N]$
> $= 9 \times 10^9 \times \dfrac{(10 \times 10^{-6}) \times (20 \times 10^{-6})}{1^2}$
> $= 1.8 [N]$

45

3[kW]의 전열기를 1시간 동안 사용할 때 발생하는 열량[kcal]은?

① 3
② 180
③ 860
④ 2,580

> **발열량**
> $H = 860 Pt = 860 \times 3[kW] \times 1[h] = 2,580 [Kcal]$

46

동일 저항 $R[\Omega]$이 10개 있다. 이 저항을 병렬로 합성할 때의 저항은 직렬로 합성할 때의 저항의 몇 배가 되는가?

① 10배
② 100배
③ $\dfrac{1}{10}$배
④ $\dfrac{1}{100}$배

> 직렬 합성저항 : $R_{직렬} = nR = 10R[\Omega]$
> 병렬 합성저항 : $R_{병렬} = \dfrac{R}{n} = \dfrac{R}{10}[\Omega]$
> $\dfrac{C_{병렬}}{C_{직렬}} = \dfrac{\frac{R}{n}}{nR} = \dfrac{1}{n^2} = \dfrac{1}{100}$배

47

2전력계법을 이용하여 평형 3상 전력을 측정하였더니 전력계가 각각 400[W], 800[W]를 지시하였다면 소비전력[W]은 얼마인가?

① 400
② 600
③ 1,200
④ 2,400

> **2전력계법의 유효전력**
> $P = 400[W] + 800[W] = 1,200[W]$

48

5.5[kW], 200[V] 유도 전동기의 전전압 기동 시의 기동전류가 150[A]이었다. 이 전동기를 Y-Δ 기동 시 기동전류는 몇 [A]가 되는가?

① 50
② 70
③ 87
④ 150

> **Y-Δ 기동**
> 전전압 기동 시보다 기동전류가 $\dfrac{1}{3}$배로 감소하므로 50[A]가 된다.

정답 43 ④ 44 ① 45 ④ 46 ④ 47 ③ 48 ①

49
직류 발전기에서 발전된 유기기전력을 직류기전력으로 변환하는 것은?

① 정류자 - 브러쉬
② 전기자 - 브러쉬
③ 계자 - 브러쉬
④ 회전자 - 브러쉬

직류 발전기의 구조
1) 계자 : 주 자속을 만드는 부분
2) 전기자 : 주 자속을 끊어 유기기전력을 발생
3) 정류자 : 교류를 직류로 변환
4) 브러쉬 : 내부의 회로와 외부의 회로를 전기적으로 연결

50
단상 전파 정류 회로에서 $\alpha = 60°$일 때 정류전압은? (단, 전원측 실효값 전압은 100[V]이며 유도성 부하를 가지는 제어정류기이다.)

① 45
② 90
③ 105
④ 150

단상 전파 정류의 직류전압
$$E_d = \frac{2\sqrt{2}\,V}{\pi}\cos\alpha$$
$$= \frac{2\sqrt{2}\times 100}{\pi}\times \cos 60° = 45[V]$$

51
직류 발전기의 무부하 포화곡선은?

① 계자전류와 부하전압과의 관계이다.
② 부하전류와 부하전압과의 관계이다.
③ 계자전류와 회전력과의 관계이다.
④ 계자전류와 유기기전력과의 관계이다.

무부하 포화곡선
유기기전력과 계자전류와의 관계곡선을 말한다.

52
다음 중 회전의 방향을 바꿀 수 없는 전동기는?

① 분상 기동형 전동기
② 반발 기동형 전동기
③ 콘덴서 기동형 전동기
④ 셰이딩 코일형 전동기

셰이딩 코일형 전동기
셰이딩 코일형은 모터 제작 시 코일의 방향이 고정되어 회전의 방향을 바꿀 수 없다.

53
동기 발전기를 회전계자형으로 하는 이유가 아닌 것은?

① 고전압에 견딜 수 있게 전기자 권선을 절연하기가 쉽다.
② 기계적으로 튼튼하게 만드는 데 용이하다.
③ 전기자 단자에 발생한 고전압을 슬립링 없이 간단하게 외부회로에 인가할 수 있다.
④ 전기자가 고정되어 있지 않아 제작비용이 저렴하다.

회전계자형을 사용하는 이유
1) 전기자 권선은 전압이 높고 결선이 복잡하여, 절연이 용이하다.
2) 기계적으로 튼튼하게 만드는 데 용이하다.
3) 전기자 단자에 발생된 고전압을 슬립링 없이 간단하게 외부로 인가할 수 있다.

54 ★빈출
동기 발전기에서 앞선 전류가 흐를 때 어느 것이 옳은가?

① 속도가 상승한다.
② 감자 작용을 받는다.
③ 증자 작용을 받는다.
④ 효율이 좋아진다.

동기 발전기의 전기자 반작용

종류	앞선(진상, 진) 전류가 흐를 때	뒤진(지상, 지) 전류가 흐를 때
동기 발전기	증자 작용	감자 작용
동기 전동기	감자 작용	증자 작용

정답 49 ① 50 ① 51 ④ 52 ④ 53 ④ 54 ③

55
3상 전원에서 2상 전압을 얻고자 할 때 결선 중 옳은 것은?

① 포트 결선
② 2중 성형 결선
③ 환상 결선
④ 스콧 결선

상수변환
3상에서 2상 전원을 얻기 위한 변압기 결선 방법 : 스콧(T) 결선

56
구부러짐이 용이하고 전기저항이 작으며, 부드러워 옥내배선에 주로 사용되는 구리선은?

① 경동선
② 중공연선
③ 합성연선
④ 연동선

연동선
연동선은 가요성이 풍부하여 주로 옥내배선에서 사용되는 전선이다.

57
조명기구의 배광에 의한 분류 중 하향광속이 90 ~ 100[%] 정도의 빛이 나는 조명방식은?

① 직접 조명
② 반직접 조명
③ 반간접 조명
④ 간접 조명

배광에 의한 분류

조명방식	하향 광속
직접 조명	90 ~ 100[%]
반직접 조명	60 ~ 90[%]
전반 확산 조명	40 ~ 60[%]
반간접 조명	10 ~ 40[%]
간접 조명	0 ~ 10[%]

58
지선의 중간에 넣어서 사용하는 애자는?

① 구형애자
② 저압 옥애자
③ 고압 가지애자
④ 인류애자

구형애자
지선의 중간에 넣어서 사용되는 애자를 구형애자 또는 지선애자라고 한다.

59
금속관의 배관을 변경하거나 캐비닛의 구멍을 넓히기 위한 공구는 어느 것인가?

① 체인 파이프 렌치
② 녹아웃 펀치
③ 프레셔 툴
④ 잉글리스 스패너

녹아웃 펀치
배전반, 분전반에 배관을 변경할 때 또는 이미 설치된 캐비닛에 구멍을 뚫을 때 필요하다.

60
한국전기설비규정에 따라 조명용 전원 코드 또는 이동전선은 몇 [mm²] 이상을 사용하여야만 하는가?

① 0.55
② 0.75
③ 1.5
④ 2

조명설비의 시설
조명용 전원 코드 또는 이동전선은 0.75[mm²] 이상

정답 55 ④ 56 ④ 57 ① 58 ① 59 ② 60 ②

2024년 2회 | CBT 기출복원문제

01 ⭐

어떤 물질을 서로 마찰시키면 물질의 전자의 수가 많아지거나 적어지는 현상이 생긴다. 이를 무엇이라 하는가?

① 방전
② 충전
③ 대전
④ 감전

> **대전**
> 물질의 전자가 정상 상태에서 마찰에 의해 전자수가 많아지거나 적어져 전기를 띠는 현상

02

같은 크기의 두 개의 인덕턴스를 같은 방향으로 직렬 연결, 합성 인덕턴스와 반대 방향으로 직렬 연결하면 두 합성 인덕턴스의 차는 얼마인가?

① M
② $2M$
③ $3M$
④ $4M$

> **직렬접속 콘덴서의 합성 인덕턴스**
> 1) 같은 방향(가동접속) : $L_{가동} = L_1 + L_2 + 2M$
> 2) 반대 방향(차동접속) : $L_{차동} = L_1 + L_2 - 2M$
> 3) 두 합성 인덕턴스의 차 : $L_{가동} - L_{차동} = 4M$

03

어떤 회로에 $50[V]$의 전압을 가하니 $8+j6[A]$의 전류가 흘렀다면 이 회로의 임피던스$[\Omega]$는?

① $3-j4$
② $3+j4$
③ $4-j3$
④ $4+j3$

> $Z = \dfrac{V}{I} = \dfrac{50}{8+j6} = \dfrac{50 \times (8-j6)}{(8+j6) \times (8-j6)} = \dfrac{50 \times (8-j6)}{64+36}$
> $= \dfrac{400-j300}{100} = 4-j3[A]$

04

어떤 전지에서 5[A]의 전류가 10분간 흘렀다면 이 전지에서 나온 전기량은?

① 0.83[C]
② 50[C]
③ 250[C]
④ 3,000[C]

> 시간 $t = 10[분] = 10 \times 60[sec] = 600[sec]$
> 전기량 $Q = It[C]$
> $Q = 5[A] \times 600[sec] = 3,000[C]$

05

반도체로 만든 PN접합은 무슨 작용을 하는가?

① 정류 작용
② 발진 작용
③ 증폭 작용
④ 변조 작용

> **정류 작용**
> PN접합 다이오드를 이용하여 교류를 직류로 변환하는 작용

06 ⭐

전등 한 개를 2개소에서 점멸하고자 할 때 옳은 배선은?

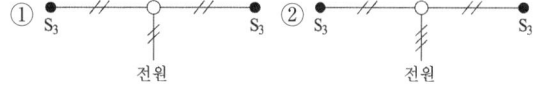
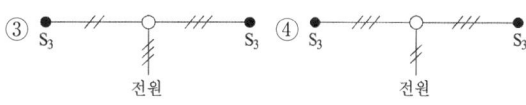

> 2개소 점멸 시 전원 앞은 2가닥이 되며, 3로 스위치 앞은 3가닥이 되어야 한다.

정답 01 ③ 02 ④ 03 ③ 04 ④ 05 ① 06 ④

07

그림과 같이 공기 중에 놓인 2×10^{-8}[C]의 전하에서 2[m] 떨어진 점 P와 1[m] 떨어진 점 Q와의 전위차는?

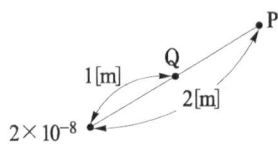

① 80[V]   ② 90[V]
③ 100[V] ④ 110[V]

> Q점의 전위
> $V_Q = 9 \times 10^9 \times \dfrac{Q}{r_Q} = 9 \times 10^9 \times \dfrac{2 \times 10^{-8}}{1} = 180$[V]
> P점의 전위
> $V_P = 9 \times 10^9 \times \dfrac{Q}{r_p} = 9 \times 10^9 \times \dfrac{2 \times 10^{-8}}{2} = 90$[V]
> 전위차 : $V_Q - V_P = 180 - 90 = 90$[V]

08 ⭐

두 개의 서로 다른 금속의 접속점에 온도차를 주면 기전력이 생기는 현상은?

① 제어벡 효과   ② 펠티어 효과
③ 톰슨 효과   ④ 호올 효과

> 제어벡 효과
> 1) 서로 다른 금속을 접합하여 두 접합점에 온도차를 주면 전기가 발생하는 현상
> 2) 전기온도계, 열전대, 열전쌍 등에 적용

09

3상 변압기의 병렬 운전 시 병렬 운전이 불가능한 경우는?

① $\Delta - \Delta$와 $\Delta - Y$ ② $Y - \Delta$와 $Y - \Delta$
③ $\Delta - \Delta$와 $\Delta - \Delta$ ④ $Y - Y$와 $Y - Y$

> 3상 변압기 병렬 운전 조건
> 병렬 운전 시 각 위상이 같아야 한다. 즉 홀수의 경우 각 변위가 달라져 병렬 운전이 불가능하다.

10

전력변환 설비 중 제어 정류기의 용도는?

① 교류 - 교류 변환
② 직류 - 교류 변환
③ 교류 - 직류 변환
④ 직류 - 직류 변환

> 정류기란 교류를 직류로 변환하는 설비를 말한다.

11

직류 전동기의 속도 제어법이 아닌 것은?

① 공극 제어법 : 공극을 변화시켜 제어
② 전압 제어법 : 전압을 변화시켜 제어
③ 계자 제어법 : ϕ을 변화시켜 제어
④ 저항 제어법 : 저항을 변화시켜 제어

> 직류 전동기의 속도 제어법
> $n = k \dfrac{V - I_a R_a}{\phi}$
> 1) 전압 제어 : 전압을 변화시켜 제어한다.
> 2) 계자 제어 : 계자에 흐르는 전류를 제어하여 ϕ을 제어한다.
> 3) 저항 제어 : 저항을 변화시켜 제어한다.

12 ⭐

변압기의 유의 구비해야 할 조건으로 틀린 것은?

① 절연내력이 클 것
② 응고점이 클 것
③ 점도는 낮을 것
④ 재료에 화학작용을 일으키지 않을 것

> 변압기 절연유 구비조건
> 1) 절연내력은 클 것
> 2) 냉각효과는 클 것
> 3) 인화점은 높고, 응고점은 낮을 것
> 4) 점도는 낮을 것

정답 07 ② 08 ① 09 ① 10 ③ 11 ① 12 ②

13
선택지락 계전기의 용도는?

① 단일 회선에서 접지전류의 대소의 선택
② 단일 회선에서 접지전류의 방향 선택
③ 단일 회선에서 접지 사고 지속시간의 선택
④ 다 회선의 접지고장 회선의 선택

선택지락 계전기(SGR)
2(다)회선 이상의 지락(접지)사고를 선택 차단한다.

14 ★
다음 중 3단자 사이리스터가 아닌 것은?

① SCR
② TRIAC
③ GTO
④ SCS

SCS
SCS의 경우 단방향 4단자 소자를 말한다.

15
한국전기설비규정에서 정한 화약류 저장소에 대한 설명 중 옳지 않은 것은?

① 전로의 대지전압은 300[V] 이하일 것
② 전기기계기구는 전폐형일 것
③ 애자 공사를 할 것
④ 케이블을 전기기계기구에 인입할 때에는 인입구에서 케이블이 손상될 우려가 없도록 할 것

화약류 저장소 등의 위험장소
1) 전로의 대지전압은 300V 이하일 것
2) 전기기계기구는 전폐형의 것일 것
3) 케이블을 전기기계기구에 인입할 때에는 인입구에서 케이블이 손상될 우려가 없도록 시설할 것
4) 차단기는 밖에 두며, 조명기구의 전원을 공급하기 위하여 배선은 금속관, 케이블 공사를 할 것

16
다음 중 접지저항을 측정하기 위하여 사용하는 것은?

① 회로 시험기
② 변류기
③ 메거
④ 어스테스터

어스테스터
접지저항을 측정하기 위한 계측기를 말한다.

17
합성수지전선관 한 본의 길이는 몇 [m]인가?

① 3
② 3.6
③ 4
④ 5

합성수지관 공사
1) 1본의 길이 : 4[m]
2) 관 상호 간, 관과 박스를 접속할 경우 관의 삽입 깊이는 관 바깥지름의 1.2배 이상(단, 접착제를 사용하는 경우 0.8배 이상)
3) 지지점 간 거리는 1.5[m] 이하

18
한국전기설비규정에 의하여 저압 이웃인입선은 분기점으로부터 몇 [m]를 초과하지 말아야 하는가?

① 50
② 100
③ 150
④ 200

연접(이웃연결)인입선의 시설 규정
1) 분기점으로부터 100[m]를 넘는 지역에 미치지 아니할 것
2) 폭이 5[m]를 넘는 도로를 횡단하지 말 것
3) 옥내를 관통하지 말 것
4) 저압에서만 가능
5) 2.6[mm] 경동선을 사용하지만 긍장이 20[m] 이하인 경우 2.0[mm] 경동선도 가능

정답 13 ④ 14 ④ 15 ③ 16 ④ 17 ③ 18 ②

19

한국전기설비규정에 따라 저압 가공전선(다중접지된 중성선제외)과 고압 가공전선을 동일 지지물에 시설하려 한다. 저압가공전선의 위치는?

① 같은 완금에 동일한 위치에 둔다.
② 고압 가공전선 위로 둔다.
③ 고압 가공전선 아래에 둔다.
④ 위치에 관계없다.

> **가공전선의 병행설치**
> 고압 가공전선과 저압 가공전선을 동일 지지물에 설치 시 저압 가공전선은 고압 가공전선 아래에 둔다.

20

반지름 5[cm], 권선 수 100회인 원형 코일에 15[A]의 전류가 흐르면 코일 중심의 자장의 세기는 몇 [AT/m]인가?

① 750[AT/m]
② 3,000[AT/m]
③ 15,000[AT/m]
④ 22,500[AT/m]

> **원형 코일 중심의 자계의 세기**
> $H = \dfrac{NI}{2a} = \dfrac{100 \times 15}{2 \times 5 \times 10^{-2}} = 15,000[\text{AT/m}]$

21

DV전선이라 함은 무엇인가?

① 옥외용 가교 폴리에틸렌 절연전선
② 강심 알루미늄 연선
③ 인입용 비닐 절연전선
④ 450/750 일반용 단심 비닐 절연전선

명칭(약호)	용도
인입용 비닐 절연전선(DV)	저압 가공 인입용으로 사용
옥외용 비닐 절연전선(OW)	저압 가공 배전선(옥외용)
옥외용 가교폴리에틸렌 절연전선(OC)	고압 가공전선로에 사용
450/750[V] 일반용 단심 비닐 절연전선(NR)	옥내배선용으로 주로 사용
형광등 전선(FL)	형광등용 안정기의 2차배선

22

$R[\Omega]$인 저항 3개가 Δ결선으로 되어 있는 것을 Y결선으로 환산하면 1상의 저항[Ω]은?

① $\dfrac{1}{3}R$
② $\dfrac{1}{3R}$
③ $3R$
④ R

> **3상 저항변환($\Delta \to Y$)**
> $R_Y = \dfrac{1}{3}R_\Delta = \dfrac{1}{3}R[\Omega]$

23

후강 전선관의 최대 호칭은?

① 100
② 104
③ 120
④ 200

> **후강 전선관의 호칭**
> 16, 22, 28, 36, 42, 54, 70, 82, 92, 104로 구분한다.

24 ⭐

비사인파의 일반적인 구성이 아닌 것은?

① 삼각파
② 고조파
③ 기본파
④ 직류분

> 비사인파(비정현파) = 직류분 + 기본파 + 고조파

25

가공전선로의 지지물이 아닌 것은?

① 목주
② 지선
③ 철근 콘크리트주
④ 철탑

> 지지물의 종류에는 목주, 철주, 철근 콘크리트주, 철탑이 있으며, 지선의 경우 지지물이 아니다.

정답 19 ③ 20 ③ 21 ③ 22 ① 23 ② 24 ① 25 ②

26

비오-사바르의 법칙은 어떤 관계를 나타낸 것인가?

① 기전력과 회전력 ② 기자력과 자화력
③ 전류와 자장의 세기 ④ 전압과 전장의 세기

전류와 자장에 관련된 법칙
1) 비오 - 사바르의 법칙
2) 암페어(앙페르)의 법칙
3) 플레밍의 왼손 법칙

27

비유전율 2.5의 유전체 내부의 전속밀도가 2×10^{-6}[C/m²] 되는 점의 전기장 세기는 약 몇 [V/m]인가?

① 18×10^4 ② 9×10^4
③ 6×10^4 ④ 3.6×10^4

전속밀도 : $D = \varepsilon E = \varepsilon_0 \varepsilon_s E$
전기장의 세기
$E = \dfrac{D}{\varepsilon_0 \varepsilon_s} = \dfrac{2 \times 10^{-6}}{8.855 \times 10^{-12} \times 2.5} = 90,344 ≒ 9 \times 10^4$[V/m]

28

가연성 분진(소맥분, 전분, 유황 기타 가연성 먼지 등)으로 인하여 폭발할 우려가 있는 저압 옥내 설비공사로 옳은 것은?

① 애자 공사 ② 금속관 공사
③ 버스 덕트 공사 ④ 플로어 덕트 공사

가연성 먼지(분진)의 전기 공사
1) 금속관 공사
2) 케이블 공사
3) 합성수지관 공사(두께 2mm 미만의 합성수지 전선관 및 난연성이 없는 콤바인 덕트관을 사용하는 것을 제외한다.)

29

평행한 두 도체에 같은 방향의 전류를 흘렸을 때 두 도체 사이에 작용하는 힘은 어떻게 되는가?

① 반발력이 작용한다.
② 힘은 0이다.
③ 흡인력이 작용한다.
④ $\dfrac{I}{2\pi r}$ 의 힘이 작용한다.

평행도선에 작용하는 힘
1) 같은(동일) 방향의 전류 : 흡인력
2) 반대(왕복) 방향의 전류 : 반발력
3) $F = \dfrac{2I_1 I_2}{r} \times 10^{-7} = \dfrac{2I^2}{r} \times 10^{-7}$[N/m]

30

일반적으로 직류기에서 양호한 정류를 얻기 위해서 사용하는 brush는?

① 전해브러쉬 ② 금속브러쉬
③ 전자브러쉬 ④ 탄소브러쉬

탄소브러쉬
접촉저항이 크기 때문에 양호한 정류를 얻기 위해 사용된다.

31

합성 수지관 상호 접속 시 관을 삽입하는 깊이는 관 바깥지름의 몇 배 이상으로 하여야 하는가?

① 0.6 ② 0.8
③ 1.0 ④ 1.2

합성수지관 공사
1) 1본의 길이 : 4[m]
2) 관 상호 간, 관과 박스를 접속할 경우 관의 삽입 깊이는 관 바깥지름의 1.2배 이상(단, 접착제를 사용하는 경우 0.8배 이상)
3) 지지점 간 거리는 1.5[m] 이하

정답 26 ③ 27 ② 28 ② 29 ③ 30 ④ 31 ④

32

기기의 점검 수리를 위하여 회로를 분리하거나 또는 계통에 접속을 바꾸며, 반드시 차단기를 개로하고 동작하여야 하는 수·변전설비를 무엇이라 하는가?

① 단로기
② 컷아웃스위치
③ 전력퓨즈
④ 피뢰기

단로기
기기의 점검 수리 등에 사용되며, 무부하 전류만 개폐 가능하기 때문에 차단기를 개로 후 동작하여야만 한다.

33

3상 유도 전동기의 1차 입력이 60[kW], 1차 손실이 1[kW], 슬립이 3[%]일 때 기계적 출력[kW]은?

① 40
② 50
③ 57
④ 59

기계적 출력
$P_0 = (1-s)P_2$
P_2는 2차 입력이므로 (1차 입력 - 1차 손실)이 된다.
∴ $P_0 = (1-0.03) \times (60-1) = 57.23$[kW]

34

발전기를 정격전압 220[V]로 운전하다가 무부하로 운전하였더니, 단자전압이 253[V]라고 한다. 이 발전기의 전압변동률은?

① 15
② 25
③ 40
④ 45

전압변동률
$\epsilon = \dfrac{V_0 - V_n}{V_n} \times 100$
$= \dfrac{253-220}{220} \times 100 = 15$[%]

35

접지의 목적과 거리가 먼 것은?

① 대지전압 저하
② 이상전압 억제
③ 전기 공사비 절감
④ 보호 계전기의 동작확보

접지의 목적
1) 보호 계전기의 확실한 동작확보
2) 이상전압 억제
3) 대지전압 저하

36

다음 중 정속도 전동기에 속하는 것은?

① 유도 전동기
② 직권 전동기
③ 교류정류자 전동기
④ 분권 전동기

분권 전동기
$N = \dfrac{V - I_a R_a}{K_1 \Phi} \propto (V - I_a R_a)$의 식에 의해 속도는 부하가 증가할수록 감소하는 특성을 가지나 이 감소는 크지 않으므로 타여자 전동기와 같이 정속도 특성을 나타낸다.

37

철근 콘크리트주의 전주의 길이가 10[m]인 지지물을 건주할 경우 묻히는 최소 매설 깊이는 몇 [m] 이상인가? (단, 설계하중은 6.8[kN] 이하이다.)

① 1.67
② 2.5
③ 3
④ 3.5

지지물의 매설 깊이
15[m] 이하 $\dfrac{1}{6}$ 이상 매설
따라서 $10 \times \dfrac{1}{6} = 1.67$[m] 이상

정답 32 ① 33 ③ 34 ① 35 ③ 36 ④ 37 ①

38
옥외용 비닐 절연전선의 약호(기호)는?

① OW ② DV
③ NR ④ FTC

옥외용 비닐 절연전선
OW전선이라 한다.

39
고압전로에 지락사고가 생겼을 때 지락전류를 검출하는 데 사용하는 것은?

① CT ② ZCT
③ MOF ④ PT

ZCT(영상변류기)
비접지 회로에 지락사고 시 지락(영상)전류를 검출한다.

40
가공전선의 지지물에 승탑 또는 승강용으로 사용하는 발판 볼트 등은 지표상 몇 [m] 미만에 시설하여서는 아니되는가?

① 1.2 ② 1.5
③ 1.6 ④ 1.8

발판 볼트
지지물에 시설하는 발판 볼트의 경우 1.8[m] 이상 높이에 시설한다.

41
펜치로 절단하기 힘든 굵은 전선의 절단에 사용되는 공구는?

① 파이프렌치 ② 파이프 커터
③ 클리퍼 ④ 와이어 게이지

클리퍼
펜치로 절단하기 어려운 굵은 전선을 절단한다.

42
전선의 접속에 대한 설명으로 옳지 않은 것은?

① 전선의 세기를 20[%] 이상 감소시키지 아니할 것
② 접속부분을 그 부분의 절연전선의 절연물과 동등 이상의 절연성능이 있는 것으로 충분히 피복할 것
③ 같은 극의 각 전선은 동일한 터미널 러그에 접속하지 말 것
④ 병렬로 사용하는 전선에는 각각에 퓨즈를 설치하지 말 것

전선의 접속 시 유의사항
1) 전선을 접속하는 경우 전기 저항이 증가되지 않도록 할 것
2) 전선의 접속 시 전선의 세기를 20[%] 이상 감소시키지 말 것 (80[%] 이상 유지시킬 것)
3) 같은 극의 각 전선은 동일한 터미널 러그에 접속할 것

43
한국전기설비규정에 따라 모든 콘센트는 누전 차단기에 의해 개별적으로 보호를 받아야 한다. 채택된 누전 차단기는 중성극을 포함한 모든 극을 차단한다. 정격감도전류는 몇 [mA] 이하의 것이어야만 하는가?

① 15 ② 30
③ 40 ④ 100

콘센트는 정격감도전류가 30[mA] 이하인 누전 차단기에 의해 개별적으로 보호되어야 한다.

44
전기장의 세기의 단위는?

① H/m ② F/m
③ N/m ④ V/m

전계(전기장, 전장)의 세기의 단위
1) $V = Ed \to E = \dfrac{V[\text{V}]}{r[\text{m}]} \to E[\text{V/m}]$
2) $F = EQ \to E = \dfrac{F[\text{N}]}{Q[\text{C}]} \to E[\text{N/C}]$

정답 38 ① 39 ② 40 ④ 41 ③ 42 ③ 43 ② 44 ④

45

저항 $R_1[\Omega]$, $R_2[\Omega]$ 두 개를 병렬 연결하면 합성저항은 몇 [Ω]인가?

① $\dfrac{1}{R_1+R_2}$ ② $\dfrac{R_1}{R_1+R_2}$

③ $\dfrac{R_1 R_2}{R_1+R_2}$ ④ $\dfrac{R_2}{R_1+R_2}$

> 병렬접속의 합성저항
> $R = \dfrac{1}{\dfrac{1}{R_1}+\dfrac{1}{R_2}} = \dfrac{R_1 R_2}{R_1+R_2}[\Omega]$

46

교류 실효 전압 100[V], 주파수 60[Hz]인 교류 순시값 전압 표현으로 맞는 것은?

① $v = 100\sin 120\pi t [V]$
② $v = 100\sqrt{2}\sin 60\pi t [V]$
③ $v = 100\sqrt{2}\sin 120\pi t [V]$
④ $v = 100\sin 60\pi t [V]$

> 최대값 : $V_m = \sqrt{2}\,V = 100\sqrt{2}$
> 각속도 : $\omega = 2\pi f = 2\pi \times 60 = 120\pi$
> 실효값 : $v(t) = V_m \sin\omega t = 100\sqrt{2}\sin(120\pi)t [V]$

47 ★빈출

1차 전지로 가장 많이 사용되는 전지는?

① 니켈전지 ② 이온전지
③ 폴리머전지 ④ 망간전지

> 1) 1차 전지 : 망간전지, 알카라인 전지
> 2) 2차 전지 : 니켈전지, 이온전지, 폴리머전지

48

부하 한 상의 임피던스가 $6+j8[\Omega]$인 3상 Δ결선회로에 100[V]의 전압을 인가할 때 선전류[A]는?

① 10 ② $10\sqrt{3}$
③ 20 ④ $20\sqrt{3}$

> Δ결선의 상전류
> $I_p = \dfrac{V_p}{|Z|} = \dfrac{V_l}{\sqrt{R^2+X^2}} = \dfrac{100}{\sqrt{6^2+8^2}} = 10[A]$
> Δ결선의 선전류
> $I_l = \sqrt{3}\,I_p = \sqrt{3}\times 10 = 10\sqrt{3}[A]$

49

정전용량 10[μF]인 콘덴서 양단에 100[V]의 전압을 가했을 때 콘덴서에 축적되는 에너지는?

① 50 ② 5
③ 0.5 ④ 0.05

> 콘덴서 축적에너지
> $W = \dfrac{1}{2}CV^2 = \dfrac{1}{2}\times 10\times 10^{-6}\times 100^2 = 0.05$

50

2차 입력을 P_2, 출력을 P_0, 동손을 P_{c2}, 슬립을 s, 동기속도를 N_s, 회전자속도를 N이라 할 경우 2차 효율이 아닌 것은?

① $\dfrac{N}{N_s}$ ② $1-s$

③ $\dfrac{P_0}{P_2}$ ④ $\dfrac{P_{c2}}{P_2}$

> 유도 전동기의 2차 효율 $\eta_2 = \dfrac{P_0}{P_2} = 1-s = \dfrac{N}{N_s} = \dfrac{\omega}{\omega_s}$
> s : 슬립, N_s : 동기속도, N : 회전자속도,
> ω_s : 동기각속도($2\pi N_s$), ω : 회전자각속도($2\pi N$)

정답 45 ③ 46 ③ 47 ④ 48 ② 49 ④ 50 ④

51
속도를 광범위하게 조정할 수 있으므로 압연기나 엘리베이터 등에 사용되는 직류 전동기는?

① 직권 전동기
② 분권 전동기
③ 타여자 전동기
④ 가동 복권 전동기

> **타여자 전동기**
> 속도를 광범위하게 조정가능하며, 압연기, 엘리베이터 등에 사용된다.

52
직류 발전기 계자의 주된 역할은?

① 기전력을 유도한다.
② 자속을 만든다.
③ 정류작용을 한다.
④ 정류자면에 접촉한다.

> **직류 발전기의 구조**
> 1) 계자 : 주 자속을 만드는 부분
> 2) 전기자 : 주 자속을 끊어 유기기전력을 발생
> 3) 정류자 : 교류를 직류로 변환
> 4) 브러쉬 : 내부의 회로와 외부의 회로를 전기적으로 연결

53
병렬 운전 중인 동기 임피던스 5[Ω]인 2대의 3상 동기 발전기의 유도기전력이 200[V]의 전압차이가 있다면 무효 순환전류는?

① 5
② 10
③ 20
④ 40

> **무효 순환전류 I_c**
> $I_c = \dfrac{E_c}{2Z_s} = \dfrac{200}{2 \times 5} = 20[A]$
> E_c : 양 기기 간의 전압차[V], Z_s : 동기 임피던스[Ω]

54
3상 4극 60[MVA], 역률 0.8, 60[Hz], 22.9[kV] 수차발전기의 전부하 손실이 1,600[kW]이라면 전부하 효율[%]은?

① 90
② 95
③ 97
④ 99

> **효율 η**
> $\eta = \dfrac{출력}{입력} \times 100[\%]$
> 출력 $60 \times 0.8 = 48[MW]$이므로
> 입력 $48 + 1.6 = 49.6[MW]$
> $\eta = \dfrac{48}{49.6} \times 100 = 96.7[\%]$

55
단상 변압기 2대로 3상 전력을 부담하는 변압기 결선은?

① $V-V$결선
② $\Delta-Y$결선
③ $Y-Y$결선
④ $Y-\Delta$결선

> **V결선**
> 단상변압기 2대로 3상 전력을 부담하는 결선방식이다.

56
다음 공사 방법 중 옳은 것은 무엇인가?

① 금속몰드 공사 시 몰드 내부에서 전선을 접속하였다.
② 금속관 공사 시 금속제 조인트 박스 내에서 전선을 쥐꼬리 접속하였다.
③ 합성수지 몰드 공사 시 몰드 내부에서 전선을 접속하였다.
④ 합성수지관 공사 시 관 내부에서 전선을 접속하였다.

> **전선의 접속**
> 전선의 접속 시 몰드나 관, 덕트 내부에서는 시행하지 않는다. 접속은 접속함에서 이루어져야 한다.

정답 51 ③ 52 ② 53 ③ 54 ③ 55 ① 56 ②

57
변압기를 V결선하였을 경우 이용률은 몇 [%]인가?

① 57.7　　　　② 86.6
③ 100　　　　　④ 200

V결선 이용률

$$\frac{\sqrt{3}\,P_1}{2P_1} \times 100 = 86.6[\%]$$

58
저항 4[Ω], 유도 리액턴스 8[Ω], 용량 리액턴스 5[Ω]이 직렬로 된 회로에서의 역률은 얼마인가?

① 0.8　　　　② 0.7
③ 0.6　　　　④ 0.5

합성 리액턴스 : $X = X_L - X_C = 8 - 5 = 3[\Omega]$

역률 $= \dfrac{R}{\sqrt{R^2 + X^2}} = \dfrac{4}{\sqrt{4^2 + 3^2}} = 0.8$

59
유도 전동기의 동기속도가 1,200[rpm]이고 회전수가 1,176[rpm]일 경우 슬립은?

① 0.02　　　　② 0.04
③ 0.06　　　　④ 0.08

슬립

$$s = \frac{N_s - N}{N_s} = \frac{1,200 - 1,176}{1,200} = 0.02$$

60
금속관에 나사를 내기 위한 공구는?

① 오스터　　　　② 토치램프
③ 펜치　　　　　④ 유압식 벤더

오스터

금속관에 나사를 내기 위해 사용된다.

정답 57 ②　58 ①　59 ①　60 ①

2024년 3회 | CBT 기출복원문제

01

4[Ω], 6[Ω], 8[Ω]의 3개 저항을 병렬로 접속할 때 합성 저항은 약 몇 [Ω]인가?

① 1.8[Ω] ② 2.5[Ω]
③ 3.6[Ω] ④ 4.5[Ω]

> 병렬회로의 합성저항
> $$R = \dfrac{1}{\dfrac{1}{R_1}+\dfrac{1}{R_2}+\dfrac{1}{R_3}} = \dfrac{1}{\dfrac{1}{4}+\dfrac{1}{6}+\dfrac{1}{8}} \fallingdotseq 1.8[\Omega]$$

02

100[μF]의 콘덴서에 1,000[V]의 전압을 가하여 충전한 뒤 저항을 통하여 방전시키면 저항에 발생하는 열량은 몇 [cal]인가?

① 3[cal] ② 5[cal]
③ 12[cal] ④ 43[cal]

> 콘덴서 축적에너지
> $$W = \dfrac{1}{2}CV^2 = \dfrac{1}{2} \times 100 \times 10^{-6} \times 1,000^2 = 50[J]$$
> 열량 1[J] = 0.24[cal]
> $Q = 0.24 \times W = 0.24 \times 50 = 12[\text{cal}]$

03

$e = 141\sin\left(120\pi t - \dfrac{\pi}{3}\right)$인 파형의 주파수는 몇[Hz]인가?

① 10 ② 15
③ 30 ④ 60

> 각주파수 : $\omega = 2\pi f$
> 주파수 : $f = \dfrac{\omega}{2\pi} = \dfrac{120\pi}{2\pi} = 60[\text{Hz}]$

04

1종 가요전선관을 은폐된 장소에 시설하려고 한다. 시설이 가능한 경우는?

① 점검이 가능한 장소로서 습기가 많은 장소 또는 물기가 있는 장소
② 점검이 불가능한 장소로서 습기가 많은 장소 또는 물기가 있는 장소
③ 점검이 가능한 장소로서 건조한 장소
④ 점검이 가능한 장소로서 습기가 많은 장소 또는 물기가 없는 장소

> 가요전선관 공사 시설기준
> 1) 가요전선관은 2종 금속제 가요전선관일 것(다만, 전개된 장소 또는 점검할 수 있는 은폐장소에는 1종 가요전선관을 사용할 수 있다.)
> 2) 관을 구부리는 정도는 2종 가요전선관을 시설하고 제거하는 것이 어려운 장소일 경우 굴곡 반경은 관 안지름의 6배(단, 시설하고 제거하는 것이 자유로울 경우 3배) 이상

05

단면적 4[cm²], 자기 통로의 평균 길이 50[cm], 코일 감은 횟수 1,000회, 비투자율 2,000인 환상 솔레노이드가 있다. 이 솔레노이드의 자기 인덕턴스는? (단, 진공 중의 투자율 μ_0는 $4\pi \times 10^{-7}$이다.)

① 약 2[H] ② 약 20[H]
③ 약 200[H] ④ 약 2,000[H]

> 자기 인덕턴스 : $L = \dfrac{\mu S N^2}{l} = \dfrac{\mu_r \mu_0 S N^2}{l}$
> $L = \dfrac{2000 \times (4\pi \times 10^{-7}) \times (4 \times 10^{-4}) \times 1000^2}{50 \times 10^{-2}} \fallingdotseq 2[\text{H}]$

정답 01 ① 02 ③ 03 ④ 04 ③ 05 ①

06

동기 발전기의 층간 및 상간 단락 등의 내부 고장보호에 사용되는 계전기는?

① 역상 계전기
② 접지 계전기
③ 과전압 계전기
④ 차동 계전기

> **발전기 내부고장 보호 계전기**
> 1) 차동 계전기
> 2) 비율 차동 계전기

07 ★빈출

변압기의 원리와 가장 관계가 있는 것은?

① 전자유도작용
② 전기자 반작용
③ 플레밍의 오른손 법칙
④ 플레밍의 왼손 법칙

> 변압기는 철심에 2개의 코일을 감고 한쪽 권선에 교류전압을 인가 시 철심의 자속이 흘러 다른 권선을 지나가면서 전자유도작용에 의해 유도기전력이 발생된다.

08

동기 발전기의 돌발 단락전류를 주로 제한하는 것은?

① 권선 저항
② 동기리액턴스
③ 누설리액턴스
④ 역상리액턴스

> **단락전류의 특성**
> 1) 발전기 단락 시 단락전류 : 처음에는 큰 전류이나 점차 감소
> 2) 순간이나 돌발단락전류를 제한하는 것 : 누설리액턴스
> 3) 지속 또는 영구단락전류를 제한하는 것 : 동기리액턴스

09

실리콘 제어 정류기(SCR)의 게이트는 어떤 형 반도체인가?

① N형
② P형
③ NP형
④ PN형

> SCR의 게이트는 P형 반도체를 말한다.

10

부흐홀쯔 계전기의 설치 위치로 가장 적당한 것은?

① 변압기 주 탱크 내부
② 콘서베이터 내부
③ 변압기 고압 측 부싱
④ 변압기 주 탱크와 콘서베이터 사이

> **부흐홀쯔 계전기**
> 변압기의 내부고장사고 보호용으로서 변압기 주 탱크와 콘서베이터 사이에 설치된다.

11

6극의 전기자 도체수가 400, 유기기전력이 120[V]인 파권 직류 발전기가 있다. 회전수가 600[rpm]인 경우 매 극 자속수는 몇 [Wb]가 되는가?

① 0.1
② 0.02
③ 0.01
④ 0.04

> **직류 발전기의 유기기전력**
> $E = \dfrac{PZ\phi N}{60a}$ (파권이므로 $a=2$)
> $\phi = \dfrac{E \times 60a}{PZN}$
> $= \dfrac{120 \times 60 \times 2}{6 \times 400 \times 600} = 0.01\,[\text{Wb}]$

12 ★빈출

보호를 요하는 회로의 전류가 어떤 일정한 값(정정한) 이상으로 흘렀을 때 동작하는 계전기는?

① 과전압 계전기
② 과전류 계전기
③ 차동 계전기
④ 비율 차동 계전기

> **과전류 계전기(OCR)**
> 설정치 이상의 전류가 흐를 때 동작하며 과부하나 단락사고를 보호하는 기기로서 변류기 2차 측에 설치된다.

정답 06 ④ 07 ① 08 ③ 09 ② 10 ④ 11 ③ 12 ②

13

변압기 V결선의 특징으로 틀린 것은?

① V결선 시 출력은 △결선 시 출력과 그 크기가 같다.
② V결선 시 이용률이 86.6[%]이다.
③ 고장 시 응급 처치방법으로 쓰인다.
④ 단상 변압기 2대로 3상전력을 공급한다.

> **V결선**
> △-△ 운전 중 변압기 1대 고장 시 3상 운전이 가능한 결선을 말한다. 이때 이용률은 86.6[%]가 되나, △결선 시와 출력을 비교하면 57.7[%]가 된다.

14 ⭐

사람이 접촉될 우려가 있는 곳에 시설하는 경우 접지극은 지하 몇 [cm] 이상의 깊이에 매설하여야 하는가?

① 30
② 45
③ 50
④ 75

> **접지극의 시설기준**
> 1) 접지극은 지표면으로부터 지하 0.75[m] 이상으로 하되 동결 깊이를 감안하여 매설 깊이를 정해야 한다.
> 2) 접지도체를 철주 기타의 금속체를 따라서 시설하는 경우에는 접지극을 철주의 밑면으로부터 0.3[m] 이상의 깊이에 매설하는 경우 이외에는 접지극을 지중에서 그 금속체로부터 1[m] 이상 떼어 매설하여야 한다.
> 3) 접지도체는 지하 0.75[m]부터 지표상 2[m]까지 부분은 합성수지관(두께 2[mm] 미만의 합성수지제 전선관 및 가연성 콤바인덕트관은 제외한다) 또는 이와 동등 이상의 절연효과와 강도를 가지는 몰드로 덮어야 한다.

15

변압기 2차측 과부하 보호용으로 과전류를 차단하기 위하여 설치되는 배선용 차단기의 약호는 무엇인가?

① ACB
② OCR
③ MCCB
④ RCD(ELB)

> 배선용 차단기의 약호는 MCCB이다.

16

가연성 가스가 존재하는 장소의 저압 시설 공사 방법으로 옳은 것은?

① 가요전선관 공사
② 금속관 공사
③ 합성수지관 공사
④ 금속몰드 공사

> **가연성 가스가 체류하는 곳의 전기 공사**
> 1) 금속관 공사
> 2) 케이블 공사

17

절연전선으로 가선된 배전 선로에서 활선 상태인 경우 전선의 피복을 벗기는 것은 매우 곤란한 작업이다. 이런 경우 활선 상태에서 전선의 피복을 벗기는 공구는?

① 와이어통
② 애자커버
③ 데드엔드 커버
④ 전선 피박기

> 1) 전선 피박기 : 활선 시 전선의 피복을 벗기는 공구
> 2) 애자커버 : 활선 시 애자를 절연하여 작업자의 부주의로 접촉되더라도 안전사고가 발생하지 않도록 하는 절연장구
> 3) 와이어통 : 활선을 작업권 밖으로 밀어낼 때 사용하는 절연봉
> 4) 데드엔드 커버 : 현수애자와 인류클램프의 충전부를 방호

18 ⭐

설계하중이 6.8[kN] 이하인 철근 콘크리트주의 전주의 길이가 10[m]인 지지물을 건주할 경우 묻히는 최소 매설 깊이는 몇 [m] 이상인가?

① 1.67
② 2
③ 3
④ 3.5

> **지지물의 매설 깊이**
> 15[m] 이하의 경우 길이 $\times \frac{1}{6} = 10 \times \frac{1}{6} = 1.67$[m]

정답 13 ① 14 ④ 15 ③ 16 ② 17 ④ 18 ①

19
래크(reck)배선은 어떤 곳에서 사용하는가?

① 고압 가공전선로　② 고압 지중전선로
③ 저압 가공전선로　④ 저압 지중전선로

> **래크배선**
> 저압 가공전선로에서 있어서 전선의 수직 배선에 사용된다.

20
그림과 같은 회로에서 a, b 간에 E[V]의 전압을 가하여 일정하게 하고, 스위치 S를 닫았을 때의 전 전류 I[A]가 닫기 전 전류의 3배가 되었다면 저항 R_x의 값은 약 몇 [Ω]인가?

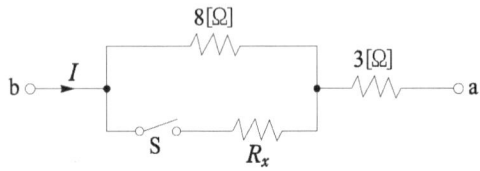

① 727[Ω]　② 27[Ω]
③ 0.73[Ω]　④ 0.27[Ω]

> 스위치를 닫았을 때 전류 : $I = \dfrac{V}{\dfrac{8 \times R_x}{8+R_x}+3}$
>
> 스위치를 닫기 전 전류 : $I_o = \dfrac{V}{8+3}$
>
> 스위치 S를 닫았을 때의 전 전류 I[A]가 닫기 전 전류의 3배 ($I = I_o \times 3$)
>
> $\dfrac{V}{\dfrac{8 \times R_x}{8+R_x}+3} = \dfrac{V}{8+3} \times 3 = \dfrac{3}{11}V$
>
> $\dfrac{V}{\dfrac{3}{11}V} = \dfrac{11}{3} = \dfrac{8R_x}{8+R_x}+3$
>
> $\dfrac{11}{3} - 3 = \dfrac{2}{3} = \dfrac{8R_x}{8+R_x}$
>
> $2(8+R_x) = 3(8R_x)$
> $16 + 2R_x = 24R_x$
> $24R_x - 2R_x = 22R_x = 16$
> $R_x = \dfrac{16}{22} = 0.7272 ≒ 0.73$

21
기전력 1.5[V], 내부저항 0.2[Ω]인 전지 5개를 직렬로 접속하여 단락시켰을 때의 전류[A]는?

① 1.5[A]　② 2.5[A]
③ 6.5[A]　④ 7.5[A]

> **전지의 직렬회로 전류**
> 단락 시 외부저항 : $R=0$
> $I = \dfrac{nV_1}{nr_1+R} = \dfrac{5 \times 1.5}{5 \times 0.2 + 0} = 7.5[A]$

22
정전용량 C_1, C_2가 병렬 접속되어 있을 때의 합성 정전용량은?

① $C_1 + C_2$　② $\dfrac{1}{C_1} + \dfrac{1}{C_2}$
③ $\dfrac{C_1 C_2}{C_1 + C_2}$　④ $\dfrac{1}{C_1 + C_2}$

> 2개의 병렬 합성 정전용량 : $C' = C_1 + C_2$
>
> 2개의 직렬 합성 정전용량 : $C' = \dfrac{C_1 C_2}{C_1 + C_2} = \dfrac{1}{\dfrac{1}{C_1} + \dfrac{1}{C_2}}$

23
평형 3상 Δ결선에서 선간전압 V_l과 상전압 V_p와의 관계가 옳은 것은?

① $V_l = \dfrac{1}{\sqrt{3}} V_p$　② $V_l = \dfrac{1}{3} V_p$
③ $V_l = V_p$　④ $V_l = \sqrt{3} V_p$

> Δ결선의 전압 : $V_l = V_p$
> Y결선의 전압 : $V_l = \sqrt{3} V_p$

24

반지름 50[cm], 권수 10[회]인 원형 코일에 0.1[A]의 전류가 흐를 때, 이 코일 중심의 자계의 세기 H는?

① 1[AT/m]   ② 2[AT/m]
③ 3[AT/m]   ④ 4[AT/m]

> **원형 코일 중심의 자계의 세기**
> $H = \dfrac{NI}{2a} = \dfrac{10 \times 0.1}{2 \times 50 \times 10^{-2}} = 1\,[\text{AT/m}]$

25

농형 회전자에 삐뚤어진 홈을 쓰는 이유는?

① 출력을 높인다.   ② 회전수를 증가시킨다.
③ 소음을 줄인다.   ④ 미관상 좋다.

> **농형 회전자**
> 농형 회전자에 삐뚤어진 홈을 쓰는 이유는 소음을 줄일 수 있기 때문이다.

26

속도를 광범위하게 조정할 수 있으므로 압연기나 엘리베이터 등에 사용되는 직류 전동기는?

① 직권 전동기   ② 타여자 전동기
③ 분권 전동기   ④ 가동 복권 전동기

> **타여자 전동기**
> 속도를 광범위하게 조정 가능하며, 압연기, 엘리베이터 등에 사용된다.

27

다음 중 전력 제어용 반도체 소자가 아닌 것은?

① GTO   ② LED
③ TRIAC ④ IGBT

> **반도체 소자**
> 위 조건 중 LED는 발광소자를 말한다.

28

직류 전동기에서 무부하가 되면 속도가 대단히 높아져서 위험하기 때문에 무부하 운전이나 벨트를 연결한 운전을 해서는 안 되는 전동기는?

① 직권 전동기   ② 복권 전동기
③ 타여자 전동기 ④ 분권 전동기

> **직류 직권 전동기**
> 기동 토크가 클 때 속도가 작다(기중기, 전차, 크레인 등 적합).
> 1) 무부하 운전하지 말 것
> 2) 벨트 운전하지 말 것
> 무부하 운전과 벨트 운전을 할 경우 위험속도에 도달할 수 있다.
> $T \propto I_a^2 \propto \dfrac{1}{N^2}$

29

저압 구내 가공인입선으로 인입용 비닐 절연 사용 시 전선의 굵기는 몇 [mm] 이상이어야 하는가? (단, 전선의 길이가 15[m]를 초과한다고 한다.)

① 1.5   ② 2.0
③ 2.6   ④ 4.0

> **가공인입선의 전선의 굵기**
> 1) 저압인 경우 2.6[mm] 이상 DV(인입용 비닐 절연전선)
>   (단, 경간이 15[m] 이하의 경우 2.0[mm] 이상 인입용 비닐 절연전선 사용)
> 2) 고압인 경우 5.0[mm] 경동선

30

전력량의 단위는?

① [C]   ② [W]
③ [W·s]   ④ [Ah]

> 전력량=에너지=일 : $W[\text{J}] = Pt\,[\text{W·sec}] = Pt\,[\text{W·s}]$
> 전하량=전기량 : $Q[\text{C}]$
> 전력 : $P[\text{W}]$
> 충전용량 : $Q[\text{Ah}]$

정답 24 ① 25 ③ 26 ② 27 ② 28 ① 29 ③ 30 ③

31
동기 발전기의 전기자 권선을 단절권으로 하면?

① 고조파를 제거한다.　② 절연이 잘 된다.
③ 역률이 좋아진다.　④ 기전력을 높인다.

> **동기 발전기의 전기자 권선법 단절권 사용 이유**
> 1) 고조파를 제거하여 기전력의 파형을 개선한다.
> 2) 동량(권선)이 감소한다.

32
직류 발전기의 단자전압을 조정하려면 어느 것을 조정하여야 하는가?

① 기동저항　② 계자저항
③ 방전저항　④ 전기자저항

> **발전기의 전압 조정**
> 발전기의 전압을 조정하려면 계자에 흐르는 전류를 조정하여야 하므로 계자저항을 조정하여야만 한다.

33
15[kW], 60[Hz] 4극의 3상 유도 전동기가 있다. 전 부하가 걸렸을 때의 슬립이 4[%]라면 이때의 2차측 동손은 약 몇 [kW]인가?

① 0.6　② 0.8
③ 1.0　④ 1.2

> **2차 동손 P_{c2}**
> $P_{c2} = sP_2$
> $\quad = 0.04 \times 15,625 = 625[W]$
> 따라서 약 0.6[kW]가 된다.
> 출력 $P_0 = (1-s)P_2$이므로
> $P_2 = \dfrac{15 \times 10^3}{1 - 0.04}$
> $\quad = 15,625[W]$

34 ★빈출
화약류 저장고 내의 조명기구의 전기를 공급하는 배선의 공사방법은?

① 합성수지관 공사　② 금속관 공사
③ 버스 덕트 공사　④ 합성수지몰드 공사

> **화약류 저장고 내의 조명기구의 전기 공사**
> 1) 전로의 대지전압은 300V 이하일 것
> 2) 전기기계기구는 전폐형의 것일 것
> 3) 케이블을 전기기계기구에 인입할 때에는 인입구에서 케이블이 손상될 우려가 없도록 시설할 것
> 4) 차단기는 밖에 두며, 조명기구의 전원을 공급하기 위하여 배선은 금속관, 케이블 공사를 할 것

35
다음 중 버스 덕트가 아닌 것은?

① 피더 버스 덕트　② 트롤리 버스 덕트
③ 플러그인 버스 덕트　④ 플로어 버스 덕트

> **버스 덕트의 종류**
> 1) 피더 버스 덕트
> 2) 플러그인 버스 덕트
> 3) 트롤리 버스 덕트
> 4) 탭붙이 버스 덕트

36
접지공사의 접지극으로 구리외장강철(수직부설 원형강봉)을 접지극으로 사용할 경우 지름이 몇 [mm] 이상이여야만 하는가?

① 11　② 15
③ 8　④ 20

> **접지극의 재료**
> 구리외장강철의 경우 수직부설 원형 강봉 시 15[mm] 이상이다.

정답 31 ① 32 ② 33 ① 34 ② 35 ④ 36 ②

37
특고압 수전설비의 결선 기호와 명칭으로 잘못된 것은?

① CB - 차단기
② LF - 전력퓨즈
③ LA - 피뢰기
④ DS - 단로기

> 전력퓨즈의 경우 PF가 된다.

38
조명용 백열전등을 관광업이나 숙박업 등의 객실의 입구에 설치할 때나 일반 주택 및 아파트 각실의 현관에 설치할 때 사용되는 스위치는?

① 타임스위치
② 토글스위치
③ 누름버튼스위치
④ 로터리스위치

> **타임스위치**
> 관광업 및 숙박업 등의 객실의 입구는 1분, 주택 및 아파트 등의 형광등에는 3분 이내에 소등되는 타임스위치를 시설하여야 한다.

39 빈출
옥외용 비닐 절연전선의 약호는?

① FTC
② DV
③ OW
④ NR

> 옥외용 비닐 절연전선의 경우 OW가 된다.

40
2분간에 876,000[J]의 일을 하였다. 그 전력은 얼마인가?

① 7.3[kW]
② 29.2[kW]
③ 73[kW]
④ 438[kW]

> 일(에너지=전력량): $W[J] = Pt[W \cdot sec]$
> 전력: $P = \dfrac{W[J]}{t[sec]} = \dfrac{876,000}{2 \times 60} = 7,300[W] = 7.3[kW]$

41 빈출
코일이 접속되어 있을 때, 누설자속이 없는 이상적인 코일 간의 상호 인덕턴스는?

① $M = \sqrt{L_1 + L_2}$
② $M = \sqrt{L_1 - L_2}$
③ $M = \sqrt{L_1 L_2}$
④ $M = \sqrt{\dfrac{L_1}{L_2}}$

> 상호 인덕턴스 $M = k\sqrt{L_1 L_2}$ [H]
> 누설자속이 없을 때 결합계수(k)가 1일 때, $k = 1$
> $M = 1\sqrt{L_1 L_2} = \sqrt{L_1 L_2}$ [H]

42
진공 중에서 10^{-4}[C]과 10^{-8}[C]의 두 전하가 10[m]의 거리에 놓여 있을 때, 두 전하 사이에 작용하는 힘[N]은?

① 9×10^2
② 1×10^4
③ 9×10^{-5}
④ 1×10^{-8}

> 진공 중의 두 점전하 사이에 작용하는 힘
> $F = \dfrac{Q_1 Q_2}{4\pi \varepsilon_0 r^2} = 9 \times 10^9 \times \dfrac{Q_1 Q_2}{r^2}$ [N]
> $= 9 \times 10^9 \times \dfrac{10^{-4} \times 10^{-8}}{10^2} = 9 \times 10^{-5}$ [N]

43
비사인파 교류회로의 전력성분과 거리가 먼 것은?

① 맥류성분과 사인파와의 곱
② 직류성분과 사인파와의 곱
③ 직류성분
④ 주파수가 같은 두 사인파의 곱

> 비사인파 전력은 푸리에 급수로 분해한 후 계산
> 1) 비사인파(비정현파) = 직류분 + 기본파 + 고조파
> 2) 비코사인파(비여현파) = 직류분 + 기본파 + 코사인파
> ※ 맥동파 : 정류회로에서 발생하는 비사인파

정답 37 ② 38 ① 39 ③ 40 ① 41 ③ 42 ③ 43 ①

44

납축전지가 완전히 방전되면 음극과 양극은 무엇으로 변하는가?

① PbSO₄
② PbO₂
③ H₂SO₄
④ Pb

납축전지의 양극와 음극

구분	양극	음극
완전 방전 시	PbSO₄	PbSO₄
완전 충전 시	PbO₂	Pb

45 ⭐

전류에 의해 만들어지는 자기장의 자력선 방향을 간단하게 알아내는 방법은?

① 플레밍의 왼손 법칙
② 렌츠의 자기유도 법칙
③ 앙페르의 오른나사 법칙
④ 패러데이의 전자유도 법칙

앙페르의 오른나사 법칙
전류가 흐르는 방향을 알면 자장(자계)의 방향을 알 수 있는 법칙

46

다음 공사 방법 중 옳은 것은 무엇인가?

① 금속몰드 공사 시 몰드 내부에서 전선을 접속하였다.
② 합성수지관 공사 시 관 내부에서 전선을 접속하였다.
③ 합성수지 몰드 공사 시 몰드 내부에서 전선을 접속하였다.
④ 금속몰드 공사 시 조인트 박스 접속함 내부에서 전선을 쥐꼬리 접속하였다.

전선의 접속
전선의 접속 시 몰드나 관, 덕트 내부에서는 시행하지 않는다. 접속은 접속함에서 이루어져야 한다.

47 ⭐

유도 전동기의 2차측 저항을 2배로 하면 최대토크는 어떻게 되는가?

① $\sqrt{2}$ 배
② 변하지 않는다.
③ 2배
④ 4배

비례추이
2차 측의 저항 증가 시 기동 토크가 커지고 기동의 전류가 작아진다. 그러나 최대토크는 불변이다.

48

3상 유도 전동기의 운전 중 전압이 80[%]로 저하되면 토크는 몇 [%]가 되는가?

① 90
② 81
③ 72
④ 64

유도 전동기의 토크
토크는 전압의 제곱에 비례하므로
$T' = (0.8)^2 T = 0.64 T$

49 ⭐

노출장소 또는 점검 가능한 장소에서 제2종 가요전선관을 시설하고 제거하는 것이 자유로운 경우 곡률 반지름은 안지름의 몇 배 이상으로 하여야 하는가?

① 2배
② 3배
③ 4배
④ 6배

가요전선관 공사 시설기준
1) 가요전선관은 2종 금속제 가요전선관일 것(다만, 전개된 장소 또는 점검할 수 있는 은폐장소에는 1종 가요전선관을 사용할 수 있다.)
2) 관을 구부리는 정도는 2종 가요전선관을 시설하고 제거하는 것이 어려운 장소일 경우 굴곡 반경은 관 안지름의 6배(단, 시설하고 제거하는 것이 자유로울 경우 3배) 이상

정답 44 ① 45 ③ 46 ④ 47 ② 48 ④ 49 ②

50

전선의 굵기를 측정할 때 사용되는 것은?

① 스패너 ② 와이어 게이지
③ 파이프 포트 ④ 프레셔 툴

> **와이어 게이지**
> 전선의 굵기 측정 시에 사용된다.

51

과전류를 보호하기 위하여 설치하는 차단기는 동작 시 접지보호를 할 수 없기 때문에 설치하여서는 안 되는 장소가 아닌 것은?

① 분기선의 전원측
② 접지공사의 접지도체
③ 다선식 전로의 중성선
④ 전로 일부에 접지공사를 한 저압 가공전선로의 접지측 전선

> **과전류 차단기 시설제한장소**
> 1) 접지공사의 접지도체
> 2) 다선식 전로의 중성선
> 3) 전로 일부에 접지공사를 한 저압 가공전선로의 접지측 전선

52

변압기의 임피던스 전압이란?

① 정격전류가 흐를 때의 변압기 내의 전압 강하
② 여자전류가 흐를 때의 2차측 단자 전압
③ 정격전류가 흐를 때의 2차측 단자 전압
④ 2차 단락전류가 흐를 때의 변압기 내의 전압 강하

> **변압기의 임피던스 전압**
> $\%Z = \frac{IZ}{E} \times 100[\%]$에서 IZ의 크기를 말하며, 정격의 전류가 흐를 때 변압기 내의 전압강하를 말한다.

53

권수가 150인 코일에서 2초간에 1[Wb]의 자속이 변화한다면, 코일에 발생되는 유도 기전력의 크기는 몇 [V]인가?

① 50 ② 75
③ 100 ④ 150

> **기전력의 크기(페러데이 법칙)**
> $e = -N\frac{d\phi}{dt} = -150 \times \frac{1}{2} = -75[V]$
> 기전력의 크기는 절대값으로 표현 : $e = 75[V]$

54

기전력 120[V], 내부저항(r)이 15[Ω]인 전원이 있다. 여기에 부하저항(R)을 연결하여 얻을 수 있는 최대 전력(W)은? (단, 최대전력 전달 조건은 $r = R$이다.)

① 100 ② 140
③ 200 ④ 240

> 최대 전력 : $P_{\max} = \frac{V^2}{4R} = \frac{120^2}{4 \times 15} = 240[W]$

55

"큐비클 형"이라고도 하며 점유 면적이 좁고 운전, 보수에 안전하므로 공장 등의 전기실에서 많이 사용되는 배전반은?

① 폐쇄식 배선반
② 철제 수직형 배전반
③ 데드프런트식 배전반
④ 라이브 프런트식 배전반

> **큐비클 형(폐쇄식) 배전반**
> 가장 많이 사용되는 유형으로 폐쇄식 배전반이라고도 하며 공장, 빌딩 등의 전기실에 널리 이용된다.

정답 50 ② 51 ① 52 ① 53 ② 54 ④ 55 ①

56

그림과 같은 회로에서 저항 R_1에 흐르는 전류는?

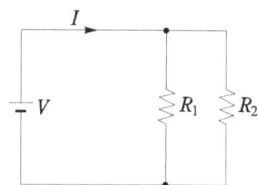

① $(R_1+R_2)I$
② $\dfrac{R_2}{R_1+R_2}I$
③ $\dfrac{R_1}{R_1+R_2}I$
④ $\dfrac{R_1R_2}{R_1+R_2}I$

> **병렬회로의 전류분배**
>
>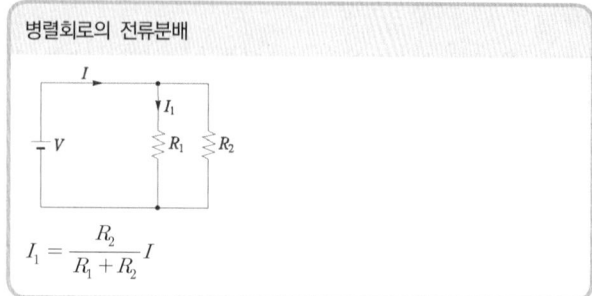
>
> $I_1 = \dfrac{R_2}{R_1+R_2}I$

57

분전반에 대한 설명으로 틀린 것은?

① 배선과 기구는 모두 전면에 배치하였다.
② 두께 1.5[mm] 이상의 난연성 합성수지로 제작하였다.
③ 강판제의 분전함은 두께 1.2[mm] 이상의 강판으로 제작하였다.
④ 배선은 모두 분전반 이면으로 하였다.

> **분전반**
>
> 1) 부하의 배선이 분기하는 곳에 설치
> 2) 이때 분전반의 이면에는 배선 및 기구를 배치하지 말 것
> 3) 강판제의 것은 두께 1.2[mm] 이상

58

동기 전동기의 자기 기동에서 계자권선을 단락하는 이유는?

① 기동이 쉽다.
② 기동 권선을 이용한다.
③ 고전압 유도에 의한 절연파괴 위험방지
④ 전기자 반작용을 방지한다.

> **자기 기동법**
>
> 제동권선의 경우 난조를 방지하는 목적도 있지만 동기 전동기의 기동 시 기동 토크를 발생시킨다. 이때 계자회로를 단락시켜 고전압이 유기되는 것을 방지한다.

59

최대눈금 1[A], 내부저항 10[Ω]의 전류계로 최대 101[A]까지 측정하려면 몇 [Ω]의 분류기가 필요한가?

① 0.01
② 0.02
③ 0.05
④ 0.1

> 분류기의 배율 : $m = \dfrac{\text{최대측정값}}{\text{최대눈금}} = \dfrac{101[A]}{1[A]} = 101[\text{배}]$
>
> 분류기 저항 : $R = \dfrac{1}{m-1} \times r = \dfrac{1}{101-1} \times 10 = 0.1[\Omega]$

60

50[Hz]의 변압기에 60[Hz]의 동일한 전압을 가했을 때 자속밀도는 50[Hz]일 때의 몇 배인가?

① $\dfrac{6}{5}$ 배
② $\dfrac{5}{6}$ 배
③ $\left(\dfrac{6}{5}\right)^2$ 배
④ $\left(\dfrac{5}{6}\right)^2$ 배

> **변압기의 자속과 주파수**
>
> 유도기전력 $E = 4.44f\phi N$으로서 자속과 주파수는 반비례 관계를 갖는다. 따라서 $\phi \propto B$(자속밀도)와 비례 관계이므로 자속밀도도 주파수와 반비례하므로 $\dfrac{5}{6}$ 배로 감소한다.

정답 56 ② 57 ④ 58 ③ 59 ④ 60 ②

2024년 4회 | CBT 기출복원문제

01
같은 전구를 직렬로 접속했을 때와 병렬로 접속했을 때 어느 것이 더 밝겠는가?

① 직렬이 2배 더 밝다.
② 직렬이 더 밝다.
③ 병렬이 더 밝다.
④ 밝기가 같다.

> n개 직렬 접속 : $P_{직} = \dfrac{V^2}{nR} = \dfrac{P}{n}$[W]
>
> n개 병렬 접속 : $P_{병} = \dfrac{V^2}{\dfrac{R}{n}} = nP$[W]
>
> $\dfrac{P_{직}}{P_{병}} = \dfrac{\dfrac{P}{n}}{nP} = \dfrac{1}{n^2} \rightarrow n^2 P_{직} = P_{병}$
>
> 병렬접속 시 전력이 직렬접속 시 전력의 n^2배이고, 더 밝다.

02
공심 솔레노이드에 자기장의 세기 4,000[AT/m]를 가한 경우 자속밀도[Wb/m²]는?

① $32\pi \times 10^{-4}$
② $3.2\pi \times 10^{-4}$
③ $16\pi \times 10^{-4}$
④ $1.6\pi \times 10^{-4}$

> 공심(공기) 중 투자율 : $\mu_0 = 4\pi \times 10^{-7}$[H/m]
> 공심 솔레노이드의 자속밀도
> $B = \mu_0 H = 4\pi \times 10^{-7} \times 4,000 = 16\pi \times 10^{-4}$[Wb/m²]

03 빈출
$4[\mu F]$의 콘덴서에 4[kV]의 전압을 가하여 200[Ω]의 저항을 통하여 방전시키면 이때 발생하는 에너지는 몇 [J]인가?

① 8
② 16
③ 32
④ 40

> 콘덴서 축적에너지
> $W = \dfrac{1}{2}CV^2 = \dfrac{1}{2} \times 4 \times 10^{-6} \times 4,000^2 = 32$[J]

04
권수 50회의 코일에 5[A]의 전류가 흘러서 10^{-3}[Wb]의 자속이 코일을 지날 경우, 이 코일의 자체 인덕턴스는 몇 [mH]인가?

① 10
② 20
③ 30
④ 40

> 자속과 인덕턴스
> $L = \dfrac{N\phi}{I} = \dfrac{50 \times 10^{-3}}{5} = 10 \times 10^{-3}$[H] = 10[mH]

05
전류 10[A], 전압 100[V], 역률이 0.6인 단상 부하의 전력은 몇 [W]인가?

① 600
② 800
③ 1,000
④ 1,200

> 부하전력(유효전력)
> $P = VI\cos\theta = 100 \times 10 \times 0.6 = 600$[W]

정답 01 ③ 02 ③ 03 ③ 04 ① 05 ①

06

자기회로와 전기회로의 대응관계가 잘못된 것은?

① 전기저항 - 자기저항
② 전류 - 자속
③ 기전력 - 자속밀도
④ 도전율 - 투자율

전기회로와 자기회로의 대응관계
1) 기전력 - 기자력
2) 전류 - 자속
3) 전기저항 - 자기저항
4) 도전율 - 투자율

07

반송보호 계전방식의 장점을 설명한 것으로 맞지 않은 것은?

① 다른 방식에 비해 장치가 간단하다.
② 고장 구간을 동시에 고속도 차단이 가능하다.
③ 고장 구간의 선택이 확실하다.
④ 동작을 예민하게 할 수 있다.

반송보호 계전방식
반송보호 계전방식의 경우 고장의 선택성이 매우 우수하며, 동작이 예민하다. 고장 구간을 고속도 차단할 수 있다.

08

다음 중 유도 전동기의 속도 제어에 사용되는 인버터 장치의 약호는?

① CVCF   ② VVVF
③ CVVF   ④ VVCF

VVVF
유도 전동기의 속도 제어에 사용되는 것은 인버터이며, 약호는 VVVF 이다.

09

4극 3상 유도 전동기가 60[Hz]의 전원에 연결되어 4[%]의 슬립으로 회전할 때 회전수는 몇 [rpm]인가?

① 1,900   ② 1,700
③ 1,728   ④ 1,800

회전자 속도
$N = (1-s)N_s$ [rpm]
$N = \dfrac{120}{P}f(1-s) = \dfrac{120}{4} \times 60 \times (1-0.04) = 1,728$ [rpm]

10

한국 전기설비규정에서 정한 저압 가공인입선이 도로를 횡단하는 경우 노면상 높이는 몇 [m] 이상인가?

① 4[m]   ② 6[m]
③ 5[m]   ④ 5.5[m]

가공인입선의 지표상 높이

구분\전압	저압	고압
도로횡단	5[m] 이상	6[m] 이상
철도횡단	6.5[m] 이상	6.5[m] 이상
위험표시	×	3.5[m] 이상
횡단 보도교	3[m]	3.5[m] 이상

11

역률이 90도 늦는 전류가 흐를 경우 전기자 반작용은?

① 횡축 반작용   ② 증자 작용
③ 감자 작용   ④ 교차 자화 작용

전기자 반작용
※ 문제에서 발전기나 전동기라는 언급이 없었지만 동기기는 발전기만 사용하므로 발전기가 기준이 된다.
동기 발전기의 경우 뒤진 전류가 흐를 경우 감자 작용을 한다.

정답 06 ③ 07 ① 08 ② 09 ③ 10 ③ 11 ③

12

직류를 교류로 변환하는 데 사용되며 초고속 전동기 속도 제어 및 형광등 고주파 점등에 사용되는 것은?

① 변성기　　② 컨버터
③ 인버터　　④ 변류기

> **인버터**
> 직류를 교류로 변환하며, 전동기 속도 제어에 널리 사용된다.

13 ★빈출

부흐홀쯔 계전기로 보호되는 기기는?

① 변압기　　② 유도 전동기
③ 직류 발전기　　④ 교류 발전기

> **변압기 내부고장 보호 계전기**
> 1) 부흐홀쯔 계전기
> 2) 비율 차동 계전기
> 3) 차동 계전기

14

터널·갱도 기타 유사한 장소에서 사람이 상시 통행하는 터널 내의 배선방법으로 적절하지 않은 것은? (단, 저압의 경우를 말한다.)

① 합성수지관 배선
② 금속제 가요전선관 배선
③ 라이팅 덕트 배선
④ 애자사용 배선

> **사람이 상시 통행하는 터널 안 배선**
> 금속관, 합성수지관, 금속제 가요전선관, 애자, 케이블 배선이 가능하다.

15

직류 전동기에 있어 정격부하일 때 회전수가 1,200[rpm]이라 한다. 속도변동률이 2[%]라면 무부하 속도는 몇 [rpm]이 되는가?

① 1,100　　② 1,176
③ 1,224　　④ 1,200

> **무부하속도** N_0
> $N_0 = (1+\epsilon)N$
> $\quad = (1+0.02) \times 1,200 = 1,224[\text{rpm}]$

16

한국전기설비규정에 따라 전원측에서 분기점 사이에 다른 분기회로 또는 콘센트의 접속이 없고, 단락의 위험과 화재 및 인체에 대한 위험성이 최소화되도록 시설되는 경우, 분기회로의 보호장치는 분기회로의 분기점으로부터 몇 [m]까지 이동하여 설치할 수 있는가?

① 2　　② 3
③ 4　　④ 5

> **분기회로 보호장치**
> 분기회로의 과부하 보호장치의 전원측에서 분기점 사이에 분기회로 또는 콘센트의 접속이 없고 단락의 위험과 화재 및 인체에 대한 위험성이 최소화되도록 시설된 경우 과부하 보호장치는 분기점으로부터 3[m]까지 이동하여 설치할 수 있다.

17

변압기 철심에는 철손을 적게 하기 위하여 철이 몇 [%]인 강판을 사용하는가?

① 95 ~ 97[%]　　② 60 ~ 70[%]
③ 76 ~ 86[%]　　④ 50 ~ 55[%]

> **변압기 철심의 구조**
> 철손을 줄이기 위하여 대략 3~4[%] 정도의 규소를 함유한다.

정답　12 ③　13 ①　14 ③　15 ③　16 ②　17 ①

18

한국전기설비규정에 따라 합성 수지관 상호 접속 시 관을 삽입하는 깊이는 관 바깥지름의 몇 배 이상으로 하여야 하는가? (단, 접착제를 사용하는 경우가 아니다.)

① 0.6
② 0.8
③ 1.0
④ 1.2

합성수지관 공사
1) 1본의 길이 : 4[m]
2) 관 상호 간, 관과 박스를 접속할 경우 관의 삽입 깊이는 관 바깥지름의 1.2배 이상(단, 접착제를 사용하는 경우 0.8배 이상)
3) 지지점 간 거리는 1.5[m] 이하

19

동전선 접속에 S형 슬리브를 직선접속할 경우 전선을 몇회 이상 비틀어 사용하여야 하는가?

① 2회
② 4회
③ 5회
④ 7회

동전선의 S형 슬리브의 직선접속
전선을 2회 이상 비틀어 접속한다.

20

티탄을 제조하는 공장으로 먼지가 쌓여진 상태에서 착화된 때에 폭발할 우려가 있는 곳에 저압 옥내배선을 설치하고자 한다. 알맞은 공사방법은?

① 합성수지 몰드 공사
② 라이팅 덕트 공사
③ 금속몰드 공사
④ 금속관 공사

폭연성 먼지(분진)의 전기 공사
1) 금속관 공사(폭연성 분진이 존재하는 곳의 금속관 공사에 있어서 관 상호 간 및 관과 박스의 접속은 5턱 이상의 나사조임을 한다.)
2) 케이블 공사(전선은 개장된 케이블 또는 무기물 절연 케이블을 사용)

21

10[Ω]의 저항을 5개 접속하여 가장 최소로 얻을 수 있는 저항값은 몇 [Ω]인가?

① 2
② 5
③ 10
④ 20

n개 직렬·병렬 합성저항
5개 모두 직렬 : $R' = nR = 5 \times 10 = 50[\Omega]$(최대)
5개 모두 병렬 : $R' = \dfrac{R}{n} = \dfrac{10}{5} = 2[\Omega]$(최소)

22

RL 직렬회로에서 위상차 θ는?

① $\theta = \tan^{-1}\dfrac{\omega L}{R}$
② $\theta = \tan^{-1}\dfrac{R}{\omega L}$
③ $\theta = \tan^{-1}\dfrac{L}{R}$
④ $\theta = \tan^{-1}\dfrac{R}{\sqrt{R^2 + \omega L^2}}$

RL 직렬회로의 위상차
$\theta = \tan^{-1}\dfrac{X_L}{R} = \tan^{-1}\dfrac{\omega L}{R}$

23

복소수 $A = a + jb$인 경우 절대값과 위상은 얼마인가?

① $\sqrt{a^2 - b^2}$, $\theta = \tan^{-1}\dfrac{a}{b}$
② $\sqrt{a^2 + b^2}$, $\theta = \tan^{-1}\dfrac{b}{a}$
③ $a^2 - b^2$, $\theta = \tan^{-1}\dfrac{a}{b}$
④ $a^2 + b^2$, $\theta = \tan^{-1}\dfrac{b}{a}$

복소수의 극형식 표기 : $A = |A|\angle\theta$
절대값 : $|A| = \sqrt{a^2 + b^2}$
위상 : $\theta = \tan^{-1}\dfrac{b}{a}$

정답 18 ④ 19 ① 20 ④ 21 ① 22 ① 23 ②

24

대칭 3상 전압에 △결선으로 부하가 구성되어 있다. 3상 중 한 선이 단선되는 경우, 소비되는 전력은 끊어지기 전과 비교하여 어떻게 되는가?

① $\frac{3}{2}$으로 증가한다. ② $\frac{2}{3}$로 줄어든다.

③ $\frac{1}{3}$로 줄어든다. ④ $\frac{1}{2}$로 줄어든다.

△결선 운전 중 한 선 단선 시 소비전력

1) 단선 전의 경우(3상 전력)

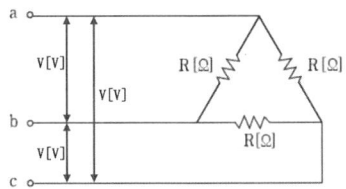

3상 전력 : $P_{3\phi} = 3P_{1\phi} = 3\frac{V^2}{R}$

2) 단선 후의 경우(단상전력)

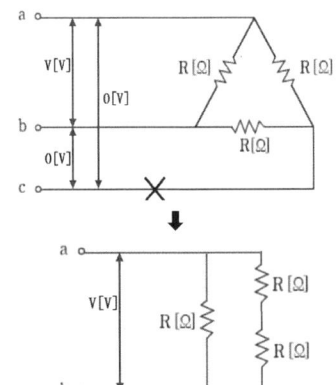

- 단상 합성저항 : $R' = \frac{R \times 2R}{R + 2R} = \frac{2R^2}{3R} = \frac{2}{3}R$
- 단상 전력 : $P_o = \frac{V^2}{R'} = \frac{V^2}{\frac{2}{3}R} = \frac{3}{2}\frac{V^2}{R} = 1.5P_{1\phi}$

3) 전력비교

$\frac{P_o}{P_{3\phi}} = \frac{1.5P_{1\phi}}{3P_{1\phi}} = \frac{1}{2}$ (줄어든다.)

25

양방향으로 전류를 흘릴 수 있는 양방향 소자는?

① SCR ② GTO
③ TRIAC ④ MOSFET

TRIAC은 양방향 3단자 소자를 뜻한다.

26

옥외용 비닐 절연전선의 약호(기호)는?

① W ② DV
③ OW ④ NR

옥외용 비닐 절연전선의 약호는 OW이다.

27

한국전기설비규정에서 정한 금속덕트 공사에 대한 설명 중 옳지 않은 것은?

① 덕트의 끝 부분은 막을 것
② 전선은 절연전선(옥외용 비닐 절연전선은 제외)일 것
③ 덕트 안에는 전선의 접속점이 없도록 할 것
④ 두께가 1.6[mm] 이상의 철판 또는 이와 동등 이상의 기계적 강도를 가지는 금속제의 것으로 견고하게 제작한 것일 것

금속덕트 공사

1) 덕트를 조영재에 붙이는 경우에는 덕트의 지지점 간의 거리는 3[m] 이하
2) 덕트의 끝 부분은 막고, 물이 고이는 부분이 만들어지지 않도록 할 것
3) 금속 덕트에 넣는 전선의 단면적(절연피복의 단면적을 포함한다)의 합계는 덕트의 내부 단면적의 20[%] 이하(단, 전광표시장치 기타 이와 유사한 장치 또는 제어회로 등의 배선만을 넣는 경우 50[%] 이하)
4) 두께가 1.2[mm] 이상의 철판 또는 이와 동등 이상의 기계적 강도를 가지는 금속제의 것으로 견고하게 제작한 것일 것

28
동기 발전기의 병렬 운전 조건이 아닌 것은?

① 기전력의 회전수가 같을 것
② 기전력의 크기가 같을 것
③ 기전력의 위상이 같을 것
④ 기전력의 주파수가 같을 것

> **동기 발전기의 병렬 운전 조건**
> 1) 기전력의 크기가 같을 것 ≠ 무효 순환전류 발생(무효 횡류) = 여자 전류의 변화 때문
> 2) 기전력의 위상이 같을 것 ≠ 유효 순환전류 발생(유효 횡류 = 동기화 전류)
> 3) 기전력의 주파수가 같을 것 ≠ 난조발생 —방지법→ 제동권선 설치
> 4) 기전력의 파형이 같을 것 ≠ 고조파 무효 순환전류 발생
> 5) 상회전 방향이 같을 것

29
큰 건물의 공사에서 콘크리트에 구멍을 뚫어 드라이브 핀을 경제적으로 고정하는 공구는?

① 스패너　　　② 오스터
③ 드라이브이트 툴　④ 녹 아웃 펀치

> **드라이브이트 툴**
> 콘크리트에 구멍을 뚫어 드라이브 핀을 고정하는 공구를 말한다.

30
다음은 어떠한 다이오드를 말하는가?

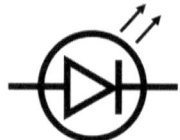

① 제너 다이오드　② 포토 다이오드
③ 터널 다이오드　④ 발광 다이오드

> **발광 다이오드**
> 기호는 발광 다이오드로서 표시램프 및 디스플레이 등에 사용된다.

31
유도 전동기에 기계적 부하를 걸었을 때 출력에 따라 속도, 토크, 효율, 슬립 등이 변화를 나타낸 출력 특성곡선에서 슬립을 나타내는 곡선은?

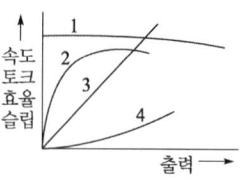

① 1　② 2
③ 3　④ 4

> 슬립은 커질수록 전동기 출력이 커지며, 기울기가 완만하다. 따라서 4번이 슬립을 뜻한다.

32
한국전기설비규정에 따라 저압전로에 사용하는 배선용 차단기(산업용)의 정격전류가 30[A]이다. 여기에 39[A]의 전류가 흐를 때 동작시간은 몇 분 이내가 되어야 하는가?

① 30분　② 60분
③ 90분　④ 120분

배선용 차단기 정격(산업용)

정격전류	동작시간	부동작전류	동작전류
63[A] 이하	60분	1.05배	1.3배
63[A] 초과	120분	1.05배	1.3배

33
수전전력 500[kW] 이상인 고압 수전설비의 인입구에 낙뢰나 혼촉 사고에 의한 이상전압으로부터 선로와 기기를 보호할 목적으로 시설하는 것은?

① 단로기　　　② 피뢰기
③ 누전 차단기　④ 배선용 차단기

> 고압 또는 특고압을 수전받는 수용가 인입구에는 낙뢰에 대한 사고를 보호하기 위하여 피뢰기를 시설하여야만 한다.

정답 28 ① 29 ③ 30 ④ 31 ④ 32 ② 33 ②

34

한국 전기설비규정에 의해 저압전로 중의 전동기 보호용 과전류 차단기의 시설에서 과부하 보호장치와 단락보호 전용 퓨즈를 조합한 장치는 단락보호 전용 퓨즈의 정격전류는 어떻게 되어야 하는가?

① 과부하 보호장치의 설정 전류값 이하가 되도록 시설한 것일 것
② 과부하 보호장치의 설정 전류값 이상이 되도록 시설한 것일 것
③ 과부하 보호장치의 설정 전류값 미만이 되도록 시설한 것일 것
④ 과부하 보호장치의 설정 전류값 초과가 되도록 시설한 것일 것

> **저압전로 중의 전동기 보호용 과전류 보호장치의 시설**
> 저압전로 중의 전동기 보호용 과전류 차단기의 시설에서 과부하 보호장치와 단락보호 전용 퓨즈를 조합한 장치는 단락보호 전용 퓨즈의 정격전류가 과부하 보호장치의 설정 전류값 이하가 되도록 시설한 것일 것

35

옥내의 건조한 콘크리트 또는 신더 콘크리트 플로어 내에 조명기구 및 콘센트 등을 시설할 수 있는 공사방법은?

① 라이팅 덕트 ② 플로어 덕트
③ 버스 덕트   ④ 금속 덕트

> **플로어 덕트**
> 옥내의 건조한 콘크리트 또는 신더 콘크리트 플로어 내에 매입할 경우에 시설할 수 있는 공사방법이다.

36

금속관에 나사를 내는 공구는?

① 오스터   ② 파이프 커터
③ 리머   ④ 스패너

> 금속관에 나사를 낼 때 사용되는 공구는 오스터이다.

37

두 콘덴서 C_1, C_2를 직렬로 접속하고 양단에 $E[V]$의 전압을 가할 때 C_1에 걸리는 전압은?

① $\dfrac{C_1}{C_1 + C_2} E$ ② $\dfrac{C_2}{C_1 + C_2} E$

③ $\dfrac{C_1 + C_2}{C_1} E$ ④ $\dfrac{C_1 + C_2}{C_2} E$

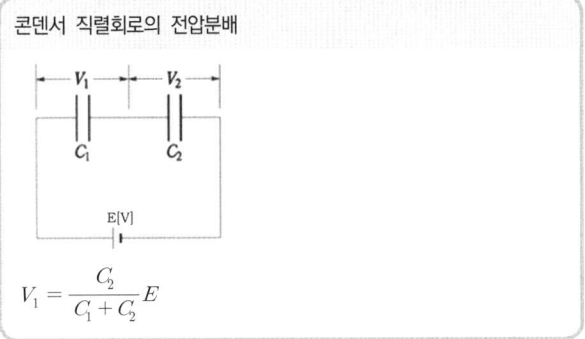

콘덴서 직렬회로의 전압분배

$$V_1 = \dfrac{C_2}{C_1 + C_2} E$$

38

0.2[F] 콘덴서와 0.1[F] 콘덴서를 병렬로 연결하여 40[V]의 전압을 가할 때 0.2[F]의 콘덴서에 축적되는 전하는?

① 2   ② 45
③ 8   ④ 12

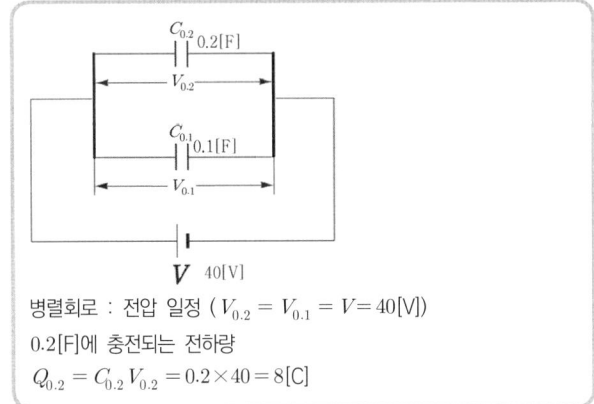

병렬회로 : 전압 일정 ($V_{0.2} = V_{0.1} = V = 40[V]$)
0.2[F]에 충전되는 전하량
$Q_{0.2} = C_{0.2} V_{0.2} = 0.2 \times 40 = 8[C]$

39

어떤 도체에 1[A]의 전류가 1분간 흐를 때 도체를 통과하는 전기량은?

① 1[C]　　② 60[C]
③ 1,000[C]　　④ 3,600[C]

> 시간 $t = 1[분] = 60[초] = 60[sec]$
> 전기량 $Q = It[C]$
> $Q = 1[A] \times 60[sec] = 60[C]$

40 ★빈출

반지름 25[cm], 권수 10의 원형 코일에 10[A]의 전류를 흘릴 때 코일 중심의 자장의 세기는 몇 [AT/m]인가?

① 32[AT/m]　　② 65[AT/m]
③ 100[AT/m]　　④ 200[AT/m]

> 원형 코일 중심의 자장의 세기
> $H = \dfrac{NI}{2a} = \dfrac{10 \times 10}{2 \times 25 \times 10^{-2}} = 200[AT/m]$

41 ★빈출

자속의 변화에 의한 유도기전력의 방향 결정은?

① 렌츠의 법칙　　② 패러데이의 법칙
③ 앙페르의 법칙　　④ 줄의 법칙

> 유도기전력의 크기 : 패러데이의 법칙
> 유도기전력의 방향 : 렌츠의 법칙

42

동기기의 손실에서 고정손에 해당되는 것은?

① 계자철심의 철손　　② 브러시의 전기손
③ 계자 권선의 저항손　　④ 전기자 권선의 저항손

> 전기기기의 손실
> 고정손의 경우 철손을 말한다.

43

"같은 전기량에 의해서 여러 가지 화합물이 전해될 때 석출되는 물질의 양은 그 물질의 화학당량에 비례한다." 이 법칙은?

① 렌츠의 법칙　　② 패러데이의 법칙
③ 앙페르의 법칙　　④ 줄의 법칙

> 패러데이의 법칙(전기분해)
> 1) 전극에서 석출되는 물질의 양(W)은 통과한 전기량(Q)에 비례하고 전기화학당량(k)에 비례한다.
> 2) 석출량 $W = kQ = kIt[g]$

44

직류 직권 전동기의 특징에 대한 설명으로 틀린 것은?

① 기동 토크가 작다.
② 부하전류가 증가하면 속도가 크게 감소된다.
③ 무부하 운전이나 벨트를 연결한 운전은 위험하다.
④ 계자권선과 전기자권선이 직렬로 접속되어 있다.

> 직류 직권 전동기의 특성
> 직권 전동기 : 기동 토크가 클 때 속도가 작다(기중기, 전차, 크레인 등 적합).
> 1) 무부하 운전하지 말 것
> 2) 벨트 운전하지 말 것
> 무부하 운전과 벨트 운전을 할 경우 위험속도에 도달할 수 있다.
> $T \propto I_a^2 \propto \dfrac{1}{N^2}$

45

단면적 5[cm²], 길이 1[m], 비투자율 10³인 환상 철심에 600회의 권선을 감고 이것에 0.5[A]의 전류를 흐르게 한 경우 기자력은?

① 100[AT]　　② 200[AT]
③ 300[AT]　　④ 400[AT]

> 기자력
> $F = NI = 600 \times 0.5 = 300[AT]$

정답 39 ② 40 ④ 41 ① 42 ① 43 ② 44 ① 45 ③

46

동기 와트 P_2, 출력 P_0, 슬립 s, 동기속도 N_s, 회전속도 N, 2차 동손 P_{2c}일 때 2차 효율 표기로 틀린 것은?

① $1-s$
② $\dfrac{P_{2c}}{P_2}$
③ $\dfrac{P_0}{P_2}$
④ $\dfrac{N}{N_s}$

유도 전동기의 2차 효율 η_2

$\eta_2 = \dfrac{P_0}{P_2} = 1-s = \dfrac{N}{N_s} = \dfrac{\omega}{\omega_s}$

s : 슬립, N_s : 동기속도, N : 회전자속도,
ω_s : 동기각속도($2\pi N_s$), ω : 회전자각속도($2\pi N$)

47
직류 직권 전동기의 회전수가 $\dfrac{1}{3}$ 배로 감소하였다. 토크는 몇 배가 되는가?

① 3배
② $\dfrac{1}{3}$배
③ 9배
④ $\dfrac{1}{9}$배

직류 직권 전동기의 특성

직권 전동기 : 기동 토크가 클 때 속도가 작다(기중기, 전차, 크레인 등 적합).
1) 무부하 운전하지 말 것
2) 벨트 운전하지 말 것
무부하 운전과 벨트 운전을 할 경우 위험속도에 도달할 수 있다.

$T \propto I_a^2 \propto \dfrac{1}{N^2}$

$\therefore T \propto \dfrac{1}{N^2} = \dfrac{1}{\left(\dfrac{1}{3}\right)^2} = 9[배]$

48 빈출
100[kVA]의 용량을 갖는 2대의 변압기를 이용하여 V-V 결선하는 경우 출력은 어떻게 되는가?

① 100
② $100\sqrt{3}$
③ 200
④ 300

V결선 시 출력

$P_V = \sqrt{3}\,P_1 = \sqrt{3} \times 100$

49 빈출
지선의 중간에 넣는 애자의 명칭은?

① 구형애자
② 곡핀애자
③ 인류애자
④ 핀애자

구형애자

지선의 중간에 넣는 애자는 구형애자이다.

50 빈출
한국전기설비규정에 의해 교통신호등 제어장치의 2차측 배선의 최대사용전압은 몇 [V] 이하이어야 하는가?

① 150
② 200
③ 300
④ 400

교통신호등의 시설기준

1) 사용전압 : 교통신호등 제어장치의 2차측 배선의 최대사용전압은 300[V] 이하
2) 교통 신호등의 인하선 : 전선의 지표상의 높이는 2.[5]m 이상일 것
3) 교통신호등 회로의 사용전압이 150[V]를 넘는 경우는 전로에 지락이 생겼을 경우 자동적으로 전로를 차단하는 누전 차단기를 시설할 것

51
대지와의 사이에 전기저항값이 몇 [Ω] 이하인 값을 유지하는 건축물 · 구조물의 철골 기타의 금속제는 접지공사의 집지극으로 사용할 수 있는가?

① 2
② 3
③ 10
④ 100

철골접지

건축물 및 구조물의 철골 기타의 금속제는 이를 비접지식 고압전로에 시설하는 기계기구의 철대 또는 금속제 외함의 접지공사 또는 비접지식 고압전로와 저압전로를 결합하는 변압기의 저압전로의 접지공사의 접지극으로 사용할 수 있다. 이 경우 대지와의 사이에 전기저항 값이 2[Ω] 이하의 값을 유지하는 경우에만 한한다.

정답 46 ② 47 ③ 48 ② 49 ① 50 ③ 51 ①

52

$R[\Omega]$인 저항 3개가 Δ결선으로 되어 있는 것을 Y결선으로 환산하면 1상의 저항[Ω]은?

① $\frac{1}{3}R$ ② $\frac{1}{3R}$
③ $3R$ ④ R

3상 저항변환($\Delta \to Y$)
$R_Y = \frac{1}{3}R_\Delta = \frac{1}{3}R[\Omega]$

53

그림과 같은 회로에서 4[Ω]에 흐르는 전류[A]값은?

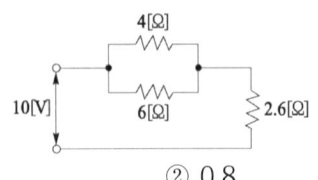

① 0.6 ② 0.8
③ 1.0 ④ 1.2

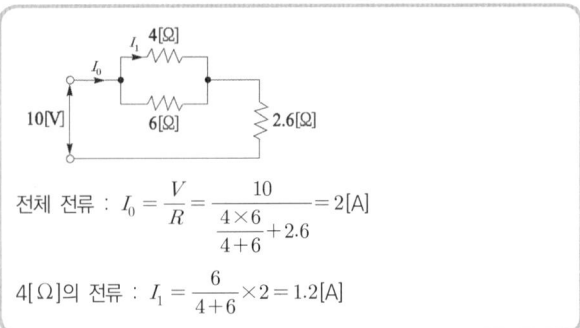

전체 전류 : $I_0 = \frac{V}{R} = \frac{10}{\frac{4 \times 6}{4+6} + 2.6} = 2[A]$

4[Ω]의 전류 : $I_1 = \frac{6}{4+6} \times 2 = 1.2[A]$

54

직류 전동기의 속도 제어 방법이 아닌 것은?

① 전압 제어 ② 계자 제어
③ 저항 제어 ④ 2차여자법

직류 전동기의 속도 제어법
1) 전압 제어
2) 계자 제어
3) 저항 제어

55

사용전압이 400[V] 이상의 기계기구의 외함에 접지를 생략할 수 있는 조건이 아닌 것은?

① 기계기구를 건조한 목재 위에서 취급하도록 시설한 경우
② 기계기구에 사람이 접촉할 우려가 없도록 시설한 경우
③ 철대 또는 외함 주위에 적당한 피뢰기를 시설한 경우
④ 전기용품 및 생활용품 안전 관리법의 적용을 받은 이중절연구조로 되어 있는 기계기구를 시설하는 경우

외함의 접지 생략 조건
철대 또는 외함 주위에 적당한 절연대를 시설한 경우 접지를 생략할 수 있다.

56

고압 가공 전선로의 지지물로 철탑을 사용하는 경우 경간은 몇 [m] 이하이어야 하는가?

① 150[m] ② 300[m]
③ 500[m] ④ 600[m]

가공전선로의 경간

지지물의 종류	표준경간
목주, A종 철주, A종 철근콘크리트주	150[m] 이하
B종 철주, B종 철근콘크리트주	250[m] 이하
철탑	600[m] 이하

57

어느 단상 변압기의 2차 무부하전압이 104[V]이며, 정격의 부하 시 2차 단자전압이 100[V]였다. 전압변동률[%]은?

① 2 ② 3
③ 4 ④ 5

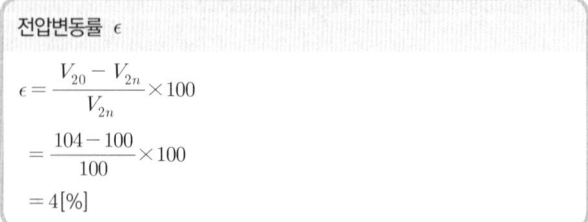

전압변동률 ϵ

$\epsilon = \frac{V_{20} - V_{2n}}{V_{2n}} \times 100$

$= \frac{104 - 100}{100} \times 100$

$= 4[\%]$

정답: 52 ① 53 ④ 54 ④ 55 ③ 56 ④ 57 ③

58

그림과 같이 I[A]의 전류가 흐르고 있는 도체의 미소 부분 Δl의 전류에 의해 이 부분이 r[m] 떨어진 점 P의 자기장 ΔH[A/m]는?

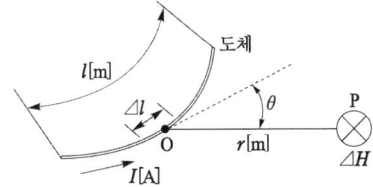

① $\Delta H = \dfrac{I^2 \Delta l \sin\theta}{4\pi r^2}$ ② $\Delta H = \dfrac{I \Delta l^2 \sin\theta}{4\pi r}$

③ $\Delta H = \dfrac{I^2 \Delta l \sin\theta}{4\pi r}$ ④ $\Delta H = \dfrac{I \Delta l \sin\theta}{4\pi r^2}$

비오-사바르의 법칙

$\triangle H = \dfrac{I\Delta l}{4\pi r^2}\sin\theta\,[\text{AT/m}] = \dfrac{I\Delta l}{4\pi r^2}\sin\theta\,[\text{AT/m}]$

59

다음 중 지중전선로의 매설 방법이 아닌 것은?

① 관로식 ② 암거식
③ 행거식 ④ 직접 매설식

지중전선로

지중전선로의 케이블의 매설 방법 : 직접 매설식, 관로식, 암거식
1) 관로식의 매설 깊이
   1[m] 이상(단, 중량물의 압력을 받을 우려가 없는 경우라면 0.6[m] 이상 매설)
2) 직접 매설식의 매설 깊이
   차량 및 중량물의 압력의 우려가 있다면 1[m], 기타의 경우 0.6[m] 이상

60

1차측의 전압이 3,300[V], 2차측의 전압이 110[V]라면 변압기의 권수비는?

① 33 ② 30
③ $\dfrac{1}{33}$ ④ $\dfrac{1}{30}$

변압기 권수비(변압비)

$a = \dfrac{V_1}{V_2} = \dfrac{N_1}{N_2} = \dfrac{I_2}{I_1} = \sqrt{\dfrac{Z_1}{Z_2}} = \sqrt{\dfrac{R_1}{R_2}} = \sqrt{\dfrac{X_1}{X_2}}$

$a = \dfrac{V_1}{V_2} = \dfrac{3{,}300}{110} = 30$

정답: 58 ④ 59 ③ 60 ②

전기기능사 필기 8개년 기출문제집 + 무료강의

PART 03

최신 CBT 기출복원문제
(2025년 1회 · 2회 · 3회)

※ 각 회차별 상단 QR코드를 스캔하면 실전처럼 CBT 모의고사에 응시하실 수 있습니다.

Chapter 01 2025년 CBT 기출복원문제

2025년 1회 CBT 기출복원문제

자격종목	시험시간	문항수	점수
전기기능사	60분	60문항	

01 히스테리시스손은 최대 자속밀도 및 주파수의 몇 승에 비례하는가?

① 최대자속밀도 : 1.6, 주파수 : 1.0
② 최대자속밀도 : 1.0, 주파수 : 1.6
③ 최대자속밀도 : 1.0, 주파수 : 1.0
④ 최대자속밀도 : 1.6, 주파수 : 1.6

02 옴의 법칙을 바르게 설명한 것은?

① 전류의 크기는 도체의 저항에 비례한다.
② 전압은 전류의 제곱에 비례한다.
③ 전류는 전압과 반비례한다.
④ 전압은 전류와 저항의 곱에 비례한다.

03 200[V] 3상회로에 $R=4[\Omega]$, $X_L=3[\Omega]$인 부하를 Y결선했을 때 부하전류는?

① 11.5   ② 8.6
③ 23.1   ④ 39

04 1[Ah]는 몇 [C]인가?

① 120   ② 300
③ 3,600 ④ 7,200

05 단상 전력계 2대를 사용한 2전력계법을 이용하여 3상 전력을 측정하고자 한다. 두 전력계의 지시값이 각각 P_1, P_2[W]이었다. 3상 전력 P[W]를 구하는 식으로 옳은 것은?

① $P = 3 \times P_1 \times P_2$
② $P = P_1 + P_2$
③ $P = P_1 - P_2$
④ $P = P_1 \times P_2$

06 직류 발전기에서 계자 철심에 잔류자기가 없어도 발전을 할 수 있는 발전기는?

① 분권 발전기
② 직권 발전기
③ 타여자 발전기
④ 복권 발전기

07 동기발전기의 권선을 분포권으로 사용하는 이유로 옳은 것은?

① 집중권에 비하여 합성 유기기전력이 높아진다.
② 전기자 권선이 과열되어 소손되기 쉽다.
③ 파형이 좋아진다.
④ 권선의 누설리액턴스가 커진다.

08 단락비가 큰 동기발전기에서 작아지는 것은?

① 전기자반작용, 전압변동률
② 동기임피던스, 단락전류
③ 공극
④ 발전기 중량

09 교류전압의 실효값이 200[V]일 때 단상 반파정류에 의하여 발생하는 직류전압의 평균값은 약 몇 [V]인가?

① 45
② 90
③ 105
④ 110

10 변압기유의 요구 성질 중 옳은 것은?

① 인화점은 높고 응고점은 낮을 것
② 비열이 작고 냉각 효과는 클 것
③ 절연 재료 및 금속 재료에 화학 작용을 일으킬 것
④ 절연내력이 작고 산화하지 않을 것

11 전선의 굵기를 측정할 때 사용되는 것은?

① 스패너
② 프레셔툴
③ 와이어 게이지
④ 파이어포트

12 전선의 식별에서 그 색상 중 보호도체의 색상은 어떻게 되는가?

① 흑색
② 청색
③ 녹색-노란색
④ 녹색-적색

13 전선의 접속 시 나전선과 절연전선을 접속할 경우 전선의 세기는 일반적으로 몇 [%] 이상 감소시키지 아니하여야 하는가?

① 10[%] 이상
② 5[%] 이상
③ 20[%] 이상
④ 80[%] 이상

14 셀룰로이드, 성냥, 석유류 등 기타 가연성 위험 물질을 제조 또는 저장하는 타기 쉬운 장소에 시설하여서는 안 되는 경우는?

① 금속관 공사
② 애자 공사
③ 케이블 공사
④ 합성수지관 공사(두께 2.6[mm] 이상으로 하였다.)

15 SF_6 가스의 성질이 아닌 것은?

① 무색, 무취, 무해 가스이다.
② 같은 압력에서 공기의 2.5~3.5배의 절연내력이 있다.
③ 화학적으로 안정적이며, 불연성 가스이다.
④ 소호능력은 공기보다 2.5배 정도 낮다.

16 3상 선로에 선간전압 13,200[V], 선전류 800[A]가 흐르며 역률이 80[%]인 부하의 소비전력은 약 몇 [MW]인가?

① 4.8
② 8.5
③ 14.6
④ 25.4

17 10[Ω]의 저항 5개를 가지고 얻을 수 있는 가장 작은 합성저항 값[Ω]은?

① 1
② 2
③ 5
④ 10

18 대칭 3상 Δ결선에서 선전류와 상전류의 위상 관계는?

① 상전류가 $\frac{\pi}{6}$[rad] 앞선다.
② 상전류가 $\frac{\pi}{3}$[rad] 뒤진다.
③ 상전류가 $\frac{\pi}{6}$[rad] 뒤진다.
④ 상전류가 $\frac{\pi}{3}$[rad] 앞선다.

19 공기 중 +1[Wb]의 자극에서 나오는 자력선의 수는 몇 개인가?

① 6.33×10^4
② 7.958×10^5
③ 8.855×10^3
④ 1.256×10^6

20 전압 1.5[V], 내부 저항 0.2[Ω]의 전지 5개를 직렬로 접속하면 전 전압은 몇 [V]인가?

① 0.2
② 1.0
③ 5.7
④ 7.5

21 단자전압 220[V]의 전기자 전류가 25[A]에 전기자 저항이 0.25[Ω]인 분권전동기의 전기자 전압은 몇 [V]인가?

① 225
② 215.5
③ 213.7
④ 210.5

22 효율이 80[%]이고, 출력이 1[kW]인 기기의 손실은 몇 [kW]인가?

① 0.1
② 0.2
③ 0.25
④ 0.3

23 유도전동기의 동기속도를 N_s, 회전속도를 N이라 하였을 때 슬립 s는?

① $s = \dfrac{N_s - N}{N_s}$
② $s = \dfrac{N - N_s}{N_s}$
③ $s = \dfrac{N_s - N}{N}$
④ $s = \dfrac{N_s + N}{N_s}$

24 브흐홀쯔 계전기의 설치 위치로 가장 적당한 곳은?

① 변압기 주 탱크 내부
② 콘서베이터 내부
③ 변압기 고압 측 부싱
④ 변압기 주 탱크와 콘서베이터 사이

25 제동권선에 의한 기동토크를 이용하여 동기전동기를 기동시키는 방법은?

① 고주파 기동법
② 저주파 기동법
③ 기동전동기법
④ 자기기동법

26 한국전기설비규정에서 정한 고압 또는 특별고압 가공전선로에서 공급받는 수용장소 인입구에 시설하는 피뢰기의 접지저항은 몇 [Ω] 이하로 하여야 하는가?

① 5
② 10
③ 20
④ 100

27 다음은 35[kV] 이하 특고압 변압기의 중성점 접지저항을 계산하는 식이다. 이때 k값은 어떻게 되는가? (단, I_g는 특고압 측의 1선 지락 전류를 말하며, 혼촉에 따른 대지전압이 150[V]를 넘고, 1초를 초과하고 2초 이내에 자동적으로 전로를 차단하는 장치가 시설되었다고 한다.)

$$접지저항 = \frac{k}{I_g}$$

① 100
② 150
③ 300
④ 600

28 한국전기설비규정에 따라 고압 가공인입선이 도로를 횡단하는 경우 노면상 높이 몇 [m] 이상이어야 하는가?

① 4
② 5
③ 6
④ 6.5

29 전주의 외등 설치 시 조명기구를 전주에 부착하는 경우 설치 높이는 몇 [m] 이상으로 하여야 하는가?

① 3.5
② 4
③ 4.5
④ 5

30 전등 1개를 2개소에서 점멸하고자 할 때 필요한 3로 스위치는 최소 몇 개인가?

① 1개
② 2개
③ 3개
④ 4개

31 정전용량 C인 콘덴서 2개를 병렬로 연결하였을 때의 합성 정전용량은 직렬로 접속하였을 때의 몇 배가 되는가?

① 2
② 1/2
③ 4
④ 1/4

32 전자 냉동기는 어떤 효과를 응용한 것인가?

① 제벡효과
② 톰슨효과
③ 펠티어효과
④ 주울효과

33 다음 중 전기회로와 자기회로의 대응 관계로 옳은 것은?

① 기전력 - 자속밀도
② 전류 - 자속
③ 유전율 - 투자율
④ 전계 - 자계

34 다음 중 전위의 단위가 아닌 것은?

① [V]
② [J/C]
③ [V/m]
④ [N·m/C]

35 그림과 같은 회로에 흐르는 유효분 전류 [A]는?

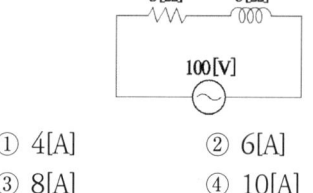

① 4[A]   ② 6[A]
③ 8[A]   ④ 10[A]

36 보호계전기 시험 시 유의사항 중 옳지 않은 것은?

① 시험 회로 결선 시 교류와 직류를 확인해야 한다.
② 임피던스 계전기는 반드시 예열하여야 한다.
③ 계전기 시험 장비의 지시 범위 적합성을 확인한다.
④ 보호계전기의 배치 상태를 확인한다.

37 타여자 발전기와 같이 전압변동률이 적고 자여자이므로 다른 여자 전원이 필요없으며, 계자저항기를 사용하여 저항 조정이 가능하므로 전기화학용 전원, 전지의 충전용 동기기의 여자용으로 쓰이는 발전기는?

① 직권발전기
② 분권발전기
③ 차동복권발전기
④ 과복권발전기

38 직류발전기의 브러쉬와 접촉하여 전기자에서 만들어진 교류기전력을 직류로 정류해서 직류로 만드는 부분은?

① 계자
② 전기자
③ 정류자
④ 공극

39 3상 8극의 200[V]의 유도전동기가 있다. 전부하 시 속도 850[rpm], 토크 47[N·m]로 운전하고 있다면 기계적 출력은 약 몇 [kW]인가?

① 1.5   ② 2.2
③ 3.4   ④ 4.1

40 동기전동기에 대한 설명 중 틀린 것은?

① 기동 장치가 필요 없으며, 장치가 간단하다.
② 역률을 조정할 수 있다.
③ 일정한 속도로 운전이 가능하다.
④ 공극이 넓어 기계적으로 견고하다.

41 합성수지관 배선에서 경질 비닐 전선관의 굵기에 해당하지 않는 것은?

① 14   ② 16
③ 18   ④ 22

42 수전설비의 저압 배전반의 경우 배전반 앞에서 계측기를 판독하기 위하여 앞면과 최소 몇 [m] 이상 유지하는 것을 원칙으로 하고 있는가?

① 0.6[m]
② 1.2[m]
③ 1.5[m]
④ 1.7[m]

43 구광원의 광속을 표현하는 식으로 옳은 것은?

① πI
② $2\pi I$
③ $4\pi I$
④ $\pi^2 I$

44 전기설비기술기준에서 정한 저압 전선로 중 절연부분은 전선과 대지 사이의 전선의 심선 상호간 절연저항은 사용전압에 대한 누설전류가 최대 공급전류의 얼마를 넘지 않도록 하여야 하는가?

① $\frac{1}{100}$ ② $\frac{1}{500}$
③ $\frac{1}{1,000}$ ④ $\frac{1}{2,000}$

45 한국전기설비규정에 따라 저압 크레인 또는 호이스트 등의 트롤리선을 애자 사용 공사에 의하여 옥내의 노출장소에 시설하는 경우 트롤리선의 바닥으로부터 최소 높이는 몇 [m] 이상으로 설치하는가?

① 2 ② 2.5
③ 3 ④ 3.5

46 면적 10[cm²]의 면을 진공 중에서 수직으로 5×10^{-6}[Wb]의 자속이 지난다고 한다. 자속밀도[Wb/m²]는 어떻게 되는가?

① 4×10^{-4}
② 4×10^{-3}
③ 5×10^{-4}
④ 5×10^{-3}

47 자기인덕턴스가 L[H]인 코일에 I[A]의 전류가 흐를 때 자로에 축적되는 에너지[J]는 어떻게 되는가?

① $\frac{1}{2}L^2I^2$ ② $\frac{1}{2}L^2I$
③ $\frac{1}{2}LI^2$ ④ $\frac{1}{2}LI$

48 다음 설명 중 잘못된 것은?

① 1초 동안에 1[C]의 전기량이 이동하면 전류는 1[A]이다.
② 양전하를 많이 가진 물질은 전위가 높다.
③ 전위차가 높으면 높을수록 전류는 잘 흐른다.
④ 직류에서 전류의 방향은 전자의 이동 방향과 같은 방향이다.

49 20[cm] 간격을 가진 두 평행도선에 100[A]의 전류가 흘렀을 때 도선 1[m]마다 작용하는 힘은 몇 [N/m]인가?

① 0.01 ② 0.02
③ 0.03 ④ 0.04

50 철심에 도선을 250[회]감고 1.2[A]의 전류를 흘렸더니 1.5×10^{-3}[Wb]의 자속이 생겼다. 이때 자기저항[AT/Wb]은?

① 2×10^5 ② 3×10^5
③ 4×10^5 ④ 5×10^5

51 변압기 임피던스 전압이란?

① 퍼센트 임피던스 강하
② 임피던스에서 소비되는 전력
③ 2차측을 단락하고 1차 전류가 정격전류와 같게 되도록 조정하였을 때의 전압
④ 임피던스에 걸리는 전압

52 변압기의 2차 저항이 0.1[Ω]일 때 1차로 환산하면 360[Ω]이 된다. 이 변압기의 권수비는?

① 30
② 40
③ 50
④ 60

53 동기발전기에서 앞선 전류가 흐를 때 어느 것이 옳은가?

① 속도가 상승한다.
② 감자작용을 받는다.
③ 증자작용을 받는다.
④ 효율이 좋아진다.

54 수변전 설비의 고압회로에 걸리는 전압을 표시하기 위하여 전압계를 시설할 때 고압 회로와 전압계 사이에 시설하는 것은?

① 수전용 변압기
② 계기용 변류기
③ 계기용 변압기
④ 권선형 변압기

55 낮은 전압을 높은 전압으로 승압할 때 일반적으로 사용되는 변압기의 3상 결선 방식은?

① $\Delta-\Delta$
② $\Delta-Y$
③ $Y-Y$
④ $Y-\Delta$

56 금속제 외함을 가지는 것으로 사용전압이 몇 [V]를 초과하는 저압 기계기구로서 사람이 쉽게 접촉할 우려가 있는 곳에는 누전차단기를 시설하여야 하는가?

① 50
② 60
③ 120
④ 300

57 굵은 전선이나 케이블을 절단할 때 사용되는 공구는?

① 플라이어
② 펜치
③ 클리퍼
④ 나이프

58 다음 중 금속전선관의 호칭을 맞게 표현한 것은?

① 박강은 외경, 후강은 내경으로 [mm]로 표현한다.
② 박강, 후강 모두 외경으로 [mm]로 표현한다.
③ 박강은 내경, 후강은 외경으로 [mm]로 표현한다.
④ 박강, 후강 모두 내경으로 [mm]로 표현한다.

59 알루미늄 피복, 연피가 있는 케이블을 구부리는 경우에 그 굴곡부의 곡률반경은 원칙적으로 케이블이 완성품 외경의 몇 배 이상이어야 하는가?

① 4
② 6
③ 8
④ 12

60 설계하중이 6.8[kN] 이하인 철근 콘크리트주의 전주의 길이가 10[m]인 지지물을 건주할 경우 묻히는 최소 매설 깊이는 몇 [m] 이상인가?

① 1.67[m]
② 2[m]
③ 3[m]
④ 3.5[m]

2025년 2회 CBT 기출복원문제

자격종목	시험시간	문항수	점수
전기기능사	60분	60문항	

01 콘덴서 C[F]에 전압 V[V]를 인가하여 콘덴서에 축적되는 에너지가 W[J]가 되었다면 전압 V[V]는?

① $\dfrac{2W}{C}$　　② $\dfrac{2W}{C^2}$
③ $\sqrt{\dfrac{2W}{C}}$　　④ $\sqrt{\dfrac{W}{C}}$

02 내부저항이 0.5[Ω], 전압이 1.5[V]인 전지 5개를 직렬연결하고 양단에 외부저항 2.5[Ω]을 연결하면 흐르는 전류는 몇 [A]인가?

① 1.0　　② 1.25
③ 1.5　　④ 2.0

03 반지름이 r[m]인 환상솔레노이드에 권수 N회를 감고 전류 I[A]를 흘리면 자장의 세기는 몇 H[AT/m]인가?

① $\dfrac{NI}{2r}$　　② $\dfrac{NI}{4\pi r}$
③ $\dfrac{NI}{4r}$　　④ $\dfrac{NI}{2\pi r}$

04 저항 R_1, R_2, R_3의 세 개의 저항을 병렬 연결하면 합성저항 R[Ω]은?

① $\dfrac{R_1 + R_2 + R_3}{R_1 R_2 + R_2 R_3 + R_3 R_1}$
② $\dfrac{R_1 R_2 R_3}{R_1 R_2 + R_2 R_3 + R_3 R_1}$
③ $\dfrac{R_1 R_2 R_3}{R_1 + R_2 + R_3}$
④ $\dfrac{R_1 + R_2 + R_3}{R_1 R_2 R_3}$

05 자체 인덕턴스 L_1, L_2, 상호 인덕턴스 M인 코일을 같은 방향으로 직렬 연결할 경우 합성 인덕턴스 L[H]는?

① $L = L_1 + L_2 + M$
② $L = L_1 + L_2 + 2M$
③ $L = L_1 + L_2 - 2M$
④ $L = L_1 + L_2 - M$

06 유도전동기의 동기속도가 1,200[rpm]이고 회전수가 1,176[rpm]이라면 슬립은?

① 0.01　　② 0.02
③ 0.03　　④ 0.04

07 직류전동기의 속도제어법이 아닌 것은?

① 공극제어법 : 공극을 변화시켜 제어
② 전압제어법 : 전압을 변화시켜 제어
③ 계자제어법 : ϕ를 변화시켜 제어
④ 저항제어법 : 저항을 변화시켜 제어

08 선택지락계전기의 용도는?

① 단일 회선에서 접지전류의 대소 선택
② 단일 회선에서 접지전류의 방향 선택
③ 단일 회선에서 접지 사고 지속시간의 선택
④ 다회선의 접지고장 회선의 선택

09 다음 중 3단자 사이리스터가 아닌 것은?

① SCS ② TRIAC
③ GTO ④ SCR

10 변압기의 본체와 콘서베이터 사이에 설치되며 변압기 내부고장 발생 시 급격한 유류 또는 gas의 이동이 생기면 이를 검출 동작하여 보호하는 계전기는 무엇인가?

① 과부하 계전기
② 비율차동 계전기
③ 브흐홀쯔 계전기
④ 지락 계전기

11 다음 공사 방법 중 옳은 것은 무엇인가?

① 금속 몰드 공사 시 몰드 내부에서 전선을 접속하였다.
② 접속함 내부에서 전선을 쥐꼬리 접속하였다.
③ 합성수지 몰드 공사 시 몰드 내부에서 전선을 접속하였다.
④ 합성수지관 공사 시 몰드 내부에서 전선을 접속하였다.

12 한국전기설비규정에서 정한 화약류 저장소에 대한 설명 중 옳지 않은 것은?

① 케이블을 전기기계기구에 인입할 때에는 인입구에서 케이블이 손상될 우려가 없도록 할 것
② 애자공사를 할 것
③ 전로의 대지전압은 300[V] 이하일 것
④ 전기기계기구는 전폐형일 것

13 다음 중 접지저항을 측정하기 위하여 사용하는 것은?

① 회로 시험기
② 어스테스터
③ 메거
④ 변류기

14 합성수지전선관 한 본의 길이는 몇 [m]인가?

① 3   ② 3.6
③ 4   ④ 5

15 한국전기설비규정에 따라 저압가공전선(다중접지된 중성선 제외)과 고압 가공전선을 동일 지지물에 시설하려 한다. 저압가공전선의 위치는?

① 위치에 관계없다.
② 고압 가공전선 아래 둔다.
③ 고압 가공전선 위로 둔다.
④ 같은 완금에 동일한 위치에 둔다.

16 전류를 계속 흐르게 하려면 전압을 연속적으로 만들어주는 어떤 힘이 필요하게 되는데, 이 힘을 무엇이라 하는가?

① 자기력   ② 전자력
③ 기전력   ④ 전기장

17 저항 3[Ω]과 2[Ω]의 저항을 직렬 연결하였다. 이때 합성 컨덕턴스는 몇 [℧]인가?

① 10   ② 0.1
③ 0.2 ④ 1.6

18 자기장 안에 전류가 흐르는 도선을 놓으면 기계적 힘이 작용하는데 이 전자력을 응용한 대표적인 것은?

① 전열기 ② 전동기
③ 축전지 ④ 전등

19 B[Wb/m²]의 평등 자장 중에 길이 l[m]의 도선을 자장의 방향과 직각으로 놓고 이 도체에 I[A]의 전류가 흐르면 도선에 작용하는 힘은 몇 [N]인가?

① IBl ② $\dfrac{1}{IBl}$
③ I^2Bl ④ $\dfrac{I}{Bl}$

20 $R = 4[\Omega]$, $X_L = 8[\Omega]$, $X_C = 5[\Omega]$가 직렬로 연결된 회로에 100[V]의 교류를 가했을 때 흐르는 ㉠ 전류와 ㉡ 임피던스는?

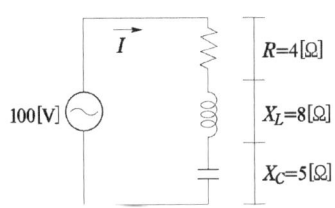

① ㉠ 5.9[A], ㉡ 용량성
② ㉠ 5.9[A], ㉡ 유도성
③ ㉠ 20[A], ㉡ 용량성
④ ㉠ 20[A], ㉡ 유도성

21 일반적으로 직류기에서 양호한 정류를 얻기 위해서 사용하는 brush는?

① 전해브러쉬
② 금속브러쉬
③ 전자브러쉬
④ 탄소브러쉬

22 기기의 점검 수리를 위하여 회로를 분리하거나 계통의 접속을 바꾸며, 반드시 차단기를 개로하고 동작하여야 하는 수·변전설비를 무엇이라 하는가?

① 단로기
② 컷아웃스위치
③ 전력퓨즈
④ 피뢰기

23 발전기를 정격전압 220[V]로 운전하다가 무부하로 운전하였더니, 단자전압이 253[V]라고 한다. 이 발전기의 전압변동률은?

① 15 ② 25
③ 40 ④ 45

24 변압기 Y-Y결선의 특징이 아닌 것은?

① 1차와 2차의 전압의 위상차가 없다.
② 상전류가 선전류의 $\dfrac{1}{\sqrt{3}}$ 배가 된다.
③ 상전압이 선간전압의 $\dfrac{1}{\sqrt{3}}$ 배가 된다.
④ 중성점 접지 가능하다.

25 다음 중 정속도 전동기에 속히는 것은?

① 가동복권 전동기
② 직권 전동기
③ 차동복권 전동기
④ 분권 전동기

26 접지의 목적과 거리가 먼 것은?

① 전기공사비 절감
② 이상전압 억제
③ 보호계전기의 동작 확보
④ 대지전압 저하

27 후강전선관의 최대 호칭은?

① 95   ② 100
③ 104 ④ 150

28 설계하중 6.8[kN] 이하인 철근콘크리트 전주의 길이가 7[m]인 지지물을 건주할 경우 땅에 묻히는 깊이로 가장 옳은 것은?

① 0.6[m] ② 0.8[m]
③ 1.0[m] ④ 1.2[m]

29 옥외용 비닐 절연전선을 약하여 무엇이라 하는가?

① OW   ② DV
③ NR   ④ MI

30 고압전로에 지락사고가 생겼을 때 지락전류를 검출하는 데 사용하는 것은?

① CT   ② ZCT
③ MOF ④ PT

31 줄(Joule)의 법칙에서 발열량 계산식을 옳게 표시한 것은?

① $H = 0.24I^2R$
② $H = 0.24I^2Rt$
③ $H = 0.024I^2R^2$
④ $H = 0.024I^2Rt$

32 50회 감은 코일과 쇄교하는 자속이 0.5[sec] 동안 0.1[Wb]로 변화하였다면 기전력의 크기는?

① 5[V]   ② 10[V]
③ 12[V] ④ 15[V]

33 3상 △결선에서 Y결선으로 바꾸면 전력은 얼마의 배수가 되는가?

① 3배   ② 9배
③ $\frac{1}{3}$배   ④ $\frac{1}{9}$배

34 정현파 교류의 주기가 20[ms]일 때 주파수 f는 몇 [Hz]인가?

① 10   ② 20
③ 40   ④ 50

35 전기분해를 통하여 석출되는 물질의 양은 통과한 전기량 및 화학당량과 어떤 관계인가?

① 전기량과 화학당량에 비례한다.
② 전기량과 화학당량에 반비례한다.
③ 전기량에 비례하고 화학당량에 반비례한다.
④ 전기량에 반비례하고 화학당량에 비례한다.

36 2차 입력을 P_2, 출력을 P_0, 동손을 P_{c2}, 슬립을 s, 동기속도를 N_s, 회전자속도를 N이라 할 경우 2차 효율이 아닌 것은?

① $\frac{P_0}{P_2}$ ② $1-s$
③ $\frac{P_{c2}}{P_2}$ ④ $\frac{N}{N_s}$

37 직류 발전기 계자의 주된 역할은?

① 기전력을 유도한다.
② 자속을 만든다.
③ 정류작용을 한다.
④ 정류자면에 접촉한다.

38 병렬운전 중인 동기 임피던스 5[Ω]인 2대의 3상 동기발전기의 유도기전력이 200[V]의 전압 차이가 있다면 무효순환전류는?

① 5
② 10
③ 20
④ 40

39 권선형 유도전동기의 농형유도전동기 대비 이점으로 옳은 것은?

① 효율이 우수하다.
② 기동토크가 크다.
③ 조작이 쉽다.
④ 구조가 간단하다.

40 34극 60[MVA], 역률 0.8, 60[Hz], 22.9[kV] 수차발전기의 전부하 손실이 1,600[kW]이라면 전부하 효율[%]은?

① 99
② 97
③ 95
④ 90

41 가공전선의 지지물에 승탑 또는 승강용으로 사용하는 발판 볼트 등은 지표상 몇 [m] 미만에 시설하여서는 아니되는가?

① 1.2
② 1.5
③ 1.6
④ 1.8

42 전선의 접속에 대한 설명으로 옳지 않은 것은?

① 전선의 세기를 20[%] 이상 유지시킬 것
② 접속 부분을 그 부분의 절연전선의 절연물과 동등 이상의 절연 성능이 있는 것으로 충분히 피복할 것
③ 같은 극의 각 전선은 동일한 터미널 러그에 접속할 것
④ 전선을 접속하는 경우 전기 저항이 증가되지 않도록 할 것

43 한국전기설비규정에 따라 모든 콘센트는 누전차단기에 의해 개별적으로 보호를 받아야 한다. 채택된 누전차단기는 중성극을 포함한 모든 극을 차단한다. 정격감도전류는 몇 [mA] 이하의 것이어야만 하는가?

① 15
② 30
③ 40
④ 100

44 한국전기설비규정에 의하여 저압 이웃인입선은 분기점으로부터 몇 [m]를 초과하지 말아야 하는가?

① 50
② 100
③ 150
④ 200

45 전등 한 개를 2개소에서 점멸하고자 할 때 옳은 배선은?

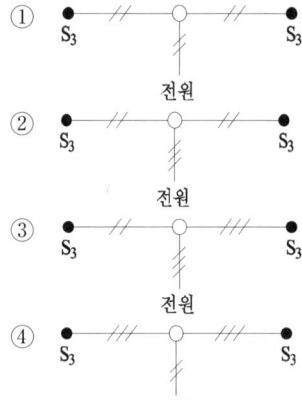

46 그림과 같은 RC 병렬회로의 위상각 θ는?

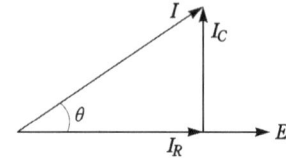

① $\tan^{-1}\dfrac{\omega C}{R}$ ② $\tan^{-1}\omega CR$

③ $\tan^{-1}\dfrac{R}{\omega C}$ ④ $\tan^{-1}\dfrac{1}{\omega CR}$

47 가우스 정리를 이용하여 구하는 것은?

① 전기장의 세기
② 전류
③ 자기장의 세기
④ 기자력

48 권수가 50인 코일에 5[A]의 전류가 흐를 때 10^{-3}[Wb]의 자속이 쇄교하였을 때 코일 L[mH]은?

① 10 ② 20
③ 30 ④ 40

49 면적 20[m²], 투자율 200인 철심에서 자속이 100[Wb]일 때 자속밀도 B[Wb/m²]은?

① 2 ② 3
③ 4 ④ 5

50 콘덴서 C_1, C_2를 직렬연결하고 양단에 전압 V[V]를 걸었다면 C_1에 걸리는 전압 V_1[V]은?

① $\dfrac{C_1}{C_1+C_2}V$ ② $\dfrac{C_2}{C_1+C_2}V$

③ $\dfrac{C_1+C_2}{C_1}V$ ④ $\dfrac{C_1+C_2}{C_2}V$

51 단상 변압기 2대로 3상 전력을 부담하는 변압기 결선은?

① Δ – Y 결선
② V – V 결선
③ Y – Y 결선
④ Y – Δ 결선

52 변압기를 V결선하였을 경우 이용률은 몇 [%]인가?

① 57.7 ② 86.6
③ 100   ④ 200

53 워드레오나드 속도 제어는?

① 저항제어 ② 계자제어
③ 전압제어 ④ 직병렬제어

54 다음 중 SCR의 기호는?

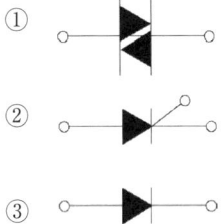

55 변압기를 △-Y로 결선할 때 1차와 2차의 위상차는?

① 0°   ② 30°
③ 60°   ④ 90°

56 구광원의 광속을 표현하는 식으로 옳은 것은?

① πI ② $2\pi I$
③ $4\pi I$ ④ $\pi^2 I$

57 폭연성 먼지 또는 화약류 분말이 전기설비가 발화원이 되어 폭발할 우려가 있는 곳에 저압 옥내전기설비의 경우 어떤 공사를 하여야 하는가?

① 금속관 공사, CD케이블 공사, 1종 캡타이어 케이블 공사
② 금속관 공사, 개장된 케이블 공사, 무기물 절연 케이블
③ CD 케이블공사, 금속관 공사, 개장된 케이블 공사
④ 금속관 공사, 개장된 케이블 공사, 1종 캡타이어 케이블 공사

58 조명용 백열전등을 관광업이나 숙박업 등의 객실의 입구에 설치할 때나 일반 주택 및 아파트 각실의 현관에 설치할 때 사용되는 스위치는?

① 타임스위치
② 토글스위치
③ 누름버튼스위치
④ 로터리스위치

59 고압 가공 전선로의 지지물로 철탑을 사용하는 경우 경간은 몇 [m] 이하이어야 하는가?

① 150[m]
② 300[m]
③ 500[m]
④ 600[m]

60 DV전선의 품명은 무엇인가?

① 옥외용 가교 폴리에틸렌 절연전선
② 강심 알루미늄 연선
③ 인입용 비닐 절연전선
④ 450/750 일반용 단심 비닐절연전선

2025년 3회 CBT 기출복원문제

자격종목	시험시간	문항수	점수
전기기능사	60분	60문항	

01 콘덴서 C_1, C_2를 직렬연결하고 양단에 전압 V[V]를 걸었다면 C_1에 걸리는 전압 V_1[V]은?

① $\dfrac{C_1}{C_1+C_2}V$ ② $\dfrac{C_2}{C_1+C_2}V$

③ $\dfrac{C_1+C_2}{C_1}V$ ④ $\dfrac{C_1+C_2}{C_2}V$

02 권선 수 50인 코일에 5[A]의 전류가 흘렀을 때 10^{-3}[Wb]의 자속이 코일에 전체 쇄교하였다면 이 코일의 자체 인덕턴스는 몇 [mH]인가?

① 10 ② 20
③ 30 ④ 40

03 줄(Joule)의 법칙에서 발열량 계산식을 옳게 표시한 것은?

① $H = 0.24I^2R$
② $H = 0.024I^2Rt$
③ $H = 0.024I^2R^2$
④ $H = 0.24I^2Rt$

04 2[Ω]의 저항과 3[Ω]의 저항을 직렬로 접속할 때 합성 컨덕턴스는 몇 [℧]인가?

① 5 ② 2.5
③ 1.5 ④ 0.2

05 전류를 계속 흐르게 하려면 전압을 연속적으로 만들어주는 어떤 힘이 필요하게 되는데, 이 힘을 무엇이라 하는가?

① 자기력 ② 전자력
③ 기전력 ④ 전기장

06 복권 발전기의 병렬 운전을 안전하게 하기 위해서 두 발전기의 전기자와 직권 권선의 접촉점에 연결해야 하는 것은?

① 균압선 ② 집 전환
③ 합성저항 ④ 브러시

07 발전기 및 변압기 내부 고장 보호에 쓰이는 계전기로서 가장 적당한 것은?

① 차동 계전기 ② 접지 계전기
③ 과전류 계전기 ④ 역상 계전기

08 3상 동기기에 제동권선의 효용은?

① 출력 증가 ② 효율 증가
③ 역률 개선 ④ 난조 방지

09 농형 유도 전동기의 기동법이 아닌 것은?

① 기동 보상기에 의한 기동법
② 2차 저항 기동법
③ 리액터 기동법
④ Y-△ 기동법

10 출력 10[kW], 효율이 80[%]인 기기의 손실은 약 몇 [kW]인가?

① 0.6[kW] ② 1.1[kW]
③ 2.0[kW] ④ 2.5[kW]

11 자연 공기 내에서 개방할 때 접촉자가 떨어지면서 자연 소호되는 방식을 가진 차단기로 저압의 교류 또는 직류 차단기로 많이 사용되는 것은?

① 유입 차단기 ② 자기 차단기
③ 가스 차단기 ④ 기중 차단기

12 지선의 중간에 넣는 애자의 명칭은?

① 구형애자 ② 곡핀애자
③ 인류애자 ④ 핀애자

13 한국전기설비규정에서 정한 공연장의 전기설비에 사용되는 플라이덕트의 시설기준으로 옳지 않은 것은?

① 덕트의 끝부분은 열어 둘 것
② 덕트는 두께 0.8[mm] 이상의 철판일 것
③ 내부 배선에 사용되는 전선은 절연전선일 것
④ 덕트의 안쪽 면과 외면은 녹이 슬지 않게 하기 위하여 도금 또는 도장을 한 것일 것

14 배전반 및 분전반의 설치 장소로 적합하지 않은 것은?

① 전기회로를 쉽게 조작할 수 있는 장소
② 개폐기를 쉽게 조작할 수 있는 장소
③ 안정된 장소
④ 접근이 어려운 장소

15 가연성 가스가 새거나 체류하여 전기설비가 발화원이 되어 폭발할 우려가 있는 곳에 있는 저압 옥내전기설비의 시설 방법으로 가장 적합한 것은?

① 애자사용 공사
② 가요전선관 공사
③ 셀룰러 덕트 공사
④ 금속관 공사

16 자체 인덕턴스 L_1, L_2, 상호 인덕턴스 M의 코일을 같은 방향으로 직렬 연결한 경우 합성 인덕턴스는?

① $L_1 + L_2 + M$
② $L_1 + L_2 - M$
③ $L_1 + L_2 - 2M$
④ $L_1 + L_2 + 2M$

17 $R=4[\Omega]$, $X_L=8[\Omega]$, $X_C=5[\Omega]$가 직렬로 연결된 회로에 100[V]의 교류를 가했을 때 흐르는 ㉠ 전류와 ㉡ 임피던스는?

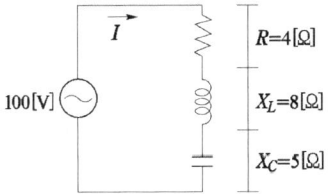

① ㉠ 5.9[A], ㉡ 용량성
② ㉠ 5.9[A], ㉡ 유도성
③ ㉠ 20[A], ㉡ 용량성
④ ㉠ 20[A], ㉡ 유도성

18 평균 반지름 r[m]의 환상 솔레노이드에 I[A]의 전류가 흐를 때, 권수가 N이라 한다. 내부 자계의 세기 H[AT/m]는?

① $\dfrac{NI}{r^2}$ ② $\dfrac{NI}{2\pi}$

③ $\dfrac{NI}{4\pi r^2}$ ④ $\dfrac{NI}{2\pi r}$

19 일반적으로 전기기기로 사용되는 변압기의 용량을 피상전력으로 표현한다. 이때 피상전력의 단위는?

① W ② Var
③ VA ④ V/A

20 가우스 정리를 이용하여 구하는 것은?

① 전기장의 세기
② 전류
③ 자기장의 세기
④ 기자력

21 동기 발전기의 돌발 단락 전류를 주로 제한하는 것은?

① 권선 저항
② 동기 리액턴스
③ 누설 리액턴스
④ 역상 리액턴스

22 3상 유도 전동기의 회전 방향을 바꾸기 위한 방법으로 가장 옳은 것은?

① △-Y 결선을 한다.
② 전원의 주파수를 바꾼다.
③ 전동기에 가해지는 3개의 단자 중 어느 2개의 단자를 서로 바꾸어 준다.
④ 기동 보상기를 사용한다.

23 직류기의 3요소가 아닌 것은?

① 계자
② 공극
③ 전기자
④ 정류자

24 계자권선이 전기자에 병렬로만 접속된 직류기는?

① 타여자기 ② 직권기
③ 분권기 ④ 복권기

25 동기 전동기에 대한 설명으로 틀린 것은?

① 별도의 기동장치를 필요로 한다.
② 직류 여자기가 필요로 한다.
③ 난조가 일어나기 쉽다.
④ 역률을 조정할 수 없다.

26 다음 중 충전되어 있는 활선을 움직이거나 작업권 밖으로 밀어낼 때 또는 활선을 다른 장소로 옮길 때 사용되는 절연봉은?

① 애자커버 ② 전선커버
③ 와이어 통 ④ 금속피박기

27 한국전기설비규정에서 정한 저압 연접인입선 시설에서 제한 사항이 아닌 것은?

① 인입선의 분기점에서 100[m]를 초과하는 지역에 미치지 아니할 것
② 폭 5[m]를 넘는 도로를 횡단하지 말 것
③ 다른 수용가의 옥내를 관통하지 말 것
④ 경간이 15[m] 이하의 경우 2.6[mm]의 인입용 비닐절연전선을 사용할 것

28 한국전기설비규정에 따라 고압 가공전선에 도로를 횡단하는 경우 노면상 높이 몇 [m] 이상이어야 하는가?

① 5　　② 5.5
③ 6　　④ 6.5

29 한 개의 모터가 운전하고 있는 상태에서 정지해 있는 모터는 운전할 수 없는 것을 무엇이라 하는가?

① 자기유지회로
② 인터록회로
③ 동작지연회로
④ 타이머회로

30 박강전선관의 호칭이 아닌 것은?

① 19　　② 16
③ 25　　④ 31

31 전기분해를 통하여 석출되는 물질의 양은 통과한 전기량 및 화학당량과 어떤 관계인가?

① 전기량과 화학당량에 비례한다.
② 전기량과 화학당량에 반비례한다.
③ 전기량에 비례하고 화학당량에 반비례한다.
④ 전기량에 반비례하고 화학당량에 비례한다.

32 R_1, R_2, R_3 저항 3개가 병렬로 연결되었을 때 합성저항은 얼마인가?

① $\dfrac{R_1 R_2 R_3}{R_1 + R_2 + R_3}$

② $\dfrac{R_1^2 R_2^2 R_3^2}{R_1 + R_2 + R_3}$

③ $\dfrac{R_1 R_2 R_3}{R_1 R_2 + R_2 R_3 + R_3 R_1}$

④ $\dfrac{R_1 + R_2 R_3}{R_1 + R_2 + R_3}$

33 $R[\Omega]$인 저항 3개가 Δ결선으로 되어 있는 것을 Y결선으로 환산하면 소비전력은?

① $\dfrac{1}{3}$　　② 3

③ $\dfrac{1}{\sqrt{3}}$　　④ $\sqrt{3}$ 배

34 자속밀도 $B[\text{Wb/m}^2]$의 평등자장 중에 길이 $l[\text{m}]$의 도선을 자장의 방향과 직각으로 놓고 이 도체에 $I[\text{A}]$의 전류가 흐르면 도선에 작용하는 힘은 몇 [N]인가?

① $\dfrac{B}{Il}$　　② $\dfrac{l}{BI}$

③ BIl　　④ $B^2 Il$

35 정현파 교류의 주기가 20[ms]일 때 주파수 f는 몇 [Hz]인가?

① 10　　② 20
③ 40　　④ 50

36 낙뢰, 수목 접촉, 일시적인 섬락 등 순간적인 사고로 계통에서 분리된 구간을 신속히 계통에 투입시킴으로써 계통의 안정도를 향상시키고 정전 시간을 단축시키기 위해 사용되는 계전기는?

① 차동 계전기 ② 과전류 계전기
③ 거리 계전기 ④ 재폐로 계전기

37 직류발전기의 정격전압이 100[V], 무부하 전압이 103[V]이다. 이 발전기의 전압 변동률 ϵ[%]은?

① 1   ② 3
③ 6   ④ 9

38 다이오드를 사용한 정류회로에서 다이오드를 여러 개 직렬로 연결하여 사용하는 경우 설명으로 가장 옳은 것은?

① 다이오드를 과전류로부터 보호할 수 있다.
② 다이오드를 과전압으로부터 보호할 수 있다.
③ 부하출력의 맥동률을 감소시킬 수 있다.
④ 낮은 전압 전류에 적합하다.

39 동기 발전기의 병렬 운전 중에 기전력의 위상차가 생기면?

① 부하 분담이 변한다.
② 위상이 일치하는 경우보다 출력이 감소한다.
③ 동기 화력이 생겨 두 기전력의 위상이 동상이 되도록 작용한다.
④ 무효순환전류가 흘러 전기자 권선이 과열된다.

40 동기발전기의 전기자 반작용의 경우 공급 전압보다 전기자 전류의 위상이 앞선 경우 어떤 반작용이 일어나는가?

① 교차 자화 작용
② 증자 작용
③ 감자 작용
④ 횡축 반작용

41 연피케이블 접속 시 반드시 사용되는 테이프는?

① 고무테이프   ② 리노테이프
③ 면테이프   ④ 자기융착 테이프

42 전선과 기구 단자 접속 시 나사를 덜 죄었을 경우 발생할 수 있는 위험과 거리가 먼 것은?

① 누전   ② 화재의 위험
③ 과열 발생   ④ 저항 감소

43 최대사용전압이 70[kV]인 중성점 직접 접지식 전로의 절연내력 시험전압은 몇 [V]인가?

① 35,000[V]   ② 42,000[V]
③ 44,800[V]   ④ 50,400[V]

44 한국전기설비규정에서 정한 사용전압이 400[V] 이상의 기계기구의 외함에 접지를 생략할 수 있는 조건이 아닌 것은?

① 기계기구를 건조한 목재 위에서 취급하도록 시설한 경우
② 기계기구에 사람이 접촉할 우려가 없도록 시설한 경우
③ 철대 또는 외함 주위에 적당한 피뢰기를 시설한 경우
④ 전기용품 및 생활용품 안전 관리법의 적용을 받은 이중절연구조로 되어 있는 기계기구를 시설하는 경우

45 케이블 또는 절연전선의 단면적은 금속관 내부 단면적의 얼마를 초과하지 않는 것이 바람직한가?

① 1/2 ② 1/3
③ 1/4 ④ 1/5

46 교류 전압 $v = 100\sqrt{2}\sin(\omega t + \frac{\pi}{2})$ [V]일 때 복소수 표현은?

① $j100$ ② 100
③ $100 + j100$ ④ $100 - j100$

47 면적 10[m²]의 면을 수직으로 5×10^{-5} [Wb]의 자속이 지날 때 자속밀도 B [Wb/m²]는?

① 5×10^{-1} ② 5×10^{-2}
③ 5×10^{-5} ④ 5×10^{-6}

48 콘덴서 C[F]에 전압 V[V]을 인가하여 콘덴서에 축적되는 에너지가 W[J]이 되었다면, 전압 V는?

① $\frac{2W}{C}$ ② $\frac{2W^2}{C}$
③ $\sqrt{\frac{2W}{C^2}}$ ④ $\sqrt{\frac{2W}{C}}$

49 권수가 5회이고 0.1[sec] 동안에 자속이 0.1[Wb]에서 0.2[Wb]로 변하였을 때 유기되는 기전력은 몇 V[V]인가?

① 2.5 ② 5
③ 7.8 ④ 10

50 전류가 도선에 흐를 때 작용하는 힘을 응용한 것은?

① 발전기 ② 전동기
③ 마이크로폰 ④ 전계

51 일반적으로 역률이 좋아 가정용 선풍기나 세탁기 등에 많이 사용되는 단상 유도 전동기는?

① 분상 기동형
② 콘덴서 기동형
③ 영구 콘덴서 전동기
④ 반발 기동형

52 정격전압이 100[V], 전기자 저항이 0.2 [Ω], 전기자 전류가 50[A]인 직류 분권발전기의 유기기전력은 몇 [V]인가?

① 110 ② 119
③ 120 ④ 135

53 3상 100[kVA], 13,200/200[V] 변압기의 저압 측 선전류의 유효분은 약 몇 [A]인가? (단, 역률은 80%이다.)

① 100   ② 173
③ 230   ④ 260

54 어떤 변압기에서 임피던스 강하가 5[%]인 변압기가 운전 중 단락되었을 때 그 단락전류는 정격전류의 몇 배인가?

① 5   ② 20
③ 50   ④ 200

55 그림은 전력제어 소자를 이용한 위상제어 회로이다. 전동기의 속도를 제어하기 위해서 '가' 부분에 사용되는 소자는?

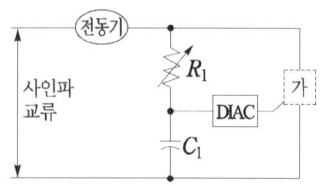

① 전력용 트랜지스터
② 제너 다이오드
③ 트라이악
④ 레귤레이터 78XX 시리즈

56 한국전기설비규정에서 정한 저압 산업용 배선용 차단기의 정격전류가 100[A]인 것에 130[A]의 전류가 흘렀을 경우 과전류 트립 동작시간은 몇 분인가?

① 30   ② 60
③ 120   ④ 180

57 고압 옥측전선이 그 고압 옥측전선로를 시설하는 조영물에 수관, 가스관등과 접근하는 경우 몇 [m] 이상 이격하여야만 하는가?

① 0.15   ② 0.5
③ 0.6   ④ 1.2

58 굵기가 같은 두 단선을 쥐꼬리 접속할 경우 전선의 각도를 얼마나 벌려서 접속하여야 하는가?

① 60°   ② 30°
③ 90°   ④ 120°

59 다음 중 연선의 분기접속 방법이 아닌 것은?

① 트위스트 접속
② 단권 분기 접속
③ 분할 권선 접속
④ 분할 복권 접속

60 설계하중이 6.8[kN] 이하인 철근 콘크리트주의 전주의 길이가 10[m]인 지지물을 건주할 경우 묻는 최소 매설깊이는 몇 [m] 이상인가?

① 1.67[m]   ② 2[m]
③ 3[m]   ④ 3.5[m]

Chapter 02

2025년 CBT 기출복원문제 정답 및 해설

2025년 1회 CBT 기출복원문제

01	02	03	04	05	06	07	08	09	10	11	12	13	14	15	16	17	18	19	20
①	④	③	③	②	③	③	①	②	①	③	③	③	②	④	③	②	①	②	④
21	22	23	24	25	26	27	28	29	30	31	32	33	34	35	36	37	38	39	40
③	③	①	④	④	②	③	③	③	②	③	②	③	③	③	②	③	③	④	①
41	42	43	44	45	46	47	48	49	50	51	52	53	54	55	56	57	58	59	60
③	③	③	④	④	④	③	④	①	①	③	④	③	②	③	③	①	③	④	①

01 ▶ ①

히스테리시스손 P_h

1) $P_h = \eta f B_m^{1.6}$ [W/m³]
2) 최대자속밀도 B_m 의 1.6승에 비례한다.
3) 주파수의 1승에 비례한다.

02 ▶ ④

옴의 법칙

$I = \dfrac{V}{R}$ [A], $V = IR$ [V]

1) 전류는 저항에 반비례한다.
2) 전압은 전류와 저항의 곱에 비례한다.

03 ▶ ③

Y결선의 특징

1) 상전압 : $V_p = \dfrac{V_l}{\sqrt{3}} = \dfrac{200}{\sqrt{3}}$ [V]

2) 부하전류 = 선전류

$I_l = I_P = \dfrac{V_P}{Z} = \dfrac{\frac{200}{\sqrt{3}}}{\sqrt{4^2+3^2}} = 23.1$ [A]

04 ▶ ③

전하량 Q[C]

$Q = I \times t = 1$[Ah] $= 3,600$[A·sec] $= 3,600$[C]

05 ▶ ②

2전력계법의 유효전력

$P = P_1 + P_2$ [W]

06 ▶ ③

타여자 발전기의 경우 잔류자기가 없어도 발전이 가능하며, 자여자의 경우 잔류자기가 있어야만 발전이 가능하다.

07 ★빈출 ▶ ③

분포권은 기전력의 파형을 개선하며, 누설리액턴스를 감소시킨다.

08 ▶ ①

단락비가 큰 발전기의 특징

1) 안정도가 높다.
2) 동기임피던스가 작다.
3) 전기자 반작용이 작다.
4) 전압변동률이 작다.
5) 단락전류가 크다.
6) 공극이 넓고, 기기는 대형이며, 무겁고, 효율이 나쁘다.

09 ▶ ②

단상 반파정류회로의 직류전압 E_d

$E_d = 0.45E$

$E_d = 0.45 \times 200 = 90$ [V]

10 ▶ ①

변압기(절연유)의 구비조건
1) 절연내력이 클 것
2) 점도는 낮을 것
3) 인화점은 높고 응고점은 낮을 것
4) 냉각 효과는 클 것

11 ▶ ③

와이어 게이지는 전선의 굵기를 측정할 때 사용된다.

12 ▶ ③

전선의 색상에서 보호도체의 색상은 녹색-노란색이다.

13 ▶ ③

전선의 접속 시 전선의 세기를 20[%] 이상 감소시켜서는 안 된다(80[%] 이상 유지하여만 한다).

14 ▶ ②

셀룰로이드, 성냥, 석유류 등 위험물의 제조 또는 저장 장소의 전기설비 공사
1) 금속관 공사
2) 케이블 공사
3) 합성수지관 공사(두께 2[mm] 미만 제외)

15 ▶ ④

SF_6 가스의 성질
1) 무색, 무취, 무해 가스이다.
2) 불연성 가스이다.
3) 절연내력이 크다.
4) 소호능력이 우수하다(공기의 100배 이상).

16 ▶ ③

3상 부하의 소비전력 P

$P = \sqrt{3}\,VI\cos\theta\,[\text{W}]$
$P = \sqrt{3}\,VI\cos\theta \times 10^{-6}$
$\quad = \sqrt{3} \times 13{,}200 \times 800 \times 0.8 \times 10^{-6}$
$\quad = 14.6\,[\text{MW}]$

17 ▶ ②

직렬 합성(최대) : $nR = 5 \times 10 = 50\,[\Omega]$
병렬 합성(최소) : $\dfrac{R}{n} = \dfrac{10}{5} = 2\,[\Omega]$

18 ▶ ①

Δ 결선의 특성
1) 선전류 : $I_\ell = \sqrt{3}\,I_p \angle -30° = \sqrt{3}\,I_p \angle -\dfrac{\pi}{6}$
2) 상전류 : $I_p = \dfrac{I_\ell}{\sqrt{3}} \angle 30° = \dfrac{I_\ell}{\sqrt{3}} \angle \dfrac{\pi}{6}$

상전류가 $\dfrac{\pi}{6}\,[\text{rad}]$ 앞선다.

19 ▶ ②

자력선수 $= \dfrac{m}{\mu_0} = \dfrac{1}{4\pi \times 10^{-7}} = 7.958 \times 10^5\,[\text{개}]$

20 ▶ ④

전지의 직렬접속
$E_0 = nE = 5 \times 1.5 = 7.5\,[\text{V}]$

21 ▶ ③

분권전동기의 역기전력
$E = V - I_a R_a$
$\quad = 220 - (25 \times 0.25) = 213.75\,[\text{V}]$

22 ▶ ③

효율 $\eta = \dfrac{\text{출력}}{\text{입력}} \times 100\,[\%]$

입력 $= \dfrac{\text{출력}}{\eta} = \dfrac{1}{0.8} = 1.25\,[\text{kW}]$

손실 = 입력 − 출력 = $1.25 - 1 = 0.25\,[\text{kW}]$

23 ▶ ①

슬립 $s = \dfrac{N_s - N}{N_s}$

24 ▶ ④

부흐홀쯔 계전기는 변압기 내부고장을 보호하며, 주변압기와 콘서베이터 사이에 설치된다.

25 ▶ ④

제동권선의 경우 난조를 방지하는 목적도 있지만 동기전동기의 기동 시 자기기동법을 통해 기동토크를 발생시킨다. 이때 계자회로를 단락시켜 고전압이 유기되는 것을 방지한다.

26 ▶ ②

피뢰기의 접지저항은 10[Ω] 이하로 하여야만 한다.

27 ▶ ③

변압기 중성점 접지저항 R

$$R = \frac{150, 300, 600}{1선지락전류}[\Omega]$$

1) 150[V] : 아무 조건이 없는 경우
2) 300[V] : 2초 이내에 자동으로 전도를 차단하는 장치가 있는 경우
3) 600[V] : 1초 이내에 자동으로 전도를 차단하는 장치가 있는 경우

조건에서는 1초를 초과하고 2초 이내에 자동으로 전로를 차단하는 장치가 있으므로 300[V]가 된다.

28 ▶ ③

가공인입선의 도로 횡단
1) 저압 : 5[m] 이상
2) 고압 : 6[m] 이상

29 ▶ ③

전주의 외등 설치 시 그 높이는 4.5[m] 이상으로 하여야 한다.

30 ▶ ②

2개소 점멸 시 필요한 3로 스위치는 2개이다.

31 ▶ ③

직렬 합성정전용량 : $C_{직렬} = \frac{C}{n} = \frac{C}{2}[F]$

병렬 합성정전용량 : $C_{병렬} = nC = 2C[F]$

$\frac{C_{병렬}}{C_{직렬}} = \frac{2C}{\frac{C}{2}} = 4배$

32 ▶ ③

전류에 따른 열의 흡수 현상(전기냉동기)
1) 다른 두 종류의 금속을 접합 : 펠티어 효과(열 냉각기로 적용)
2) 동일한 종류의 금속을 접합 : 톰슨 효과(이론적 설명에 활용)

33 ▶ ②

전기회로와 자기회로의 대응관계
1) 도전율 - 투자율
2) 전기저항 - 자기저항
3) 기전력 - 기자력
4) 전류 - 자속

34 ▶ ③

전위 : V[V]

에너지 : $W = QV = Fl$

$\Rightarrow V = \frac{W}{Q}[J/C]$

$\Rightarrow V = \frac{Fl}{Q}[N \cdot m/C]$

전계 : $E[V/m]$

35 ▶ ③

합성 임피던스 : $Z = \sqrt{R^2 + X^2} = \sqrt{8^2 + 6^2} = 10[\Omega]$

역률 : $\cos\theta = \frac{R}{Z} = \frac{8}{10} = 0.8$

피상 전류 : $I = \frac{V}{Z} = \frac{100}{10} = 10[A]$

유효분 전류 = $I\cos\theta = 10 \times 0.8 = 8[A]$

36 ▶ ②

임피던스 계전기는 미리 예열이 필요한지 확인한다.

37 ▶ ②

분권발전기는 자여자기로서 전압변동률이 적다. 계자저항기로 저항 조정이 가능하여, 전기화학용 전원, 전지의 충전용 동기기의 여자용 등에 쓰이고 있다.

38 ▶ ③

정류자는 전기자에서 만들어진 교류기전력을 직류로 변환하는 역할을 한다.

39 ▶ ④

기계적 출력

토크 $T = \frac{60P}{2\pi N}[N \cdot m]$

$P = \frac{T \times 2\pi N}{60} = \frac{47 \times 2\pi \times 850}{60} \times 10^{-3} = 4.183[kW]$

40 ▶ ①

동기전동기의 경우 별도의 기동장치가 필요하다.

41 ▶ ③

합성수지 전선관의 규격은 14, 16, 22[mm] 등으로 사용된다.

42 ▶ ③

저·고압 배전반은 앞 계측기의 판독 시 앞면과 최소 1.5[m] 이상(특고압의 경우 1.7[m])을 유지하는 것을 원칙으로 한다.

※ 특고압이 1.7[m]라 기억하시고 0.2[m]만 빼는 것을 추천합니다.

43 ▶ ③

구광원의 광속 F

$I(광도) = \dfrac{F(광속)}{w(입체각)}$[cd]

구광원의 입체각 $w = 4\pi$

$F = 4\pi I$[lm]

44 빈출 ▶ ④

누설전류는 최대 공급전류의 $\dfrac{1}{2,000}$ 이하가 되도록 하여야 한다.

45 ▶ ④

트롤리선의 시설은 애자공사 시 바닥으로부터 3.5[m] 이상으로 하며, 사람의 접촉 우려가 없도록 하여야 한다.

46 ▶ ④

자속밀도 $B = \dfrac{\phi[\text{Wb}]}{[\text{m}^2]} = \dfrac{5 \times 10^{-6}}{10 \times 10^{-4}} = 5 \times 10^{-3}$[Wb/m²]

47 ▶ ③

인덕턴스에 축적되는 에너지

$W = \dfrac{1}{2}LI^2$[J]

48 ▶ ④

전류의 방향은 자유전자의 이동 방향과 반대 방향이다.

49 ▶ ①

평행도선에 작용하는 힘

$F = \dfrac{2I_1 I_2}{r} \times 10^{-7}$

$= \dfrac{2 \times 100 \times 100}{0.2} \times 10^{-7} = 0.01$[N/m]

50 ▶ ①

자기저항

$R_m = \dfrac{기자력(F)}{자속(\phi)} = \dfrac{\exists [\text{AT}]}{\phi[\text{wb}]} = \dfrac{250 \times 1.2}{1.5 \times 10^{-3}} = 2 \times 10^5$[AT/wb]

51 빈출 ▶ ③

임피던스 전압

정격의 전류가 흐를 때 변압기 내 전압강하를 뜻하며, 이것은 2차측을 단락하고 1차 전류가 정격전류와 같게 되도록 조정하였을 때의 전압을 뜻한다.

52 빈출 ▶ ④

변압기의 권수비 a

$a = \sqrt{\dfrac{R_1}{R_2}} = \sqrt{\dfrac{360}{0.1}} = 60$

53 빈출 ▶ ③

동기발전기의 전기자 반작용

종류	앞선(진상, 진) 전류가 흐를 때	뒤진(지상, 지) 전류라 흐를 때
동기발전기	증자작용	감자작용
동기전동기	감자작용	증자작용

54 ▶ ③

계기용 변압기(PT)는 고전압을 저전압으로 변성하여 계기나 계전기에 공급한다.
※ 동일한 문제로 전류를 표시하기 위한 문제가 있습니다. 이때는 계기용 변류기(CT)가 정답입니다.

55 빈출 ▶ ②

승압용 변압기는 Y결선의 경우 선간전압이 상전압보다 $\sqrt{3}$ 배 크다. 따라서 승압용 결선이 되려면 1차는 Δ이며 2차는 Y결선이 되는 것이 일반적이다.

56 ▶ ①

누전차단기의 시설은 금속제 외함을 가지는 것으로 사용전압이 50[V]를 초과하는 경우 사람이 쉽게 접촉할 우려가 있는 경우에는 누전차단기를 시설하여야만 한다.

57 빈출 ▶ ③

클리퍼는 펜치로 절단하기 어려운 굵은 전선이나 케이블을 절단할 때 사용되는 공구를 말한다.

58 ▶ ①

금속관의 호칭
1) 박강 전선관은 바깥지름을 기준으로 한 홀수 호칭을 사용한다.
2) 후강 전선관은 안지름을 기준으로 한 짝수 호칭을 사용한다.

59 ▶ ④

연피(알루미늄 피복)가 있는 케이블에서 곡률반지름은 케이블 바깥지름의 12배 이상으로 하여야 한다.

60 빈출 ▶ ①

지지물의 매설 깊이가 15[m] 이하인 경우

길이 $= \times \dfrac{1}{6} = 10 \times \dfrac{1}{6} = 1.67$[m]

2025년 2회 CBT 기출복원문제

01	02	03	04	05	06	07	08	09	10	11	12	13	14	15	16	17	18	19	20
③	③	④	②	②	②	①	④	①	③	②	②	②	③	②	③	③	②	①	④
21	22	23	24	25	26	27	28	29	30	31	32	33	34	35	36	37	38	39	40
④	①	①	②	④	①	③	④	①	②	②	②	③	④	①	③	②	③	②	②
41	42	43	44	45	46	47	48	49	50	51	52	53	54	55	56	57	58	59	60
④	①	②	②	④	②	①	①	④	②	②	②	②	②	③	②	①	②	④	③

01 ▶ ③

콘덴서에 축적되는 에너지 $W = \dfrac{1}{2}CV^2$

$V^2 = \dfrac{2W}{C}, \quad V = \sqrt{\dfrac{2W}{C}}$ [V]

02 ▶ ③

전지의 직렬회로 전류 $I = \dfrac{nV_1}{nr_1 + R} = \dfrac{5 \times 1.5}{5 \times 0.5 + 2.5} = 1.5$ [A]

03 ▶ ④

환상솔레노이드의 자계 $H = \dfrac{NI}{2\pi r}$ [AT/m]

04 ▶ ②

합성저항 $R = \dfrac{1}{\dfrac{1}{R_1} + \dfrac{1}{R_2} + \dfrac{1}{R_3}} = \dfrac{1}{\dfrac{R_1 R_2 + R_2 R_3 + R_3 R_1}{R_1 R_2 R_3}}$

$= \dfrac{R_1 R_2 R_3}{R_1 R_2 + R_2 R_3 + R_3 R_1}$ [Ω]

05 ▶ ②

같은 방향으로 직렬 연결할 경우 가동 접속이 되므로
$L = L_1 + L_2 + 2M$ [H]

06 빈출 ▶ ②

슬립 $s = \dfrac{N_s - N}{N_s}$

$= \dfrac{1,200 - 1,176}{1,200} = 0.02$

07 ▶ ①

직류전동기의 속도제어법
$n = k\dfrac{V - I_a R_a}{\phi}$

1) 전압제어 : 전압을 변화시켜 제어한다.
2) 계자제어 : 계자에 흐르는 전류를 제어하여 ϕ를 제어한다.
3) 저항제어 : 저항을 변화시켜 제어한다.

08 빈출 ▶ ④

선택지락계전기(SGR)는 2(다)회선 이상의 지락(접지)사고를 선택 차단한다.

09 빈출 ▶ ①

SCS의 경우 단방향 4단자 소자를 말한다.

10 빈출 ▶ ③

브흐홀쯔 계전기는 변압기 내부고장을 보호하며 변압기의 주탱크와 콘서베이터 연결관 사이에 설치한다.

11 ▶ ②

전선의 접속 시 몰드나, 관, 덕트 내부에서는 시행하시 않는다. 접속은 접속함에서 이루어져야 한다.

12 ▶ ②

화약류 저장소 등의 위험장소
1) 전로에 대지전압은 300[V] 이하일 것
2) 전기기계기구는 전폐형의 것일 것
3) 케이블을 전기기계기구에 인입할 때에는 인입구에서 케이블이 손상될 우려가 없도록 시설할 것
4) 차단기는 밖에 두며, 조명기구의 전원을 공급하기 위하여 배선은 금속관, 케이블 공사를 할 것

13 ▶ ②
어스테스터는 접지저항을 측정하기 위한 계측기를 말한다.

14 ▶ ③
합성수지관 공사
1) 1본의 길이 : 4[m]
2) 관 상호 간, 관과 박스를 접속할 경우 관의 삽입 깊이는 관 바깥지름의 1.2배(단, 접착제를 사용하는 경우 0.8배) 이상
3) 지지점 간 거리는 1.5[m] 이하

15 ▶ ②
가공전선의 병행설치
고압 가공전선과 저압 가공전선을 동일 지지물에 설치 시 저압 가공전선은 고압 가공전선 아래 둔다.

16 ▶ ③
전하를 이동시켜 연속적으로 전위를 발생시켜 전류를 흐르게 해주는 힘을 기전력이라 한다.

17 ▶ ③
저항 $R = 2 + 3 = 5[\Omega]$

컨덕턴스 $G = \dfrac{1}{R} = \dfrac{1}{5} = 0.2[\mho]$

18 ▶ ②
플레밍의 왼손 법칙
1) 자기장 내에 전류가 흐르는 도선을 놓았을 때 작용하는 힘이 발생하는 방향 및 크기를 구하는 법칙
2) 전동기의 원리

19 ▶ ①
플레밍의 왼손 법칙
$F = BIl\sin\theta = BIl\sin 90° = BIl\,[\text{N}]$

20 ▶ ④
R-L-C 직렬회로
㉠ 전류
$$I = \dfrac{V}{Z} = \dfrac{100}{\sqrt{R^2 + (X_L - X_C)^2}} = \dfrac{100}{\sqrt{4^2 + (8-5)^2}}$$
$$= \dfrac{100}{5} = 20[\text{A}]$$

㉡ 합성 임피던스
$$Z = R + j(X_L - X_C) = 4 + j(8-5) = 4 + j3[\Omega]\ (\text{유도성})$$

21 ▶ ④
탄소브러쉬는 접촉저항이 크기 때문에 양호한 정류를 얻기 위해 사용된다.

22  ▶ ①
단로기는 기기의 점검 수리 등에 사용되며, 무부하 전류만 개폐 가능하기 때문에 차단기를 개로 후 동작하여야만 한다.

23  ▶ ①
전압변동률
$$\epsilon = \dfrac{V_0 - V_n}{V_n} \times 100$$
$$= \dfrac{253 - 220}{220} \times 100 = 15[\%]$$

24 ▶ ②
Y-Y결선은 상전류가 선전류와 같다.

25 ▶ ④
분권 전동기
$N = \dfrac{V - I_a R_a}{K_1 \phi} \propto (V - I_a R_a)$의 식에 의해 속도는 부하가 증가할수록 감소하는 특성을 가지나 이 감소는 크지 않으므로 타여자 전동기와 같이 정속도 특성을 나타낸다.

26 ▶ ①
접지의 목적
1) 보호 계전기의 확실한 동작 확보
2) 이상전압 억제
3) 대지전압 저하

27 ▶ ③
후강전선관의 호칭은 16, 22, 28, 36, 42, 54, 70, 82, 92, 104로 구분한다.

28  ▶ ④
지지물의 매설 깊이는 15[m] 이하 $\dfrac{1}{6}$ 이상 매설이므로,
$7 \times \dfrac{1}{6} = 1.16[\text{m}]$ 이상이다.

29  ▶ ①
옥외용 비닐 절연전선은 OW전선이라 한다.

30 ▶②

ZCT(영상변류기)는 비접지 회로에 지락사고 시 지락(영상)전류를 검출한다.

31 ▶②

발열량 $H = 0.24Pt = 0.24VIt = 0.24I^2Rt$[cal]

32 ▶②

기전력의 크기(페러데이 법칙)

$e = -N\dfrac{d\phi}{dt} = -50 \times \dfrac{0.1}{0.5} = -10$[V]

기전력의 크기는 절대값으로 표현하므로

$e = 10$[V]

33 ▶③

1) △결선에서 Y결선으로 바꾸면 전력, 임피던스, 전류 모두 $\dfrac{1}{3}$배가 된다.
2) Y결선에서 △결선으로 바꾸면 전력, 임피던스, 전류 모두 3배가 된다.

34 ▶④

주파수 $f = \dfrac{1}{T} = \dfrac{1}{20 \times 10^{-3}} = \dfrac{1,000}{20} = 50$[Hz]

35 ▶①

패러데이의 법칙(전기분해)
1) 전극에서 석출되는 물질의 양(W)은 통과한 전기량(Q)에 비례하고 전기화학당량(k)에 비례한다.
2) 석출량 $W = kQ = kIt$[g]

36 ▶③

유도전동기의 2차 효율 η_2

$\eta_2 = \dfrac{P_0}{P_2} = 1 - s = \dfrac{N}{N_s} = \dfrac{\omega}{\omega_s}$

s : 슬립, N_s : 동기속도, N : 회전자속도,
ω_s : 동기각속도($2\pi N_s$),
ω : 회전자각속도($2\pi N$)

37 ▶②

직류 발전기의 구조
1) 계자 : 주 자속을 만드는 부분
2) 전기자 : 주 자속을 끊어 유기기전력을 발생
3) 정류자 : 교류를 직류로 변환
4) 브러쉬 : 내부의 회로와 외부의 회로를 전기적으로 연결하는 부분

38 ▶③

무효순환전류 $I_c = \dfrac{E_c}{2Z_s} = \dfrac{200}{2 \times 5} = 20$[A]

(E_c : 양 기기 간의 전압차[V], Z_s : 동기임피던스[Ω])

39 ▶②

권선형 유도전동기의 경우 농형유도전동기보다 기동토크가 크고 기동전류가 작다. 다만 효율은 낮고, 조작이 어려우며, 구조가 복잡하다.

40 ▶②

효율 η

$\eta = \dfrac{출력}{입력} \times 100$[%]

출력 $60 \times 0.8 = 48$[MW]이므로
입력 $48 + 1.6 = 49.6$[MW]

$\eta = \dfrac{48}{49.6} \times 100 = 96.7$[%]

41 ▶④

지지물에 시설하는 발판 볼트의 경우 1.8[m] 이상 높이에 시설한다.

42 ▶①

전선의 접속 시 유의사항
1) 전선을 접속하는 경우 전기 저항이 증가되지 않도록 할 것
2) 전선의 접속 시 전선의 세기를 20[%] 이상 감소시키지 말 것(80[%] 이상 유지시킬 것)
3) 같은 극의 각 전선은 동일한 터미널 러그에 접속할 것

43 ▶②

콘센트는 정격감도전류가 30[mA] 이하인 누전차단기에 의해 개별적으로 보호되어야 한다.

44 ▶②

연접(이웃연결)인입선의 시설 규정
1) 분기점으로부터 100[m]를 넘는 지역에 미치지 아니할 것
2) 폭이 5[m]를 넘는 도로를 횡단하지 말 것
3) 옥내를 관통하지 말 것
4) 저압에서만 가능
5) 2.6[mm] 경동선을 사용하지만 긍장이 20[m] 이하인 경우 2.0[mm] 경동선도 가능

45 ▶ ④

2개소 점멸 시 전원 앞은 2가닥이 되며, 3로 스위치 앞은 3가닥이 되어야 한다.

46 ▶ ②

위상각

	직렬회로	병렬회로
RL	$\theta = \tan^{-1}\dfrac{\omega L}{R}$	$\theta = \tan^{-1}\dfrac{R}{\omega L}$
RC	$\theta = \tan^{-1}\dfrac{1}{\omega CR}$	$\theta = \tan^{-1}\omega CR$
RLC	$\theta = \tan^{-1}\dfrac{\omega L - \dfrac{1}{\omega C}}{R}$	$\theta = \tan^{-1}\left(\omega C - \dfrac{1}{\omega L}\right) \cdot R$

47 ▶ ①

가우스 정리

전기장과 전하와의 상관관계 및 각 도체의 전기장의 세기를 구하는 법칙

48 ▶ ①

자속과 인덕턴스

$L = \dfrac{N\phi}{I} = \dfrac{50 \times 10^{-3}}{5} = 10 \times 10^{-3} [\text{H}] = 10 [\text{mH}]$

49 ▶ ④

자속밀도 $B = \dfrac{\phi[\text{Wb}]}{S[\text{m}^2]} = \dfrac{100}{20} = 5 [\text{Wb/m}]$

50 ▶ ②

콘덴서의 직렬회로의 전압분배

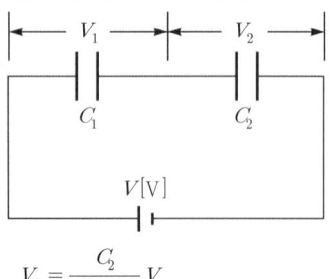

$V_1 = \dfrac{C_2}{C_1 + C_2} V$

51 빈출 ▶ ②

V결선은 단상변압기 2대로 3상 전력을 부담하는 결선 방식이다.

52 빈출 ▶ ②

V결선 이용률

$\dfrac{\sqrt{3}\,P_1}{2P_1} \times 100 = 86.6 [\%]$

53 ▶ ③

직류전동기 속도제어

워드레오나드 속도제어는 전압제어 방식을 말한다.

54 빈출 ▶ ②

SCR

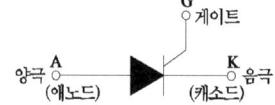

55 ▶ ②

변압기를 △-Y 결선할 경우 1차와 2차는 30°의 위상차를 갖는다.

56 ▶ ③

구광원의 광속

$I(광도) = \dfrac{F(광속)}{w(입체각)} [\text{cd}]$

구광원의 입체각 $w = 4\pi$

$F = 4\pi I [\text{lm}]$

57 ▶ ②

폭연성 먼지의 위험장소

저압 옥내전기설비의 경우 금속관, 케이블 공사(캡타이어 케이블 제외)를 한다. 여기서 케이블 공사 시 개장된 케이블과 무기물 절연 케이블을 사용할 수 있다.

58 빈출 ▶ ①

관광업 및 숙박업등의 객실의 입구는 1분, 주택 및 아파트 등의 현관등에는 3분 이내에 소등되는 타임스위치를 시설하여야 한다.

59 ▶ ④

가공전선로의 경간

지지물의 종류	표준경간
목주, A종 철주, A종 철근콘크리트주	150[m] 이하
B종 철주, B종 철근콘크리트주	250[m] 이하
철탑	600[m] 이하

60 빈출 ▶ ③

인입용 비닐절연전선(DV)

명칭(약호)	용도
인입용 비닐 절연전선(DV)	저압 가공 인입용으로 사용
옥외용 비닐 절연전선(OW)	저압 가공 배전선(옥외용)
옥외용 가교폴리에틸렌 절연전선(OC)	고압 가공전선로에 사용
450/750[V] 일반용 단심 비닐 절연전선(NR)	옥내배선용으로 주로 사용
형광등 전선(FL)	형광등용 안정기의 2차배선

2025년 3회 CBT 기출복원문제

01	02	03	04	05	06	07	08	09	10	11	12	13	14	15	16	17	18	19	20
②	①	④	④	③	①	①	④	②	④	④	①	①	④	④	④	④	④	③	①
21	22	23	24	25	26	27	28	29	30	31	32	33	34	35	36	37	38	39	40
③	③	②	③	④	③	④	③	②	②	①	③	①	③	④	④	②	②	③	②
41	42	43	44	45	46	47	48	49	50	51	52	53	54	55	56	57	58	59	60
②	④	④	③	②	①	④	④	②	②	③	①	③	②	③	③	①	③	①	①

01 빈출 ▶ ②

콘덴서의 직렬회로의 전압분배

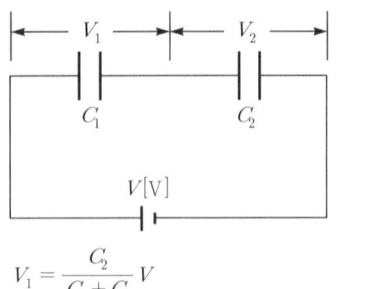

$V_1 = \dfrac{C_2}{C_1+C_2} V$

02 ▶ ①

자속과 인덕턴스

$L = \dfrac{N\Phi}{I} = \dfrac{50 \times 10^{-3}}{5} = 10 \times 10^{-3} [\text{H}] = 10[\text{mH}]$

03 ▶ ④

발열량

$H = 0.24Pt = 0.24VIt = 0.24I^2Rt\,[\text{cal}]$

04 ▶ ④

저항 $R = 2 + 3 = 5[\Omega]$

컨덕턴스 $G = \dfrac{1}{R} = \dfrac{1}{5} = 0.2[℧]$

05 빈출 ▶ ③

기전력

전하를 이동시켜 연속적으로 전위를 발생시켜 전류를 흐르게 해주는 힘

06 ▶ ①

직류발전기의 병렬운전

직권기와 복권기의 경우 병렬 운전 시 안전운전을 위해 균압선을 설치한다.

07 빈출 ▶ ①

차동 계전기

발전기 및 변압기의 내부고장 보호에 사용된다.

08 빈출 ▶ ④

제동권선

동기기에 제동권선을 설치하는 경우 난조가 발생하는 것을 방지한다.

09 빈출 ▶ ②

농형유도전동기의 기동법
1) 전전압(직-입)기동
2) Y-△ 기동
3) 기동 보상기에 의한 기동
4) 리액터 기동

10 ▶ ④

효율 $\eta = \dfrac{출력}{입력}$

입력 $= \dfrac{출력}{\eta} = \dfrac{10}{0.8} = 12.5[\text{kW}]$

손실 = 입력 − 출력, $12.5 - 10 = 2.5[\text{kW}]$

11 ▶ ④

저압의 차단기로서 자연 공기 내에서 자연 소호되는 방식을 가진 차단기는 기중 차단기이다.

12 빈출 ▶ ①

지선의 중간에 넣는 애자는 구형애자이다.

13 ▶ ①

플라이덕트는 덕트의 끝부분을 막아야 한다.

14 ▶ ④
배전반 및 분전반의 설치장소는 접근이 용이하고 안정적이어야 한다.

15 빈출 ▶ ④
가연성 가스가 존재하는 장소에 시설되는 전기공사는 금속관 공사, 케이블 공사에 의하여야 한다.

16 빈출 ▶ ④
같은 방향의 직렬 연결은 가동 접속이므로
$L = L_1 + L_2 + 2M$ [H]

17 ▶ ④
R-L-C 직렬회로
㉠ 전류
$$I = \frac{V}{Z} = \frac{100}{\sqrt{R^2 + (X_L - X_c)^2}} = \frac{100}{\sqrt{4^2 + (8-5)^2}}$$
$$= \frac{100}{5} = 20[A]$$
㉡ 합성 임피던스
$$Z = R + j(X_L - X_c)$$
$$= 4 + j(8-5) = 4 + j3[\Omega] \text{ (유도성)}$$

18 ▶ ④
환상솔레노이드의 자계
$$H = \frac{NI}{2\pi r} [AT/m]$$

19 ▶ ③
각 전력별 단위
1) 피상전력: [VA]
2) 유효전력: [W]
3) 무효전력: [Var]

20 ▶ ①
가우스 정리
전기장과 전하와의 상관관계 및 각 도체의 전기장의 세기를 구하는 법칙

21 빈출 ▶ ③
동기 발전기의 순간이나 돌발 단락 전류를 주로 제한하는 것은 누설 리액턴스이다.

22 ▶ ③
3상 유도 전동기의 회전 방향을 반대로 하려면 전원 3선 중 2선의 방향을 바꾸어 주면 된다.

23 ▶ ②
직류기의 3요소
1) 계자 : 주 자속을 만드는 부분
2) 전기자 : 주 자속을 절단하여 기전력 발생
3) 정류자 : 교류를 직류로 변환

24 ▶ ③
자여자기
1) 직권기 : 계자권선과 전기자 권선이 직렬로 접속
2) 분권기 : 계자권선과 전기자 권선이 병렬로 접속

25 ▶ ④
동기전동기
동기 전동기는 역률 조정이 가능하다. 하지만 난조가 발생하기 쉬우며, 별도의 여자기 및 기동장치를 필요로 한다.

26 ▶ ③
충전되어 있는 활선을 움직이거나 작업권 밖으로 밀어낼 때 사용되는 절연봉은 와이어 통이다.

27 ▶ ④
저압 연접(이웃연결)인입선의 시설
1) 분기점으로부터 100[m]를 넘는 지역에 미치지 아니할 것
2) 폭이 5[m]를 넘는 도로를 횡단하지 말 것
3) 다른 수용가의 옥내를 관통하지 말 것
4) 경간이 15[m] 이하의 경우 2.0[mm]의 전선도 가능하다.

28 ▶ ③
가공전선의 도로 횡단
고압 가공전선이 도로를 횡단할 경우 노면상 6[m] 이상이어야만 한다.

29 ▶ ②
인터록회로
상대동작 금지회로로서 선행되어 운전하는 모터가 운전하고 있는 동안은 정지해 있는 모터는 운전될 수 없는 전기적 안전장치를 말한다.

30 ▶ ②

박강전선관의 호칭

19, 25, 31, 39, 51, 63, 75

31 ▶ ①

패러데이의 법칙(전기분해)

1) 전극에서 석출되는 물질의 양(W)은 통과한 전기량(Q)에 비례하고 전기화학당량(k)에 비례한다.
2) 석출량 $W = kQ = kIt$ [g]

32 빈출 ▶ ③

저항 3개 병렬연결 시 합성저항

$$R = \cfrac{1}{\cfrac{1}{R_1}+\cfrac{1}{R_2}+\cfrac{1}{R_3}} = \cfrac{1}{\cfrac{R_1R_2+R_2R_3+R_3R_1}{R_1R_2R_3}}$$

$$= \cfrac{R_1R_2R_3}{R_1R_2+R_2R_3+R_3R_1}$$

33 빈출 ▶ ①

1) △결선에서 Y결선으로 바꾸면 소비전력, 임피던스, 전류 모두 $\frac{1}{3}$배가 된다.
2) Y결선에서 △결선으로 바꾸면 소비전력, 임피던스, 전류 모두 3배가 된다.

34 ▶ ③

플레밍의 왼손 법칙

$F = BIl\sin\theta = BIl\sin 90° = BIl$ [N]

35 ▶ ④

주파수 $f = \cfrac{1}{T} = \cfrac{1}{20 \times 10^{-3}} = \cfrac{1,000}{20} = 50$ [Hz]

36 빈출 ▶ ④

재폐로 계전기

전력계통의 고장 발생 시 고장 전류를 신속하게 차단 투입하여 안정도를 향상시킨다.

37 빈출 ▶ ②

$\epsilon = \cfrac{V_o - V_n}{V_n} \times 100 = \cfrac{103 - 100}{100} \times 100 = 3$ [%]

38 ▶ ②

다이오드의 연결

1) 다이오드를 직렬로 연결할 경우 과전압에 대한 보호(직렬일 경우 전류 일정)
2) 다이오드를 병렬로 연결할 경우 과전류에 대한 보호(병렬일 경우 전압 일정)

39 빈출 ▶ ③

동기발전기의 병렬운전조건

기전력의 위상의 차가 발생하면 동기화전류에 의해 동기화력이 생겨 두 기전력의 위상이 동상이 되도록 작용한다.

40 빈출 ▶ ②

동기발전기의 전기자 반작용

종류	앞선(진상, 진) 전류가 흐를 때	뒤진(지상, 지) 전류가 흐를 때
동기 발전기	증자 작용	감자 작용
동기 전동기	감자 작용	증자 작용

41 ▶ ②

리노테이프는 점착성이 없으나 절연성, 내온성 및 내유성이 있어 연피케이블 접속에 사용되는 테이프이다.

42 ▶ ④

전기설비와 관련된 기구와 나사를 덜 죄었을 경우 누전 및 화재의 우려가 있으나 저항 감소와는 거리가 멀다.

43 빈출 ▶ ④

절연내력시험 전압

일정배수의 전압을 10분간 시험대상에 가한다.

구분		배수	최저전압
비접지식	7[kV] 이하	최대사용전압×1.5배	500[V]
	7[kV] 초과	최대사용전압×1.25배	10,500[V]
중성점 다중 접지식	7[kV] 초과 25[kV] 이하	최대사용전압×0.92배	×
중성점 접지식	60[kV] 초과	최대사용전압×1.1배	75,000[V]
중성점 직접 접지식	170[kV] 이하	최대사용전압×0.72배	×
	170[kV] 초과	최대사용전압×0.64배	×

중성점 직접 접지식 전로의 절연내력 시험전압
170[kV] 이하의 경우
$V \times 0.72 = 70,000 \times 0.72 = 50,400$ [V]

44 ▶ ③

철대 또는 외함 주위에 적당한 절연대를 시설한 경우 접지를 생략할 수 있다.

45 ▶ ②

금속관 공사
케이블 또는 절연도체의 내부 단면적이 금속관 단면적의 1/3을 초과하지 않도록 하는 것이 바람직하다.

46 ▶ ①

실효값 : $V = 100[V]$

위상 : $\theta = \dfrac{\pi}{2} = 90°$

복소수(삼각함수법)

$v = V(\cos\theta + j\sin\theta) = 100(\cos\dfrac{\pi}{2} + j\sin\dfrac{\pi}{2})$
$= 100(0 + j1) = j100$

47 ▶ ④

자속밀도 $B = \dfrac{\phi[Wb]}{S[m^2]} = \dfrac{5 \times 10^{-5}}{10} = 5 \times 10^{-6} [Wb/m^2]$

48 ▶ ④

콘덴서 축적에너지 $W = \dfrac{1}{2}CV^2$

$V^2 = \dfrac{2W}{C}$, $V = \sqrt{\dfrac{2W}{C}}$ [V]

49 ▶ ②

기전력의 크기(페러데이 법칙)

$e = -N\dfrac{d\phi}{dt} = -5 \times \dfrac{0.2 - 0.1}{0.1} = -5[V]$

기전력의 크기는 절대값으로 표현하므로 $e = 5[V]$

50 빈출 ▶ ②

플레밍의 왼손 법칙
1) 자기장 내에 전류가 흐르는 도선을 놓았을 때 작용하는 힘이 발생하는 방향 및 크기를 구하는 법칙
2) 전동기의 원리

51 ▶ ③

콘덴서 전동기는 역률이 좋기 때문에 가정용 선풍기나 세탁기 등에 많이 사용된다.

52 빈출 ▶ ①

분권발전기의 유기기전력

$E = V + I_a R_a$
$= 100 + 50 \times 0.2 = 110[V]$

53 ▶ ③

저압측 선전류의 유효분 전류

저압 측 선전류 $I_2 = \dfrac{P}{\sqrt{3}\,V_2} = \dfrac{100 \times 10^3}{\sqrt{3} \times 200} = 288.68[A]$

$\therefore I = I_2 \cos\theta = 288.68 \times 0.8 = 230.94[A]$

54 ▶ ②

단락전류 $I_s = \dfrac{100}{\%Z} I_n = \dfrac{100}{5} \times I_n = 20 I_n$

55 ▶ ③

위상제어 회로
위 그림의 경우 DIAC과 TRIAC을 이용한 AC위상제어 회로를 나타낸다.

56 ▶ ③

산업용 배선용 차단기

정격전류의 구분	시간	정격전류의 배수 (모든 극에 통전)	
		부동작 전류	동작 전류
63A 이하	60분	1.05배	1.3배
63A 초과	120분	1.05배	1.3배

57 ▶ ①

고압 옥측전선로의 전선이 그 고압 옥측전선로를 시설하는 조영물에 시설되는 특고압 옥측전선, 저압 옥측전선, 수관, 가스관 등 이와 유사한 것과 접근 교차 시 이들과 0.15[m] 이상 이격하여야만 한다.

58 ▶ ③

굵기가 같은 단선을 쥐꼬리 접속할 경우 두 전선은 90°로 벌려서 꼬아주는 것이 일반적이다.

59 ▶ ①

연선의 분기접속
1) 단권 분기 접속
2) 분할 권선 접속
3) 분할 복권 접속
트위스트 접속의 경우 단선의 접속 방법이다.

60 빈출 ▶ ①

지지물의 매설깊이
15[m] 이하의 경우

길이 $\times \dfrac{1}{6} = 10 \times \dfrac{1}{6} = 1.67[m]$

빠른정답 보기

2025년 1회 CBT 기출복원문제 정답

문항	정답	문항	정답
01	①	31	③
02	④	32	③
03	③	33	②
04	③	34	③
05	②	35	③
06	③	36	②
07	③	37	②
08	①	38	③
09	②	39	④
10	①	40	①
11	③	41	③
12	③	42	③
13	③	43	③
14	②	44	④
15	④	45	④
16	③	46	④
17	②	47	③
18	①	48	④
19	②	49	①
20	④	50	①
21	③	51	③
22	③	52	④
23	①	53	③
24	④	54	③
25	④	55	②
26	②	56	①
27	③	57	③
28	③	58	①
29	③	59	④
30	②	60	①

2025년 2회 CBT 기출복원문제 정답

문항	정답	문항	정답
01	③	31	②
02	③	32	②
03	④	33	③
04	②	34	④
05	②	35	①
06	②	36	③
07	①	37	②
08	④	38	③
09	①	39	②
10	③	40	②
11	②	41	④
12	②	42	①
13	②	43	②
14	③	44	②
15	②	45	④
16	③	46	②
17	③	47	①
18	②	48	①
19	①	49	④
20	④	50	②
21	④	51	②
22	①	52	②
23	①	53	②
24	②	54	②
25	④	55	②
26	①	56	③
27	③	57	②
28	④	58	①
29	①	59	④
30	②	60	③

2025년 3회 CBT 기출복원문제 정답

문항	정답	문항	정답
01	②	31	①
02	①	32	③
03	④	33	①
04	④	34	③
05	③	35	④
06	①	36	④
07	①	37	②
08	④	38	②
09	①	39	③
10	④	40	②
11	④	41	②
12	①	42	④
13	①	43	④
14	④	44	③
15	④	45	②
16	④	46	①
17	④	47	④
18	④	48	④
19	③	49	②
20	①	50	②
21	③	51	③
22	③	52	①
23	③	53	③
24	③	54	②
25	④	55	③
26	③	56	③
27	④	57	①
28	③	58	③
29	②	59	①
30	②	60	①

MEMO

성공의 커다란 비결은
결코 지치지 않는 인간으로 인생을 살아가는 것이다.
(A great secret of success is to go through life as a man who never gets used up.)

알버트 슈바이처(Albert Schweitzer)

성공은 결코 우연이 아니다. 성공은 노력, 인내, 학습, 공부, 희생,
그리고 무엇보다도 자신이 하고 있거나 배우고 있는 일에 대한 사랑이다.
(Success is no accident. It is hard work, perseverance, learning, studying, sacrifice and most of all,
love of what you are doing or learning to do.)

펠레(Pele)

박문각 취밥러 시리즈
전기기능사 필기 8개년 기출문제집 + 무료강의

2쇄 인쇄	2025. 10. 10
2쇄 발행	2025. 10. 15

저자와의
협의 하에
인지 생략

편 저 자	김연진
발 행 인	박용
출판총괄	김현실
개발책임	이성준
편집개발	김태희, 김소영
마 케 팅	김치환, 최지희
일러스트	㈜ 유미지

발 행 처	㈜ 박문각출판
출판등록	등록번호 제2019-000137호
주 소	06654 서울시 서초구 효령로 283 서경B/D 4층
전 화	(02) 6466-7202
팩 스	(02) 584-2927
홈페이지	www.pmgbooks.co.kr

ISBN	979-11-7519-011-5
정가	18,000원

이 책의 무단 전재 또는 복제 행위는 저작권법 제 136조에 의거, 5년 이하의 징역 또는 5,000만원 이하의 벌금에 처하거나 이를 병과할 수 있습니다.